电子电路教程

主编 刘京南 主审 王志功

参编 牛 丹 仰燕兰

东南大学出版社
SOUTHEAST UNIVERSITY PRESS
·南京·

内 容 摘 要

本书按照新的课程建设指导思想,以面向集成化、智能化、实用化为导向编写而成。本书内容共分为四个模块,前六章构成运算电路模块,主要介绍由集成运放及负反馈构成的各种运算电路,后三章各自独立对应一个模块,第7章主要介绍信号产生电路,第8章主要介绍信号处理电路,第9章主要介绍集成功率放大器及直流功率电路。章节的安排以体现集成为主的理念,强调以集成运放为重点的电路构建原理及方法,并引进了捷克学者 Jiri Dostal 在 *Operational Amplifiers* 一书中提出的负反馈电路分析方法,注重结合工程实用电路举例加强工程应用能力的培养。本书适合于普通高等学校作为自动化、电子信息与电气工程类专业以及仪器科学工程与技术等专业作为电子技术基础教材使用,也可供电类工程技术人员作为工程设计及应用的参考书。

图书在版编目(CIP)数据

电子电路教程 / 刘京南主编. —南京:东南大学
出版社,2023.2(2023.12 重印)
　　ISBN　978-7-5766-0702-4

　　Ⅰ.①电…　Ⅱ.①刘…　Ⅲ.①电子电路-教材　Ⅳ.
①TN710

　　中国国家版本馆 CIP 数据核字(2023)第 027704 号

责任编辑:夏莉莉　　责任校对:杨　光　　封面设计:顾晓阳　　责任印制:周荣虎

电子电路教程　Dianzi Dianlu Jiaocheng

主　　编	刘京南
出版发行	东南大学出版社
社　　址	南京市四牌楼 2 号　邮编:210096　电话:025-83793330
网　　址	http://www.seupress.com
电子邮件	press@seupress.com
经　　销	全国各地新华书店
印　　刷	广东虎彩云印刷有限公司
开　　本	787 mm×1092 mm　1/16
印　　张	25.75
字　　数	502 千字
版　　次	2023 年 2 月第 1 版
印　　次	2023 年 12 月第 2 次印刷
书　　号	ISBN　978-7-5766-0702-4
定　　价	65.00 元

(本社图书若有印装质量问题,请直接与营销部联系。电话:025-83791830)

序

ORDER

大力加强课程建设、优化和更新教学内容，是当前高等院校回归人才培养中心任务、切实提高人才培养质量的迫切需求。为了达到宽口径本科教育的培养目标，相对于公共基础课及专业课在人才养成过程中的打基础、定方向作用，工程基础课及专业基础课则更多地肩负着对宽口径培养的支撑作用。高等教育研究的结果表明，一个专业的口径宽窄不是由专业课程多少决定的，而是由工程基础课、专业基础课内容的辐射范围决定的，工程及专业基础课的支撑力度决定了专业口径所能达到的宽度。因此着力加强工程及专业基础课程的教材建设、提高工程及专业基础课程的教学质量，对于宽口径人才培养目标的实现至关重要。

伴随着电子技术的迅猛发展，电子技术基础课程作为电类专业最重要工程基础课之一，在课程体系、教学内容及实验手段上的改革显得尤为迫切。为了切实加强电子技术课程建设，有必要通过回顾电子技术的发展历程，展望未来的发展趋势，明确当前电子技术课程改革的时代要求究竟是什么。这一要求可归纳为三个面向，即面向集成化、面向智能化、面向实际工程应用（即实用化）。

集成化是电子技术发展进步的重要标志。从二十世纪初诞生第一个真空电子管（1904 年）及第一台电子计算机（1946 年）以来，电子技术经历了从分立元件向集成器件、从单元集成向系统集成、从平面集成向三维集成、从中小规模集成到超大规模集成的一系列变革。集成电路的器件种类越来越多、性能指标越来越高、应用范围也越来越广。传统的电子技术课程体系在基础理论、教学内容、实验方法等诸多方面已难以真正满足面向集成化的要求。新的时代对电子技术课程内容提出了新的要求，让人们对传统课程中哪些内容应当保留、哪些内容应当淘汰或简化、哪些内容应当增补或加强有了新的价值判断。面向集成化的课程体系必然要求加强集成电路的相关内容，就模拟电子电路课程而言，除了集成运算放大器外，其他通用集成器件（如集成 A/D 转换器、集成比较器、集成模拟开关、集成乘法器、集成锁相环等）的电路原理及应用在课程中所占比重应显著加强，而与集成电路相关较少，尤其是以分立元件电路为重点的分析内容则应进一步精简,对不再适用于集成电路的传统理论及分析方法亦应及时作出必要的更新。

智能化是近三十年来继集成化后电子技术发展进步的又一显著标志。智能化改造和数字化转型,简称"智改数转",已成为工程技术和现代化产业的发展趋势。当今的电子装置及产品中,从大型测量控制系统到小型智能玩具几乎无一不是借助计算机或微处理器的加持得以实现的。这一发展趋势清晰地启迪人们:以计算机或微处理器为核心的系统构建是智能化的本质特征。因此,电子技术课程在内容设置上也应与智能化的发展要求相适应。值得注意的是,以微处理器为核心的电子装置在系统组成上必然形成以模/数(A/D)转换为界面的前、后两类不同的信号处理系统。前者以电路、信号及系统理论为基础,以包括虚拟仿真技术在内的时域、频域设计方法为主要技术手段;后者以布尔代数及逻辑设计理论为基础,以包括编程技术在内的组合逻辑、时序逻辑设计方法为主要技术手段。前者主要采用模拟集成电路及器件来构建各种具有不同处理功能的模拟电路系统;后者主要采用数字集成电路及门阵列、可编程器件等来构建各种具有逻辑处理功能的数字电路系统。前者着眼于模拟信号的处理,后者则着眼于数字信号的处理。由此可见,两者在理论方法、技术手段、信号处理要求等诸多方面都具有各自不同的特点。这也为电子技术类课程在教材体系及内容设置上提供了有益参考。

智能化电子系统中以模/数转换为界面的前后级之间,通常要求前级电路的信号处理精度应至少高于最小分辨率的二分之一。以 10 位以上字长 A/D 转换器为例,其对前级电路信号处理精度的要求都将远超千分之一;另一方面,更快的转换速率也对电路的响应速度提出了更高的要求;此外,由于时域中的高速对应着频域中的宽带,而频带的展宽又必然对系统的稳定性(稳定裕度)产生相关影响,可见电子电路的精度、速度、稳定性分析是与智能化电子系统构建密切相关的三大要素。因此,面向智能化的电子电路课程在内容设置上有必要充实与电路精度计算、响应速度及系统稳定性分析等相关的内容。当然,这与前述面向集成化的要求也是并行不悖的,只是需要对课程内容作进一步的深化及补充。

学以致用是对技术基础类课程学习的基本要求。电子电路是实践性要求很强的课程,结合课程教学加强工程应用能力的培养极其重要。贯彻学以致用的原则就不仅要求能够熟悉电路原理,更要重视工程应用的基本技能与技术措施,加强包括电子设计自动化工具应用在内的面向实用化的能力培养,加强理论与实际的结合、促进知识向能力的转化。为此,不仅应尽可能多地结合教学或习题安排给出电路的应用实例,还应切实加强实验教学的改革,让学生深入实际、掌握解决具体问题的方法与技术措施,促进实验教学与理论教学的更好结合,进一步优化实验教学的效果。

由于传统的电子电路课程体系根植于由分立元件组成电子系统,体现在其电路理论及分析方法上均以分立元件电路为背景,分析、计算亦以分立元件电路为重点。近年来虽多次更新课程内容,但分立元件电路内容占比依然过高,传统理论及分析方法的羁绊依然存在,难以适应面向集成化、面向智能化、面向实用化的时代发展要求,亟需推进课程内容体系的改革。

本书作者紧扣电子技术课程改革的时代要求,在多年来的教学实践及教材建设基础上重新撰写的《电子电路教程》新教材,是电子技术课程改革面向集成化、智能化、实用化又迈出的新的一步。

电子技术日新月异的发展,决定了电子技术课程的改革与探索将是一项长期而系统的任务。千里之行始于足下,我们衷心期望通过广大师生的共同努力,推动电子技术课程改革及教材建设更好地适应时代发展的要求,不断积跬步以至千里,开创面向集成化、智能化、实用化的新境界。

教育部高等学校电工电子基础课程教学指导分委员会主任委员
教育部长江学者奖励计划特聘教授,东南大学特聘教授

2022 年 9 月 10 日

前言

按照新的课程建设指导思想,我们以面向集成化、智能化、实用化为导向,探索撰写了新版教材《电子电路教程》。该教材具体内容取舍及章节安排上,主要有以下几点考虑:

一是体现以集成为主的理念。在分立元件电路与集成电路的关系处理上,本着"分立"服务于"集成"的原则,对传统课程内容中的分立元件电路作了必要的精简。原则上仅介绍与集成芯片内部电路设计相关的最基本的电路形式及其工作原理,同时进一步扩大集成器件及其应用在教材内容中的占比,除重点介绍集成运放器件外,也注重兼顾其他各类常用模拟集成电路的介绍,如集成 A/D 转换器、集成乘法器、集成锁相环、集成比较器、集成功率电路、集成模拟开关等的工作原理、性能参数及典型应用。

二是强调以集成运放为重点的电路构建原理及方法。集成运算放大器是电子电路中最基本、最重要的集成器件。本书在突出集成运放工作原理、性能参数介绍的基础上,将其他诸如二极管、三极管、场效应管等器件原理与特性的阐述与集成运放紧密结合,借助运放及负反馈对器件性能及特性的改善和灵活运用,循序引导出其他各具特色的新的功能电路。

三是在分析方法上引进了捷克学者 Jiri Dostal 在 *Operational Amplifiers* 一书中提出的负反馈电路分析方法。该方法在理论上具有很强的严密性及系统性,仅需采用开环电压增益一种参数便可解决各种负反馈电路的准确分析及计算问题,因而更适合于由集成运放构成的各种运算电路的工作状态及系统稳定性分析,具有很高的应用价值。本书在对该理论方法提炼及简化基础上,归纳了一套与理想运算电路分析相衔接的简便、实用的计算公式,更便于在实际分析计算中使用。

四是注重结合课程教学加强工程应用能力的培养。除了介绍电子电路的基本工作原理外,尽可能多地给出一些电子电路设计及应用的实例,以帮助读者通过原理电路与实用电路的对比,深化对集成器件的参数选择、集成运放的等效复合、电路时域及频域特性对输出响应的影响、电路的稳定性分析及补偿措施等在实际应用中经常涉及的技术问题或采用的技术方法的认识和理解。这些内容也可供具有不同教学要求的各电类专业选用。

五是注重提高教材的教学适用性。为了便于教学,在章节及内容安排上力求与前期课程有序衔接。首先是将理想运放的内容提前,而将半导体器件原理的介绍适当延后。其目的是更好地与先修的电路课程相衔接,并通过引入负反馈进一步深化对理想运放电路基本概念及分析方法的掌握。同时也是为了更方便理论与实验教学的结合,避免因基础内容的过于集中而导致实验教学难以安排。其次是将负反馈的理论及分析计算方法分成两个阶段来循环深化,分别在第一章和第六章循序渐进地讲解,目的是有利于难点分散,使读者能够由浅入深地掌握这部分重要内容。本书还精选配备各章的思考题与习题,并计划另行出版配套的习题集及解答。

本书是按 64～80 学时课内教学要求而编写的,内容由 9 章组成。为了方便课程设置不同的高校对该教材的使用,将逻辑门电路的介绍也归入到书末附录中。书中打"＊"的章节可供教学选用或课外自学时参考。

全书内容可分为四个模块,其中由前六章构成运算电路模块,主要介绍由集成运放及负反馈构成的各种运算电路。包括相关的半导体器件及集成运放内部电路原理,集成运放的分类及性能参数,不同功能运算电路的分析计算,运算电路的精度分析、稳定性分析及时域和频域响应特性等。后三章各自独立对应一个模块。第 7 章主要介绍信号产生电路,包括 RC 振荡器、LC 振荡器、石英晶体振荡器以及方波、三角波发生器等各种正弦及非正弦振荡电路。第 8 章主要介绍信号处理电路,包括集成 A/D 转换器,集成乘法器,集成锁相环等集成运放以外的其他通用模拟集成器件的原理、应用以及高阶工程滤波器的设计等内容。第 9 章主要介绍集成功率放大器及直流功率电路,包括 OTL、OCL 集成功率放大器,串联式三端集成稳压器及开关稳压电路等。建议的课程教学安排是在运算电路模块基础上,根据课时的宽裕程度外加其他三个模块中的部分或全部内容。

本书适合于普通高等学校自动化、电子信息与电气工程类专业以及仪器科学工程与技术等专业作为电子技术基础教材使用,也可供电类工程技术人员作为工程设计及应用的参考书。与本课程相关的实验教学需单独设课。

作者衷心感谢东南大学衣承斌教授所作出的贡献。没有他曾经的指导与亲历亲为的合作,本书的主要参考教材之一《模拟集成电子技术基础》一书是难以面世的。同时感谢曾与作者合作并参与编写国家精品课程教材《电子电路基础》一书的东南大学堵国樑教授、南京航空航天大学王成华教授及王友仁教授,他们曾付出的辛勤努力也为本书的编写提供了帮助。

本书由教育部高等学校电工电子基础课程教学指导分委员会主任委员、东南大学王志功教授负责主审。他为本书的编写明确了面向集成化、面向智能化、面向实用化的课程改革指导思想,认真仔细地审阅了本书各章节内容,并提出了宝贵的修改建议及审稿意见。他的指导及帮助对本书编写质量的提高助益匪浅。

此外,东南大学出版社夏莉莉编辑为本书做了大量文案设计、编辑策划和电路图绘制等具体出版工作,在此一并致以诚挚的谢意。

本书由东南大学刘京南教授主编,牛丹副教授、仰燕兰讲师参编。虽然作者力图使本书内容精炼、撰写规范、结构合理、叙述清楚,并期望能得到读者的认可,但囿于作者才疏学浅且经验及时间有限,书中出现内容疏漏或谬误之处在所难免,为促进本课程教材建设水平的持续提升,恳望多多得到同仁诸贤及读者的斧正和指教。

编者

二〇二二年九月于东南大学

本书符号说明

一、基本规则

1. 电流与电压（以晶体管的基极到公共参考点间的电压和基极电流为例）

I_B、U_B　　　　大写字母、大写下标，表示直流电流、电压

I_b、U_b　　　　大写字母、小写小标，表示交流量有效值

$\dot{I}_b$、$\dot{U}_b$　　　　电流、电压交流量的复数表示形式

i_B、u_B　　　　小写字母、大写下标，表示包含交、直流量在内的总瞬时电流、电压值

i_b、u_b　　　　小写字母、小写下标，表示交流电流、电压

ΔI_B、ΔU_B　　表示直流量的变化量

Δi_B、Δu_B　　表示瞬时值的变化量

2. 电阻

R　　　　　　大写字母表示电路中的电阻或电路的等效电阻

r　　　　　　小写字母表示器件内部交流或动态电阻

二、基本符号

1. 电压和电流

I、i　　　　　电流的通用符号

U、u　　　　　电压的通用符号

I_f、U_f　　　　反馈电流、反馈电压

I_i、U_i　　　　交流输入电流、电压的有效值

I_o、U_o　　　　交流输出电流、电压的有效值

I_Q、U_Q　　　　电流、电压的静态值

I_R、U_R　　　　参考（基准）电流、电压

I_P、U_P　　　　集成运放同相输入端的电流、电压

I_N、U_N　　　　集成运放反相输入端的电流、电压

U_{ic}　　　　　共模输入电压

U_{id}　　　　　差模输入电压

U_s　　　　　　信号源电压

V_{CC}　　　　　集电极回路电源对地的电压，或集成运放正电源电压

$-V_{EE}$ 发射极电路电源对地的电压,或集成运放的负电源电压

2. 功率

P 功率的通用符号,瞬时功率

P_o 输出交变功率

P_T 晶体管消耗的功率

P_S 电源发出的功率

3. 频率

f 频率的通用符号

ω 角频率的通用符号

f_{BW} 通频带宽度

f_C 反馈电路的切割频率,即反馈电路 $AF=1$ 处的频率

f_T 器件的单位增益频率,又称特征频率

f_H 放大电路的上限(下降 3 dB)频率

f_L 放大电路的下限(下降 3 dB)频率

f_o 振荡频率,中心频率,附加相移达180°时对应的频率

f_Z 零点频率

f_P 极点频率

4. 电阻、电导、电容、电感、阻抗

R_i 电路的输入电阻

R_{if} 反馈电路的输入电阻

R_L 负载电阻

R_o 电路的输出电阻

R_{of} 反馈电路的输出电阻

R_s 信号源内阻

R_P 集成运放同相输入端外接电阻的等效电阻

R_N 集成运放反相输入端外接电阻的等效电阻

Z 阻抗的通用符号

G 电导的通用符号或增益的表示符号,也用作器件电极的标识符号等

C 电容的通用符号,也用作器件电极的标识符号

L 电感的通用符号

5. 增益或放大倍数

A 增益或放大倍数的通用符号

A_u 电压增益或(闭环)差模电压放大倍数

A_i 电流增益

A_r 互阻增益

A_g 互导增益

A_d 集成运放的开环差模电压放大倍数

A_{do} 集成运放直流和低频时的开环差模电压放大倍数

A_I 广义理想运算电路的放大倍数

A_{uI} 广义理想运算电路的电压放大倍数

A_{iI} 广义理想运算电路的电流放大倍数

A_{rI} 广义理想运算电路的互阻放大倍数

A_{gI} 广义理想运算电路的互导放大倍数

A_∞ 广义的当 $A_d \rightarrow \infty$ 时的运算电路的放大倍数

A_0 广义的当 $A_d = 0$ 时的运算电路的放大倍数

6. 反馈系数

F 广义的反馈系数

F_u 电压反馈系数

F_i 电流反馈系数

F_r 互阻反馈系数

F_g 互导反馈系数

7. 其他符号

φ_m 相位裕度

G_m 幅值裕度

θ 相位角或传热介质的热阻

Q 品质因数或直流工作点

Ω/Ω 电阻单位/载波角频率

η 功率电路的转换效率

γ 元件的温度系数

ξ 时域中电路的衰减阻尼系数

Y_P 输出的相对超调量

M_r 归一化幅频特性的谐振峰点

三、器件的参数符号

g_m 晶体管的跨导

f_β 共射接法晶体管电流放大系数的截止频率

$U_{(BR)CBO}$ 发射极开路,集电极-基极间反向击穿电压

$U_{(BR)EBO}$	集电极开路，发射极-基极间反向击穿电压
$U_{(BR)CEO}$	基极开路，集电极-发射极间反向击穿电压
$U_{(BR)DS}$	漏源击穿电压
$U_{(BR)GD}$	栅漏击穿电压
$U_{(BR)GS}$	栅源击穿电压
U_{IO}	运放的输入失调电压
I_{IO}	运放的输入失调电流
SR	运放的转换速率
I_{IB}	输入偏置电流
K_{CMR}	共模抑制比
$PSRR$	电源电压抑制比
U_{OM}	最大输出电压
I_{OM}	最大输出电流
P_{CM}	允许的最大集电极耗散功率
P_V	电源供给的直流功率
T_A	工作环境温度
I_{CBO}	集电结反向饱和电流（发射极开路）
I_{CEO}	集电极-发射极间穿透电流（基极开路）
I_{ES}	发射结反向饱和电流
I_S	PN 结中反向饱和电流
r_D	二极管的交流电阻
r_Z	稳压二极管的交流（动态）电阻
α	共基极电流放大系数或频域中滤波器的阻尼系数
β	共射极电流放大系数
K_U	输入电压调整因数
S_U	电压调整率
S_I	负载调整率
S_T	稳压器输出电压的温度系数

目录
CONTENTS

第 1 章 集成运算放大器及负反馈

集成运算放大器和负反馈是本书中最基本、最核心的两部分内容。本章扼要地介绍集成运算放大器的基本概念、主要参数，概括地介绍负反馈的基本概念及其对放大器性能的影响，并结合由理想运算放大器组成的基本运算电路介绍运放电路的典型分析方法。

1.1 集成运算放大器的基本概念

1.1.1 什么是集成运算放大器

集成运算放大器（以下简称运放）是一种除具有普通放大器的放大功能外，还能对模拟信号实现多种线性运算（包括加、减、乘、除、积分等）以及具有其他某些特殊功能（如模拟量的比较、波形转换等）的通用放大器件。

运放有两个信号输入端（同相输入端"＋"和反相输入端"－"）和一个信号输出端。工作时通常要加正、负两个对称的直流电源（例如±5 V～±15 V）。运放的电路符号及电源的接法示于图 1.1.1。其中图 1.1.1(a)是国家标准规定的符号，图 1.1.1(b)是现阶段国内外仍十分流行的惯用符号。两种符号中的"▷"表示信号从左向右的流动方向，即两个输入端在左方，而右方表示输出端。考虑到现阶段国内外的书籍、杂志、产品手册和工程图纸上仍广泛使用惯用符号，所以本书仍采用图 1.1.1(b)所示符号。运放的同相输入端、反相输入端及输出端的电压分别用 u_P、u_N 和 u_O 来表示。这些电压的公共参考端是直流电源 V_{CC} 和 $-V_{EE}$ 的公共端，即接地点。直流电源 V_{CC} 和 $-V_{EE}$ 一般情况下可以省略不画，如图 1.1.1(d)所示。

同相和反相输入端的含义是：若信号从同相输入端输入（反相输入端接地），则输出信号在相位上与输入信号一致；反之，若信号从反相输入端输入（同相输入端接地），则输出信号与输入信号相位相反。即 u_O 与 u_P 同相变化，而与 u_N 反相变化。

目前全球各厂家生产的集成运放有上千种型号，但它们的外形逐渐趋于统一化。除微型器件外，它们大多采用双列直插式芯片结构，其中有单运放（一个芯片内有一个运放）、双运放（一个芯片内有两个运放）和四运放（一个芯片内有四个运放），它们的引脚图示于图 1.1.2。

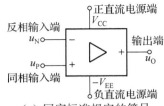

（a）国家标准规定的符号

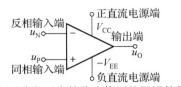

（b）现阶段国内外普遍使用的惯用符号

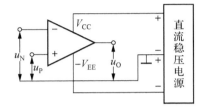

（c）运放直流电源的接法

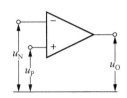

（d）省略直流电源的电路画法

图 1.1.1　运放的电路符号及电源接法

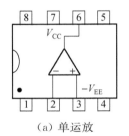

（a）单运放

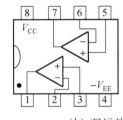

（b）双运放

μA741,OP-07
μA725,LF356
LM308
注：引脚 1、5、8 的接法请参考器件手册。
其中 μA741,OP-07 及 LF356 的这三个
引脚不接元件也可工作。

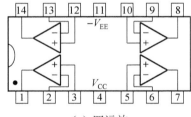

（c）四运放

图 1.1.2　几种双列直插式运放的引脚图（俯视图）

1.1.2　集成运算放大器的放大特性

运算放大器最重要的特点是对 u_P 和 u_N 中的差模分量具有很强的放大能力，而对它们中的共模分量的放大能力却很弱。为了说明这一特性。我们把 u_P 和 u_N 分解成差模分量 u_{id} 和共模分量 u_{ic}，如图 1.1.3 所示。并定义

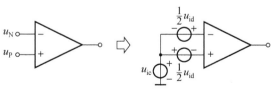

图 1.1.3　输入信号的分解

$$\left.\begin{aligned}u_{id}&=u_N-u_P\\u_{id}'&=u_P-u_N=-u_{id}\\u_{ic}&=(u_P+u_N)/2\end{aligned}\right\}\qquad(1.1)$$

因此求得

$$\left.\begin{aligned} u_P &= u_{ic} - \frac{1}{2}u_{id} \\ u_N &= u_{ic} + \frac{1}{2}u_{id} \end{aligned}\right\} \tag{1.2}$$

现在分别讨论运放对差模和共模电压分量的放大能力。

1. 运放在差模输入电压作用下的工作

图 1.1.4(a)和(b)给出了运放在差模输入电压作用下的两种等效电路,二者的区别仅仅是一种用 $\dot{U}_{id}$(u_{id} 的相量表示)而另一种用 $\dot{U}'_{id}$ 来表示。$\dot{U}_{id}$ 是两个输入端之间的总的差模电压,其正方向是由反相输入端指向同相输入端。而 $\dot{U}'_{id}$ 的正方向是由同相输入端指向反向输入端。

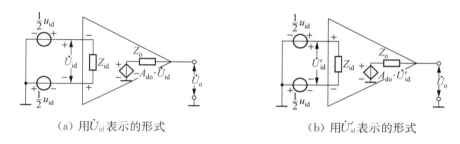

(a) 用 $\dot{U}_{id}$ 表示的形式   (b) 用 $\dot{U}'_{id}$ 表示的形式

图 1.1.4 差模输入电压作用下运放的等效电路

Z_{id} 是两个输入端之间对差模输入电压呈现的输入阻抗,称为差模输入阻抗。大多数放大器的输入端是无源的,在信号频率的范围内可以用一个等效阻抗 Z_i 来表示,这就是放大器的输入阻抗。它代表放大器对信号源所造成的负载效应,可以用下式来表示:

$$Z_i = \dot{U}_i / \dot{I}_i \tag{1.3}$$

在频率不是很高时,它通常表现为电阻的形式。运放的输入阻抗 Z_{id} 通常为数百千欧至数百兆欧。

Z_o 是运放的输出阻抗。对负载来说,放大器的输出端相当于一个电源,输出阻抗就是从放大器输出端看进去的等效内阻抗,它代表放大器带负荷的能力。输出阻抗 Z_o 越小,负载变化对输出电压的影响越小,则表示放大器带负荷的能力越强。理论分析时,输出阻抗可由式(1.4)表示。

$$Z_o = \left. \frac{\dot{U}}{\dot{I}} \right|_{Z_L \to \infty, \dot{U}_s = 0} \tag{1.4}$$

即 Z_o 是在移去信号源(电压源短路,电流源开路,但保留其内阻),并使负载开路的条件下,加在放大器的输出端的电压 $\dot{U}$ 与该电压作用下流入放大器输出端的电流 $\dot{I}$ 的比值。如图 1.1.5 所示。

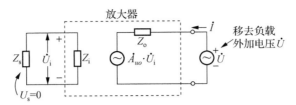

图 1.1.5　理论分析时计算放大器输出阻抗的电路

实验分析时,在保持输入信号不变的前提下,分别测出放大器输出端开路和加载(接 Z_L)时的电压 $\dot{U}'_o$ 及 $\dot{U}_o$,则输出阻抗 Z_o 可由下式来确定:

$$Z_o = \left(\frac{\dot{U}'_o}{\dot{U}_o} - 1\right) Z_L \tag{1.5}$$

$-A_{do} \cdot \dot{U}_{id}$ 是受输入差模电压控制的受控源,其中 A_{do} 是运放的开环差模电压放大倍数,又称开环差模电压增益,或简称开环电压增益,它是负载开路时输出电压与输入差模电压之间的比值,即

$$A_{do} = \frac{-U_o}{U_{id}}\bigg|_{Z_L \to \infty} = \frac{U_o}{U'_{id}}\bigg|_{Z_L \to \infty} \tag{1.6}$$

A_{do} 的数值一般为数万到数十万,优良的运放可达数百万。可见运放对差模信号具有极强的放大能力。受控源 $-A_{do} \cdot \dot{U}_{id}$ 中的"一"号表示输出电压 $\dot{U}_o$ 与 $\dot{U}_{id}$ 是反相的。运放的输出阻抗 Z_o 很小,通常为数十至数百欧。

2. 运放在共模输入电压作用下的工作

运放在共模输入电压下的等效电路示于图 1.1.6。图中 $A_{co} = |U_o/U_{ic}|$ 为共模电压放大倍数,一般为零点几至数倍。A_{co} 一般不用相量表示,因为 U_o 和 U_{ic} 之间没有确定的相位关系,即使同一型号的运放,其共模电压增益的相位关系也随芯片而异。Z_{ic} 为运放输入端对共模信号所呈现的输入阻抗,其数值极高,一般为数百兆欧到数

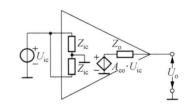

图 1.1.6　运放的共模输入等效电路

吉欧。A_{do} 和 A_{co} 二者数值的差别极大,为了衡量这种差别,引入了共模抑制比 K_{CMR},其定义为:

$$K_{CMR} = \left|\frac{A_{do}}{A_{co}}\right| \tag{1.7}$$

它的数值为数千至数十万。

电压放大倍数 A_{do} 和共模抑制比 K_{CMR} 还可以用分贝(dB)来表示,分别定义为:

(1)电压放大倍数的分贝数为 $20\lg A_{do}$(dB);

(2)共模抑制比的分贝数为 $20\lg K_{CMR}$(dB)。

例如,一个运放的电压放大倍数 100 000,共模抑制比 60 000,则可分别表示为 100 dB

和 95.6 dB。

表 1.1 列举了两种常用运放的参数。

表 1.1　两种常用运放的参数

型号	参数				
	A_{do}/dB	K_{CMR}/dB	$Z_{id}/\mathrm{M\Omega}$	$Z_{ic}/\mathrm{M\Omega}$	Z_o/Ω
μA741	106	90	2	500	200
OP-07	134	130	20	200 000	500

根据上面的叙述,可总结出运放的特点如下:

(1) 具有极高的差模电压放大倍数和共模抑制比,以至于可以近似地认为:运放只放大差模信号而不放大共模信号。这实际上是认为 K_{CMR} 为无穷大。

(2) 具有极高的 Z_{id} 和 Z_{ic}。其中 Z_{ic} 的数值尤其高,以至于在一般的计算精度下可完全不考虑它的存在。生产厂家也常常不提供此参数。只有在特殊情况下(例如精确计算串联负反馈电路的输入阻抗)才考虑它的存在。

(3) 具有较小的输出阻抗。

(4) 由于运放具有极高的输入阻抗和较小的输出阻抗,所以运放本质上是一个用输入电压控制输出电压的电压放大器件。

最后还要着重指出一点,尽管当今的集成运放制造技术已发展到相当高的水平,但运放的性能还不同程度地存在着一些缺陷。例如:

(1) 运放的主要参数 A_{do} 和 K_{CMR} 会受温度、电源电压变化、频率等因素的影响而明显地变化。对同一型号的运放,各芯片间的数值的分散性也较大。

(2) 运放的输入-输出特性存在着一定的非线性。

(3) 运放还存在着一些表示性能缺陷的参数,这些参数将在第 5 章中作详细讨论。

1.1.3　理想运算放大器

在不要求对由运放构成的电路进行十分精确的计算时,可以把实际运放的参数理想化,从而使电路的分析和计算大大简化,而引起的误差又是工程上可接受的。这种理想化的运算放大器称为理想运放。

理想运放在所有的频率下都具有无穷大的差模电压放大倍数 A_{do} 和共模抑制比 K_{CMR}。除此以外,有时还假定理想运放具有无穷大的差模输入阻抗 Z_{id} 和零值的输出阻抗 Z_o,但这个条件并不是绝对必要的。

1.2　负反馈放大器的基本概念

负反馈是改善放大器性能的主要手段。几乎所有实用的模拟电子电路(特别是由集成运放组成的),都包含负反馈。因此,负反馈是模拟电子技术中最重要的内容。

1.2.1　什么是负反馈放大器

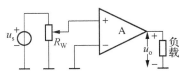

图 1.2.1　设想的电压放大器电路

为了介绍负反馈,我们先从应用最普遍的电压放大器说起。为了实现电压放大的目的,图 1.2.1 的电路看起来是可行的。电路中的运放 A 提供对信号电压的放大作用,电位器 R_W 能调节作用到运放 A 的输入电压的大小,以满足总的电压增益的要求。然而,由于实际的运放特性存在着一些很难避免的缺陷,例如,增益 A_{do} 会受温度、时间、电源电压和工作频率等许多因素的影响而变化,以及运放输入-输出特性存在某些非线性关系等,这些缺陷必然会影响电压放大器的性能。解决这一问题的有效办法是在放大器中引入反馈。

所谓"反馈"就是通过反馈网络将放大器的某个输出量(电压或电流)部分或全部地反向馈送到放大器的输入回路中,与输入信号(电压或电流)相叠加(或称相比较)以改变放大器的净输入量,从而控制放大器输出量发生相应变化的过程。如果反馈的结果是使放大器净输入量减小,从而使输出量也相应减小的反馈称为负反馈。反之则称为正反馈。

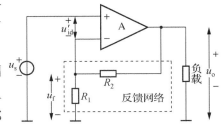

图 1.2.2　具有负反馈的电压放大器

现在用图 1.2.2 的电路来说明。图 1.2.2 的电路中,输入信号 u_s 直接作用到运放的同相输入端,因此可以产生与 u_s 同相的输出电压 u_o。此电压又通过由 R_2 和 R_1 组成的反馈网络将其中的一部分电压反向馈送到运放的反相输入端,即 $u_f = u_o \cdot R_1/(R_1 + R_2)$。从输入回路看,有 $u'_{id} = u_s - u_f$ 即 u_f 的引入抵消了 u_s 的一部分,使作用到运放输入端的净输入信号 u'_{id} 减小了。自然,放大器的输出电压 u_o 也减小了,从而使整个放大器对信号 u_s 的总增益减小了。按前述的定义这便是负反馈。

与负反馈相对应,如果将图 1.2.2 中运放的两个输入端对调一下,即 u_s 作用到运放的反相输入端,而反馈信号 u_f 作用到同相输入端,这时 u_o 连同 u_f 必然与 u_s 反相,因此 u_s 和 u_f 就变成了相加的关系,使 u_o 的数值增大,因而放大器的增益也变大,这便是正反馈。

1.2.2　理想运放组成的负反馈放大器

首先我们讨论负反馈放大器的增益。利用图 1.1.4(b)所示的等效电路来分析图 1.2.2 电压放大器的增益。分析时忽略 Z_{id}、Z_o 和 K_{CMR} 等参数影响,并令 u_f 和 u_o 的比值为反馈放大器的电压反馈系数,即

$$F_u = u_f/u_o \tag{1.8}$$

本例中 $F_u = R_1/(R_1 + R_2)$。对图 1.2.2 电路则有

$$u_s - u_f = u'_{id} \tag{1.9}$$

$$u_o \cdot F_u = u_f \tag{1.10}$$

$$u'_{id} \cdot A_{do} = u_o \tag{1.11}$$

由式(1.9)～式(1.11)可解出反馈放大器的电压放大倍数

$$A_{uf} = \frac{u_o}{u_s} = \frac{A_{do}}{1 + A_{do} \cdot F_u} \tag{1.12}$$

设 $A_{do} = 50\,000$，$R_1 = 10$ kΩ，$R_2 = 90$ kΩ，则可求出

$$F_u = \frac{R_1}{R_1 + R_2}$$

$$A_{uf} = \frac{50\,000}{1 + 50\,000 \times \dfrac{10}{10 + 90}} = \frac{50\,000}{5\,001} = 9.998 \approx 10$$

在这个例子里，由于 A_{do} 的数值很大，$A_{do} \cdot F_u$ 通常可满足远大于 1 的条件。这样，A_{uf} 的数值可近似为

$$A_{uf} \approx 1/F_u \tag{1.13}$$

此式说明：当 $A_{do} \cdot F_u \gg 1$ 时，反馈放大器的增益几乎完全由反馈网络的参数来决定，而对运放本身的参数变得很不敏感。

由此可以作出如下推理：如果反馈网络的元件都是线性的、稳定的，尽管运放的 A_{do} 本身不太稳定，同时输出、输入间存在着某些非线性，但反馈放大器的电压增益仍是稳定的和线性的。这也是希望运放的 A_{do} 值越大越好的原因。

通过一个实际 u_s 值对电路中各电压值进行计算。由于 $A_{do} = 50\,000$，设 $u_s = 0.2$ V 可算得

$$u_o = 1.999\,6 \text{ V}$$

$$u'_{id} = 39.992\ \mu\text{V}$$

$$u_f = 0.199\,96 \text{ V}$$

从这组数据中可以看出，当满足 $A_{do} \cdot F_u \gg 1$（深度负反馈条件）时反馈放大器的 u_f 十分接近于 u_s，同时 u'_{id} 十分接近于零。这是负反馈放大器的一个重要特点。

假设负反馈放大器中所采用的运放是理想的，即运放具有无穷大的差模电压放大倍数和无穷大的共模抑制比，则可大大简化负反馈放大器电路的计算，而所得到的结果又与真实情况相差很小。由理想运放组成的负反馈放大器具有如下的特点：

(1) 由式(1.12)可知，当 $A_{do} \to \infty$ 时

$$A_{uf} = \frac{u_o}{u_s} = \frac{A_{do}}{1 + A_{do} \cdot F_u} = 1/F_u$$

即由理想运放构成的负反馈放大器的增益，完全决定于反馈网络的参数——反馈系数，而对运放的特性完全不灵敏（即运放本身参数的影响被隐去，在式中变得完全看不见了）。

(2) 假设在输入信号的作用下，运放工作于线性放大的范围，并建立了一定数值的输出

电压 u_o，如图 1.2.3 所示。由于 $A_{do}\to\infty$，从运放的输出和输入的关系上可看到，理想运放的差模输入电压 u'_{id} 必定趋近于零，并由此可知理想运放的差模输入电流 I_{id} 也必趋于零（即使理想运放的 Z_{id} 不是无穷大，这点也成立）。这一特点称作运放输入端的"虚短接"。"虚短接"中"短"字的含义是：这种"短接"是一种特殊的短接，它形似短接而非真正短接，即 u'_{id} 是趋近于零而

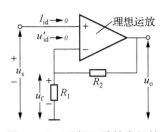

图 1.2.3 理想运放的虚短接

不是等于零。另外，运放的两个输入端之间也几乎没有电流通过。利用"虚短接"的概念分析放大器十分方便。例如用它分析图 1.2.2 的放大器时则有：

$$u_s = u_o \frac{R_1}{R_1 + R_2}$$

$$A_{ul} = u_o/u_s = 1 + R_2/R_1 = 1/F_u \tag{1.14}$$

我们把理想运放组成的电压放大器的增益记作 A_{ul}，称之为理想电压增益。

由于 $I_i \to 0$，所以放大器的输入阻抗

$$Z_{if} = u_s/I_i \to \infty \tag{1.15}$$

由于输出电压 u_o 仅决定于 $1/F_u$，而与其他任何参数无关，所以输出端呈理想电压源的特性。故加入负反馈后的输出阻抗

$$Z_{of} \to 0 \tag{1.16}$$

1.2.3 负反馈放大器的四种基本类型

我们已经较详细地讨论了图 1.2.2 所示的负反馈放大器。然而，它仅仅是负反馈放大器基本形式中的一种。根据输入信号和反馈信号的比较方式，以及反馈信号与输出信号的比例关系，负反馈放大器可分为四种基本类型。

这里所说的输入信号、反馈信号以及输出信号不像在图 1.2.2 电路中单指输入电压 $\dot{U}_s$、反馈电压 $\dot{U}_f$ 和输出电压 $\dot{U}_o$，而是泛指电压或电流。如果输入信号是电流 $\dot{I}_s$，同它相比较的必然是反馈电流 $\dot{I}_f$（注意相比较的两个电信号必须同是电压，或同是电流。电流不能和电压直接相比较）。要使两个电压相比较，必须将两电压

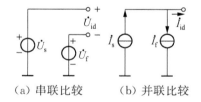

(a) 串联比较　　(b) 并联比较

图 1.2.4 输入端的信号比较方式

串联起来，而要使两电流相比较，必须将两个电流并联起来，如图 1.2.4 所示。这样反馈放大器输入端的"比较"就有"串联"和"并联"两种方式。

另外，反馈信号（$\dot{U}_f$ 或 $\dot{I}_f$）可以和负载上的输出电压 $\dot{U}_o$ 成比例（如同图 1.2.2 的电压 $\dot{U}_f$），这称为对输出端电压采样；同样反馈信号也可以和负载中的输出电流 $\dot{I}_o$ 成比例，这称为对输出端电流采样。

这样便有负反馈的四种基本类型：

电压串联负反馈——输入信号为 $\dot{U}_\mathrm{s}$，$\dot{U}_\mathrm{s}$ 和 $\dot{U}_\mathrm{f}$ 串联比较，$\dot{U}_\mathrm{f}$ 与 $\dot{U}_\mathrm{o}$ 成比例，即输出端为电压采样。

电流串联负反馈——输入信号为 $\dot{U}_\mathrm{s}$，$\dot{U}_\mathrm{s}$ 和 $\dot{U}_\mathrm{f}$ 串联比较，$\dot{U}_\mathrm{f}$ 与 $\dot{I}_\mathrm{o}$ 成比例，即输出端为电流采样。

电压并联负反馈——输入信号为 $\dot{I}_\mathrm{s}$，$\dot{I}_\mathrm{s}$ 和 $\dot{I}_\mathrm{f}$ 并联比较，$\dot{I}_\mathrm{f}$ 与 $\dot{U}_\mathrm{o}$ 成比例，即输出端为电压采样。

电流并联负反馈——输入信号为 $\dot{I}_\mathrm{s}$，$\dot{I}_\mathrm{s}$ 和 $\dot{I}_\mathrm{f}$ 并联比较，$\dot{I}_\mathrm{f}$ 与 $\dot{I}_\mathrm{o}$ 成比例，即输出端为电流采样。

下面将对理想运放构成的四种基本类型的负反馈放大器分别进行讨论。

1. 电压串联负反馈

图 1.2.2 所示的电路就是电压串联负反馈的基本类型。它的输入信号 $\dot{U}_\mathrm{s}$ 在输入端和 $\dot{U}_\mathrm{f}$ 串联比较；$\dot{U}_\mathrm{f}$ 和 $\dot{U}_\mathrm{o}$ 成比例，即输出端是电压采样。我们已经得到它的特性：

理想增益　　　　　　　$\dot{A}_{u1}=\dot{A}_{uf}=1+R_2/R_1=1/F_u$

输入阻抗　　　　　　　$Z_\mathrm{if}\to\infty$

输出阻抗　　　　　　　$Z_\mathrm{of}\to 0$

必须特别注意的是：电压串联负反馈稳定的仅仅是电压放大倍数，并仅仅能够稳定输出电压、减小输出电压的非线性失真。

如果在电阻取值上让 $R_2\to 0$，$R_1\to\infty$，则可以得到电压串联负反馈电路的一种特殊形式，如图 1.2.5 所示，称作电压跟随器。显然，它的理想增益 $\dot{A}_{u1}=1$，输入阻抗 $Z_\mathrm{if}\to\infty$，输出阻抗 $Z_\mathrm{of}\to 0$。电压跟随器具有很好的阻抗变换作用，尤其适用于在高内阻电压源和低阻抗负载间起"缓冲"或"隔离"作用。常用来作为信号源与负载之间或放大器前、后级之间的缓冲器。

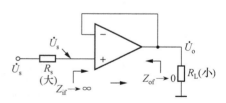

图 1.2.5　电压跟随器缓冲负载影响

2. 电流串联负反馈

电流串联负反馈放大器的电路示于图 1.2.6。输入信号是 $\dot{U}_\mathrm{s}$，在输入端 $\dot{U}_\mathrm{s}$ 与 $\dot{U}_\mathrm{f}$ 串联比较，$\dot{U}_\mathrm{f}$ 与流过负载的电流 $\dot{I}_\mathrm{o}$ 成比例。负载可以是电阻、电容或电感，也可以是非线性元件。不论何种情况，$\dot{U}_\mathrm{f}$ 始终与 $\dot{I}_\mathrm{o}$ 成比例，即有 $\dot{U}_\mathrm{f}=R\cdot\dot{I}_\mathrm{o}$。$R$ 为一固定电阻。

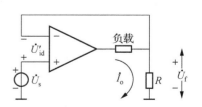

图 1.2.6　电流串联负反馈

反馈网络由电阻 R 组成，它的输入量是 $\dot{I}_\mathrm{o}$，输出量是

$\dot{U}_f$。因此反馈系数 $\dot{F}=\dot{U}_f/\dot{I}_o$，其量纲是电阻，记为 $\dot{F}_r$，即 $\dot{F}_r=R$。

在理想运放的条件下 $\qquad\qquad \dot{U}_s=\dot{U}_f=\dot{F}_r\cdot\dot{I}_o$

理想增益 $\qquad\qquad \dot{A}_{g1}=\dot{I}_o/\dot{U}_s=1/\dot{F}_r=1/R \qquad\qquad (1.17)$

由上式可知，电流串联负反馈的增益 $\dot{A}_{g1}$ 为互导增益，它只与反馈网络的系数 R 有关，而与运放及负载完全无关，所以这种反馈放大器的互导增益是稳定的。在输入信号一定时，输出电流是稳定的。它相当于一个电流源的性质，反馈放大器的输出阻抗 $Z_{of}\to\infty$，输入端与图 1.2.2 的电压串联负反馈电路一样，其输入阻抗 $Z_{if}\to\infty$。由此可见图 1.2.6 的电路是一个性能良好的 U/I 转换器。

3. 电压并联负反馈

电压并联负反馈放大器的电路示于图 1.2.7，这种反馈放大器的输入信号是 $\dot{I}_s$。$\dot{I}_s$ 的流入会使 $\dot{U}_{id}$ 增大，从而使 $\dot{U}_o$ 负向增大，这将在 R 中产生反相的 $\dot{I}_f$，$\dot{I}_s$ 与 $\dot{I}_f$ 相比较减小了送入运放反相输入端的净输入电流 $\dot{I}_{id}$，因此这是一种并联比较方式的负反馈。反馈网络由电阻 R 组成。由于负反馈的成立，则理想运放的两个输入端必然是"虚短接"。又由于运放的同相端是接地

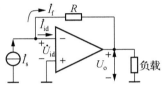

图 1.2.7　电压并联负反馈

的，则反相输入端的电位 $\dot{U}_N$ 必然趋近于零。我们把反相输入端电位趋近于零的这一特点称为"虚地"。"虚地"实质上是运放同相输入端接地情况下的"虚短接"。

由于反相输入端的"虚地"特性，则必有

$$\dot{I}_f=-\frac{\dot{U}_o}{R}=\dot{I}_s$$

即反馈信号正比于输出电压 $\dot{U}_o$。对反馈网络来说，它的输入信号是 $\dot{U}_o$，输出信号是 $\dot{I}_f$，反馈系数 $\dot{F}_g=\dot{I}_f/\dot{U}_o$ 具有电导的量纲。所以

反馈系数 $\qquad\qquad \dot{F}_g=\dot{I}_f/\dot{U}_o=-1/R$

理想增益 $\qquad\qquad \dot{A}_{r1}=\dfrac{\dot{U}_o}{\dot{I}_s}=\dfrac{1}{\dot{F}_g}=-R \qquad\qquad (1.18)$

这种反馈放大器的互阻增益和输出电压是稳定的，它本身是一个优良的 I/U 转换器。

输入阻抗 $\qquad\qquad Z_{if}=\dot{U}_{id}/\dot{I}_s\to 0$

输出阻抗 $\qquad\qquad Z_{of}\to 0$

4. 电流并联负反馈

电流并联负反馈的电路示于图 1.2.8。输入信号是 $\dot{I}_s$，$\dot{I}_s$ 的作用将使 $\dot{U}_{id}$ 增大，使 $\dot{U}_o$ 向反方向增大，这样 $\dot{I}_o$ 将反相增大，并在 R_2 中产生一个反相的 $\dot{I}_f$，它与 $\dot{I}_o$ 成比

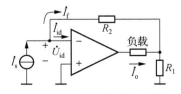

图 1.2.8　电流并联负反馈

例,并与 $\dot{I}_s$ 比较后使 $\dot{I}_{id}$ 减小,所以是一个电流并联负反馈。

由图得

$$\dot{F}_i = \dot{I}_f / \dot{I}_o = -\frac{R_1}{R_1 + R_2}$$

在理想运放的条件下　　　　　$\dot{I}_s = \dot{I}_f = \dot{F}_i \cdot \dot{I}_o$

理想增益　　　　　$\dot{A}_{iI} = \frac{\dot{I}_o}{\dot{I}_s} = -(1 + R_2/R_1)$　　　　　(1.19)

电路的电流放大倍数和输出电流是稳定的,输出具有电流源性质,所以

输出阻抗　　　$Z_{of} \rightarrow \infty$

输入阻抗　　　$Z_{if} = \dfrac{\dot{U}_{id}}{\dot{I}_s} \rightarrow 0$

电流并联负反馈放大器是一个优良的电流放大器。

现将四种基本类型的反馈放大器的特性列于表 1.2。

表 1.2　四种基本类型反馈放大器的特性

负反馈类型	输入信号	被稳定的输出信号	理想增益 A_I	Z_{if}	Z_{of}
电压串联	$\dot{U}_s$	$\dot{U}_o$	$A_{uI} = 1 + R_2/R_1$	∞	0
电流串联	$\dot{U}_s$	$\dot{I}_o$	$A_{gI} = 1/R$	∞	∞
电压并联	$\dot{I}_s$	$\dot{U}_o$	$A_{rI} = -R$	0	0
电流并联	$\dot{I}_s$	$\dot{I}_o$	$A_{iI} = -(1 + R_2/R_1)$	0	∞

1.2.4　负反馈放大器的主要性能

本节仍以图 1.2.2 所示的电压放大器为例,原理性地讨论负反馈放大器的几个主要特性。

1. 负反馈增加了增益的稳定性

负反馈可以改善增益的稳定性。我们用图 1.2.2 的电路来说明负反馈增加增益稳定性的机理。设放大器在 u_s 作用下的输出电压为 u_o,由于某种原因(例如 A_{do} 减小或负载电阻值变小)使 u_o 值下降,这势必引起 u_f 以同样的比例下降。在 u_s 一定的情况下,u'_{id} 的数值就会增大,这就补偿了 u_o 的下降,使 u_o 有维持不变的趋势。

下面将导出负反馈放大器增益稳定的数量关系。

将式(1.12)的等号两边对 A_{do} 求导,得

$$\frac{\mathrm{d}A_{uf}}{\mathrm{d}A_{do}} = \frac{(1 + A_{do} \cdot F_u) - A_{do} \cdot F_u}{(1 + A_{do} \cdot F_u)^2} = \frac{1}{(1 + A_{do} \cdot F_u)^2}$$

或

$$\mathrm{d}A_{uf} = \frac{\mathrm{d}A_{do}}{(1 + A_{do} \cdot F_u)^2}$$

用式(1.12)除上式得

$$\frac{\mathrm{d}A_{uf}}{A_{uf}} = \frac{1}{1 + A_{do} \cdot F_u} \cdot \frac{\mathrm{d}A_{do}}{A_{do}} \tag{1.20}$$

上式表明,引入负反馈后,放大器的电压放大倍数的相对变化量比运放的开环电压放大倍数(即未加负反馈时的电压增益)相对变化量减小为原来的 $1/(1 + A_{do} \cdot F_u)$ 倍。例如 $A_{do} = 50\,000$,$F_u = 0.1$,得 $1 + A_{do} \cdot F_u = 5\,001$。则 A_{uf} 的相对变化量要比 A_{do} 的变化量减小 5 001 倍。但要指出,负反馈使放大器的增益也减小为原来的 $1/(1 + A_{do} \cdot F_u)$ 倍,所以增益稳定性的提高是以牺牲放大器的开环增益为代价的。

2. 负反馈减小了放大器的非线性失真

以上的分析中都是把运放作为线性元件处理的。然而严格地说,运放是一个非线性元件,或者充其量是一个准线性元件。图 1.2.9 中的 ABC 曲线是实际运放的静态输入-输出特性(或称静态传输特性)。曲线上任一点的斜率 $\mathrm{d}u_o/\mathrm{d}u'_{id}$ 就是该点的微变电压增益。在 u_o 很小时,这个参数具有最大值。它就是生产厂家提供的 A_{do} 值。随着 u_o 绝对值的增大,微变电压增益逐渐减小。当 u_o 趋向 $+U_{oM}$ 和 $-U_{oM}$ 时,它逐渐趋向于零。

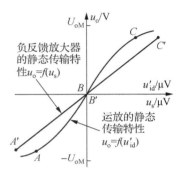

图 1.2.9　运放的静态传输特性

当给未加负反馈的放大器施加正弦信号时,在输出电压的摆幅很小时,运放工作的静态传输特性部分可看作是线性的,则输出波形可认为是正弦波。如果增大输入使输出摆幅增大到一定程度,输出波形就不再是纯正的正弦波,这就产生了输出波形的失真。这种由于静态传输特性的非线性而引起的输出波形失真称为非线性失真。

负反馈能有效地减小放大器的非线性失真。这可以从加入负反馈后放大器的静态传输特性 $A'B'C'$ 更趋向于直线来证实。

设图 1.2.2 的负反馈放大器的输出摆幅很大,它由 A' 点经 B' 点到 C' 点。这个工作范围对应于图 1.2.9 未加负反馈的运放静态传输特性的 A 点经 B 点到 C 点。设运放在 B 点的微变增益为 50 000,A 点和 C 点的微变增益只有 B 点的十分之一,即 5 000。又设 $F_u = 0.01$。根据这些条件可以大体上描绘出加负反馈后放大器的静态传输特性。

B' 点传输特性的斜率,即微变增益为

$$\left(\frac{\Delta u_o}{\Delta u_s}\right)_{B'} = \frac{(A_{do})_B}{1 + (A_{do})_B \cdot F_u} = \frac{50\,000}{1 + 500} = 99.80$$

A' 点和 C' 点的微变增益为

$$\left(\frac{\Delta u_o}{\Delta u_s}\right)_{A',C'} = \frac{(A_{do})_{A,C}}{1+(A_{do})_{A,C} \cdot F_u} = \frac{5\,000}{1+5\,000 \times 0.01} = 98.04$$

二者的差别只有 $(99.80-98.04)/99.8 = 0.76\%$。曲线上 $A' \sim C'$ 之间的各点的增益都应在 98.04 和 99.80 之间。图 1.2.9 上画出了负反馈放大器的静态传输特性 $A'B'C'$，它非常接近于直线。显然，这样的放大器特性所产生的非线性失真也就很小了。

3. 负反馈减小了放大器的噪声

负反馈能够抑制放大器的噪声，提高放大器的信号噪声比。放大器的输出端除了有用的信号分量 u_o 外，还存在着由于噪声而引起的分量 u_{on}。

噪声是一个广义的名称，它包括通过各种渠道（例如电源纹波，电与磁的耦合等方式）进入放大器的有害信号，以及放大器的内部固有的有害信号。例如放大元件（半导体三极管）工作时产生的散弹噪声、雪崩噪声以及由于温度变化而产生的电压电流漂移等。当噪声较大时，会把有用的信号"淹没"掉。因此，它直接影响放大器能够放大的最小信号。为了能够直观地在放大器的输入端看出信号噪声比的大小，通常把输出端的噪声分量 u_{on} 除以放大器的电压放大倍数 A_u，得到折算到放大器输入端的等效噪声电压 u_{in}，如图 1.2.10 所示。

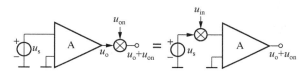

图 1.2.10 放大器的等效输入噪声

现在来讨论图 1.2.11 所示的由放大器 A_1、A_2 和 A_3 组成的多级放大器，在加了负反馈后的信号、噪声分量。图中 u_{n1}、u_{n2} 和 u_{n3} 分别表示 A_1、A_2 和 A_3 输入端的等效噪声电压。

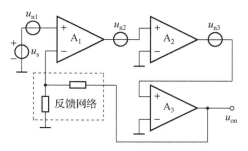

图 1.2.11 负反馈放大器内部噪声的抑制

由图可以导出反馈放大器的输出电压为

$$u_{on} = \frac{A_1 A_2 A_3 (u_s + u_{n1}) + A_2 A_3 u_{n2} + u_{n3} \cdot A_3}{1 + A_1 A_2 A_3 F_u} \tag{1.21}$$

由上式可以看出，负反馈的引入使第一级放大器 A_1 的等效噪声输入电压与输入信号衰减了同样的倍数，但后续的放大级的噪声输入电压得到更大的衰减倍数，越靠近输出端的放大级，衰减倍数越大。由此我们得到两点重要的启示：

（1）减小第一级放大器的输入噪声是至关重要的。

（2）负反馈对反馈环内靠近输出级的噪声具有更强的抑制作用。

4. 负反馈扩展了放大器的通频带宽度

我们仍以图 1.2.2 所示负反馈电压放大器为例。
设运放的频率响应特性为

$$A_d(s) = \frac{A_{do}}{1 + \dfrac{s}{\omega_{P1}}} \qquad (1.22)$$

式中 $\omega_{P1} = 2\pi f_{P1}$，其对应运放频率响应的一个极点，也
是运放的上限频率或称为运放的通频带宽度，见图
1.2.12。我们注意到，在运放的开环增益（即图中虚线
所示）的幅频特性曲线上，当频率 $f > f_{P1}$ 后，运放的增
益不再是 A_{do}，而是一条 -20 dB/十倍频的斜线，在这

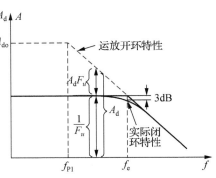

图 1.2.12　负反馈放大器的
幅频特性及通频带

条线上的任一点都具有 $A_d(s) = A_{do} f_{P1}$ 的特点（即频率上升 1 倍，增益下降一半，频率和增益
的乘积——增益带宽积为一常数）。

根据式（1.12）放大器的电压增益为

$$A_{uf} = \frac{u_o}{u_s} = \frac{A_{do}}{1 + A_{do} \cdot F_u}$$

考虑到频率变化时运放的开环增益不再是常数，故用 $A_d(s)$ 取代上式中的 A_{do}，将式
（1.22）代入上式，整理后得

$$A_{uf}(s) = \frac{\dfrac{A_{do}}{1 + A_{do} \cdot F_u}}{1 + \dfrac{s}{(1 + A_{do} F_u)\omega_{P1}}}$$

其中分子项

$$\frac{A_{do}}{1 + A_{do} \cdot F_u} = A_{uf} \approx \frac{1}{F_u}$$

故可得到

$$A_{uf}(s) = \frac{\dfrac{1}{F_u}}{1 + \dfrac{s}{(1 + A_{do} F_u)\omega_{P1}}} \qquad (1.23)$$

上式说明，闭环后的负反馈放大器的特性仍具有一个极点，其角频率为

$$(1 + A_{do} F_u)\omega_{P1} = (1 + A_{do} F_u) 2\pi f_{P1} \qquad (1.24)$$

令式（1.23）中的 $s = \mathrm{j}2\pi f$，得

$$A_{uf}(f) = \cfrac{\cfrac{1}{F_u}}{1 + j\cfrac{f}{(1 + A_{do}F_u)f_{P1}}} = \cfrac{\cfrac{1}{F_u}}{1 + j\cfrac{f}{f_{hf}}} \tag{1.25}$$

上式中 $f_{hf} = (1 + A_{do}F_u)f_{P1}$，是闭环后负反馈放大器的上限频率。式(1.25)说明：

（1）负反馈放大器仍具有 1 阶低通特性，其上限频率由开环时的 $f_h = f_{P1}$ 增大到闭环后的 $f_{hf} = (1 + A_{do}F_u)f_{P1}$，即闭环后放大器的通频带宽度 $f_{BW} = f_{hf}$ 扩展了 $(1 + A_{do}F_u)$ 倍。

（2）闭环带宽的增大是以牺牲增益（由开环的 A_{do} 减小到闭环后的 $1/F_u$）为代价的。闭环后带宽与增益的乘积仍等于开环时的带宽与增益的乘积。

（3）闭环后反馈放大器的上限频率 f_{hf} 位于图 1.2.12 中直线 $1/F_u$ 与运放开环增益特性曲线的切割点上，该频率也称为切割频率，通常记作 f_c，是分析负反馈放大器的一个重要参数。

5. 负反馈对放大器输入及输出阻抗的影响

归纳表 1.2.1 中 Z_{if} 及 Z_{of} 与负反馈类型的关系，明确地说明了这样的规律：

（1）电压负反馈减小了放大器的输出阻抗。

（2）电流负反馈增大了放大器的输出阻抗。

（3）串联负反馈增大了放大器的输入阻抗。

（4）并联负反馈减小了放大器的输入阻抗。

上述的规律可以用一般的电路概念来解释：

（1）电压负反馈稳定输出电压，使电路趋向于电压源特性，所以输出阻抗减小。

（2）电流负反馈稳定输出电流，使电路趋向于电流源特性，所以输出阻抗增大。

（3）串联负反馈减小了 U'_{id}，从而减小了输入电流 $\dot{I}_i$，所以输入阻抗 $\cfrac{\dot{U}_i}{\dot{I}_i}$ 增大。见图 1.2.13(a)。

（4）并联负反馈减小了 $\dot{I}_i$，从而减小了输入电压 $\dot{U}_{id}$，所以输入阻抗 $\dot{U}_{id}/\dot{I}_s$ 减小。见图 1.2.13(b)。

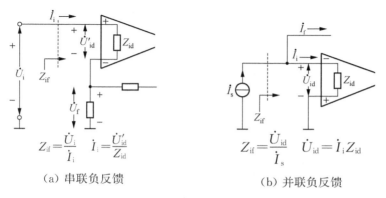

（a）串联负反馈　　　　　　　　（b）并联负反馈

图 1.2.13　负反馈放大器的输入阻抗

上面所说的输入和输出阻抗的"增大"或"减小"都是与无反馈时放大器的输入阻抗和输出阻抗相比较而言的。理论上还可以进一步证明[1]增大或减小的倍数都是$(1+A_d \cdot F_u)$。

我们还注意到,上述四种反馈放大器,反馈信号都是接到运放的反相输入端上。这是负反馈放大器在电路连接上的一个特点。尽管负反馈的基本形式只有四种,但由它们衍生出来的实用模拟运算电路却是种类繁多的。

从上面的讨论中我们看到:负反馈的引入虽然降低了放大器的增益,但却改善了放大器的许多性能,因此负反馈被广泛地应用于放大器中。

与此相反,正反馈虽然提高了放大器的增益,但却使放大器的许多性能劣化了。因此,一般情况下,放大器中较少采用正反馈。

1.3 运放基本运算电路分析

作为负反馈放大器的应用举例,本节介绍几个由运放组成的实用运算电路。

1.3.1 PID 调节器电路

PID 调节器电路是一种比例(P)、积分(I)、微分(D)控制电路。在生产过程中广泛应用于实现对工业参数(如温度、压力、流量、液位等)的精确闭环控制,目的是使被控参数在最短时间内无抖动地达到设定的目标值,如图 1.3.1 所示。

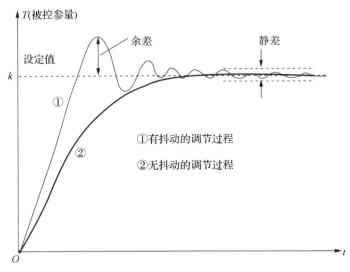

图 1.3.1　对被控参数的调节曲线

一般而言,仅有单一的比例控制容易导致在接近目标值时因超调而产生较大余差,且难

---

① 参见参考文献[2]:《模拟集成电子技术基础》,东南大学出版社,1994:202

以消除经时变化而产生的静差。因此需要引进积分和微分环节来改善控制效果。积分调节有响应滞后的不足,但却能有效克服因微小误差累积而产生的静差。微分调节能对偏差的变化趋势作出超前响应,有效改善控制过程的动态特性,但对静差的调节无能为力。PID 调节把上述三种控制效果整合在一起,并通过选取最合适的 P、I、D 参数使调节达到最佳效果。

集成运放组成的 PID 调节器原理电路如图 1.3.2 所示。它由比例运算器、积分器、微分器及加法器组成。PID 调节器的输入信号是调节过程中被调节对象相对于目标值的偏差量,输出信号作为调节过程中的控制量。

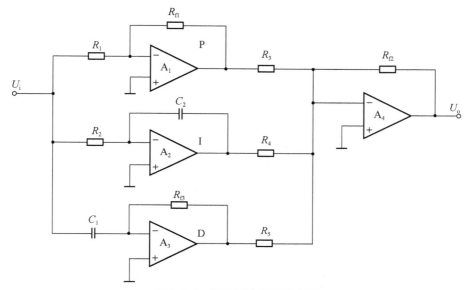

图 1.3.2　PID 调节器原理电路

1. 比例运算器电路

运放 A_1 构成反相比例运算器,如图 1.3.3(a)所示。设它的输入信号记作 $\dot{U}_s$,我们可以将它化作电流源 $\dot{I}_s$ 和电阻 R_1 的并联形式,如图 1.3.3(b)所示。将图 1.3.3(b)与图 1.2.7 的电压并联负反馈放大器相比较,可以看出:除了图 1.3.3(b)中在反相输入端 N 到地点之间多了一个电阻 R_1 外,其余全相同。由于 N 点的"虚地"特性,所以 R_1 两端的电压为零,流过 R_1 的电流也为零,这实质上等于 R_1 并不存在。显然,反相比例运算器就其反馈性质来说属于电压并联负反馈范畴。

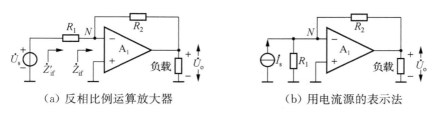

(a) 反相比例运算放大器　　　　　　(b) 用电流源的表示法

图 1.3.3　反相比例运算放大器

在图 1.3.3(b)的电路中

$$\dot{U}_o = -\dot{I}_s \cdot R_2$$

而

$$\dot{I}_s = \dot{U}_s / R_1$$

故有

$$\dot{U}_o = -\dot{U}_s \cdot \frac{R_2}{R_1}$$

即电路的比例系数为理想电压增益

$$\dot{A}_{u1} = \frac{\dot{U}_o}{\dot{U}_s} = -\frac{R_2}{R_1}$$

$$Z_{if} \to 0, Z'_{if} = R_1$$

$$Z_{of} \to 0$$

满足 $R_1 = R_2$ 的条件时,其 $\dot{A}_{u1} = -1$,反相比例运算器也称为模拟反相器。

在 PID 调节中比例要素 P 的取值(即 $\dot{A}_{u1}$ 取值)关系到闭环控制时环路增益的大小。

2. 积分器电路

由运放构成的反相积分器电路如图 1.3.4(a)所示。积分器完成对输入信号电压的积分运算,即 $u_o(t) = K\int u_s(t)\mathrm{d}t$,其中 K 为积分比例系数。它是将图 1.3.3(a)中的 R_2 改换为电容器 C 而构成的,因此积分器仍是一种电压并联负反馈电路。

由于运放反相输入端的"虚地"特性,故有

$$i_s(t) = u_s(t)/R$$

而由于 $i_s = i_f$,故电路的输出电压 u_o 为

$$u_o(t) = u_o(0) - \frac{1}{C}\int \frac{u_s(t)}{R}\mathrm{d}t = u_o(0) - \frac{1}{RC}\int u_s(t)\mathrm{d}t$$

或写成定积分的形式

$$u_o(t) = u_o(0) - \frac{1}{RC}\int_0^t u_s(t)\mathrm{d}t \tag{1.26}$$

式中的 $u_o(0)$ 是积分器的输出初始电压。由上式可知,电路完成了对输入电压的积分作用。

积分器在波形产生和变换以及精密测量等方面应用甚广。最典型的应用是将阶跃电压变为斜坡电压。设 $t = 0$ 时电容器上的电压为零,此时在输入端作用一个幅值为 U_s 的阶跃电压,则输出为一个斜率为 $-1/RC$ 的斜坡电压,可见积分器的输出电压的变化滞后于输入电压,是按照积分时间常数 RC 所确定的斜率线性变化的,如图 1.3.4(b)所示。

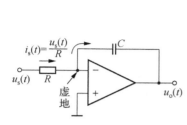

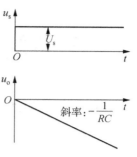

（a）积分器的原理电路　　　　（b）积分器的阶跃响应

图 1.3.4　积分器电路及其阶跃响应

3. 微分器电路

微分器完成对输入信号电压的微分运算。即微分器的输出电压

$$u_{\mathrm{o}}(t) = K\frac{\mathrm{d}u_{\mathrm{s}}(t)}{\mathrm{d}t}$$

图 1.3.5 示出了它的原理电路。

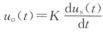

图 1.3.5　微分器的原理电路

显然，这仍是一个电压并联负反馈电路，故有

$$i_{\mathrm{s}}(t) = C\frac{\mathrm{d}u_{\mathrm{s}}(t)}{\mathrm{d}t}$$

$$i_{\mathrm{s}}(t) = i_{\mathrm{f}}(t)$$

$$u_{\mathrm{o}}(t) = -i_{\mathrm{f}}(t) \cdot R = -RC\frac{\mathrm{d}u_{\mathrm{s}}(t)}{\mathrm{d}t} \tag{1.27}$$

可见电路的输出电压正比于输入电压的微分。

应当注意的是微分器对输入信号中的高频噪声十分敏感，因此在电路实际使用时，应采取相应的降噪措施来衰减输出电压中的高频噪声。

4. 加法器电路

模拟加法器实现 $\dot{U}_{\mathrm{o}} = K(\dot{U}_{\mathrm{s}1} + \dot{U}_{\mathrm{s}2}\cdots + \dot{U}_{\mathrm{s}n})$ 运算。其中 $\dot{U}_{\mathrm{o}}$ 是模拟加法器的输出电压，$\dot{U}_{\mathrm{s}1} \sim \dot{U}_{\mathrm{s}n}$ 是参与相加的各个输入信号电压。图 1.3.6 示出了反相输入模拟加法器的原理电路，它实质上是一个有多个输入信号的反相运算器。其中

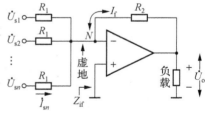

图 1.3.6　模拟加法器的原理电路

$$\dot{I}_{\mathrm{s}1} = \dot{U}_{\mathrm{s}1}/R_1, \dot{I}_{\mathrm{s}2} = \dot{U}_{\mathrm{s}2}/R_1, \cdots, \dot{I}_{\mathrm{s}n} = \dot{U}_{\mathrm{s}n}/R_1$$

$$\dot{I}_{\mathrm{s}1} + \dot{I}_{\mathrm{s}2} + \cdots + \dot{I}_{\mathrm{s}n} = \dot{I}_{\mathrm{f}}$$

$$\dot{U}_{\mathrm{o}} = -\dot{I}_{\mathrm{f}} \cdot R_2 = -R_2/R_1(\dot{U}_{\mathrm{s}1} + \dot{U}_{\mathrm{s}2} + \cdots + \dot{U}_{\mathrm{s}n}) \tag{1.28}$$

模拟加法器的 $\dot{Z}_{\mathrm{if}} \rightarrow 0, \dot{Z}_{\mathrm{of}} \rightarrow 0$。

各 P、I、D 电路的输出电压最后经反相加法器求和后合成为总的 PID 输出控制信号。

由内含 4 个运放的双列直插式单片器件 TL084 构成的一个用于实际温度控制的 PID 调节器电路示于图 1.3.7。作几点说明如下：

①图 1.3.7 中各集成运放同相输入端所接电阻，是为了消除由运放输入失调电流所产生的静态误差电压。其取值与运放反相端的等效直流电阻相等，这部分内容将在第 6 章 6.1.1 节详细讨论。

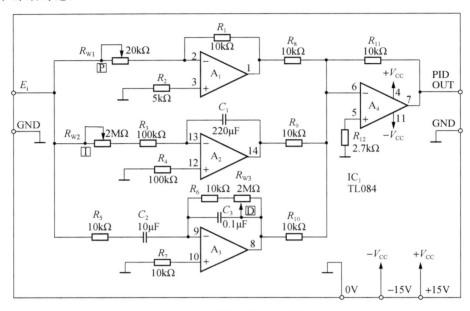

图 1.3.7　一个实用的 PID 调节器电路

②微分器电路中的电阻 R_5 及电容 C_3 起频率补偿作用，目的是抑制高频噪声以使电路能稳定工作。其基本原理是使运放 A_3 的反馈支路阻抗 Z_f（由 C_3 和电阻并联构成）与输入支路阻抗 Z_1（由 C_2 和 R_5 串联构成）对高频噪声的比值（即增益）Z_f/Z_1 减小，以抑制电路对高频噪声的响应。（关于频率补偿的详细分析将在第 6 章 6.5 节详细讨论）

③各半固定可调电阻 $R_{W1} \sim R_{W3}$ 分别用于对 P、I、D 参数的调整。在图中给定元件参数下，比例参数 P 由 R_1 和 R_{W1} 决定，可在 $0.5 \sim \infty$ 范围调节；积分参数 I 即积分时间常数由 $C_1(R_3 + R_{W2})$ 决定，可在 $22 \sim 426$ s 范围调节；微分参数 D 即微分时间常数由 $C_2(R_6 + R_{W3})$ 决定，调节范围在 $0.1 \sim 20.1$ s。

1.3.2　仪用放大器电路

图 1.3.8(a)所示的仪用放大器电路是由三个运放组成的。它具有输入阻抗高，对输入信号中的共模分量抑制能力强，增益调节方便等优点，被广泛应用于仪器仪表的测量电路中，故称为"仪用放大器"。

该电路由两个不同形式的差动放大器构成，所谓"差动放大"是指"输入有差别则输出有变动",即仅放大输入信号中的差模分量。两种差动放大器分别如图 1.3.8(b)和图 1.3.8(c)所示。

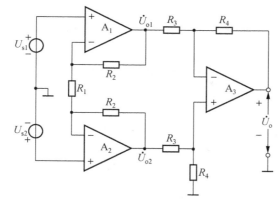

图 1.3.8(a)　仪用放大器的原理电路

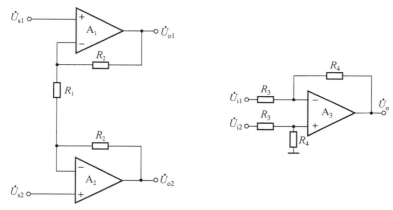

图 1.3.8(b)　双端输出型差动放大器　　图 1.3.8(c)　单端输出型差动放大器

1. 双端输出型差动放大器

我们先来分析图 1.3.8(b)所示的双端输出差动放大器电路。它有两个驱动源 $\dot{U}_{s1}$ 和 $\dot{U}_{s2}$，分别作用到运放 A_1 和 A_2 的两个输入端。电路中的 R_1 和 R_2 对运放 A_1 和 A_2 引入电压负反馈，使两个运放均处于输入端"虚短接"状态，根据支路电流法可写出：

$$\frac{\dot{U}_{o1}-\dot{U}_{s1}}{R_2}=\frac{\dot{U}_{s1}-\dot{U}_{s2}}{R_1}$$

$$\frac{\dot{U}_{s1}-\dot{U}_{s2}}{R_1}=\frac{\dot{U}_{s2}-\dot{U}_{o2}}{R_2}$$

由此可求得：

$$\dot{U}_{o1}=\left(1+\frac{R_2}{R_1}\right)\cdot\dot{U}_{s1}-\frac{R_2}{R_1}\cdot\dot{U}_{s2} \tag{1.29}$$

$$\dot{U}_{o2}=\left(1+\frac{R_2}{R_1}\right)\cdot\dot{U}_{s2}-\frac{R_2}{R_1}\cdot\dot{U}_{s1} \tag{1.30}$$

为了彰显上述表达式的物理含义，我们将式(1.29)和式(1.30)中的 $\dot{U}_{s1}$ 和 $\dot{U}_{s2}$ 分别以差

模及共模分量的形式给出。$\dot{U}_{s1}$ 和 $\dot{U}_{s2}$ 中的差模分量为

$$\dot{U}_{id}=\dot{U}_{s1}-\dot{U}_{s2}$$

共模分量为

$$\dot{U}_{ic}=\frac{1}{2}(\dot{U}_{s1}+\dot{U}_{s2})$$

或表示为

$$\dot{U}_{s1}=\dot{U}_{ic}+\frac{\dot{U}_{id}}{2}$$

$$\dot{U}_{s2}=\dot{U}_{ic}-\frac{\dot{U}_{id}}{2}$$

将此代入式(1.29)、式(1.30),可改写为

$$\dot{U}_{o1}=\dot{U}_{ic}+\left(1+2\frac{R_2}{R_1}\right)\cdot\frac{\dot{U}_{id}}{2} \tag{1.31}$$

$$\dot{U}_{o2}=\dot{U}_{ic}-\left(1+2\frac{R_2}{R_1}\right)\cdot\frac{\dot{U}_{id}}{2} \tag{1.32}$$

可见当输出电压从 $\dot{U}_{o1}$ 和 $\dot{U}_{o2}$ 之间取出时,输入信号中的共模分量将被抑制,仅有差模分量被放大了$(1+2R_2/R_1)$倍。

2. 单端输出的差动放大器

我们再来分析图 1.3.8(c)所示单端输出差动放大电路。它是利用运放本身具有的差动特性构成的。由于 R_2 引入的电压负反馈使运放 A_3 工作在线性状态,我们可以根据叠加原理来求解输出电压 $\dot{U}_o$ 与两个输入电压 $\dot{U}_{o1}$、$\dot{U}_{o2}$(前级的输出电压)的关系。令前级双端输出差动放大器的两个输出电压 $\dot{U}_{o1}$ 和 $\dot{U}_{o2}$ 分别记作 $\dot{U}_{i1}$ 和 $\dot{U}_{i2}$,并各自单独作用于由 A_3 构成的运放电路输入端,求出输出电压的代数和。

当 $\dot{U}_{i1}$ 单独作用时运放构成的是一个反相输入电压并联负反馈电路。于是可知

$$\dot{U}_o'=-\frac{R_4}{R_3}\cdot\dot{U}_{i1}$$

当 $\dot{U}_{i2}$ 单独作用时,运放构成的是一个同相输入的电压串联负反馈放大器,$\dot{U}_{i2}$ 先经 R_3 和 R_4 组成的衰减器衰减后,再进行同相放大,于是可知

$$\dot{U}_o''=\frac{R_4}{R_3+R_4}\cdot\frac{R_4+R_3}{R_3}\cdot\dot{U}_{i2}$$

由此可得图 1.3.8(c)所示电路的总的输出电压为:

$$\dot{U}_o=\dot{U}_o'+\dot{U}_o''$$

将 $\dot{U}_o'$ 及 $\dot{U}_o''$ 的表达式代入并整理得

$$\dot{U}_o=-\frac{R_4}{R_3}\cdot(\dot{U}_{i1}-\dot{U}_{i2}) \tag{1.33}$$

若取 $R_3 = R_4$ 则上式可进一步简化为

$$\dot{U}_o = \dot{U}_{i2} - \dot{U}_{i1}$$

这个结果表明,图 1.3.8(c)所示差动放大器实际上也是一个减法器。

综合上述两个电路的分析结果,将式(1.31)及式(1.32)中的 $\dot{U}_{o1}$ 和 $\dot{U}_{o2}$ 代替式(1.33)中的 $\dot{U}_{i1}$ 和 $\dot{U}_{i2}$,最终求得图 1.3.8(a)所示仪表放大器电路的输出电压为

$$\dot{U}_o = -\frac{R_4}{R_3}(\dot{U}_{o1} - \dot{U}_{o2})$$

经整理后得

$$\dot{U}_o = -\frac{R_1 + 2R_2}{R_1} \cdot \frac{R_4}{R_3} \cdot (\dot{U}_{s1} - \dot{U}_{s2}) \tag{1.34}$$

仪用放大器的两个输入端的输入阻抗均为无穷大。

图 1.3.9(b)电路是一个差模增益为 1 000 的实际仪用放大器示例,它的输入信号来自图 1.3.9(a)所示的惠斯顿电桥压力传感器,其中 R_x 是传感器的压力应变片电阻,其阻值正比于应变片所受压力。应变片不受力时,电桥处于平衡状态,桥路的两个输出端电压值相等。当应变片受压力作用时电桥的平衡被打破,输出与压力大小成正比的差值电压。

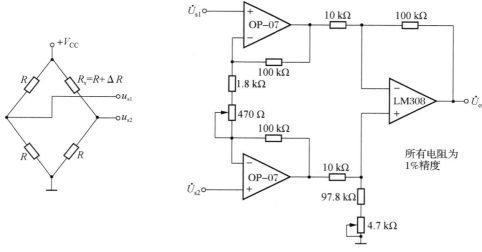

（a）惠斯顿电桥压力传感器　　　　　（b）差模增益为 1 000 的仪用放大器

图 1.3.9　仪用放大器实用电路示例

当 $\dot{U}_{s1} = \dot{U}_{s2} = \dot{U}_{sc}$ 时,调节 4.7 kΩ 的电位器使 $\dot{U}_o = 0$,则输入信号中的共模分量完全被抑制。再调节 470 Ω 的电位器使差模增益达到要求的数值。

目前已有多种基于上述仪用放大器电路原理的单片专用集成电路产品可供选择,如 AD620、INA2128 等。

1.3.3　有源滤波器电路

在前面几个实用电路举例中我们已经知道,在负反馈条件下由运放组成的运算电路可

以用来实现比例、加法、减法、微分、积分等基本运算,除此之外也可用来实现乘法、除法、开根等基本运算(这部分内容将在本书第 8 章 8.3 节详细讨论)。不仅如此,通过这些基本运算电路的组合还可实现更复杂的传递函数关系,例如实现滤波器传递函数的功能。

滤波器是一种对信号具有频率选择性的电路网络。其特性可用传递函数 $T(s)$ 来表示。

$$T(s) = \frac{U_o(s)}{U_s(s)} \tag{1.35}$$

对于实际频率（$s = j\omega$）来说,则有

$$T(j\omega) = \frac{U_o(j\omega)}{U_s(j\omega)} = |T(j\omega)| e^{j\varphi(\omega)} \tag{1.36}$$

$|T(j\omega)|$ 是传递函数的模量,$\varphi(\omega)$ 是传递函数的相角。$|T(j\omega)|$ 和 $\varphi(\omega)$ 与角频率 ω 的关系曲线称为滤波器的幅频特性和相频特性。按传输特性的不同,滤波器可分为低通(LP)、高通(HP)、带通(BP)和带阻(BE)四种类型。有关滤波器电路设计及滤波特性等内容将主要在本书第 8 章 8.1 节介绍,此处仅从滤波器传递函数功能如何实现的角度,以状态变量滤波器为例作扼要介绍。

二阶滤波器传递函数的一般形式为

$$T(s) = \frac{a_2 s^2 + a_1 s + a_0}{s^2 + b_1 s + b_0} \tag{1.37}$$

上式中分子及分母上系数 a_i、b_i 取值不同时,对应着不同的二阶滤波特性。

由 R、L、C 无源元件构成的二阶滤波器电路,其传递函数形式列于表 1.3。表中的 α 为衰减系数,它与品质因数 Q 互为倒数,即 $\alpha = 1/Q$。各传递函数对应的传输特性(幅频特性及相频特性)如图 1.3.10(a)~(h) 所示。由图可见,幅频特性中远离 ω_0 处的衰减速率对低通和高通滤波器是 ± 40 dB/十倍频,对带通和带阻滤波器是 ± 20 dB/十倍频。选用不同的设计参数 α 或 Q,可使在 ω_0 附近特性曲线衰减的陡峭程度发生明显改变,这正是滤波器电路设计中所要关注的重点。

表 1.3　二阶无源滤波器的传递函数

滤波器类型	电　路	传递函数 $T(s)$	参　数
低通	$U_s(s)$ — L — C R — $U_o(s)$	$\dfrac{\omega_0^2}{s^2 + \alpha\omega_0 s + \omega_0^2}$	$\omega_0 = \dfrac{1}{\sqrt{LC}}$ $\alpha = \dfrac{1}{\omega_0 RC}$
高通	$U_s(s)$ — C — L R — $U_o(s)$	$\dfrac{s^2}{s^2 + \alpha\omega_0 s + \omega_0^2}$	ω_0,α 表达式同上
带通	$U_s(s)$ — L — C R — $U_o(s)$	$\dfrac{\frac{\omega_0}{Q}s}{s^2 + \frac{\omega_0}{Q}s + \omega_0^2}$	$Q = 1/\alpha, \omega_0$ 表达式同上

滤波器类型	电　路	传递函数 $T(s)$	参　数
带阻	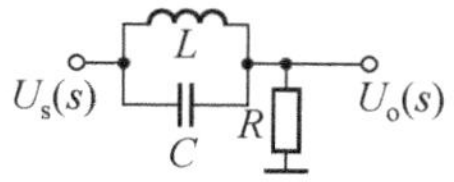 $U_s(s)$　L　C　R　$U_o(s)$	$\dfrac{s^2+\omega_0^2}{s^2+\dfrac{\omega_0}{Q}s+\omega_0^2}$	$Q=1/\alpha,\omega_0$ 表达式同上

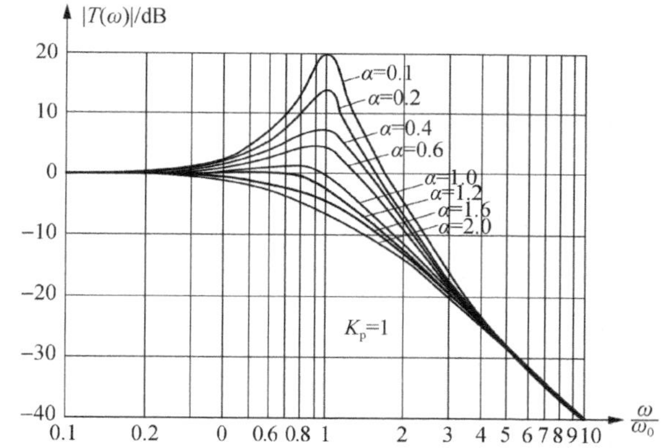

（a）低通幅频

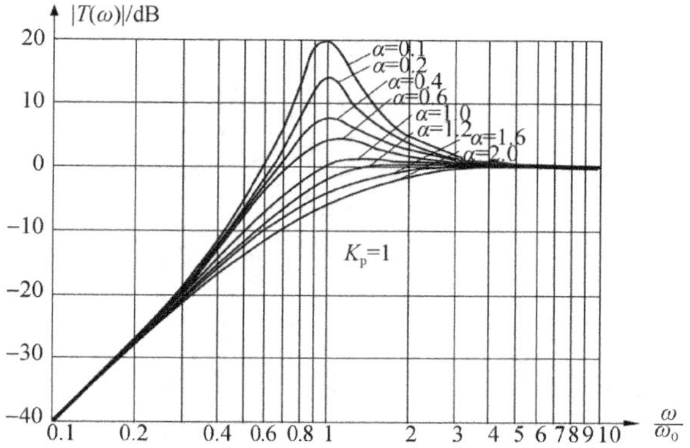

（b）高通幅频

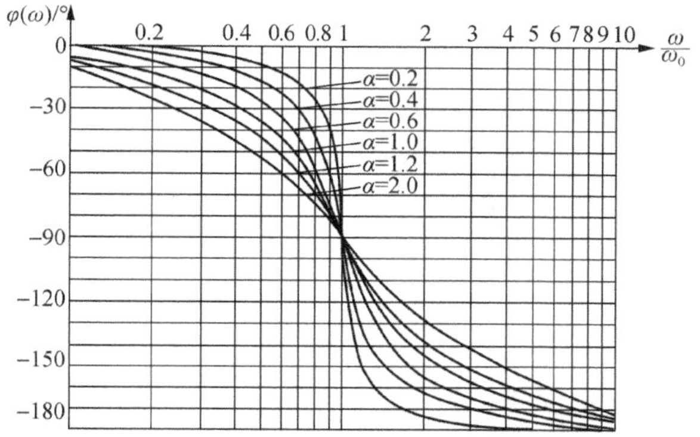

（c）低通相频

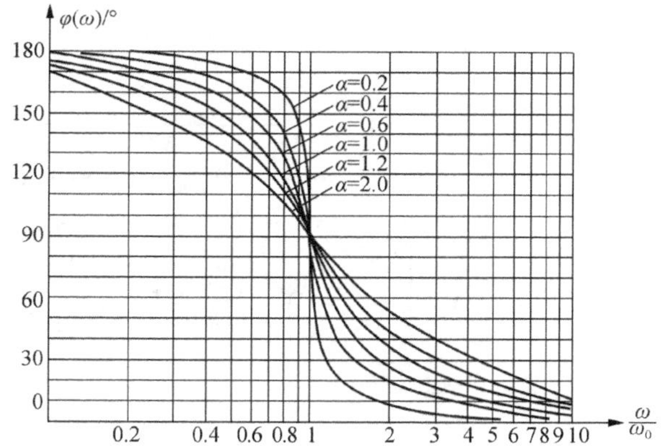

（d）高通相频

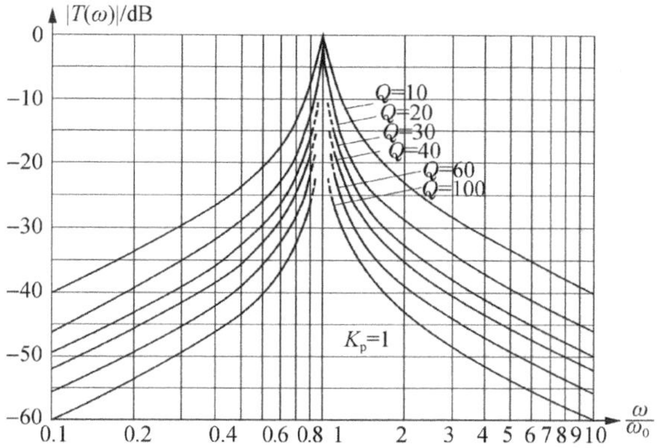

（e）带通幅频

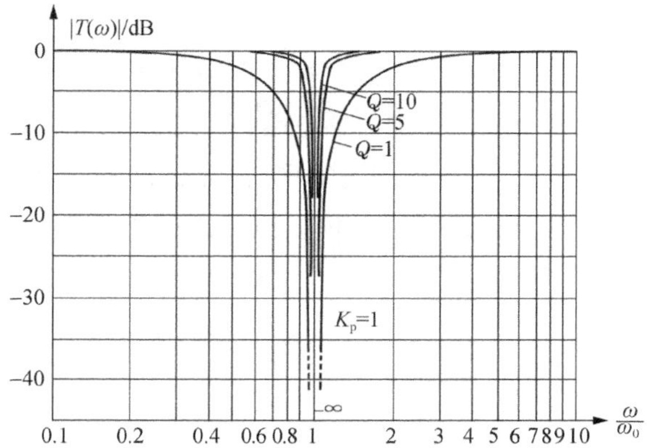

（g）带阻幅频

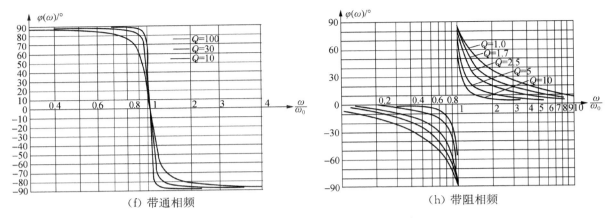

图 1.3.10　二阶滤波器的幅频、相频特性

尽管 RLC 无源二阶滤波器在 ω_0 附近可以得到较陡峭的衰减特性,然而在低频域应用时,滤波器的质量、体积都较大且不便于集成化。采用 RC 元件并借助于有源器件(运算放大器)构成的滤波电路,可以达到与 RLC 二阶无源滤波器完全相同的特性。这种滤波器称为二阶有源滤波器。

图 1.3.11 示出了一种二阶有源滤波器电路——状态变量滤波器[①]。

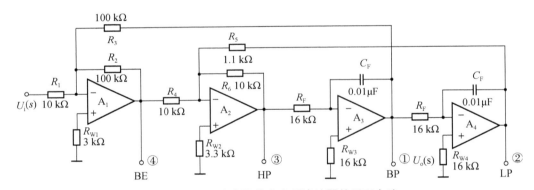

图 1.3.11　二阶有源状态变量滤波器的原理电路

图 1.3.11 电路由 4 个运放构成,用于实现对输入信号 $U_i(s)$ 的二阶滤波。其中 A_1、A_2 分别组成反相加法器电路,A_3、A_4 分别组成反相积分器电路。当输出由①～④四个不同端点引出时,能够同时实现对输入信号的二阶低通(LP)、二阶带通(BP)、二阶高通(HP)及二阶带阻(BE)滤波功能。以二阶带通(BP)滤波为例,当输出从端点①引出时,根据电路原理图可以写出

---

① 状态变量滤波器可视为具有多个输出变量的多变量系统,通过系统的状态变量方程可得出其信号流图并导出其电路形式,故得其名。状态变量滤波器也称为多态变量滤波器或可变状态滤波器。

$$\begin{cases} U_{o1} = -\dfrac{R_2}{R_1}U_i - \dfrac{R_2}{R_3}U_{o3} \\[2mm] U_{o2} = -\dfrac{R_6}{R_4}U_{o1} - \dfrac{R_6}{R_5}U_{o4} \\[2mm] U_{o3} = -\dfrac{1}{sR_F C_F}U_{o2} \\[2mm] U_{o4} = -\dfrac{1}{sR_F C_F}U_{o3} \end{cases}$$

上式中令 $K_1 = R_2/R_1$，$K_2 = R_2/R_3$，$K_3 = R_6/R_4$，$K_4 = R_6/R_5$，$\omega_A = 1/R_F C_F$，联立求解以上方程式，可得到

$$A_{BP}(s) = \frac{U_{o3}}{U_i} = \frac{-K_1 K_3 \omega_A s}{s^2 + K_2 K_3 \omega_A s + K_4 \omega_A^2} \tag{1.38}$$

在表 1.3 中我们已经给出二阶无源带通（BP）滤波器的传递函数表达式，考虑到有源器件的增益将其推广到更一般的形式为

$$T(s) = \frac{A_{uf}\dfrac{\omega_0}{Q}s}{s^2 + \dfrac{\omega_0}{Q}s + \omega_0^2} \tag{1.39}$$

将式（1.38）与式（1.39）对比可知，该二阶状态变量滤波器的性能参数为：

$$\begin{cases} \omega_0 = \sqrt{K_4} \cdot \omega_A = \sqrt{\dfrac{R_6}{R_5}} \cdot \dfrac{1}{R_F C_F} \\[3mm] Q = \dfrac{\sqrt{K_4}}{K_2 K_3} = \dfrac{R_3 R_4}{R_2 \sqrt{R_5 R_6}} \\[3mm] A_{uf} = -\dfrac{K_1}{K_2} = -\dfrac{R_3}{R_1} \end{cases} \tag{1.40}$$

若取 $R_5 = R_6$，使 $K_4 = 1$，则上式可进一步简化为：

$$\begin{cases} \omega_0 = \omega_A = \dfrac{1}{R_F C_F} \\[3mm] Q = \dfrac{1}{K_2 K_3} = \dfrac{R_3 R_4}{R_2 R_6} \\[3mm] A_{uf} = -\dfrac{K_1}{K_2} = -\dfrac{R_3}{R_1} \end{cases} \tag{1.41}$$

在图 1.3.11 所示电路参数下，有 $\omega_0 = 3 \times 10^3$ rad/s，$Q = 3.015$，$A_{uf} = -10$。具有良好的二阶带通滤波特性。

按照以上方式类推不难证明，在相同的电路结构及参数情况下，若分别从②、③、④端输出，则可实现具有相同 ω_0 及 Q 值的低通、高通及带阻二阶滤波特性。

状态变量滤波器虽然采用多个运放组成，但也便于用单片四运放器件来实现。它具有以下特点：

（1）通用性强。同一电路可以实现滤波器二阶传递函数的所有形式。不需改变电路的结构及参数便可得到低通、高通、带通、带阻的不同滤波特性。

（2）性能参数相互独立，调整方便。滤波器的主要性能参数如 A_{uf}、Q、ω_0 等可以独立调节，互不影响，这是其他形式的滤波器难以做到的。

（3）对元件参数的灵敏度低，易于实现高 Q 值（一般 $Q \leqslant 200$）滤波。元件参数及运放增益变化时对滤波器特性影响较小，因此，即使实现高 Q 值的二阶滤波函数，电路工作仍能保持稳定。

状态变量滤波器也有类似的其他电路实现形式（例如由三个集成运放构成的电路形式），并有多种型号的专用集成器件产品应市，如 MAX274/275 系列等。

本章小结

1. 集成运算放大器有两个输入端和一个输出端，同相输入端和输出端的电压是同相关系。反相输入端和输出端的电压是反相关系。

2. 运放的放大特点是对输入的差模信号具有很高的增益，对输入端上的共模信号增益却很小，即 A_{do} 和 K_{CMR} 均十分大。

3. 由于运放具有很大的输入阻抗和十分小的输出阻抗，因此它是一个电压放大器件。

4. A_{do} 和 K_{CMR} 为无穷大的运放称为理想运放。

5. 负反馈是改善放大器性能最重要的手段。负反馈加入后减小了运算放大器的净输入信号 U_{id} 和 I_{id}，使运算电路的增益 A_f 减小，但却使增益稳定性、非线性失真及信号噪声比等指标得到改善。

6. 按输入信号和反馈信号的比较方式，以及反馈信号对输出信号的采样关系，负反馈放大器可分为四种基本类型。它们的被稳定增益和输出电量，输入阻抗和输出阻抗等特性，示于表 1.4。

表 1.4　各种负反馈的特性

负反馈类型	输入端比较方式	输出端采样方式	被稳定的增益	被稳定的输出电量	输入阻抗	输出阻抗
电压串联	U_s 和 U_f 串联比较	电压采样即 $\dot{U}_f \propto \dot{U}_o$	$\dot{A}_{uf} = \dfrac{\dot{U}_o}{\dot{U}_s}$	$\dot{U}_o$	大	小
电流串联	同上	电流采样即 $\dot{U}_f \propto \dot{I}_o$	$\dot{A}_{gf} = \dfrac{\dot{I}_o}{\dot{U}_s}$	$\dot{I}_o$	大	大
电压并联	I_s 和 I_f 并联比较	电压采样即 $\dot{I}_f \propto \dot{U}_o$	$\dot{A}_{rf} = \dfrac{\dot{U}_o}{\dot{I}_s}$	$\dot{U}_o$	小	小
电流并联	同上	电流采样即 $\dot{I}_f \propto \dot{I}_o$	$\dot{A}_{if} = \dfrac{\dot{I}_o}{\dot{I}_s}$	$\dot{I}_o$	小	大

7. 由理想运放构成的负反馈运算电路,其运放的 $u_{id} \to 0$, $i_{id} \to 0$。这个特性称为同、反相输入端"虚短接"。在同相输入端接地的并联负反馈电路中,"虚短接"使反相输入端的电位趋近于地电位,称为"虚地"。用"虚短接"和"虚地"特征分析负反馈运算电路,十分方便。

8. 理想运放构成的负反馈电路,其增益完全取决于反馈网络,而对运放本身的特性不敏感,即 $A_f = \dfrac{1}{F}$。

9. 运放和 RC 元件组合可构成比例、加法、积分、微分等多种运算电路,以它们为基础还可以构成 PID 调节器等其他各种功能的电路。

10. 差动放大电路可以实现减法运算,它能抑制两个输入信号中的共模分量,使输出只反映输入信号中的差模分量。仪用放大器就是由双端及单端输出的两个差动放大电路构成的,它具有输入阻抗高、输出阻抗低、共模抑制能力强的特点。

11. 由运放基本运算电路组成的有源二阶状态变量滤波器,可以得到与 RLC 二阶无源滤波器相似的传递函数特性,具有通用性强、工作性能稳定、参数独立可调的特点。

思考题与习题

题 1-1　一个放大器系统,在信号源内阻 R_s 及放大器输入阻抗 R_i 都是 10 kΩ,输出阻抗 R_o 及负载 R_L 都是 1 kΩ 的条件下,测得电压增益 $A_u = U_o/U_s$ 为 40 dB。求放大器在负载开路时的电压增益 A_{uo}。

题 1-2　一个放大器当接上 1 kΩ 的负载电阻时,其输出电压减小 20%,求该放大器的输出阻抗。

题 1-3　某运算放大器的 $A_{do} = 100$ dB, $K_{CMR} = 80$ dB,最大输出电压 U_{op-p} 为 ±12 V,输入阻抗为无穷大,输出阻抗为零。如果两个输入端对地的电压如表中所示,试分别计算出输出电压值,并填入表内。

[提示]　必须注意共模电压放大倍数 A_c 没有确定的相位(或极性)关系,因此 U_o 应是一个范围,而不是一个确定的单一值。

U_N/mV	U_P/mV	U_o/mV
0.08	0.05	
0.01	0.06	
0.03	0	
1	5	

题 1-4　图 1.2.2 所示的同相电压放大器中,当运放的电压增益 A_{do} 和 R_2 分别减小时,电路中 u'_{id}、u_f 和 u_o 的变化结果如何?(选中的结果打"√")

		明显增大	明显减小	不变	基本不变
A_{do}减小	u_o				
	u_f				
	u'_{id}				
R_2减小	u_o				
	u_f				
	u'_{id}				

题 1-5 一个电压串联负反馈电路,要求在 A_{do} 变化 25% 时,A_{uf} 的变化小于 1%,又要求闭环的增益为 100。试问:

①反馈系数 F_u 应选多大?

②A_{do} 至少应为多大?

题 1-6 求题图 1-6(a)和(b)电路的输入输出关系。

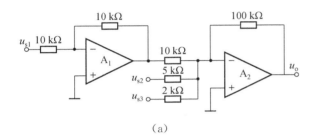 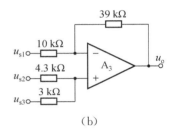

（a） （b）

题图 1-6

题 1-7 题图 1-7 所示的电路中,$R_1 = R_2 = R_3 = 10$ kΩ,求使 $U_o = -100U_s$ 时 R_4 的值。

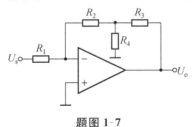

题图 1-7

题 1-8 求题图 1-8 的增益表达式。

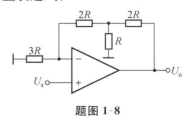

题图 1-8

题 1-9　求题图 1-9 所示电路的输出电压表达式,并说明电路的特点和用途。

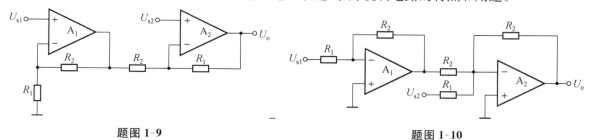

题图 1-9　　　　　　　　　　题图 1-10

题 1-10　求题图 1-10 所示电路的输出电压表达式,并说明电路的特点和用途。

题 1-11　一压控电流源为题图 1-11 所示,试求：

①$I_o = f(U_{s1}, U_{s2})$的表达式。

②输出阻抗 Z_o。

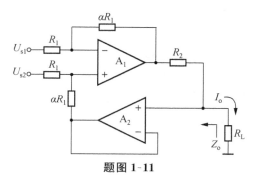

题图 1-11

题 1-12　试求题图 1-12 电路的输入阻抗。

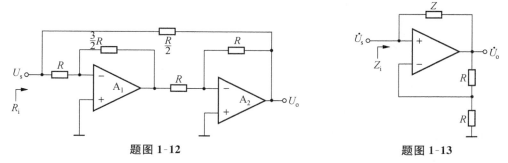

题图 1-12　　　　　　　　　　题图 1-13

题 1-13　试求题图 1-13 电路的输入阻抗。

题 1-14　题图 1-14 所示的电路是一个增益可调的差动放大器,求 U_o 的表达式。

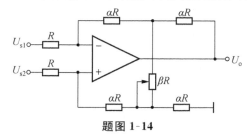

题图 1-14

题 1-15 由两个运放组成的互导放大器如题图 1-15 所示。该电路能将输入信号电压变换成输出电流供给负载。

①分析电路的工作原理；

②若电阻取值满足 $R_1 \sim R_6 = 100 \text{ k}\Omega \gg R_s$，求该放大器的互导增益 $A_{gf} = I_o/U_i$ 的表达式。

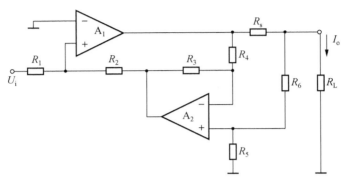

题图 1-15

题 1-16 一个桥式测温电路如题图 1-16 所示。其中 $R_1 = R_2 = R_3 = R_0 = 10 \text{ k}\Omega$，热敏电阻 $R_t = R_0(1 + \alpha T)$。式中 R_0 为温度 $T = 0℃$ 时的电阻值，α 为温度系数，其值为 $0.5\%/℃$，求 U_o 与温度 T 的关系式。

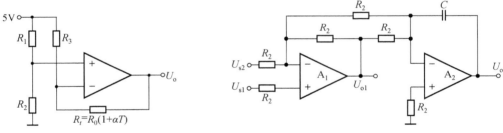

题图 1-16   题图 1-17

题 1-17 运放电路如题图 1-17 所示。试求输出电压 U_o 与输入电压 U_{s1}、U_{s2} 的关系表达式。

题 1-18 题图 1-18 所示的波形转换电路，输入电压 u_s 为幅度 ± 1 V、周期为 10 s 的方波，已知 $t = 0$ 时电容器 C 两端的电压为零。试画出 t 在 $0 \sim 30$ s 的 u_{o1} 和 u_o 波形。

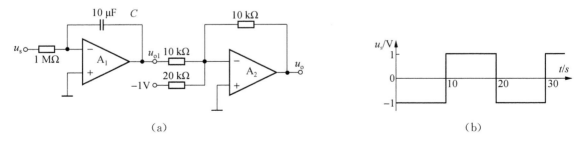

(a)   (b)

题图 1-18

题 1-19　电路如题图 1-19 所示,设 A_1、A_2 为理想运放,电容的初始电压 $u_C(0)=0$。

①写出 u_o 与 u_{s1}、u_{s2} 和 u_{s3} 之间的关系式;

②写出当电路中电阻 $R_1 \sim R_6 = R$ 时,输出电压 u_o 的表达式。

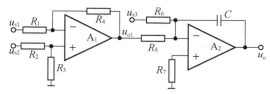

题图 1-19

题 1-20　一个仪用放大器电路如题图 1-20 所示。试求:

①电路的差模电压放大倍数表达式 $A_{ud} = u_o/(u_{s1} - u_{s2})$;

②在图示参数下求 A_{ud} 的可调范围。

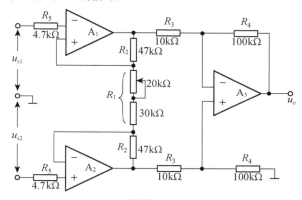

题图 1-20

题 1-21　试推导图 1.3.11 所示状态变量滤波电路从③端、④端分别输出时的传递函数,并求其 ω_0、Q、A_{uf} 参数。

题 1-22　题图 1-22 所示状态变量滤波电路,若设 $R_3 = R_R$,$C_1 = C_2 = C$,分别求电压传递函数 $\dfrac{U_o(s)}{U_i(s)}$、A_{uf}、ω_0、Q 表达式,并说明滤波功能。

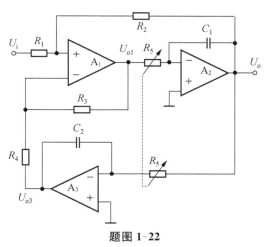

题图 1-22

题 1-23 状态变量滤波器如题图 1-23 所示。试证明 $A_{u2}=u_{o2}/u_i$ 具有二阶带通滤波功能，并求其通带中心频率 f_{o2} 及 Q 值。

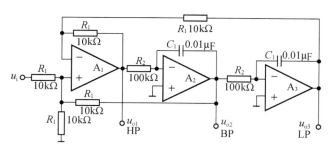

题图 1-23

第2章　半导体二极管及其应用

从本章开始将逐步涉及集成器件内部电路的讨论,而 PN 结理论则是一切半导体器件的基础。为此我们将着重讨论 PN 结的形成、PN 结中载流子的运动,以及 PN 结的伏安特性、热敏特性、光敏特性、反向击穿特性等基本概念。并进一步介绍如何将这些典型的二极管特性与运算放大器相结合,组成二极管精密整流电路、基准稳压电路、光电检测电路、二极管测温电路等各具特色的典型应用电路。

2.1　半导体及其导电特性

自然界的各种物质,根据其导电能力的差异,可以分为导体、绝缘体和半导体三大类。容易传导电流的物质叫做导体,如铜、银和铝等材料都是良导体;几乎不能传导电流的物质叫做绝缘体,如塑料、陶瓷、橡胶等;而导电能力介于导体与绝缘体之间,电阻率在 $(10^{-3} \sim 10^{9}) \Omega \cdot cm$ 范围内的物质就叫做半导体。

半导体除了在导电能力方面与导体、绝缘体有差异外,更重要的还在于它有如下特性:第一,具有热敏特性,温度变化时其导电能力将发生明显的变化;第二,具有光敏特性,当半导体受到光照辐射时,其导电能力也会明显增大;第三,对掺杂敏感,半导体材料中掺入微量的其他杂质元素时,其电导率将会剧烈变化。这些特性是由半导体结构和独特的导电机理形成的。

2.1.1　本征半导体

原子按晶格结构排列完整的纯净半导体称为本征半导体。大多数半导体器件所用的主要材料是硅(Si)和锗(Ge),它们都是四价元素,在原子结构中最外层有 4 个电子,这 4 个电子也称为价电子。物质的化学性质是由价电子决定的,半导体的导电能力也与价电子有关。为了突出价电子的作用和画图的方便,常用图 2.1.1 所示的简化原子结构模型来表示,图中+4 表示四价元素原子核及内层电子所具有的电荷量。

图 2.1.1　硅和锗的原子结构简化模型

1. 本征半导体的晶体结构

目前所用的半导体材料都要制成晶体,就是说,这些物质的原子在空间排列成很有规律的空间点阵,简称晶格。在晶体中,由于原子之间的距离很近,每个原子的 4 个价电子不仅受所属原子核的约束,而且还受到相邻的原子核的吸引,使得每一个价电子为两个相邻的原子核所共有,形成了共价键结构,如图 2.1.2 所示。

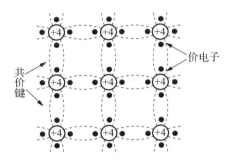
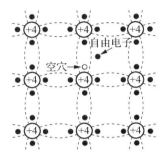

图 2.1.2　晶体中的共价键结构　　　　图 2.1.3　本征激发产生自由电子和空穴

对于本征半导体来说,由于晶体中的共价键的结合力,在热力学温度 0 K(相当于 $-273\ ℃$),若无外界激发,价电子的能量不足以挣脱共价键的束缚,晶体中没有可以参与导电的自由电子,此时的半导体和绝缘体一样不能导电。但是半导体共价键中的价电子并不完全像绝缘体中的电子被束缚得那样紧。价电子只要额外获得一定的激活能 E_g 就能够摆脱共价键的束缚而成为自由电子。激活能 E_g 的大小与材料有关,在能带理论中也称为材料的禁带宽度。半导体硅材料的禁带宽度 $E_g=1.1\ eV$,锗材料的禁带宽度 $E_g=0.72\ eV$。随着温度的升高,由温度产生的热激发就会使一些价电子获得大于 E_g 的能量而挣脱共价键的束缚,成为能参与导电的自由电子,同时在原来的共价键中留下一个空位,称为"空穴",如图 2.1.3 所示。

由于存在这样的空位,相邻原子的价电子比较容易离开它所在的共价键填补到这个空位中来,使该价电子原来所在的共价键中出现一个新的空穴,这个空穴又可能被相邻原子的价电子填补,再出现新的空位,从而在半导体中出现了空穴运动。由于空穴是由硅或锗原子失去一个电子而形成的,使原来呈电中性的原子成为一个带正电的离子,可以认为,这个单位正电荷便是空穴所带的电荷量。所以空穴的运动就可看作是一个带正电荷的粒子的运动。空穴的出现是半导体区别于导体的重要特点。所以在半导体中存在着两种载流子:带负电荷的自由电子和带正电荷的空穴。

2. 本征载流子的浓度

在外界能量的激发下,半导体中产生的电子和空穴总是成对地出现,成为电子-空穴对,这一现象也称为本征激发。本征激发使半导体中电子-空穴对不断地产生,但同时也在不断地"复合"。所谓复合即自由电子与空穴相遇,使电子-空穴对消失的同时恢复一个共价键。

在一定的温度下,电子-空穴对的产生与复合在不停地进行,最终达到了一种动态平衡,使半导体中载流子的浓度保持一定。我们用 n_o 和 p_o 分别表示动态平衡状态下的自由电子和空穴的浓度,即每立方厘米内的自由电子和空穴的数目。字母 n 和 p 分别是英文 negative(负)和 positive(正)两字的字头,表示所代表的自由电子和空穴是带负电或带正电的载流子。n 和 p 的下注脚上的"o"表示平衡状态。

实际上自由电子浓度 n_o 和空穴浓度 p_o 相等或接近相等的半导体也都称为本征半导体。它的自由电子和空穴的浓度分别用 n_i 和 p_i 表示。显然本征半导体中 $n_i = p_i = n_o = p_o$。

本征半导体中载流子的浓度是温度的函数,随温度升高 n_i 近似按指数规律增加。例如在室温($T = 300$ K)附近,硅材料大约温度每升高 8 ℃,本征载流子浓度增加一倍。对于锗材料,大约温度每升高 12 ℃,本征载流子浓度增加一倍。可见本征半导体的导电性能受温度影响很大,这是半导体的一个重要特性。

另一方面,从总量来看,本征半导体所含的载流子数目很少,在室温下,大约相当于每 3.3×10^{12} 个硅原子中才产生一个电子-空穴对,可见本征半导体的导电能力很差。

2.1.2　杂质半导体

在半导体内掺入微量杂质,就会使半导体的导电能力发生显著的变化。这种人为的掺杂是制造半导体器件的主要手段。

1. N 型半导体

如果在硅晶体中掺入极少量的磷、砷、锑等五价元素(我们把这些元素称为杂质),五价元素的原子取代了晶格中的一些硅原子,重新形成了共价键结构,如图 2.1.4 所示。五价元素原子有五个价电子,其中四个和周围的硅原子形成共价键,而多余的一个价电子不受共价键的束缚。在室温下,该价电子将脱离杂质原子而成为自由电子。这样,杂质原子因失去一个电子变成带电的正离子。这就是说,每掺入一个五价的杂质原子,就等于对半导体的"施舍"了一个自由电子,并在晶格中留下一个正离子。因此我们也把这类杂质称为"施主杂质"。掺入施主杂质的半导体中,自由电子的浓度大于空穴的浓度,它是一种以自由电子导电为主的半导体,其中的自由电子称为"多数载流子"(简称"多子"),而空穴称为"少数载流子"(简称"少子")。这种以自由电子导电为主的半导体通常称为 N 型半导体。

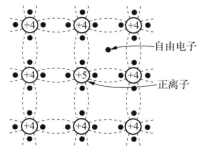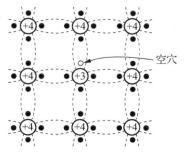

图 2.1.4　N 型半导体中的自由电子和正离子　　图 2.1.5　P 型半导体中的空穴和负离子

2. P 型半导体

若在硅晶体中掺入极少量三价杂质元素,如硼、铟、铝等,则此三价元素原子也能取代晶格中的硅原子形成共价键结构。但由于三价元素原子只有三个价电子,所以在形成共价键时因缺少一个价电子自然地出现了一个空穴,杂质原子就能够"接受"一个自由电子补足缺少电子的共价键,而自身变成了一个负离子,见图 2.1.5。所以三价元素又称为受主杂质。这种杂质半导体中多数载流子是空穴,少数载流子是自由电子,是以空穴导电为主的半导体,故称为 P 型半导体。

3. 浓度作用定律

理论研究表明:在杂质半导体中多子浓度和少子浓度的乘积等于本征载流子浓度乘积的平方,即

$$n \cdot p = n_i^2 = p_i^2 \tag{2.1}$$

这个规律称为浓度作用定律。由此可知:多子越多则少子越少。

设 N 型半导体中施主杂质的掺杂浓度为 N_D,且 $N_D \gg n_i$,则此半导体中的多子浓度 n_n 必近似等于 N_D,并由浓度作用定律可求得少子浓度 p_n 为

$$p_n = \frac{n_i^2}{n_n} \approx \frac{n_i^2}{N_D} \tag{2.2}$$

由此可见,杂质半导体中的少子浓度总是小于本征载流子浓度。这是由于半导体中出现了大量的多子,则多子与少子复合的机会增多,使最后达到平衡状态时的少子浓度减小了。上述分析也适用于 P 型半导体。

4. 杂质补偿原理

在制造半导体器件时,经常要在一块已掺杂施主(或受主)杂质的半导体内又掺进受主(或施主)杂质,以改变半导体的类型。这种掺了不同杂质的半导体内的载流子浓度如何确定呢?

在室温下,这些掺杂的施主和受主杂质均电离成离子,但整个半导体仍呈现电中性,即单位体积内总的正电荷量必定等于总的负电荷量。因此有

$$N_D + p_o = N_A + n_o \tag{2.3}$$

其中,N_D,N_A 分别表示掺入的施主和受主杂质的浓度,n_o,p_o 表示平衡状态下的自由电子和空穴的浓度。由上式可见,如果 $N_A > N_D$,则必有 $p_o > n_o$,即空穴为多子,这便是 P 型半导体;反之,将成为 N 型半导体。如果 $N_D \approx N_A$,则必有 $n_o \approx p_o$,这便是本征半导体。

5. 半导体中载流子的运动方式

1) 由浓度梯度引起的扩散运动

如果半导体中载流子的分布不均匀,也就是说存在着浓度梯度,那么载流子就会由浓度高的地方向浓度低的地方移动。这种运动称为扩散运动。扩散运动形成的电流称为扩散电

流,它正比于载流子的浓度梯度,而与载流子浓度本身的大小无关。

2)由电场作用力引起的漂移运动

不论自由电子还是空穴,它们都是半导体中可以移动的带电粒子。只要半导体内有电场存在,这些带电粒子就会因受到电场的作用力而产生运动,这种运动称为漂移运动。当电场方向一定时,虽然自由电子和空穴的漂移方向相反,但两者产生的漂移电流却总是和电场方向一致。可见,由于半导体中有两种不同形式的载流子,每种载流子又有两种不同的运动方式,所以当半导体内同时存在着电场和浓度梯度的情况下,将形成四种不同成分的电流。

2.2　PN 结及二极管

PN 结是半导体器件的基础,二极管、三极管、结型场效应管、晶闸管等半导体器件都是由 PN 结构成的。

2.2.1　PN 结的形成

通过掺杂工艺,使一块半导体的一边形成 P 型半导体,另一边形成 N 型半导体,并且保持晶格的连续性,则在两种半导体的交界面附近,形成了一个具有特殊性质的薄层就叫 PN 结,如图 2.2.1(a)所示。下面来阐述形成 PN 结的物理过程。

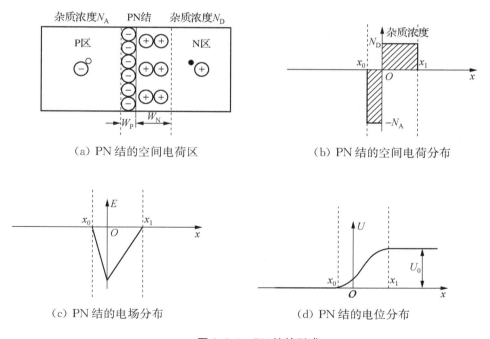

(a) PN 结的空间电荷区　　　　　　　　(b) PN 结的空间电荷分布

(c) PN 结的电场分布　　　　　　　　(d) PN 结的电位分布

图 2.2.1　PN 结的形成

1. 多子的扩散运动

由于 PN 结的交界面两边存在着很大的载流子浓度差,位于 P 区一侧的多子——空穴就会越过交界面扩散到 N 区去,与 N 区的自由电子相复合。同样,N 区一侧的多子——自由电子也会扩散到 P 区去,与 P 区的空穴相复合。这种扩散运动的结果,一方面形成从 P 区流向 N 区的扩散电流,另一方面使交界面附近极薄的区域内多子浓度骤然下降,并使这个薄层中的施主和受主杂质离子暴露出来,在交界面两侧形成由这些离子组成的体密度一定的正、负电荷区,这个区域也称为空间电荷区或耗尽层。如图 2.2.1(a)和(b)所示。

2. 少子的漂移运动

由于 PN 结的交界面两边出现了极性不同的电荷,因此耗尽层内必然建立起一个由 N 区指向 P 区的内建电场 E。内建电场的建立有利于交界面两侧的少子互相向对方漂移,从而形成从 N 区流向 P 区的漂移电流。

3. 平衡状态下的开路 PN 结

处于开路状态时,PN 结中流过的总电流必然为零。即从 PN 结的内部来看,虽然每时每刻扩散和漂移运动仍在不断进行,但两者形成的电流大小相等,方向相反,总和为零,达到一种动态的平衡。平衡状态下的 PN 结,耗尽层内只剩下体密度为 ρ 的施主和受主离子。即 P 这一侧的负电荷体密度 $\rho = N_A$,N 区一侧的正电荷体密度 $\rho = N_D$。设 P 区和 N 区耗尽层的宽度分别为 W_P 和 W_N,由于总的半导体呈电中性,P 区的负电荷量必定等于 N 区的正电荷量,于是将有下面的关系式成立

$$W_P \cdot N_A = W_N \cdot N_D \tag{2.4}$$

即 PN 结交界面两边耗尽层宽度与该区的杂质浓度成反比。一般情况下 $N_A \neq N_D$,所以 $W_P \neq W_N$。耗尽层的总宽度 $W \approx W_P + W_N$。图 2.2.1(a)所示的是 $N_A > N_D$ 的例子。

4. PN 结的电场和势垒

由于平衡状态时建立起如图 2.2.1(a)所示的空间电荷分布,在这些正、负空间电荷的共同作用下,耗尽层内产生的内建电场 E 和电位 U 可以根据

$$E = \int_{x_0}^{x} \frac{\rho}{\varepsilon} \mathrm{d}x$$

以及

$$U = -\int_{x_0}^{x} E \mathrm{d}x$$

的关系求出。其中 ε 是半导体材料的介电常数,x 表示距离,x_0 为耗尽层的左边界。E 和 U 随 x 的分布示于图 2.2.1(c)和(d)上。图中 U_0 是耗尽层两端的电位差,称为 PN 结的势垒,它与形成 PN 结的半导体杂质浓度及温度有关,理论分析指出:

$$U_0 = \frac{kT}{q} \ln \frac{N_A \cdot N_D}{n_i^2} = U_T \ln \frac{N_A \cdot N_D}{n_i^2} \tag{2.5}$$

式中：

k——玻耳兹曼常数(1.38×10^{-23} J/K)；

T——绝对温度；

q——电子电荷量(1.6×10^{-19} C)；

$U_T = k \cdot T/q$，U_T 称为温度的电压当量，它相当于把温度效应折算成一个等效的电压。在室温($T = 300$ K)时，$U_T \approx 0.026$ V，即 26 mV。

举一个实际例子：$N_A = 10^{18}/\text{cm}^3$，$N_D = 10^{16}/\text{cm}^3$，室温下 $n_i = 1.48 \times 10^{10}/\text{cm}^3$。代入式(2.5)可以求得

$$U_0 = 0.026 \ln \frac{10^{18} \times 10^{16}}{(1.48 \times 10^{10})^2} = 0.82 \text{ V}$$

由式(2.5)还可看出，U_0 具有负的温度系数，即温度升高时 U_0 将减小。

2.2.2　PN 结的单向导电性

现在讨论外加电压 U 时 PN 结的导电规律。我们定义式(2.5)中电压 U_0 的正方向是 P 端为正、N 端为负。电流的正方向是从 P 端流向 N 端。

1. 短路状态的 PN 结(即 $U = 0$)

由于电路中没有外加电源，所以电路中的电流为零。由此可见 U_0 将保持不变。但因为闭合电路的电压之和应为零，所以 U_0 必为金属(引出端连接引线用)和半导体之间的接触电位差所平衡。

2. PN 结加正电压(即 $U > 0$)

当加上正向偏置电压时，外加电压和势垒方向相反，使耗尽层两端的电压变为 $U_0 - U$，耗尽层的内建电场也相应削弱，因此导致多子扩散电流大于少子漂移电流，PN 结中原来平衡被打破，出现了净电荷的迁移，于是在环路中便形成了正向电流。当外加电压 U 接近 U_0 时，多子的扩散电流将达到相当大的数值。由于 U_0 只有 0.8 V 左右，所以不大的正向电压就可产生足够大的正向电流。

此外还可看到，在外加正向电压的情况下，耗尽层内建电场被削弱，但耗尽层内的电荷体密度 ρ 并不变化，因此耗尽层的宽度必然减小。见图 2.2.2。

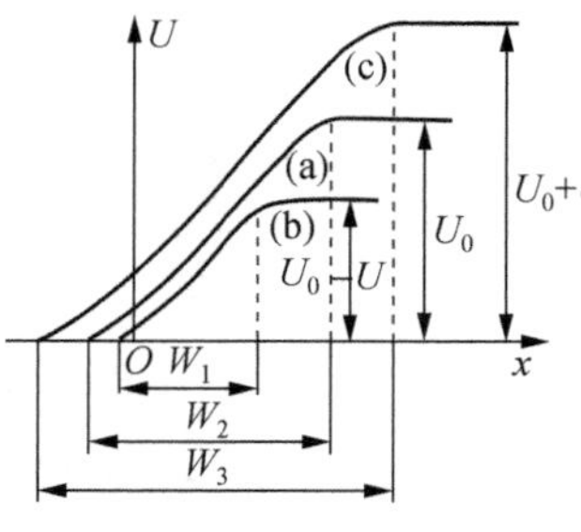

图 2.2.2　耗尽层宽度及势垒

3. PN 结加反向电压(即 $U < 0$)

当加上反向偏置电压时，外加电压和势垒方向相同，使耗尽层两端的电压变为 $U_0 + U$，内建电场加强，因此 PN 结中的正向扩散电流将小于开路 PN 结的数值，当 $U = -0.2$ V 时，

这部分电流已基本减小到零。这时,PN 结中只有一个与外加电压几乎无关的少子漂移电流。这个电流称为反向饱和电流,用 I_s 来表示,其方向是从 P 端流出。I_s 正比于 PN 结的结面积,例如在一些结面积较小的小信号二极管中,I_s 仅有皮安(pA)至纳安(nA)的数量级,而结面积较大的大功率二极管中,I_s 可达数 μA 数量级。I_s 数值虽小,但对温度十分敏感,理论与实验的结果表明,它随温度近似呈指数规律变化,温度每上升 10 ℃,I_s 约增大 1 倍。设温度 T_0 时的 I_s 为 I_{s0},则温度为 T 时的 I_s 可表示为

$$I_s(T) = I_{s0} \times 2^{\frac{T-T_0}{10}} \tag{2.6}$$

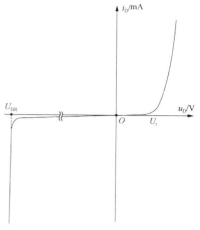

反向偏置电压下的 PN 结中只流过数值微小的反向饱和电流。然而当反向电压增大到一定数值后,反向电流就会突然增加,如图 2.2.3 所示。这种现象称为 PN 结的反向击穿。击穿时的电压称为反向击穿电压,记作 U_{BR}。

在 PN 结反向击穿后,若对反向电流的增加不加限制,则将引起 PN 结的功耗增大,结温升高,最终导致 PN 结烧毁。这种现象称为热击穿,是应当避免的。

综上分析可知:如果忽略反向电压下微小的反向饱和电流,则可认为 PN 结在反向电压下是不导通的,只有加正向电压时才有电流流过,这就是 PN 结的单向导电性。

利用 PN 结的单向导电性构成的二极管等器件应用十分广泛。二极管的 PN 结构成示意及电路符号示于如图

图 2.2.3 PN 结的反向击穿

2.2.4。其中箭头方向表示正向电流的方向。图 2.2.4(a)中 P 端引出线称为二极管的正极(阳极),用 A 记之;N 端引出线称为二极管的负极(阴极),以 K 记之。外加正向电压时,电流很容易地从 A 流向 K;外加反向电压时,则阻碍电流从 K 流向 A。

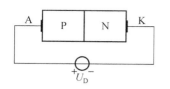
（a）加正向偏置电压

（b）加正向偏压时导通

（c）加反向偏压时截止

图 2.2.4 二极管的单向导电特性

2.2.3 PN 结的伏安特性及微变参数

1. PN 结伏安特性的表达式

半导体物理分析指出,流过 PN 结的电流 i_D 与 PN 结上电压 u_D 的关系,即 PN 结的伏安特性可表示为

$$i_D = I_s(e^{\frac{u_D}{U_T}} - 1) \tag{2.7}$$

在室温下，$U_T = 0.026$ V，只要反向电压 u_D 小于 -0.1 V，式中的指数项 $e^{u_D/U_T} = 0.02 \ll 1$，式(2.7)就可简化为

$$i_D = -I_s \tag{2.8}$$

这表明在反向偏置电压下 PN 结中仅流过很小的反向饱和电流 I_s，且其大小取决于少数载流子的数量，并不会随着反向电压的增大而增加。

加正向偏置电压时，只要 u_D 大于 0.1 V，式中指数项将增大为 $e^{u_D/U_T} = 47 \gg 1$，则式(2.7)可简化为

$$i_D = I_s e^{\frac{u_D}{U_T}} \tag{2.9}$$

在算术坐标上作出式(2.9)的曲线如图 2.2.5(a) 所示。

将式(2.9)两边取对数，则得

$$\lg i_D = \lg I_s + \frac{u_D}{2.3U_T} \tag{2.10}$$

式(2.10)表示一个 PN 结在正向电压下 i_D 与 u_D 的关系。在半对数坐标上它表示一条斜率为

$$\frac{\Delta \lg i_D}{\Delta u_D} = \frac{1}{2.3U_T} \tag{2.11}$$

的直线，如图 2.2.5(b)所示。图中可见，i_D 从 10 nA 到 10 mA 之间的 5～6 个十倍程电流范围内，i_D 与 u_D 成很严格的对数关系，这是 PN 结正向伏安特性的一个重要特点。

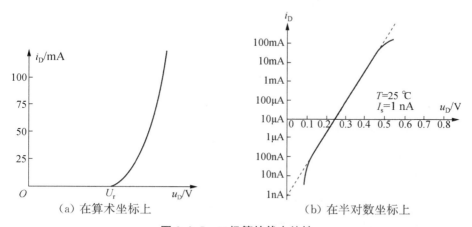

图 2.2.5 二极管的伏安特性

实际 PN 结做成的二极管中，当外加电压大于某个阈值(记作 U_r)时，PN 结中才开始有明显的电流(约 100 μA)。对于硅 PN 结做成的二极管，这个阈值电压约为 0.5 V，而锗 PN 结做成的二极管的阈值约为 0.1 V。分析二极管电路时，一般认为外加电压大于阈值电压时，二极管才导通。

二极管导通后,在正常工作电流范围内,其两端的导通压降变化很小,硅管为 0.6～0.8 V,锗管为 0.2～0.3 V。

2. 温度对二极管伏安特性的影响

由于 I_s 是温度的函数[见式(2.6)],所以 PN 结的伏安特性也受到温度的影响。图 2.2.6 画出了一个实际二极管在不同温度下的伏安特性曲线。它大体相当于温度每上升 1 ℃,曲线向左平移 2.2 mV。也就是说,在保持 i_D 不变的情况下,温度每升高 1 ℃,u_D 下降 2.2 mV,即 PN 结两端电压具有 -2.2 mV/℃ 的温度系数。

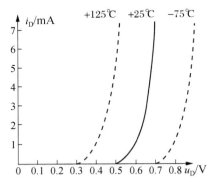

图 2.2.6 不同温度下的二极管特性曲线

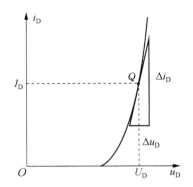

图 2.2.7 二极管微变电阻的几何意义

3. PN 结的微变电阻

二极管在小信号下工作时,需要用到微变电阻这一参数,它定义为二极管伏安特性曲线上工作点 Q 附近电压的变化量与电流变化量的比值,如图 2.2.7。微变电阻用符号 r_D 表示,其数值大小可根据式(2.9)求得,即

$$r_D = \frac{\Delta u_D}{\Delta I_D} = \frac{U_T}{I_s \cdot \exp\left(\dfrac{u_D}{U_T}\right)} = \frac{U_T}{I_D} \tag{2.12}$$

上式表示,r_D 的数值随 I_D 增大而减小,例如当 $I_D = 100\ \mu A$ 时,$r_D \approx 26$ mV/0.1 mA = 260 Ω,而当 $I_D = 10$ mA 时,$r_D \approx 26$ mV/10 mA = 2.6 Ω。

4. PN 结的电容

1) 势垒电容 C_B

我们已经知道 PN 结的交界面形成的耗尽层是一个具有一定电荷体密度的区域。而耗尽层的宽度 W 又随外加电压 u_D 的极性及大小而变化。在这个过程中,必有电荷从耗尽层中"抽走"或"注入",这与一个电容器在外加电压下的充电和放电过程相似。PN 结的这种特性可用势垒电容来描述,它定义为耗尽层中电荷的变化量与结两端电压变化量的比值,即

$$C_B = \frac{dQ}{du_D}$$

同一般电容器的电容一样,C_B 与 PN 结的截面积(相当于极板面积)S 成正比,而与耗尽

层宽度 W（相当于极板间距离）成反比。由于 W 随外加电压 u_D 变化，所以 C_B 也是随 u_D 而变化的。当外加正向电压时，W 变小，所以 C_B 较大；当外加反向电压时，随着电压值的增大，W 也增大，所以 C_B 就减小。图 2.2.8 表示一个二极管 PN 结耗尽层的宽变效应引起势垒电容 C_B 随 u_D 变化的关系。小功率二极管的 C_B 一般为（$10^{-1} \sim 10^1$）pF 数量级。

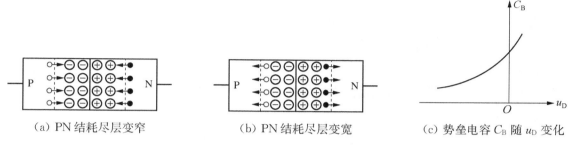

（a）PN 结耗尽层变窄　　　　（b）PN 结耗尽层变宽　　　　（c）势垒电容 C_B 随 u_D 变化

图 2.2.8　PN 结的势垒电容

2）扩散电容 C_D

PN 结外加正向电压形成了多子的扩散电流，这些扩散过结面的多子在结面的另一侧附近形成电荷堆积，在结面边缘处出现最大的载流子浓度。随着扩散的进一步进行以及不断同本区内的多子复合，这个浓度逐渐减小并最终达到本区内的多子平衡浓度，如图 2.2.9 所示。这样，在正向电压下的 PN 结两边都存在着由各自对方扩散过来的过剩电荷 Q_D。结上电压 u_D 不同

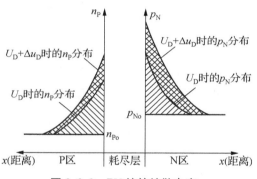

图 2.2.9　PN 结的扩散电容

时，i_D 不同，Q_D 也不同。这与一个普通电容器很相似，这种效应可以用扩散电容 C_D 来表征，它定义为结附近的过剩电荷 Q_D 的变化量与结电压变化量之比，即

$$C_D = \frac{\mathrm{d}Q_D}{\mathrm{d}u_D}$$

理论分析指出 C_D 与 I_D 成正比。一个有几毫安正向电流的二极管，其扩散电容在 10 pF 数量级。反向电压下，C_D 近似为零。

2.2.4　二极管的开关特性

二极管的主要特性为单向导电性，即外加正向偏压时二极管导通，此时等效电阻很小，可近似认为相当于一个"开关的闭合"；外加反向偏压时，二极管截止，此时等效电阻很大，相当于一个"开关的断开"。而二极管在正向导通与反向截止两种不同状态之间的转换过程就是二极管的开关特性。

1）反向恢复过程

在图 2.2.10(a)电路中加上 2.2.10(b)所示的输入电压,由二极管特性可知,在 $0 \sim t_1$ 时间内二极管处于正向偏置而导通,电路中形成正向电流,其数值为

$$I_F = \frac{U_F - u_D}{R_L} \approx \frac{U_F}{R_L}$$

在 $t = t_1$ 时,输入电压由 U_F 突变为 $-U_R$,二极管在外加反偏电压下理应立即截止,电路中只流过很小的反向饱和电流。但实际情况是在 $t = t_1$ 后的短时间内,二极管并没有立即截止,而是由原来正向的 I_F 突变为反向电流 $I_R \approx U_R/R_L$ 并维持一定时间 t_s 后才开始逐渐下降,再经过 t_t 时间后下降到接近反向饱和电流 I_s 数值,二极管处于反向截止状态,此电流波形见图 2.2.10(b)。

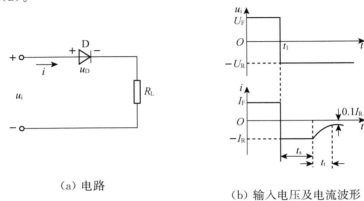

（a）电路　　　　　　　　　（b）输入电压及电流波形

图 2.2.10　二极管的反向恢复过程

二极管由正向导通到反向截止的转换过程一般称其为反向恢复过程,其中 t_s 称为存储时间,t_t 称之为渡越时间,而 $t_s + t_t = t_{re}$ 称为反向恢复时间,t_{re} 的存在使二极管的开关工作速度受到限制。

2）反向恢复过程形成的原因

在 PN 结外加正向电压时,在耗尽层两边会出现少子的积累并形成一定的浓度梯度,当外加输入电压突变为反偏电压 $-U_R$ 时,原来积累的少子并不会马上消失,而是在反向电场作用下,一方面继续与多子复合,另一方面形成反向漂移电流。由于这些载流子全部消失需要时间,且在此段时间内 PN 结仍将维持在原来的正偏状态,PN 结电阻很小,与 R_L 相比忽略不计,所以形成了较大的反向电流

$$I_R = \frac{U_R + u_D}{R_L} \approx \frac{U_R}{R_L}$$

经过 t_s 时间后,耗尽层两侧原有少子积累开始明显减少,耗尽层也逐渐变宽,反向电流逐渐减小,直至达到正常的反向饱和电流的数值,这段时间即为渡越时间 t_t,至此二极管截止,反向恢复过程结束。

由此可见,反向恢复过程实质上就是存储电荷消失过程,t_{re} 的大小不但与二极管的材料及结构有关,还与积累电荷的多少、消失的快慢等有着密切的关系。一般开关二极管的 t_{re} 在纳秒数量级。

各种不同类型二极管的参数可查阅有关厂家提供的产品手册。

2.3　特殊二极管

半导体二极管中还有一些采用特殊工艺制造的功能独特的二极管,例如稳压二极管、光敏二极管、发光二极管和变容二极管等,这里我们主要介绍其中两种。

2.3.1　稳压二极管

稳压二极管是利用 PN 结的反向击穿特性来工作的。一般情况下,PN 结的反向电击穿是可逆的,即只要外加反向电压撤除,PN 结将恢复到原来的状态。对 PN 结反向击穿特性的利用,关键在于防止电击穿向热击穿过渡,这可通过采取相应的限流措施来实现。在这个前提下,我们可以利用 PN 结的反向击穿特性来实现稳压,即利用反向击穿后 PN 结中电流变化很大,而两端电压却基本不变的特点,制成稳压二极管(简称稳压管)。其电路符号为"—◁|—",通常工作在反向击穿状态。

1. PN 结的反向击穿机理

导致 PN 结反向击穿的原因可分为两种:

1) 齐纳击穿

当半导体材料的掺杂浓度较高时,耗尽层的宽度较窄,在不太大的反向电压(一般为几伏)下,就可在耗尽层中形成很强的电场,它可直接破坏共价键结构,把电子从共价键中"拉"出来,产生电子-空穴对,从而引起反向电流急剧增加,这种击穿现象称为齐纳击穿。

2) 雪崩击穿

如果耗尽层的宽度较宽,随着反向电压的增加,电场强度也不断增强,使少子在漂移运动中被加速,动能不断增大,与共价键中的价电子发生碰撞时,便会将价电子从共价键中"撞"出来,形成电子-空穴对,新产生的电子-空穴对,在电场的加速下又将去撞击其他价电子,使耗尽层中载流子的数量急剧增多,即形成了载流子雪崩式的倍增效应。由于载流子的剧增将引起反向击穿电流急剧增大,于是 PN 结被击穿,这种击穿称为雪崩击穿。

击穿电压较低的一般为齐纳击穿,击穿电压较高的为雪崩击穿。对硅材料而言,击穿电压在 4 V 以下的多为齐纳击穿,7 V 以上的多为雪崩击穿,在 4~7 V 之间的两种击穿都有可能。

2. 稳压管的主要参数

1) 稳定电压 U_Z

稳压管稳定电压 U_Z 的大小由制作工艺决定,工程上是通过控制掺入 P 区和 N 区杂质浓度的大小来制成不同击穿电压的稳压管。掺入的杂质浓度越小,击穿电压值越大。根据型号的不同,击穿电压的数值可从 1～50 V,某些高压稳压管系列(例如 2DW134～2DW143 系列)的反向击穿电压可达 100～220 V。

2) 稳定工作电流 I_Z

每种型号的稳压管都规定了稳定工作电流这一参数,一般手册上给出厂家建议的最佳工作电流。实际工作电流可在以此为参考的一定范围内选取。

3) 动态电阻 r_Z

稳压管工作在反向击穿状态下的电阻定义为

$$r_Z = \frac{\Delta u_D}{\Delta i_D}$$

r_Z 数值越小,稳压性能越好。r_Z 的大小与工作电流和反向击穿电压有关。对于同一个稳压管,r_Z 随 I_Z 增大而减小。例如 2CW1 稳压管当 $I_Z = 1$ mA 时,$r_Z \leqslant 12$ Ω;而当 $I_Z = 5$ mA 时 $r_Z \leqslant 6$ Ω。对不同击穿电压 U_Z 的稳压管来说,7～8.5 V 的稳压管具有最小的 r_Z 值。图 2.3.1 是 r_Z 与 U_Z 的关系曲线。

4) 电压温度系数 γ

稳压二极管的温度系数 γ 表示 U_Z 随温度的变化率。用温度每变化 1 ℃ 引起 U_Z 变化的百分率来表示,即 "%/℃"。γ 也是 U_Z 的函数。$U_Z < 5$ V 的 γ 多为负值;$U_Z > 7$ V 的 γ 为正;U_Z 在 5～6.5 V 范围内的稳压管,其电压温度系数接近于零。

图 2.3.1 稳压管动态电阻与稳定电压的关系

有些稳压管在制作时采取了温度补偿措施,使电压温度系数明显减小。例如 2DW232～231 系列精密稳压管,其内部结构是两个背靠背串接的稳压管,即 "—▷◁—"。工作时其中一个处于具有正温度系数的反向击穿状态(电压为 U_Z),另一个处于具有负温度系数的正向导通状态(电压为 U_D)。通过合理选取工作电流,可使两者温度系数相互抵消,使 γ 降低到 0.005 %/℃ 的水平。这种稳压器件的稳压值为 U_Z 与 U_D 之和,图 2.3.2 是这个系列稳压器件的电压温度系数 γ 与工作电流 I_Z 的关系。

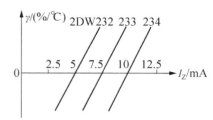

图 2.3.2 稳压管电压温度系数与工作电流的关系

5) 额定功耗 P_Z

稳压管在工作时两端稳定电压为 U_Z，且管子里流过一定的电流，因此就有功耗。这部分功耗将以热能的形式传导，使管子发热，额定功耗 P_Z 就决定于稳压管允许的温升。其数值为稳定电压 U_Z 与稳压管允许的最大电流 I_{Zmax} 的乘积，即 $P_Z = U_Z \cdot I_{Zmax}$。

2.3.2　光敏二极管

光敏二极管（Photo-Diode）是一种将光信号转换为电信号的半导体二极管，通常用于对光的有无、强弱、位置及颜色等检测领域；通过在光敏二极管窗口粘接荧光体材料，还可间接应用于放射线检测领域。在光通信技术、精密检测技术、激光及光纤技术快速发展的背景下，其应用日益广泛。

1. 光敏二极管（PD）的结构及类型

光敏二极管的实际结构如图 2.3.3 所示。从 PD 的 P 区和 N 区分别由金属材料引出正、负两个电极。波长及能量不同的入射光经 SiO_2 薄膜层辐射进 PN 结后，光子能量被 PN 结晶格吸收并在 PN 结中生成相应的电子-空穴对，这些载流子在 PN 结内建电场的作用下进一步形成光电流。

从器件的功能、构造上区别，光敏二极管大致可分为以下四种类型。

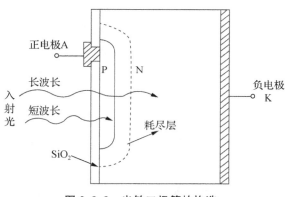

图 2.3.3　光敏二极管的构造

（1）PN 型 PD。这一类 PD（如 S2386 系列、S1336 系列、S1226 系列等）主要由硅材料制作，在可见光波长外则用其他半导体材料如 GaP（磷化镓）、GaAsP（磷砷化镓）等制作。具有较低的暗电流，光电响应速度通常在 μs 数量级。

（2）PIN 型 PD。这一类 PD（如 2CUA～C 系列、S1723 系列等）主要由硅材料制成，在外加反向偏压下工作。采用特殊制造工艺在 P 区和 N 区之间嵌入高电阻率的本征半导体层 I，有效减小 PN 结的结电容，达到提高光电响应速度的目的。PIN 型 PD 的光电响应速度通常在 ns 数量级，是一种超高速光敏二极管。

（3）肖特基型 PD。主要由 GaP、GaAsP 等半导体材料制成，通过采用表面薄化处理工艺，用很薄的金属镀层（金、银、铝等）替代 P 区形成所谓肖特基金属-半导体表面势垒区，以改进对短波长入射光的响应特性。这一类 PD（如 ST-UVC-L、GT-UV400、GT-ABC 系列等）可使光电检测灵敏度延伸至波长更短的紫外光域，是一种高紫外灵敏度光敏二极管。

（4）雪崩型 PD。这一类光敏二极管（如 AD500 系列、LSIAPD-S200 等）也称为 APD（Avalanche PD），是利用 PN 结雪崩击穿机理制作的。其原理是在 PN 结加上反向偏压，使

PN 结中光电子产生雪崩倍增效应,以形成更大的光电流。APD 适用于对微弱光信号的检测。

2. 光敏二极管的伏安特性及等效电路

在无光照条件下,光敏二极管的伏安特性如图 2.3.4 中曲线①,与一般二极管相类似。但在有光照条件下,曲线①将向曲线②移动;光照强度进一步增加,则曲线②将进一步平移至曲线③。在曲线②、曲线③情况下,若将 PD 两端短路则有与光强成正比的光电流 I_{sh}、I'_{sh} 从 PD 的负极流向正极;若将 PD 两端开路,则将产生正向开路电压 U_{op} 及 U'_{op}。

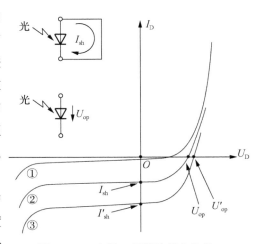

图 2.3.4　光敏二极管的伏安特性

光敏二极管的等效电路模型如图 2.3.5,其中 I_p 表示光敏二极管产生的光电流,与入射光强度及光敏二极管的有效受光面积成正比。符号"—◁—"表示 PD 的等效二极管效应,是仅仅表征 PN 结的伏安特性而不考虑其他因素(如结电阻、结电容、阈值电压等影响)的理想二极管。C_j 表示 PN 结的结电容,其大小由 PN 结的截面积和 PN 结宽度决定,与 PD 的偏置电压相关。R_j 是并联电阻,用来表征 PD 中暗电流 I_d 的影响,其数值相当于图 2.3.4 中曲线①在 $U_D=0$ 处切线斜率的倒数,一般在 $10^7 \sim 10^{11}$ Ω。R_S 是串联电阻,用来表征半导体的体电阻及电极引线的接触电阻,其值约为数欧。由图 2.3.5 可以求得 PD 的输出电流为

$$I_o = I_p - I_D - I_d = I_p - I_s(e^{\frac{u_D}{U_T}} - 1) - I_d \tag{2.13}$$

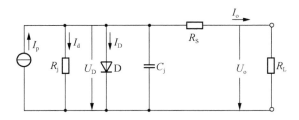

图 2.3.5　光敏二极管的等效电路模型

为了分析光敏二极管两端电压及输出电流与入射光强的关系,我们先令上式中 $I_o=0$,即暂不考虑 I_o 的影响,在 PD 输出开路条件下来分析 PD 两端电压与光强的关系。设此时的输出电压 $U_o=U_{op}$(开路电压),则上式中 $I_o=0$,$u_D=U_{op}$,可求得

$$U_{op} = U_T\left(\ln\frac{I_p - I_d}{I_s} + 1\right) \tag{2.14}$$

若忽略上式中暗电流 I_d,则 U_{op} 与入射光强(I_p)为对数关系,即相对于光强的变化 PD

两端电压变化较小,光电响应的灵敏度较低;另一方面 U_{op} 受温度变化的影响较大,且具有负温度系数。表明 PD 的输出端电压不适合用于光强检测。

我们再令 $U_o=0$,即暂不考虑 PD 端口电压 U_o 的影响,在 PD 输出端短路条件下来分析 PD 的输出电流与光强的关系。设此时输出电流为 $I_o=I_{sh}$(短路电流,也是在输入光强与波长一定的条件下,光敏二极管能够输出的最大电流)。则式(2.13)中 $u_D=I_{sh}R_S$,可改写为

$$I_{sh}=I_p-I_s e^{\frac{I_{sh}R_s}{U_T}}+\frac{I_s I_{sh}R_s}{R_j} \tag{2.15}$$

上式中第一项表明输出电流与光强(I_p 项代表)呈线性关系;第二、第三两项决定了输出电流与光强间线性关系的上限。由于 R_j 很大而 R_s 很小,可知这两项的影响在 PD 端口短路条件下几乎可忽略不计。这表明 PD 的短路输出电流将在很大范围内与光强呈线性关系。以 BS500B 光敏二极管为例,输出短路电流的线性范围实际可以达到 6 个数量级以上,如图 2.3.6 所示。

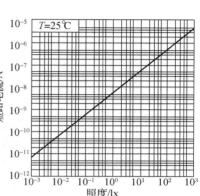

图 2.3.6　PD 的电流与光强的关系

3. 光敏二极管的主要参数

1) 有效受光面积[mm²]

表示器件窗口内 PN 结的受光面积。PD 中的光电流与有效受光面积成正比,PD 两端电压与有效受光面积无关。

2) 光电灵敏度 S_n

光电灵敏度定义为在器件有效受光面积条件下光电流与入射光强的比值。光电流用[A],入射光强用[W]表示时,S_n 单位为 [A/W]。当光强用 lx[lm/m²]①表示时,换算关系为 1 lx$=5.0\times10^{-6}$[W/cm²]。

3) 分光灵敏度特性

分光灵敏度特性也称为分光感度特性,表示光电灵敏度与入射光波长之间的关系。通常以峰值波长对应的光电灵敏度为 100%,给出其他波长下光电灵敏度的相对值,如图 2.3.7。

当纵坐标(光电灵敏度)不用相对量而用绝对量或量子效率表征时,分光灵敏度曲线的形状会有所不同,如图 2.3.8 所示。所谓量子效率,即入射光的光强用光子数、光电流用载流子数表示时,将载流子数/光子数的百分率定义为量子效率。

---

① lx(或 lux)为拉丁语"光"的发音,是照度的单位,用 lx[lm/m²]表示。一支蜡烛在距离 1 米处的照度为 1 lx(勒克斯)。

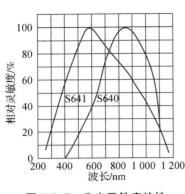

图 2.3.7　分光灵敏度特性

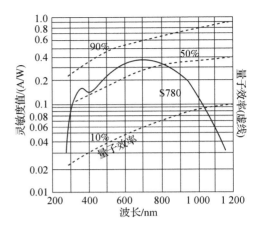

图 2.3.8　分光灵敏度特性的不同形式

4）上升时间 t_r

上升时间 t_r 是指光敏二极管的输出对输入的阶跃响应时间,定义为输出从峰值的 10% 上升到 90% 所对应的时间(也有厂家按输出上升到稳态值的 63% 来定义)。上升时间 t_r 决定了 PD 的光电响应速度。t_r 主要与 PD 内部(参见图 2.3.5)电阻 R_j 与结电容 C_j 的乘积相关,同时与负载电阻 R_L 有很大关系。当 PD 的输出端短路时($R_L = 0$ 时)t_r 将主要由 R_S 与 C_j 的乘积决定,由于 $R_S \ll R_j$,PD 的光电响应速度将显著提高。

5）等效噪声功率 NEP

等效噪声功率 NEP(Noise-equivalent power)的单位为($W/Hz^{\frac{1}{2}}$),是指能够产生光电流所需的最小光功率,与 1 Hz 时噪声功率的均方根值相等。等效噪声功率近似等于光敏二极管的最小可探测输入光功率。

此外,光敏二极管还有如最大允许反向电压 U_R、最大功耗 P_m、截止频率 f_c、波长范围等一些参数,限于篇幅不再一一介绍。

2.4　二极管应用电路举例

利用二极管的单向导电性、反向击穿特性、热敏特性、光敏特性等,可以构成各种有实用价值的功能电路。这里我们列举几个典型应用实例。

2.4.1　二极管整流电路

整流电路通常用来将交流电压或电流变换成单向脉动的电压或电流。图 2.4.1(a)是用二极管组成的桥式全波整流电路。忽略二极管的正向导通压降,则在输入电压 u_i 的正、负两个半周内,D_1 和 D_3、D_2 和 D_4 轮流导通,使负载上得到与 u_i 幅度相同的脉动电压波形,如图 2.4.1(b)所示。

考虑到实际二极管阈值电压(硅二极管约为 0.5 V)的影响,只有输入电压 u_i 大于阈值电压 U_r 时二极管才能导通。因此上述电路不能用于对毫伏级信号的整流。

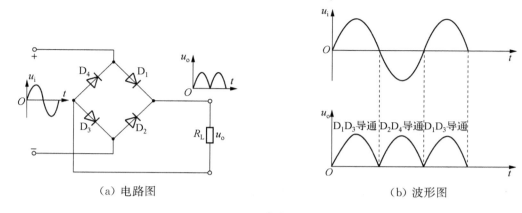

（a）电路图　　　　　　　　　　　　（b）波形图

图 2.4.1　二极管桥式整流电路及波形

为了减小 U_r 的影响,我们借助于负反馈对反馈环内失真及噪声的抑制原理,将二极管置入运算放大器的负反馈环路内,构建阈值与温度系数均为零的"理想二极管"电路,如图 2.4.2 所示。电路原理如图(a)所示,电压传输特性如图(b)所示。由图分析可知当 $u_i > 0$ 时,图(a)中 D_2 导通、D_1 截止,运放反相输入端为"虚地",故 $u_o = 0$;当 $u_i < 0$ 时,使 D_1 导通、D_2 截止,$u_o = A_{uf} u_i$,其中 $A_{uf} = -R_2/R_1$。设运放的开环增益 $A_{do} = 50\ 000$,R_1、R_2 的取值使 $|A_{uf}| = 1$,则二极管阈值电压 U_r 及温度系数等非理想因素也被压缩了 50 000 倍,可视为理想的二极管。

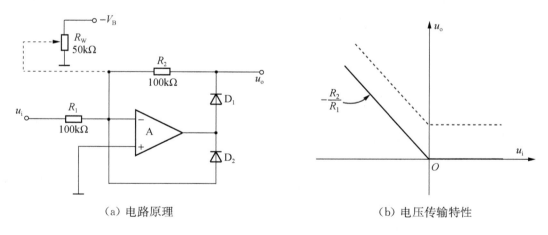

（a）电路原理　　　　　　　　　　　（b）电压传输特性

图 2.4.2　理想二极管电路

若加上图(a)中虚线所示偏置电路,则传输特性将如图(b)中虚线所示,即传输特性的转折点可灵活浮动,以适应精密函数发生器等电路设计的需要。

图 2.4.3 是由理想二极管电路构成的精密整流电路。图中 A_1 组成理想二极管,A_2 组

成反相输入加法器。其中理想二极管精密半波整流电路的工作原理如下：

在 $u_i>0$ 的情况下，u'_{o1} 为负，二极管 D_1 截止，D_2 导通，则 $u_{o1}=-u_i$。在 $u_i<0$ 的情况下，u'_{o1} 为正，二极管 D_2 截止，D_1 导通，在 A_1 反相输入端形成"虚地"，因此 $u_{o1}=0$。

由此分析得出整个电路的输出电压为：$u_o=-(u_i+2u_{o1})$

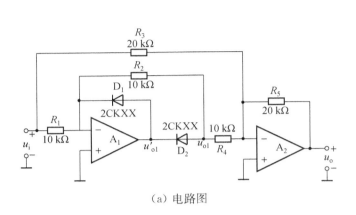 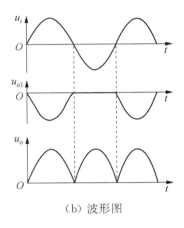

（a）电路图　　　　　　（b）波形图

图 2.4.3　精密整流电路及波形

在分析了图 2.4.3(b) 中 u_{o1} 与 u_i 波形关系之后，读者容易得出图中 u_o 的波形。从波形关系可见，精密整流电路的输出电压 u_o 是输入电压 u_i 的绝对值，因此精密整流电路也称为绝对值电路。

通过以上分析可见，由于将二极管放进了运放的负反馈环路中，使二极管的阈值电压影响减小为 $1/A_{do}$。若设运放的开环差模增益 $A_{do}=10^5$，则阈值等效电压减小到 $0.5\ \text{V}/10^5=5\ \mu\text{V}$，足以保证对毫伏级信号的高精度整流。

2.4.2　基准电压电路

稳压管通常用来为信号比较电路提供基准电压。典型的稳压管稳压电路如图 2.4.4 所示。图中限流电阻 R 为稳压管提供合适的工作电流，负载 R_L 并接在稳压管两端，因而也称为并联型稳压电路。这种稳压电路的工作原理，是利用稳压管的电流"吞吐"能力来吸收输入电压 U_i 和负载电阻 R_L 的变动所引起的电流变化，从而保证输出电压 U_o 的稳定。

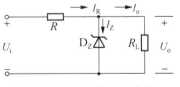

图 2.4.4　稳压管稳压电路

例如，当 U_i 不变，负载 R_L 减小引起 I_o 增大时，由于 $I_R=I_Z+I_o$，将使 I_R 有所增加，进而导致输出电压 $U_o=U_i-I_R\cdot R$ 产生下降的趋势。但是，根据稳压管的反向击穿特性，稳压管两端电压（即 U_o）略有下降，则稳压管中电流 I_Z 将急剧减小，从而弥补了因 I_o 增大引起的 I_R 的增加，使 U_o 趋于稳定。这一调节过程可表示如下：

$$R_L \downarrow \to I_o \uparrow \to I_R \uparrow \to U_o \downarrow \to I_Z \downarrow$$
$$U_o \uparrow \leftarrow I_R \downarrow$$

可见,由于稳压管具有强烈的电流调节作用,使得 I_o 的增量主要由稳压管吸收掉,使输出电压维持在 $U_o \approx U_Z$ 数值上基本不变。

稳压管的稳压性能与其温度系数 γ 和动态电阻 r_Z 有关。在温度一定的条件下,r_Z 越小,稳压管两端电压稳定性越高。例如图 2.4.4 电路中,当 R_L 不变,输入电压变化 ΔU_i 时,引起相应的输出电压变化在满足 $r_Z \ll R_L$,$r_Z \ll R$ 条件下,可表示为

$$\Delta U_o = \Delta U_i \cdot \frac{r_Z /\!/ R_L}{R + (r_Z /\!/ R_L)} \approx \Delta U_i \frac{r_Z}{R} \tag{2.16}$$

上式表明,动态电阻 r_Z 越小的隐压管,稳压效果越好。由式(2.16)可知,限流电阻 R 取值大些,有利于提高稳压性能。但另一方面,必须考虑稳压管的稳定工作电流及限流电阻本身的功耗对电阻取值的限制。设输入电压 U_I 和负载电流 I_O 的变化范围为 $U_{Imin} \sim U_{Imax}$ 和 $I_{Omin} \sim I_{Omax}$,稳压管允许的稳定工作电流范围为 $I_{Zmin} \sim I_{Zmax}$,则为使稳压管在允许的电流范围内正常工作,限流电阻 R 的取值应满足

$$\frac{U_{Imax} - U_Z}{I_{Zmax} + I_{Omin}} < R < \frac{U_{Imin} - U_Z}{I_{Zmin} + I_{Omax}} \tag{2.17}$$

为了获得稳压管规格之外的基准电压且对基准电压精度及温度稳定性有较高要求的场合,可以将稳压管稳压电路与运放电路相结合来实现。例如图 2.4.5 中所示运放电路,同相端输入电压是由 LM399A 提供的高稳定度 $U_Z = 6.95$ V(± 0.5 ppm/℃)(ppm 定义为百万率,此处为 10^{-6} V),且由加热器保持芯片常温为 90 ℃,尽量减小其受环境温度变化的影响。运放采用性能理想的高精度、低失调、低温漂器件,输出基准电压为 10 V(± 1 ppm/℃)。改变 R_2/R_1 可改变电路的电压增益,在运放输出端得到大小可调的基准电压值。也有一些根据类似原理将运放与稳压管集成在一起的基准电压器件面世,如 AD580,AD581 等。

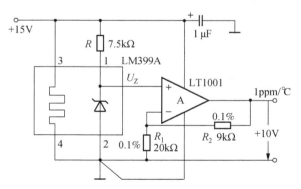

图 2.4.5　高稳定度基准电压电路

2.4.3 光电检测电路

光敏二极管作为传感器构成的光电检测电路应用广泛,图2.4.6给出了一种原理电路。

光敏二极管一般工作在零偏或反偏状态。为了使光敏二极管的性能得到充分发挥,通常要求尽可能减小 PD 端口的负载阻抗,以便获得更快的响应速度和更宽的线性测量范围。图2.4.6所示电路中,由光敏二极管产生的光电流 I_i 从 PD 的负极流向正极,通过运放电路作电流-电压转换后输出信号电压 ,即

$$U_o = -I_i \cdot R_F$$

电路的互阻增益为

$$A_{rF} = U_o / I_i = -R_F$$

由于运放电路的负反馈效果使光敏二极管输出端口的动态等效阻抗接近等于零。由式(2.15)可知,在这种条件下光敏二极管将可获得最大的线性工作范围,输出光电流达到最大值,响应速度也将显著提高。

图2.4.7是一个由 PIN 型 PD 构成的实用光电检测电路实例。电路中 V_{CC} 和 R_1 给 PD 加上 12 V 反向偏置电压,以提高 PD 的光电响应速度。电容 C_1 用于隔离 PD 的直流偏压对运放的影响,并耦合光电信号。对光电信号而言 C_1 相当于短路。PD 端口的等效电阻主要由运放电路的输入阻抗决定。反馈电阻 R_F 上并联一个小电容,其取值可与光敏二极管的结电容 C_j 大致相当,目的是为了抑制光电信号中的高频噪声,并使电路在高频时能稳定工作。

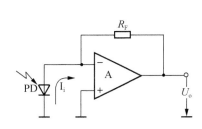

图 2.4.6 光电检测原理电路

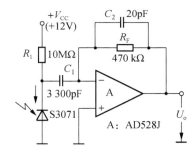

图 2.4.7 PIN 型 PD 构成的光电检测电路

2.4.4 二极管测温电路

在二极管正向电流保持恒定的条件下,其两端电压 u_D 具有 -2.2 mV/℃ 的温度系数。利用这一特点,可以将二极管作为温度传感器,测量 $0 \sim 100$ ℃ 范围内的温度,图2.4.8就是根据这一原理设计的测温电路(图中运算放大器 A 采用 741 型)。电源 $-V_{EE}$ 通过 R_6 给二极管 D 提供 52 μA 的电流。尽管温度变化时二极管两端电压 u_D 在变化,但由于 $V_{EE} \gg u_D$,所以 i_D 的变化甚小,可视为基本恒定。将二极管 D 置于 0 ℃ 的环境中(例如置于冰水中),调

节 R_{W1} 可使 $u_o=0\text{ V}$。然后温度每上升 1 ℃，u_D 减小 2.2 mV，这相当于运放同相输入端有 $+2.2\text{ mV}$ 的信号增量，输出将正向增大。如果要求温度为 50 ℃ 时 $u_o=5\text{ V}$，则放大器的电压放大倍数为

$$A_u=1+\frac{R_2}{R_2+R_1'}=\frac{5000}{2.2\times50}=45.5$$

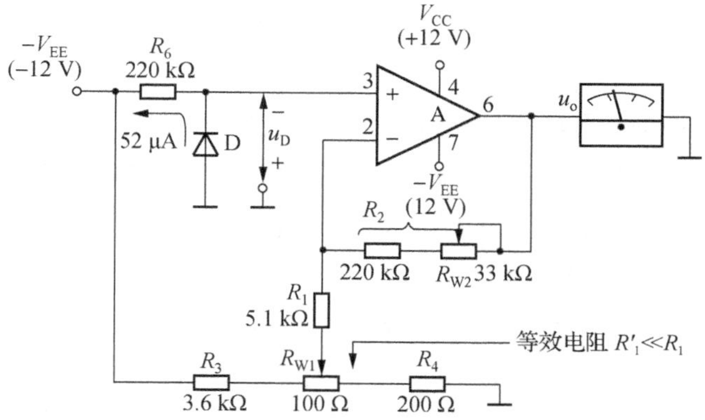

图 2.4.8　二极管测温电路

R_1' 是从 R_{W1} 中心滑动端看进去的等效电阻，它应远小于 R_1，以防止调节 R_{W1} 时影响放大器的电压放大倍数。最后，将二极管 D 再置于 50 ℃ 的温度环境中，调节 R_{W2} 使输出电压达到 5 V 的满刻度要求即可。

本章小结

1. 半导体具有热敏特性及光敏特性，温度升高或光照增强时，半导体的电阻率将降低。

2. 半导体中具有两种不同的载流子：自由电子与空穴。两者带电极性不同，导电机理也不同。

3. 半导体的导电性能受杂质的影响极大，通过少量掺杂可改变半导体的导电类型，将本征半导体改造成杂质半导体。杂质半导体仍呈电中性，其载流子的数量关系仍满足浓度作用定律。

4. PN 结中多子扩散电流与少子漂移电流达到动态平衡时，PN 结的宽度将保持一定。在半导体材料确定的条件下，结宽的大小与掺杂浓度成反比。

5. 单向导电性是 PN 结的主要特性。外加正向电压时 PN 结呈低阻，较小的正向电压就能产生较大的正向电流。外加反向电压时 PN 结呈高阻，仅流过很小的反向饱和电流。

6. 温度对 PN 结的影响主要表现在两个方面：正偏 PN 结中，在恒定偏流条件下，PN 结两端压降具有 -2.2 mV/℃ 的温度系数；反偏 PN 结中，温度每升高 10 ℃，反向饱和电流增加一倍。

7. PN 结具有电容效应。势垒电容 C_B 是通过空间电荷区的宽度变化(即势垒变化)来体现的;扩散电容 C_D 是通过扩散电荷分布的变化来体现的。它们都是非线性电容,外加正向电压时数值增大,外加反向电压时数值减小。

8. 在防止产生热击穿的前提下,PN 结的反向击穿特性可被利用来实现稳压。PN 结中反向击穿电流在较大范围变化时,两端电压能基本维持恒定的这样一种电流调节作用是实现稳压的关键。反向击穿时,PN 结的动态电阻 r_Z 及电压温度系数 γ 是衡量稳压效果好坏的重要参数。

9. 光敏二极管按构造及功能可分为四种类型,它们都是工作在反偏或零偏状态。它们的主要区别是对入射光波长具有不同的光电灵敏度或响应速度。分光灵敏度特性及光电响应速度是选用光敏二极管器件类型的主要依据。负载电阻对光敏二极管的特性参数有较大影响,为了充分发挥光敏二极管的特性功能,负载电阻的阻值越小越好。

10. 半导体二极管(包括稳压二极管、光敏二极管)是由单个 PN 结构成的电子元器件,灵活运用其单向导电性、反向击穿特性、温度特性、光敏特性、电容效应等,可构成各种功能独特的应用电路。

思考题与习题

题 2-1 不计二极管的阈值电压情况下,已知常温($T=300$ K)时锗和硅二极管的反向饱和电流分别是 $I_{s1}=1\ \mu A$,$I_{s2}=2$ pA。若二极管上正向电压 $U_D=0.312$ V,分别求出正向电流 I_{D1} 和 I_{D2}。

题 2-2 不计二极管的阈值电压,并已知常温($T=300$ K)下二极管的 $I_s=0.1\ \mu A$。当二极管上正向电压 $U_D=0.416$ V 时,试求:

① $T=300$ K 时二极管的正向电流 I_D;

② $T=330$ K 时二极管的正向电流 I_D;

③ 温度从 300 K 增加到 330 K 时 I_D 增加的倍数。

题 2-3 下图中所有二极管都是理想的器件,试求电压 u_{Ao}。

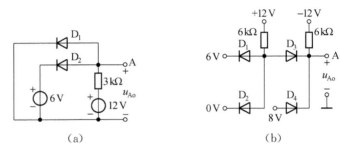

(a)   (b)

题图 2-3

题 2-4　判断题图 2-4 电路中的二极管是否导通。

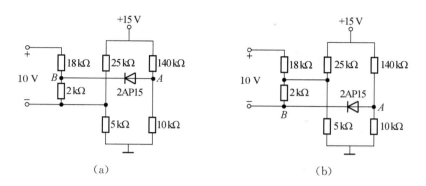

题图 2-4

题 2-5　指出题图 2-5 所示三个电路中二极管的作用。

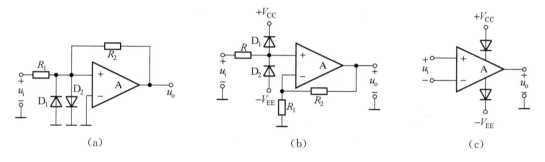

题图 2-5

题 2-6　设二极管为理想元件,试画出题图 2-6 所示二极管电路的电压传输特性($u_i -$ u_o 曲线)。

题 2-7　题图 2-7 中 D_1、D_2 是理想二极管,$u_i = 8\sin\omega t$(V),试画出 u_i 和 u_o 的对应波形图。

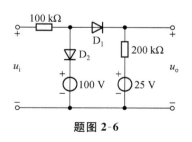

题图 2-6

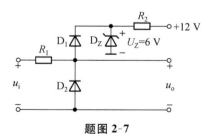

题图 2-7

题 2-8 电路如题图 2-8 所示，A 为理想运算放大器，求输出电压 U_o 的可调范围。

题 2-9 稳压管稳压电路如题图 2-9 所示。负载 R_L 从开路变到 2 kΩ，输入电压为 $U_1 = 54$ V±10%，已知稳压管的稳定电压 $U_Z = 12$ V，额定功耗 $P_{DM} = 250$ mW，最小稳压工作电流 $I_{Zmin} = 0.2$ mA。试选取合适的限流电阻 R。

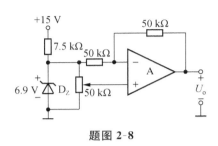

题图 2-8

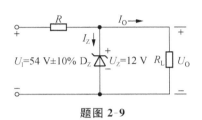

题图 2-9

题 2-10 题图 2-10 所示电器中，设运放 A、稳压管 D_Z 和二极管 D 均为理想器件，$U_Z = 5$ V，$U_D = 0$。

已知当 $t = 0$ 时，电容电压 $u_C(0) = 0$，开关 S 置于位置 1 上。当 $t = t_1 = 2$ s 时，开关 S 转换到位置 2 上。试画出电压 u_o 的波形，标注有关数据，并求出输出电压过零的时间 t_2 和电路开始限幅的时间 t_3。

题 2-11 设题图 2-11 所示电路中的 A 为理想运放，稳压管的 $U_Z = 1.2$ V，稳定电流 $I_Z = 50$ μA~2 mA。

① 求电流 I_L 的值；

② 电路正常工作时，求允许的 R_L 最大值 R_{Lmax}；

③ 若 $R_L = 10$ Ω，求稳压管电流 I_Z。

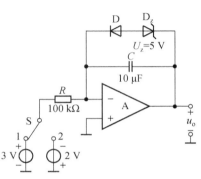

题图 2-10

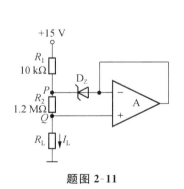

题图 2-11

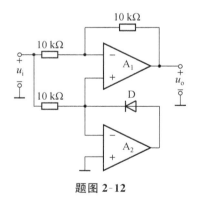

题图 2-12

题 2-12 画出题图 2-12 所示电路的电压传输特性（u_o 与 u_i 的关系曲线）。设运放 A_1、A_2 具有理想的特性，其最大输出电压为 ±15 V，输入信号幅度足够大，二极管 D 为理想元件。

题 2-13　在题图 2-13 所示电路中,运放及二极管具有理想特性,运放的最大输出电压范围±15 V,输入电压的幅度足够大。试画出该电路的电压传输特性(u_o 与 u_i 关系曲线)。

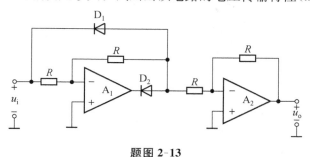

题图 2-13

题 2-14　电路如题图 2-14(a)所示,$D_1 \sim D_4$ 为理想二极管,A 为理想运放。已知该电路的电压传输特性如题图 2-14(b)所示,试求产生限幅时的输出及输入电压值。

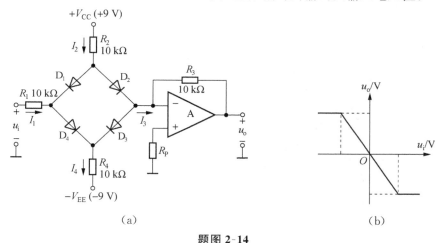

(a)　　　　　　　　　　　　　　　　(b)

题图 2-14

题 2-15　题图 2-15 是一个输入信号的极性判断与转换电路。设集成运放和二极管均具有理想特性,试写出极性判断电压 u_A 和输出电压 u_o 的表达式。

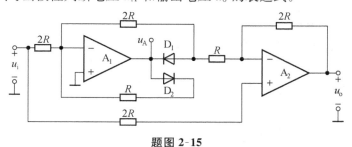

题图 2-15

题 2-16　极性及大小可调式基准电压电路如题图 2-16 所示。

① 设稳压管电压为 U_Z,证明当 $R_4 = R_5$ 时输出电压 U_O 的表达式为:$U_O = [2R_2/(R_1 + R_2) - 1]U_Z$;

② R_W 滑动端改变时,运放输出端电压的调节范围是多少?

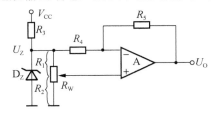

题图 2-16

题 2-17 题图 2-17 是一种性能良好的实用桥式结构限幅电路。其中限幅部分电路由桥式二极管和稳压管组成。设稳压管的反向击穿电压为 U_Z,二极管的正向导通压降为 U_D。

① 试分析电路的工作原理及输出电压 $|U_o|$ 的限幅范围;

② 画出整个电路的电压传输特性。

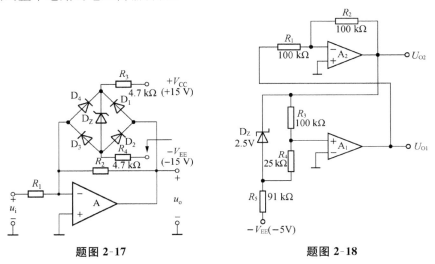

题图 2-17   题图 2-18

题 2-18 求题图 2-18 所示稳压管电路可同时输出正、负基准电压。试求 U_{O1} 及 U_{O2} 的值。

题 2-19 无需采用稳压管且限幅值可任意设置的双向限幅电路如题图 2-19 所示,设图中 A 为理想运放。

① 试分析电路的工作原理并画出其电压传输特性;

② 求出图示参数下正、负限幅动作点电压值。

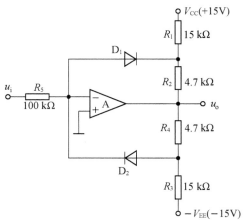

题图 2-19

题 2-20　题图 2-20 是按数字逻辑电平要求来设置限幅值的一个实用接口电路。图中二极管(设阈值 $U_r = 0.6$ V)和电阻组成限幅环节,集成运放 A 采用 ±15 V 电源供电。试求:

① 输出电压 u_o 的表达式;

② 证明在图示参数下输出电压的限幅范围为 -0.6 V ~ $+4.6$ V。

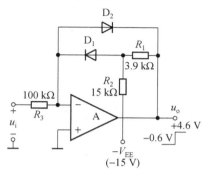

题图 2-20

题 2-21　检测两束入射光光强是否平衡的检测电路如题图 2-21 所示。试分析电路工作原理并求出输出电压 u_O 与输入光电流 I_{sh} 的关系式。

题 2-22　光强-对数电压变换电路如题图 2-22。

① R_1 为何采用高值电阻?

② 求输出电压 u_O 与输入光电流 I_{sh} 的关系式(设 D 管的 I_s 可忽略)。

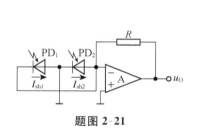

题图 2-21

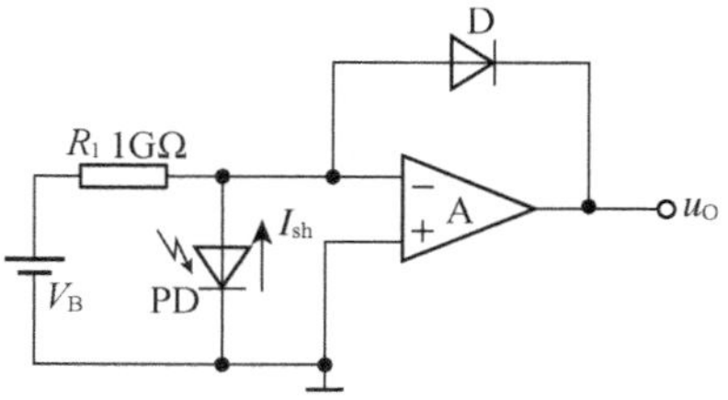

题图 2-22

题 2-23　利用 PN 结(-2.2 mV/℃)温度系数的二极管测温电路如题图 2-23 所示。

① 试分析电路的工作原理,并指出 R_{W1} 及 R_{W2} 分别有何调整作用;

② 欲使电路输出电压 U_O 达到 100 mV/℃的测温灵敏度,R_{W2} 应如何调节?

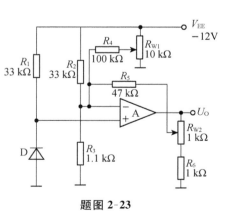

题图 2-23

题 2-24　题图 2-24 电路是能够在 0～60 ℃范围内输出±2 mV/℃线性变化补偿电压的温度补偿电路。已知其中 LM385 能够在 0～70 ℃额定温度范围内保持稳压值不变。试分析电路工作原理并说明 R_{W1} 及 R_{W2} 分别起何调整作用?

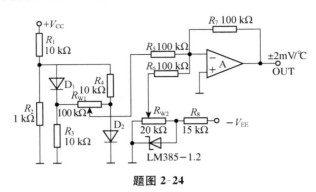

题图 2-24

第 3 章　半导体三极管及其应用

　　本章主要阐述双极型半导体三极管的工作原理以及由它构成的基本放大电路及组合放大电路。对深度负反馈条件下组合放大电路的分析、估算作了简要介绍。对三极管与集成运放组合而成的对数及反对数放大器亦作了电路功能的基本分析。本章还对三极管的高频参数及其高频等效电路模型进行了深入探讨,并在此基础上分别对三种基本组态放大电路的高频特性进行了分析计算,为后续章节分析集成运放的频率特性及频率补偿奠定了必要的基础。

3.1　半导体三极管

3.1.1　半导体三极管的构成

　　半导体三极管(以下简称"三极管")是一种由两个 PN 结构成的具有放大能力的电子器件,它有三个电极:发射极(E)、基极(B)和集电极(C)。按构成三极管各电极所在区域的半导体导电类型的不同,它又可分为 NPN 和 PNP 两个类别。图 3.1.1 表示了它们的内部结构、电路符号及常见的外形图。三极管电路符号发射极上的箭头,代表了发射极电流的流向。

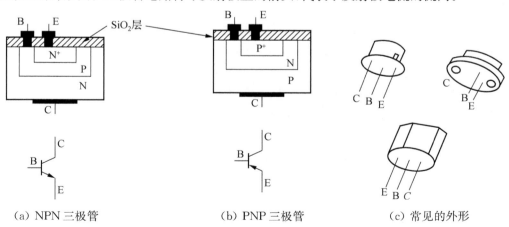

|(a) NPN 三极管|(b) PNP 三极管|(c) 常见的外形|

图 3.1.1　三极管的内部结构、电路符号及常见外形

从内部结构看,三极管是一个三层两结器件。以 NPN 三极管为例,与发射极相连的是一块杂质浓度很高的N⁺型半导体(N⁺ 表示高杂质浓度 N 型半导体),称为发射区。与集电极相连的是一块杂质浓度中等的 N 型半导体,称为集电区。与基极相连的是一块厚度只有数微米数量级的低杂质浓度 P 型半导体,它介于发射区与集电区之间,称为基区(通常发射区的杂质浓度要比基区的杂质浓度高三至四个数量级)。这种结构在三极管内部形成了两个 PN 结。发射区与基区间形成的 PN 结称为发射结,集电区与基区间形成的 PN 结称为集电结。

3.1.2 三极管的工作原理

在半导体内掺入微量杂质,就会使半导体的导电能力发生显著的变化。这种人为的掺杂是制造半导体器件的主要手段。

三极管作为放大器件时,要求发射结加正向偏置电压(约 $0.6 \sim 0.8$ V),集电结加反向偏置电压(约几伏至几十伏)。图 3.1.2 便是一种最简单的接法。现在我们先来讨论三极管内部电流形成的过程。

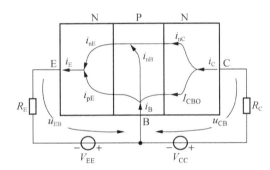

图 3.1.2 三极管中的电流分量

1. 流过发射结的电流

由于发射结加有正向电压,因此,发射结上的电压 u_{BE} 与流过发射结的电流 i_E 之间的关系完全符合正向 PN 结的电压电流关系,并可写成

$$i_E = I_{ES} \cdot (e^{u_{BE}/U_T} - 1) \tag{3.1}$$

式中的 I_{ES} 是发射结的反向饱和电流。i_E 是由发射区的多子(电子)扩散到基区形成的电流 i_{nE} 和基区的多子(空穴)扩散到发射区形成的电流 i_{pE} 两部分构成的,即

$$i_E = i_{nE} + i_{pE} \tag{3.2}$$

然而,由于发射区的杂质浓度远高于基区的杂质浓度,所以 i_E 中的主要成分是 i_{nE},而 i_{pE} 则可略去不计。即

$$i_E \approx i_{nE} \tag{3.3}$$

2. 流过集电结的电流

由发射区扩散到基区的电子,在基区内继续向集电结方向扩散。在这个过程中,有一部

分电子与基区内的多子(空穴)相复合。同时,电源 V_{EE} 的正端不断地从基区抽走电子,犹如在不断地补充空穴。此部分电流用 i_{nB} 来表示。由于基区很薄,多子(空穴)的浓度又很低,所以 i_{nB} 只占 i_{nE} 中极小的一部分(例如 2.5% 以下),其余绝大部分的电子扩散到了集电结边缘,它们在集电结反向电压的作用下顺利地漂移过集电结到达集电区。这便形成了图 3.1.2 中的电流 i_{nC}。i_{nC} 与 i_{nE} 成近似的比例关系,可表示为

$$i_{nC} = \alpha i_{nE} \approx \alpha i_E \tag{3.4}$$

式中的 α 是一个小于 1 而接近于 1 的比例系数。工程上使用的中小功率三极管的 α 至少在 0.975 以上。

此外,由于集电结是反向偏置的,就必然存在着集电区和基区间少数载流子形成的反向饱和电流。这部分电流以 I_{CBO} 记之。I_{CBO} 的数值很小,通常是纳安(nA)至微安(μA)数量级,并几乎不随集电结电压而变化。这样,三极管各电极上的电流可表示如下:

$$i_C = \alpha i_E + I_{CBO} \tag{3.5}$$

$$i_B = (1-\alpha) i_E - I_{CBO} \tag{3.6}$$

如果忽略数值微小的 I_{CBO},式(3.5)和式(3.6)还可进一步简化为

$$i_C = \alpha i_E \tag{3.7}$$

$$i_B = (1-\alpha) i_E \tag{3.8}$$

式(3.7)和式(3.8)是描述三极管电流关系的一组基础表达式,与之对应的三极管的电流分配模型如图 3.1.3(a)所示。忽略 I_{CBO} 后的简化电流分配模型如图 3.1.3(b)所示。

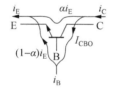

(a) 考虑 I_{CBO} 影响的电流分配模型

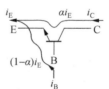

(b) 忽略 I_{CBO} 影响的简化电流分配模型

图 3.1.3　以 i_E 为控制量的三极管电流分配模型

上述三极管电流分配模型中各电流都是用发射极电流 i_E 来表征的,这相当于把三极管看作为一个用发射极电流 i_E 来控制的电流放大器件。适当变换式(3.5)和式(3.6)的形式,将各电极的电流表示为 i_B 的函数,则可得到以基极电流 i_B 为控制量的另一种常用的三极管电流分配模型。将式(3.6)代入式(3.5)消去其中的 i_E,可得到

$$
\begin{aligned}
i_C &= \frac{\alpha}{1-\alpha} i_B + \left(\frac{\alpha}{1-\alpha}+1\right) I_{CBO} \\
&= \beta i_B + (\beta+1) I_{CBO} \\
&= \beta i_B + I_{CEO}
\end{aligned}
\tag{3.9}
$$

上式中

$$\beta = \frac{\alpha}{1-\alpha} \qquad (3.10)$$

其定义为

$$\beta = \frac{\mathrm{d}i_C}{\mathrm{d}i_B}\Bigg|_{u_{CE}=\text{常数}} \qquad (3.11)$$

β 是一个远大于 α 的电流放大系数,工程中使用的中、小功率三极管的 β 值约在 $30\sim300$ 之间。

式(3.9)中

$$I_{CEO} = (1+\beta)I_{CBO} \qquad (3.12)$$

I_{CEO} 称为三极管的穿透电流,其意义是当基极开路时的集电极至发射极的电流。

根据式(3.9)画出的以 i_B 为控制量的三极管电流分配模型如图 3.1.4(a)所示。图 3.1.4(b)是忽略了 I_{CBO} 影响后的简化电流分配模型。

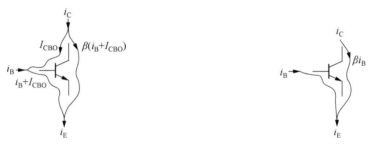

　　(a) 考虑 I_{CBO} 影响的电流分配模型　　　　　(b) 忽略 I_{CBO} 影响的简化电流分配模型

图 3.1.4　以 i_B 为控制量的三极管电流分配模型

上述两类电流分配模型都是用来描述三极管电流间相互关系的,物理本质上并无区别。根据具体情况,灵活选用合适的电流分配模型,将给三极管电路的分析带来方便。此外,以上对 NPN 管的分析方法同样适用于 PNP 管。只是 PNP 管的电压极性、电流方向与 NPN 管都相反。

3.1.3　三极管的伏安特性及极限使用参数

上一节我们讨论了三极管内部电流之间的相互关系,而三极管的伏安特性则从外部进一步描述了三极管各电极间电压与电流的关系。掌握三极管的伏安特性,有助于我们合理使用三极管。另一方面,任何三极管都必须在限定的电压、电流范围内才能正常工作,超过这一范围,三极管的参数将发生变化,甚至导致三极管损坏。三极管允许的电压、电流工作范围通常根据三极管的极限使用参数来确定,这些参数可在生产厂家的手册中查到。

1. 三极管的伏安特性

当作为放大器件使用时,取三极管三个电极中的一个作为公共端,另两个电极分别作为输入端和输出端。根据所取公共端的不同,三极管电路可分为三种不同的组态(或称连接方式):共发射极组态、共基极组态和共集电极组态。每一种组态的三极管电路都有一个输入回路和一个输出回路,三极管的伏安特性主要用来描述回路中三极管端口电压与电流的关系。其中描述输入回路的伏安特性称为输入特性,描述输出回路的伏安特性称为输出特性。下面结合图 3.1.5(a)所示共发射极组态介绍三极管的输入特性和输出特性。

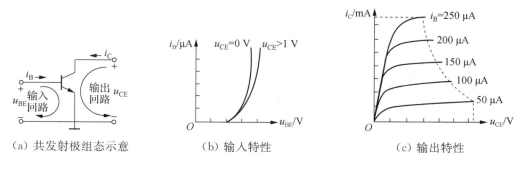

(a) 共发射极组态示意　　　(b) 输入特性　　　　　(c) 输出特性

图 3.1.5　共发射极组态三极管的伏安特性

1) 输入特性

共发射极组态三极管的输入特性,是指当集电极与发射极之间电压 u_{CE} 为某一常数时,输入回路中基极与发射极间的电压 u_{BE} 与基极电流 i_B 之间的关系。即

$$i_B = f(u_{BE}) \Big|_{u_{CE}=常数}$$

图 3.1.5(b)表示 NPN 小功率管 3DG7 的输入特性。图中画出了 $u_{CE}=0$ V 和 $u_{CE}>1$ V 的两条曲线,它们都具有二极管正向电压下伏安特性的形状。但在同样 u_{BE} 下,两者的 i_B 值差别很大。这是因为当 $u_{CE}=0$ V 时,集电结处于正向偏置,集电结内把电子拉向集电区的电场力很弱,导致大量电子在基区堆积,使基区内的载流子复合机会增多,所以 i_B 值变大。当 $u_{CE}>1$ V 后,处于反向偏置的集电结结内电场得到加强,基区的大部分电子被拉向集电区,载流子在基区的复合机会减少,i_B 值也就下降了。

2) 输出特性

共发射极组态三极管的输出特性,是指基极电流 i_B 为某个常数时,集电极到发射极间的电压 u_{CE} 与集电极电流 i_C 的关系,即

$$i_C = f(u_{CE}) \Big|_{i_B=常数}$$

图 3.1.5(c)表示了三极管 3DG7 的输出特性,它由一簇形状基本相同的曲线组成。现以 $i_B=100$ μA 的一条曲线为例加以说明。

当 $u_{CE}<0.6$ V 时,集电结处于正向偏置,所以 i_C 很小。随着 u_{CE} 的增大,i_C 急剧地上升。当 u_{CE} 增大到一定的数值(例如 $u_{CE}≥0.7$ V)后,集电结转为反向偏置,大部分到达基区的电子都被集电区收集,形成基本恒定的集电极电流 i_C。此后 u_{CE} 再增大,集电区能收集到的电

子数量并不明显增加,曲线就变得平坦了。

实际上,当集电结处于反向偏置后,随着 u_{CE} 的增大,i_C 仍有较小的上升,表现为曲线"平坦"部分仍向上略微倾斜。这是因为随 u_{CE} 的增大,集电结耗尽层向基区一侧略有延伸,使基区宽度变窄,减少了电子在基区的复合概率,集电区收集的电子则相应增加,这意味着 u_{CE} 增大时,三极管的 β 值将略有增加。这一现象称为基区宽度调制效应。于是,在 i_B 一定的情况

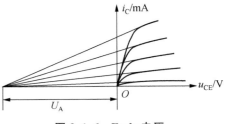

图 3.1.6　Early 电压

下,i_C 随着 u_{CE} 的增大而略有增大,曲线也向上略微倾斜。

通过对大量三极管输出特性的测量,发现如果将不同情况下 $i_C = f(u_{CE})$ 曲线的"平坦"部分向左方延长。延长线总是近似地交于 u_{CE} 轴的一点"$-U_A$"上,见图 3.1.6。U_A 称为 Early(厄雷)电压,对中小功率分立元件硅三极管实测结果表明 U_A 一般在 80～100 V 的范围内,而集成运放中的三极管的 U_A 典型值为 50 V。根据 Early 电压的数值,可对三极管参数作粗略估算[①]。

2. 三极管的极限使用参数

三极管的生产厂家还为它的产品提供了一些极限使用参数,用户在使用三极管时应注意不超过这些参数所规定的范围。这些极限参数包括:

(1) 发射极开路时的集电极至基极间的击穿电压 $U_{(BR)CBO}$:u_{CB} 超过这个电压将导致集电结的反向击穿。

(2) 基极开路时的集电极至发射极间的击穿电压 $U_{(BR)CEO}$:u_{CE} 超过这个电压将导致集电极至发射极间的击穿。

(3) 集电极开路时发射极至基极间的反向击穿电压 $U_{(BR)EBO}$:当发射结加以反向电压时,超过 $U_{(BR)EBO}$ 所规定的数值将导致发射结的反向击穿。

(4) 最大集电极电流 I_{CM}:i_C 若超过这个数值,将引起 β 的严重下降。

(5) 最大集电极耗散功率 P_{CM}:三极管工作时集电极产生的功率损耗为

$$P_C = u_{CE} \cdot i_C$$

这一功耗将以热能的形式散发出去,功耗超过厂家规定的 P_{CM} 时,三极管会因过热而损坏。(图 3.1.5(c)输出特性上以虚线标出了受 P_{CM} 限制的安全使用区。)

(6) 最高结温 T_{jM}:当三极管的结温超过 T_{jM} 时,三极管的特性将严重恶化,以致完全不能工作。

表 3.1 列出了 3DG7C 极限参数的具体数值。

---

① 参见本章式(3.19)。

表 3.1　3DG7C 的极限参数

参数	$U_{(BR)CBO}$/V	$U_{(BR)CEO}$/V	$U_{(BR)EBO}$/V	I_{CM}/mA	P_{CM}/mW	T_{jM}/℃
测试条件	$I_C=100\ \mu A$	$I_C=100\ \mu A$	$I_{EB}=100\ \mu A$	100	500	150
数值	≥60	≥45	≥4			

3.1.4　三极管的温度特性及稳定偏置

温度稳定性是电路设计时应当考虑的一个重要问题。温度变化对三极管的影响,主要表现为三极管的某些参数随温度变化,使三极管的工作电压、电流变得不稳定。研究三极管的温度特性,进而采用合理的偏置方法来提高电路的温度稳定性,是这里要讨论的主要内容。

1. 三极管的温度特性

一般来说,几乎三极管的所有参数都是温度的函数,都随温度变化,但其中主要是发射结电压 u_{BE}、集电结反向饱和电流 I_{CBO} 和共发射极电流放大系数 β 等三个参数的变化对电路影响较大。

1) 温度对结电压 u_{BE} 的影响

将式(3.1)代入式(3.7),可得

$$\left.\begin{aligned} i_C &= \alpha I_{ES} \cdot (e^{u_{BE}/U_T}-1) \approx \alpha I_{ES} \cdot e^{u_{BE}/U_T} \\ u_{BE} &= U_T \cdot \ln\frac{i_C}{\alpha I_{ES}} \end{aligned}\right\} \tag{3.13}$$

这个公式称为 Ebers-Moll 方程,它是描述三极管中电压与电流关系的基本公式之一。它表明三极管本质上是一个由电压 u_{BE} 来控制集电极电流 i_C 的电导器件。由 Ebers-Moll 方程可知,u_{BE} 每增大约 18 mV(即 $U_T \cdot \ln2$),i_C 将增大一倍。图 3.1.7 画出了小功率管 3DG7 的 i_C 与 u_{BE} 的关系曲线。

因为三极管的电流放大系数 α 很接近于 1,所以 u_{BE} 与 i_C 的关系就近似地等于 u_{BE} 与 i_E 的关系,而后者就是 PN 结正向电压与电流的关系。由此可以推论:图 3.1.7 所示曲线在温度变化时必然与图 2.2.6 所示曲线具有相同的变化规律,即温度每升高 1 ℃,曲线向左平移约 2.2 mV。这相当于 u_{BE} 固定不变时,温度每上升约 8 ℃,i_C 的数值增大一倍。

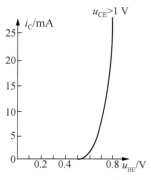

图 3.1.7　3DG7 的 $i_C=f(u_{BE})$ 曲线

2) 温度对 I_{CBO} 的影响

I_{CBO} 是由少数载流子形成的集电结反向饱和电流。由于少数载流子在数量上受温度影响很大,使 I_{CBO} 对温度变化十分敏感。理论分析与实验结果都表明,温度每升高约 10 ℃,

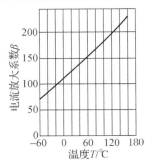

I_{CBO} 将增大一倍。由于 I_{CBO} 是集电极电流 i_C 中的一部分,因此 I_{CBO} 的增大将表现为 i_C 随温度的升高而增加。一般硅材料三极管在室温下的 I_{CBO} 为纳安(nA)数量级,而锗材料三极管 I_{CBO} 可达微安(μA)数量级。因此在锗管构成的电路中,温度变化时 I_{CBO} 本身以及由此产生的穿透电流 I_{CEO} 对电路的影响往往比较明显,是影响电路温度稳定性的重要原因之一。

3) 温度对 β 的影响

图 3.1.8 是小功率管 3DG7 的 β 与温度 T 的关系曲线。由图可知,β 随温度上升近似线性地增大,它可表示为

$$\beta=\beta|_{T=25\ ℃}[1+\gamma(T-25\ ℃)] \qquad (3.14)$$

其中 γ 称为 β 的温度系数,其值为(0.5～1)%/℃。由于 β 随温度升高而增大,其结果是在相同的基极电流 i_B 下,i_C 随着温度升高而增大了。

图 3.1.8　3DG7 的 β 与温度 T 的关系

2. 三极管的稳定偏置

三极管作为放大器件使用时,必须依靠外部电路提供合适的偏置。对偏置电路的主要要求,一是能保证三极管工作在放大状态,并有合适的静态工作点(主要指 I_B,I_C,U_{CE} 三个直流量);二是能够保持静态工作点的稳定,少受或基本不受环境温度变化的影响。能够满足上述要求的偏置电路中,最常见的如图 3.1.9(a)所示,称作分压式电流负反馈偏置电路(简称分压式偏置电路或射极偏置电路)。

图中基极电压 U_B 主要取决于由 R_1、R_2 组成的分压器,在分压器中电流 $I_1 \gg I_B$ 的条件下

$$U_B \approx \frac{V_{CC}R_2}{R_1+R_2}$$

是一个基本恒定的电压。电阻 R_E 起电流负反馈作用,以稳定静态电流 I_C。当环境温度升高使静态电流 I_C 增大时,发射极电压 $U_E=I_ER_E$ 也随之升高,导致基-射极间外加偏置电压 $U_{BE}=U_B-U_E$ 相应减小,从而自动调节 I_B 使 I_C 减小,维持电流 I_C 基本稳定。这样,在 V_{CC} 和 R_C 的取值确定后,三极管的 U_{CE} 也将是稳定的(R_C 的取值应能保证 $U_C>U_B$,使 T_1 处于放大状态)。

为了作进一步的定量分析,我们对图 3.1.9(a)电路用戴维南定理简化,得到图(b)所示电路,其中

$$U_{BB}=V_{CC}\frac{R_2}{R_1+R_2}$$

$$R_B=\frac{R_1R_2}{R_1+R_2}$$

并可写出

$$U_{BB}-I_BR_B-U_{BE}=I_ER_E$$

整理后得

$$I_E = \frac{U_{BB} - U_{BE}}{\dfrac{R_B}{1+\beta} + R_E} \tag{3.15}$$

由上式可见，U_{BE} 及 β 的变化会影响 I_E（或 I_C）的数值。因此在电路设计时应注意使

$$R_B/(1+\beta) \ll R_E \quad 及 \quad U_{BB} \gg U_{BE}$$

只要恰当选取分压器电阻 R_1、R_2 及反馈电阻 R_E，上述条件是容易满足的。

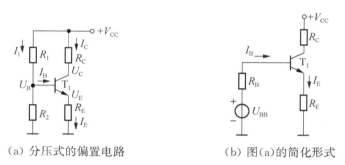

（a）分压式的偏置电路　　　　（b）图（a）的简化形式

图 3.1.9　常见的三极管偏置电路

3.2　三极管基本放大电路

　　由上一节导出的 Ebers-Moll 方程（式 3.13）可知，三极管偏置在放大状态时，集电极电流 i_C 受基-射极间电压 u_{BE} 的控制，两者的关系曲线如图 3.1.7 所示。为了便于讨论，我们将它重画于图 3.2.1 中。由图可知，当外加电压 u_{BE} 保持一定时，集电极电流 i_C 也将保持定值，表示为图 3.2.1 中的一个静态工作点 Q。如果我们在上述静态工作点处叠加上一个很小的输入信号电压 u_i，则基-射极间微小的信号电压变化将引起集电极较大的信号电流变化，如图中 i_C 波形所示。这一较大的信号电流流过阻值足够大的负载时将形成比输入信号电压幅度大得多的输出信号电压。利用这种三极管的 u_{BE} 对 i_C 的控制作用，可组成各种常用放大电路。这里我们首先介绍由三极管组成的共发射极、共基极、共集电极三种基本组态的放大器电路。

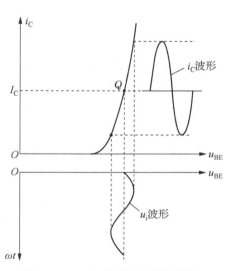

图 3.2.1　三极管放大作用的图解

3.2.1　共发射极放大器

　　共发射极放大器的原理电路如图 3.2.2(a) 所示。它是在分压式电流负反馈偏置电路的

基础上,加上耦合电容 C_B、C_C 和旁路电容 C_E 组成的。这些电容在电路中所起的作用是隔断直流量、耦合交流量,通常选用体积小、容量大的电解电容。相对于信号频率而言,其容抗很小可忽略不计。输入端的交流信号 u_i 经 C_B、C_E 的耦合及旁路后,将直接加到 T_1 管的基-射极之间,从而控制集电极产生信号电流 i_C,并进一步在集电极电阻 R_C 上形成信号电压,由 C_C 耦合到输出端,实现对输入信号的放大。

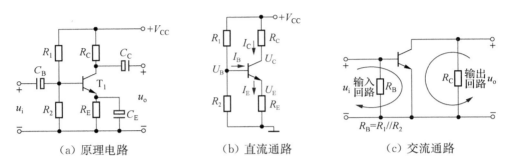

图 3.2.2 共发射极放大器

在信号放大过程中,三极管各电极间的电压和电流都表现为直流量与交流量的叠加。对直流量而言,所有耦合电容和旁路电容都可视为开路。这时放大器可简化为图 3.2.2(b)所示形式,称为直流通路。放大器中一切直流工作状态的分析(也称为静态分析)都只需在直流通路的基础上进行即可。对交流量而言,一切无交流电压的端点均可视为短路,一切无交流电流的支路均可视为开路。据此原则,我们可以画出整个放大器的交流通路如图 3.2.2(c)所示。放大器中所有交流工作状态的分析(也称为动态分析)都只需在交流通路上进行。由图示交流通路可见,输入信号加在三极管的基极,沿基-射间输入回路作用在管子发射结上;输出回路在集电极到发射极间,信号电压从集电极输出。输入与输出回路都以发射极为公共端,所以是共发射极组态的放大器电路。

1. 共发射极放大器的静态分析

在分析放大电路时,应首先分析它的直流工作状态,求出电路的静态工作点,即直流通路中三极管上的电压 U_{BE}、U_{CE} 和电流 I_B、I_C。这是因为加入信号后三极管的动态分析是建立在静态分析基础之上的,动态分析时的一些参数也与静态时的直流电压、电流密切相关。

设电路的参数如下:$V_{CC}=12$ V,$R_1=47$ kΩ,$R_2=10$ kΩ,$R_C=3$ kΩ,$R_E=1$ kΩ,$\beta=99$。根据式(3.15)可求得静态电流 I_E 为

$$I_E=\frac{U_{BB}-U_{BE}}{\frac{R_B}{1+\beta}+R_E}=\frac{2.1-0.7}{\frac{8.25}{1+99}+1}=1.3 \text{ mA}$$

由式(3.10)可导出

$$\alpha=\frac{\beta}{1+\beta} \tag{3.16}$$

由此求出：$I_C = \alpha \cdot I_E = 0.99 \times 1.3 = 1.29 \text{ mA}$

$$I_B = \frac{I_C}{\beta} = \frac{1.29}{99} = 0.013 \text{ mA} = 13 \ \mu\text{A}$$

$$U_{CE} = V_{CC} - I_C R_C - I_E R_E \approx V_{CC} - I_C(R_C + R_E)$$
$$= 12 - 1.29 \times (3 + 1) = 6.84 \text{ V}$$

进一步可求得加在三极管集电结上的反偏电压为

$$U_{CB} = U_C - U_B = (V_{CC} - I_C R_C) - (U_{BB} - I_B R_B)$$
$$= (12 - 1.29 \times 3) - (2.1 - 0.013 \times 8.25) = 6.14 \text{ V}$$

说明三极管确实被偏置在放大工作状态。

2. 共发射极放大器的动态分析

三极管本身是一个非线性器件，但用来对小信号（微小变化量）进行放大时，可以近似看作线性器件，从而采用线性电路的分析方法来分析计算。为此，我们先来引出三极管在小信号作用下的微变等效电路。

1）三极管的微变等效电路

根据三极管的工作原理，并结合共射接法三极管的特点，我们得到图 3.2.3(a) 所示计算微变信号分量的模型。图中 b′ 是理想情况下的基极，称为物理基极，它与实际基极之间相差一个基区的体电阻（$r_{bb'}$）。不同型号三极管的 $r_{bb'}$ 数值在 50~300 Ω 之间，为了简化计算，通常取 200 Ω。

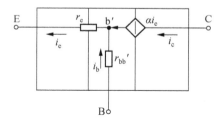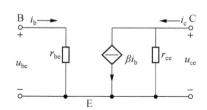

(a) 用于计算微变信号分量的三极管模型　　　(b) 共射接法三极管微变等效电路

图 3.2.3　三极管模型及等效电路

图 3.2.3(a) 中的 r_e 是发射结所呈现的微变电阻

$$r_e = \frac{\mathrm{d}u_{b'e}}{\mathrm{d}i_e} = \frac{U_T}{I_{ES} \cdot \mathrm{e}^{u_{b'e}/U_T}} = \frac{U_T}{I_E} \tag{3.17}$$

$i_c = \alpha i_e$ 是一个受 i_e 控制的受控电流源。

为了对共射极放大器作动态分析，我们须导出共射接法三极管的微变等效电路。由图 3.2.3(a) 可以写出

$$u_{be} = i_b r_{bb'} + i_e r_e$$
$$= i_b r_{bb'} + (1 + \beta)i_b r_e$$

$$=i_b[r_{bb'}+(1+\beta)r_e]$$

得到基-射极间的微变等效电阻 $r_{be}=u_{be}/i_b$，为

$$r_{be}=r_{bb'}+(1+\beta)r_e$$

$$=r_{bb'}+(1+\beta)\frac{U_T}{I_E} \tag{3.18}$$

从集电极看，电流源的 $i_c=\alpha i_e$，并可改写成以 i_b 为控制量的形式

$$i_c=\alpha i_e=\alpha \frac{i_b}{1-\alpha}=\beta i_b$$

此外在放大状态下，由于基区宽度调制效应，共射接法三极管的输出特性略有倾斜，表明集电极与发射极之间存在着一个动态输出电阻 r_{ce}，其数值可由输出特性曲线求得。如果三极管的 U_{CE} 和 I_C 已知，也可用下式估算：

$$r_{ce}=\frac{U_{CE}+U_A}{I_C} \tag{3.19}$$

例如，$U_{CE}=6$ V，$I_C=1$ mA，U_A 取 50 V，则 $r_{ce}=56$ kΩ。

通过上述推导过程，最终得到三极管的共射接法微变等效电路如图 3.2.3(b)所示。

2）共发射极放大器的电压放大倍数

为了求出在小信号作用下电路的电压放大倍数，将放大器交流通路中的三极管用微变等效电路取代，得出整个放大器的微变等效电路如图 3.2.4 所示。

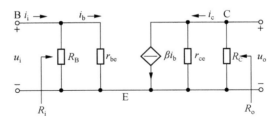

图 3.2.4　共射放大器的微变等效电路

由图可写出

$$i_b=\frac{u_i}{r_{be}}$$

$$u_o=-\beta i_b[r_{ce}/\!/R_C]$$

$$\approx-\beta i_b R_C$$

$$=-\beta R_C u_i/r_{be}$$

由此求得电压放大倍数 A_u 为

$$A_u=\frac{u_o}{u_i}=-\frac{\beta R_C}{r_{be}} \tag{3.20}$$

3）共发射极放大器的输入与输出阻抗

根据对输入、输出阻抗的定义，结合具体放大电路可写出输入阻抗 R_i 及输出阻抗 R_o 为

$$R_i = R_B /\!/ r_{be} \tag{3.21}$$

$$R_o = r_{ce} /\!/ R_C \approx R_C \tag{3.22}$$

【例题 3.2.1】　在图 3.2.2(a)所示共射极放大器中,所有元件参数与静态分析时设定的参数相同,耦合及旁路电容足够大。当输入端加接内阻 $R_s = 300\ \Omega$ 的信号源 u_s 时,试求:

(1) 电路的电压放大倍数 $A_u = u_o/u_i$、源增益 $A_{us} = u_o/u_s$ 及输出阻抗 R_o。

(2) 去除电路中的射极旁路电容 C_E,重新求 A_u、A_{us}、R_o。

【解】　由静态分析已求得

$$\begin{cases} I_B = 0.013\ \text{mA} \\ I_C = 1.29\ \text{mA} \\ U_{CE} = 6.84\ \text{V} \end{cases}$$

由此可得

$$r_{be} = r_{bb'} + (1+\beta)\frac{U_T}{I_E} = 200 + (1+99) \times \frac{26}{1.3} = 2.2\ \text{k}\Omega$$

取 $U_A = 50\ \text{V}$,则

$$r_{ce} = \frac{U_{CE} + U_A}{I_C} = 44.1\ \text{k}\Omega$$

可见 $r_{ce} \gg R_C$,其影响可忽略不计。由此求出

(1)　　　　　　$$A_u = u_o/u_i = -\beta R_C/r_{be} = -99 \times 3/2.2 = -135$$

$$R_i = R_B /\!/ r_{be} = 8.25 \times 2.2/(8.25+2.2) = 1.74\ \text{k}\Omega$$

$$A_{us} = \frac{u_o}{u_s} = \frac{u_o}{u_i} \cdot \frac{u_i}{u_s} = A_u \cdot \frac{R_i}{R_s + R_i} = -135 \times 0.85 = -114.7$$

$$R_o = r_{ce} /\!/ R_C \approx R_C = 3\ \text{k}\Omega$$

(2) 去除 C_E 后,电路的静态工作点及 r_{be}、r_{ce} 都不变,交流通路及放大器的微变等效电路如例图 3.2.1(a),(b)所示。

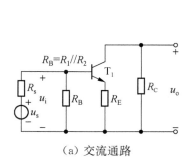
　　　　(a) 交流通路

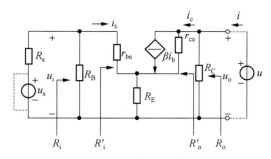
　　　(b) 放大器的微变等效电路

例图 3.2.1

由图(b)写出

$$u_o = -\beta i_b R_C$$

$$u_i = i_b r_{be} + (1+\beta) i_b R_E$$

$$A_u = \frac{u_o}{u_i} = -\frac{\beta R_C}{r_{be} + (1+\beta)R_E} = -\frac{99 \times 3}{2.2 + (1+99) \times 1} = -2.9$$

$$R_i = R_B /\!/ R_i'$$

$$R_i' = \frac{u_i}{i_b} = r_{be} + (1+\beta)R_E$$

$$R_i = R_B /\!/ R_i' = R_B /\!/ [r_{be} + (1+\beta)R_E]$$

$$= 8.25 /\!/ 102.2 = 7.6 \text{ k}\Omega$$

$$A_{us} = A_u \cdot \frac{R_i}{R_s + R_i} = -2.8$$

$$R_o \approx R_o' /\!/ R_C$$

其中，R_o' 是输入信号源短路（含 $u_s = 0$，保留内阻 R_s）时，输出端外加电压 u 与其所产生的电流 i_c 之比，即 $R_o'\big|_{u_s=0} = u/i_c$。据例图 3.2.1(b)可列出以下方程：

$$\begin{cases} i_b(r_{be} + R_B') + (i_b + i_c)R_E = 0, \ R_B' = R_B /\!/ R_s \\ u_o - (i_c - \beta i_b)r_{ce} - (i_b + i_c)R_E = 0 \end{cases}$$

在 $R_E \ll r_{ce}$ 条件（一般均能满足）下解得：

$$R_o' \approx r_{ce}\left(1 + \frac{\beta R_E}{r_{be} + R_B' + R_E}\right) \tag{3.23}$$

$$R_o' = 44.1 \times \left(1 + \frac{99 \times 1}{2.2 + 0.29 + 1}\right) = 1.3 \text{ M}\Omega$$

$$R_o = R_o' /\!/ R_C = 1.3 \text{ M}\Omega /\!/ 3 \text{ k}\Omega \approx 3 \text{ k}\Omega$$

可见去除 C_E 后，由于 R_E 对交流信号产生电流串联负反馈，使整个放大器的电压放大倍数下降了，但放大器的输入阻抗得以提高。此外，放大倍数的稳定性得到了提高。

3.2.2 共基极放大器

共基极放大器的原理电路如图 3.2.5(a)所示，它的静态偏置与共射极放大器相同，只是将输入及输入耦合电容改接到三极管的发射极，旁路电容改接到基极。由图 3.2.5(b)所示交流通路可见，输入、输出回路的公共端是三极管基极，故称为共基极放大器。

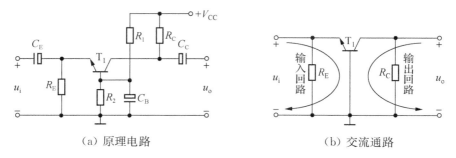

(a) 原理电路　　　　　　　　　　(b) 交流通路

图 3.2.5　共基极放大器

共基极放大器中三极管直流状态的分析与共射极放大器相同。这里主要进行交流信号作用下的动态分析。将图(b)中的三极管用微变等效电路替代,得到整个放大器的微变等效电路如图 3.2.6 所示。

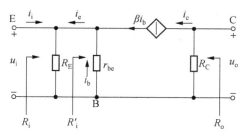

图 3.2.6　共基极放大器的微变等效电路

(1) 共基极放大器的电压放大倍数

据图 3.2.6 可写出

$$u_o = -i_c R_C = -\beta i_b R_C$$

$$u_i = -i_b \cdot r_{be}$$

所以,电压放大倍数 A_u 为

$$A_u = \frac{u_o}{u_i} = \frac{\beta R_C}{r_{be}} \tag{3.24}$$

可见共基极放大器的电压放大倍数与共射极放大器相同,但相位关系相反,即输出电压 u_o 与输入电压 u_i 同相位。

(2) 共基极放大器的输入、输出阻抗

由图 3.2.6 可见,输入阻抗 $R_i = R_E /\!/ R_i'$,其中 R_i' 是三极管射极到基极间的等效电阻。即

$$R_i' = r_{eb} = \frac{u_i}{-i_e} = \frac{-i_b \cdot r_{be}}{-i_e} = \frac{r_{be}}{1+\beta}$$

$$R_i = R_E /\!/ r_{eb} \approx \frac{r_{be}}{1+\beta} \tag{3.25}$$

由此可知,共基极放大器的输入阻抗远低于共射极放大器。

根据输出阻抗的定义,容易求得电路的输出阻抗为

$$R_o = R_C$$

【例题 3.2.2】　设图 3.2.5(a)电路中,三极管的 $\beta=99$,$V_{CC}=12$ V,$R_1=47$ kΩ,$R_2=10$ kΩ,$R_C=3$ kΩ,$R_E=1$ kΩ,所有耦合及旁路电容的数值足够大。求电路的电压放大倍数及输入、输出阻抗。

【解】　由于本例中所有参数与 3.2.1 节中共射极放大器的电路参数相同,故电路的静态工作点相同,仍有

$$\begin{cases} I_{\mathrm{B}} = 0.013 \ \mathrm{mA} \\ I_{\mathrm{C}} = 1.29 \ \mathrm{mA} \\ U_{\mathrm{CE}} = 6.84 \ \mathrm{V} \end{cases}$$

动态时电路的电压放大倍数 A_u，根据式(3.24)有

$$A_u = \frac{u_{\mathrm{o}}}{u_{\mathrm{i}}} = \frac{\beta R_{\mathrm{C}}}{r_{\mathrm{be}}} = \frac{99 \times 3}{2.2} = 135$$

输入及输出阻抗分别为

$$R_{\mathrm{i}} = R_{\mathrm{E}} /\!/ R_{\mathrm{i}}'$$

$$\approx \frac{r_{\mathrm{be}}}{1+\beta} = 22 \ \Omega$$

$$R_{\mathrm{o}} = R_{\mathrm{C}} = 3 \ \mathrm{k\Omega}$$

3.2.3　共集电极放大器

共集电极放大器也称为射极输出器，电路如图 3.2.7(a)所示。

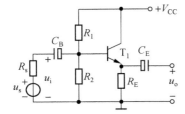 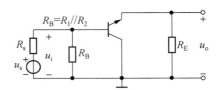

（a）共集电极放大器的原理电路　　　　　（b）共集电极放大器的交流通路

图 3.2.7　共集电极放大器

图中三极管的直流偏置部分去除了集电极电阻 R_{C}，但这并不影响三极管中的静态电流，只是改变了静态电压 U_{CE}，使

$$U_{\mathrm{CE}} = V_{\mathrm{CC}} - I_{\mathrm{E}} \cdot R_{\mathrm{E}}$$

此外，考虑到信号源内阻 R_{s} 对共集电极放大器的影响，将信号源支路也画在图中，信号源电压用 u_{s} 表示。由图 3.2.7(b)所示交流通路可见，输入、输出回路的公共端是集电极，故称为共集电极放大路。将图(b)中三极管用微变等效电路替代，得到图 3.2.8 所示整个共集电极放大器的微变等效电路。

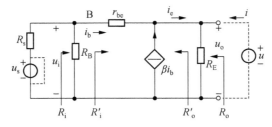

图 3.2.8　共集电极放大器的微变等效电路

由图可得

$$u_o = i_e \cdot R_E = (1+\beta) i_b R_E$$

$$u_i = i_b r_{be} + (1+\beta) i_b R_E$$

$$= i_b [r_{be} + (1+\beta) R_E]$$

所以电压放大倍数 A_u 为

$$A_u = \frac{u_o}{u_i} = \frac{(1+\beta) R_E}{r_{be} + (1+\beta) R_E} \tag{3.26}$$

一般 $(1+\beta) R_E \gg r_{be}$，所以 A_u 是一个小于 1 但接近于 1 的数值。输出电压 u_o 约等于输入电压 u_i，基于这一特点，共集电极电路也称为射极跟随器。

电路的输入阻抗 $R_i = R_B // R_i'$，其中

$$R_i' = \frac{u_i}{i_b} = r_{be} + (1+\beta) R_E$$

$$R_i = R_B // [r_{be} + (1+\beta) R_E] \tag{3.27}$$

可见与共射极、共基极放大器相比，共集电极放大器的输入阻抗最高。

根据求输出阻抗的定义，将图 3.2.8 中信号源电压 u_s 短路，并在输出端外加一个交流电压 u（如图中虚线所标示），则输出电阻 R_o 可由图中 u 和 i 的比值求出。

即令 $R_s' = R_s // R_B$，则

$$R_o' = \frac{u}{-i_e} = \frac{u}{\dfrac{u}{r_{be} + R_s'} + \beta \dfrac{u}{r_{be} + R_s'}}$$

$$R_o' = \frac{r_{be} + R_s'}{1+\beta} \tag{3.28}$$

$$R_o = R_E // \frac{r_{be} + R_s'}{1+\beta} \tag{3.29}$$

一般 R_E 较大，输出阻抗主要取决于式中第二项 $(r_{be} + R_s')/(1+\beta)$，它远小于共射极或共基极组态放大器的输出阻抗值。

【例题 3.2.3】 设图 3.2.7(a) 所示电路中 $R_1 = 47$ kΩ，$R_2 = 10$ kΩ，$R_E = 1$ kΩ，$R_s = 1$ kΩ，并已知 $V_{CC} = 12$ V，三极管的 $\beta = 99$，所有耦合电容数值足够大。试求：

(1) 电路的静态工作点；

(2) 电压放大倍数 $A_u = u_o/u_i$ 及输入阻抗 R_i，输出阻抗 R_o；

(3) 对信号源电压的放大倍数（源增益）$A_{us} = u_o/u_s$。

【解】 (1) 与例题 3.2.1 比较，除 R_C 外其他偏置电阻大小相同，故静态工作电流不变，仍有

$$I_B = 0.013 \text{ mA}$$

$$I_C = 1.29 \text{ mA}$$

电路的 U_{CE} 变为：$U_{CE} = V_{CC} - I_E \cdot R_E = 12 - 1.3 \times 1 = 10.7$ V

(2) 据式(3.26)~式(3.29)可求出：

$$A_u = \frac{u_o}{u_i} = \frac{(1+\beta) \cdot R_E}{r_{be}+(1+\beta)R_E}$$

$$= (1+99)\times1/[2.2+(1+99)\times1] = 0.978$$

$$R_i = R_B // [r_{be}+(1+\beta)R_E]$$

$$= 8.25 // [2.2+(1+99)\times1] = 7.6 \text{ k}\Omega$$

$$R_o = R_E // \frac{r_{be}+R_s'}{1+\beta}$$

其中，$R_s' = R_s // R_B = 0.89 \text{ k}\Omega$，

$$R_o = 1 // \frac{2.2+0.89}{1+99} = 0.030 \text{ k}\Omega = 30 \ \Omega$$

(3) 源增益 A_{us} 可在 A_u 基础上求得

$$A_{us} = \frac{u_o}{u_s} = \frac{u_o}{u_i} \cdot \frac{u_i}{u_s} = A_u \cdot \frac{R_i}{R_s+R_i}$$

$$= 0.978\times0.884 = 0.86$$

3.3 三极管组合放大电路

上一小节中所讨论的三种基本组态放大电路，是构成其他各种实用放大电路的基础。由于三种基本组态放大电路各具不同特点，使我们有可能通过它们之间的相互组合，来构成符合各种特定性能指标要求的组合放大电路。本节将主要对基本组合放大电路和负反馈组合放大电路进行分析和探讨。

3.3.1 基本组合放大电路

图 3.3.1(a)是共射-共基-共集组合放大器的原理电路，图(b)是它的交流通路，从图(b)可知该放大器是由三种不同组态的基本放大器组合而成的。

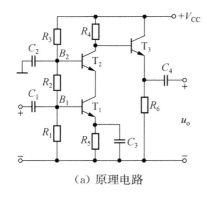

（a）原理电路

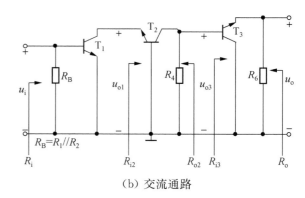

（b）交流通路

图 3.3.1 共射-共基-共集组合放大电路

1) 静态分析

图(a)中 $R_1 \sim R_3$ 组成分压器,在电路设计合理的情况下,T_1、T_2 管的 I_B 对分压器支路的影响可忽略不计,于是可得

$$U_{B1} \approx \frac{R_1}{R_1 + R_2 + R_3} \cdot V_{CC}$$

$$U_{B2} \approx \frac{R_1 + R_2}{R_1 + R_2 + R_3} \cdot V_{CC}$$

T_1、T_2 两管集电极电流近似相等

$$I_{C1} \approx I_{C2} \approx \frac{U_{B1} - U_{BE1}}{R_5}$$

为求 T_3 管电流,列出下式:

$$V_{CC} - (I_{C2} + I_{B3})R_4 - U_{BE3} = (1 + \beta_3)I_{B3}R_6$$

由此导出

$$I_{B3} = \frac{V_{CC} - I_{C2}R_4 - U_{BE3}}{R_4 + (1 + \beta_3)R_6}$$

$$I_{E3} = (1 + \beta_3)I_{B3}$$

进而求得

$$U_{CE1} = U_{B2} - U_{B1}$$

$$U_{CE2} = V_{CC} + U_{BE2} - (I_{C2} + I_{B3})R_4 - U_{B2}$$

$$U_{CE3} = V_{CC} - I_{E3}R_6$$

2) 动态分析

由交流通路可知,第二级和第三级的输入阻抗分别是

$$R_{i2} = r_{eb2} = r_{be2} / (1 + \beta_2)$$

$$R_{i3} = r_{be3} + (1 + \beta_3)R_6$$

它们又分别构成了第一级和第二级的负载,于是可求出各级的电压放大倍数分别为

$$A_{u1} = \frac{u_{o1}}{u_i} = -\frac{\beta_1 R_{i2}}{r_{be1}}$$

$$A_{u2} = \frac{u_{o2}}{u_{o1}} = \frac{\beta_2 (R_4 /\!/ R_{i3})}{r_{be2}}$$

$$A_{u3} = \frac{u_o}{u_{o2}} = \frac{(1 + \beta_3)R_6}{r_{be3} + (1 + \beta_3)R_6}$$

总的电压放大倍数为　　$A_u = u_o / u_i = A_{u1} \cdot A_{u2} \cdot A_{u3}$

整个放大电路输入阻抗为　　$R_i = R_1 /\!/ R_2 /\!/ r_{be1}$

求输出阻抗时,参照式(3.29),并把第二级的输出阻抗 R_{o2} 视为第三级的信号源内阻,可得

$$R_o = R_6 /\!/ \frac{r_{be3} + R_{o2}}{1 + \beta_3} = R_6 /\!/ \frac{r_{be3} + R_4}{1 + \beta_3}$$

上述组合放大电路与单级基本组态(共射或共基)放大器相比,电压放大倍数并未有多少

提高,但减少了整个放大电路的输出阻抗,增强了放大器带负载的能力。此外当用本章 3.4 节的知识去分析它们的高频特性时,会发现电路的高频性能比单一共射极放大器有所改善。

3.3.2 负反馈组合放大电路

在组合放大电路中引进级间负反馈,将使组合放大电路的性能指标得到进一步改善。图 3.3.2 是用于 DA – 16A 型晶体管毫伏表中的一个带有级间负反馈的组合放大电路。其中 T_1、T_2 组成两级共射极放大器,R_1 支路引进级间直流负反馈,以稳定静态工作点。R_6 和 R_3 引进交流电压串联负反馈,以改善电路的动态性能。带有级间负反馈的放大电路虽然可以直接采用微变等效电路的方法来进行分析,但分析过程将变得繁杂。这里我们主要讨论工程分析中常用的近似估算法。

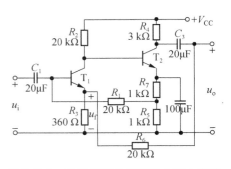

图 3.3.2 电压串联负反馈组合放大电路

1. 电压串联负反馈电路分析

由本书第 1 章式(1.6)和式(1.12)可知,电压串联负反馈电路中电压放大倍数的一般形式应为

$$A_u = \frac{A_{uo}}{1 + A_{uo}F_u}$$

其中 A_{uo} 是放大器的开环电压增益[①],F_u 是电压反馈系数。当 $A_{uo} \to \infty$ 时(或 A_{uo} 足够大时),由于 $A_{uo}F_u \gg 1$,故 $A_u \approx 1/F_u$。即在深度负反馈($A_{uo}F_u \gg 1$)条件下,放大器的增益几乎完全可由反馈网络的参数来决定。这个结论推广到其他类型的负反馈电路中也是成立的,这在 1.2 节的讨论中已得到验证。利用这个结论,可对一般深度负反馈电路的增益作近似估算。

图 3.3.2 所示电压串联负反馈电路的电压增益主要由 R_3、R_6 组成的交流反馈网络决定,在深度负反馈条件下,据 $A_u \approx 1/F_u$ 可知 $u_i \approx u_f = F_u u_o$,即

$$u_i \approx \frac{R_3}{R_3 + R_6} u_o$$

于是求得电路的电压放大倍数为

$$A_u = \frac{u_o}{u_i} \approx 1 + \frac{R_6}{R_3}$$

在图中所给定的参数下,可求得

$$A_u \approx 1 + \frac{20}{0.36} \approx 57$$

---

① 即反馈环路开路,但严格意义上应为考虑反馈网络负载效应时的电压增益。

由以上分析可见,在串联型深度负反馈电路中,由于反馈电压 u_f 接近等于输入电压 u_i,使放大器的净输入电压趋向于零(即上述电路中的 $u_{be1} \approx 0$),产生了"虚短接"的效果。

采用"虚短接"的方法来分析电路,使分析过程大大简化了。此外,深度负反馈电路动态性能指标的估算仅与交流负反馈网络的参数有关,不再依赖于电路静态分析的结果。

2. 电流并联负反馈电路分析

图 3.3.3 所示组合放大电路中,通过反馈电阻 R_F 引进了级间电流并联负反馈。在深度负反馈条件下,放大器的净输入量趋于零,在输入端产生"虚短接"效应。于是有

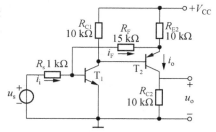

$$i_i \approx i_F = i_o \cdot \frac{R_{E2}}{R_{E2} + R_F}$$

即

$$\frac{i_o}{i_i} = 1 + \frac{R_F}{R_{E2}}$$

图 3.3.3　电流并联负反馈组合放大电路

进而可以写出

$$A_{us} = \frac{u_o}{u_s} = \frac{i_o \cdot R_{C2}}{i_i \cdot R_s} = \left(1 + \frac{R_F}{R_{E2}}\right)\frac{R_{C2}}{R_s}$$

在图 3.3.3 给定的参数条件下,得到的估算结果为

$$A_{us} = \frac{u_o}{u_s} = \left(1 + \frac{15}{10}\right) \times \frac{10}{1} = 25$$

通过以上对电压串联及电流并联负反馈电路的分析可见,对深度负反馈放大电路,可以利用电路中产生的"虚短接"效应简化分析,近似估算其增益。这个方法对电流串联或电压并联深度负反馈电路也同样适用,读者可结合习题(题 3-15、题 3-16)自行分析。

3.4　三极管放大器的高频特性

放大器的通频带(工作频带)宽度可表示为 $f_{BW} = f_H - f_L$。f_H 和 f_L 分别表示放大器的上限和下限频率。在直流放大器中 $f_L = 0$,而一般宽带放大器中由于 $f_H \gg f_L$,放大器的带宽将主要取决于上限频率 f_H。由三极管组成的放大电路中,f_H 主要与三极管的高频参数有关,而分析放大电路的高频特性又必须采用三极管在高频情况下的微变等效电路。

3.4.1　三极管的高频等效电路

我们曾导出了图 3.2.3(b)所示的共射接法三极管微变等效电路。现在以它为基础导出考虑 PN 结电容影响的三极管高频微变等效电路。为了进行交流相量运算,微变等效电路中的各个电量均用交流相量形式表示,图 3.4.1 示出了三极管高频微变等效电路的导出过程。

图 3.4.1(a)是图 3.2.3(b)的复制。这是一个适用于低频运行的微变等效电路。为了

与高频运行时的参数相区别,我们把图 3.2.3(b)中的 β 改写成 β_0。β_0 是低频时 $\dot{I}_c$ 与 $\dot{I}_b$ 的比值,产品手册中提供的 β 实质上就是 β_0。

图 3.4.1(b)是把 r_{be} 分解为 $r_{bb'}$ 和 $r_{b'e}$ 两部分,并将物理基极 b' 再现出来。图中:

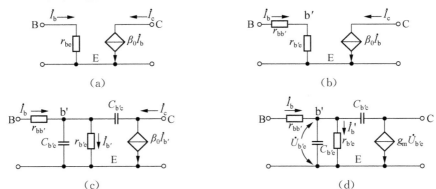

(a)　　　　　　　　　　　(b)

(c)　　　　　　　　　　　(d)

图 3.4.1　三极管高频等效电路的导出过程

$$r_{b'e} = (1 + \beta_0)\frac{U_T}{I_E} \tag{3.30}$$

图 3.4.1(c)是将发射结电容 $C_{b'e}$ 和集电结电容 $C_{b'c}$ 补进电路里去。当考虑结电容的影响后,输出回路中的受控源就不是 $\beta_0 \dot{I}_b$ 而应该是 $\beta_0 \dot{I}_{b'}$。$\dot{I}_{b'}$ 代表了基区复合电流分量,它与 $\dot{I}_c$ 之间才有 β_0 倍的关系,图 3.4.1(d)是将图 3.4.1(c)中受控源 $\beta_0 \dot{I}_{b'}$ 用 $g_m \dot{U}_{b'e}$ 来代替,以使运算更方便些。据图可列写出

$$g_m \dot{U}_{b'e} = \beta_0 \dot{I}_{b'} = \beta_0 \frac{\dot{U}_{b'e}}{r_{b'e}}$$

整理后可求得 g_m 如下式所示

$$g_m = \frac{\beta_0}{(1 + \beta_0)r_e} \approx \frac{1}{r_e} = \frac{I_E}{U_T} \tag{3.31}$$

举例来说,若 $I_E = 1$ mA,则 $g_m = 1$ mA/26 mV = 38 mS。

图 3.4.1(d)中的各个参数都与频率无关。其典型的参数范围是:

$$r_{bb'}:50 \sim 300 \ \Omega \qquad r_{b'e}:(1 + \beta_0)U_T/I_E$$

$$C_{b'e}:10^1 \sim 10^2 \ \mathrm{pF} \qquad C_{b'c}:2 \sim 10 \ \mathrm{pF}$$

3.4.2　三极管的高频参数

由于存在着结电容,所以三极管的 β 也必然是频率的函数。根据 β 的定义,$\beta = \dfrac{\mathrm{d}i_C}{\mathrm{d}i_B}\bigg|_{u_{CE}=常数}$,利用图 3.4.1(d)导出求解 β 与频率关系的三极管高频等效电路模型见图 3.4.2。由图 3.4.2 可得:

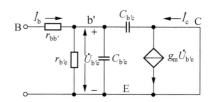

图 3.4.2　求 β 与频率间关系的等效电路

$$\dot{U}_{\mathrm{b'e}} = \cfrac{\dot{I}_{\mathrm{b}}}{\cfrac{1}{r_{\mathrm{b'e}}} + \mathrm{j}\omega(C_{\mathrm{b'c}} + C_{\mathrm{b'e}})}$$

$$\dot{I}_{\mathrm{c}} = g_{\mathrm{m}}\dot{U}_{\mathrm{b'e}} - \dot{U}_{\mathrm{b'e}}\mathrm{j}\omega C_{\mathrm{b'c}}$$

合并以上两式得

$$\dot{\beta} = \frac{\dot{I}_{\mathrm{c}}}{\dot{I}_{\mathrm{b}}} = \cfrac{g_{\mathrm{m}} - \mathrm{j}\omega C_{\mathrm{b'c}}}{\cfrac{1 + \mathrm{j}\omega r_{\mathrm{b'e}}(C_{\mathrm{b'c}} + C_{\mathrm{b'e}})}{r_{\mathrm{b'e}}}}$$

在 $g_{\mathrm{m}} \gg \mathrm{j}\omega C_{\mathrm{b'c}}$ 的频率范围内，上式可简化为

$$\dot{\beta} = \frac{g_{\mathrm{m}} \cdot r_{\mathrm{b'e}}}{1 + \mathrm{j}\omega r_{\mathrm{b'e}}(C_{\mathrm{b'c}} + C_{\mathrm{b'e}})} = \frac{\beta_0}{1 + \mathrm{j}\dfrac{\omega}{\omega_\beta}}$$

即

$$\dot{\beta} = \frac{\beta_0}{1 + \mathrm{j}\dfrac{f}{f_\beta}} \tag{3.32}$$

其中

$$\omega_\beta = 2\pi f_\beta$$

$$f_\beta = \frac{1}{2\pi r_{\mathrm{b'e}}(C_{\mathrm{b'c}} + C_{\mathrm{b'e}})} \tag{3.33}$$

f_β 称为 $\dot{\beta}$ 的截止频率。

式(3.32)表示 $\dot{\beta}$ 具有低通特性。图 3.4.3 是它的幅频特性曲线。当 $|\dot{\beta}| = 1$ 时对应的频率以 f_{T} 记之，称为三极管的特征频率。它与 f_β 的关系为

$$f_{\mathrm{T}} = \beta_0 \cdot f_\beta \tag{3.34}$$

并可求出

$$f_{\mathrm{T}} = \frac{g_{\mathrm{m}}}{2\pi(C_{\mathrm{b'c}} + C_{\mathrm{b'e}})} \tag{3.35}$$

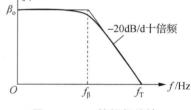

图 3.4.3　β 的幅频特性

通常，三极管产品手册上仅提供 $C_{\mathrm{b'c}}$ 和 f_{T} 两个与频率有关的参数。根据式(3.35)可以求出

$$C_{\mathrm{b'e}} = \frac{g_{\mathrm{m}}}{2\pi f_{\mathrm{T}}} - C_{\mathrm{b'c}} \tag{3.36}$$

3.4.3　共射极放大器的高频特性

用图 3.4.1(d)所示三极管高频等效电路取代图 3.2.2(c)所示共射极放大器交流通路中的三极管。得到图 3.4.4 所示用于计算共射极放大器高频特性的等效电路。电路中考虑了信号源的内阻 R_{s}，因为它对整个放大器的高频特性有较大影响。

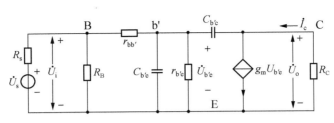

（a）共射放大器的高频等效电路

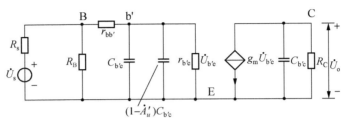

（b）用密勒定理简化后的等效电路

图 3.4.4　共射极放大器的高频等效电路分析

据图 3.4.4(a)，可以写出节点电流方程

$$g_{\mathrm{m}}\dot{U}_{\mathrm{b'e}}+\dot{U}_{\mathrm{o}}/R_{\mathrm{C}}+(\dot{U}_{\mathrm{o}}-\dot{U}_{\mathrm{b'e}})\mathrm{j}\omega C_{\mathrm{b'e}}=0$$

在几倍于 f_β 的频率范围内，上式中最后一项，即通过电容 $C_{\mathrm{b'e}}$ 的电流将远小于其他的两项，从而可以略去不计。因此可得到 b′ 到 C 间的电压增益为

$$\dot{A}'_u=\dot{U}_{\mathrm{o}}/\dot{U}_{\mathrm{b'e}}=-g_{\mathrm{m}}\cdot R_{\mathrm{C}} \tag{3.37}$$

利用密勒定理①将跨接在 b′ 与 C 点间的电容 $C_{\mathrm{b'c}}$ 转换成 $(1-\dot{A}'_u)C_{\mathrm{b'c}}$ 和 $[(\dot{A}'_u-1)/\dot{A}'_u]\cdot C_{\mathrm{b'c}}\approx C_{\mathrm{b'c}}$ 两个部分，分别接在 b′ 点和 C 点处，如图 3.4.4(b)。

在 $R_{\mathrm{B}}\gg R_{\mathrm{s}}$，$R_{\mathrm{B}}\gg r_{\mathrm{be}}$ 条件下②，记

$$\begin{aligned}C_{\mathrm{M}}&=C_{\mathrm{b'e}}+(1-\dot{A}'_u)C_{\mathrm{b'c}}\\&=C_{\mathrm{b'e}}+(1+g_{\mathrm{m}}R_{\mathrm{C}})C_{\mathrm{b'c}}\end{aligned} \tag{3.38}$$

并略去集电极回路的电容 $C_{\mathrm{b'c}}$，可导出

$$\dot{A}_u=\frac{\dot{U}_{\mathrm{o}}}{\dot{U}_{\mathrm{s}}}=-\frac{A_{u\mathrm{o}}}{1+\mathrm{j}\dfrac{f}{f_{\mathrm{H}}}} \tag{3.39}$$

式中

$$f_{\mathrm{H}}=\frac{1}{2\pi[(R_{\mathrm{s}}+r_{\mathrm{bb'}})/\!/r_{\mathrm{b'e}}]C_{\mathrm{M}}} \tag{3.40}$$

---

①　关于密勒定理见本章附录。

②　在电路参数设计合理的前提下，该条件一般都能满足。

是放大器的上限截止频率。

$$A_{uo} = -g_m R_C \frac{r_{b'e}}{R_s + r_{bb'} + r_{b'e}} \qquad (3.41)$$

是放大器在通频带带宽范围内的电压放大倍数（或称中频电压增益）。

图 3.4.5 示出了式(3.39)所表示的放大器高频段特性，式(3.40)与式(3.41)的乘积称为放大器的增益带宽积，它近似等于一个常数，可证明如下：

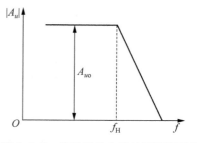

图 3.4.5　共射极放大器的高频段特性

$$A_{uo} \cdot f_H = -\frac{g_m R_C r_{b'e}}{R_s + r_{bb'} + r_{b'e}} \cdot \frac{1}{2\pi \dfrac{r_{b'e}(R_s + r_{bb'})}{R_s + r_{bb'} + r_{b'e}}[C_{b'e} + (1 + g_m R_C)]C_{b'c}}$$

式中 $C_{b'e} + (1 + g_m R_C)C_{b'c} \approx g_m R_C \cdot C_{b'c}$，由此可得

$$|A_{uo} \cdot f_H| \approx \frac{1}{2\pi(R_s + r_{bb'})C_{bc'}} \qquad (3.42)$$

上式说明，当三极管及信号源内阻确定后，放大器的增益与带宽之乘积近似等于一个常数。欲提高 A_{uo}，则 f_H 就必然降低，反之亦然。

【例题 3.4.1】　设图 3.2.2(a)所示共射极放大器的参数为：$R_s = 100\ \Omega$，$r_{bb'} = 200\ \Omega$，$R_C = 3\ \mathrm{k\Omega}$，$R_1 = 47\ \mathrm{k\Omega}$，$R_2 = 10\ \mathrm{k\Omega}$，$R_E = 1\ \mathrm{k\Omega}$，$\beta = 99$，$I_C = 1.3\ \mathrm{mA}$，和 $f_T = 250\ \mathrm{MHz}$，$C_{b'c} = 3\ \mathrm{pF}$。试计算它的中频段电压增益 A_{uo} 及上限截止频率 f_H。

【解】　由式(3.30)得

$$r_{b'e} = (1 + \beta_0)\frac{U_T}{I_E} = (1 + 99) \times \frac{26\ \mathrm{mV}}{1.3\ \mathrm{mA}} = 2\ \mathrm{k\Omega}$$

由式(3.36)得

$$C_{b'e} = \frac{g_m}{2\pi f_T} - C_{b'c} = \frac{\dfrac{1.3\ \mathrm{mA}}{26\ \mathrm{mV}}}{2\pi \times 250 \times 10^6\ \mathrm{Hz}} - 3\ \mathrm{pF} = 28.8\ \mathrm{pF}$$

由式(3.38)得

$$C_M = (1 + g_m R_C)C_{b'c} + C_{b'e} = 151 \times 3\ \mathrm{pF} + 28.8\ \mathrm{pF} = 481.8\ \mathrm{pF}$$

据题中参数求得 $R_B = R_1 /\!/ R_2 = 8.25\ \mathrm{k\Omega}$，满足 $R_B \gg R_s$，$R_B \gg r_{be}$ 条件，故由式(3.41)和式(3.40)分别求得

$$A_{uo} = -g_m R_C \frac{r_{b'e}}{R_s + r_{bb'} + r_{b'e}} = -\frac{1.3\ \mathrm{mA} \times 3\ \mathrm{k\Omega}}{26\ \mathrm{mV}} \times \frac{2\ \mathrm{k\Omega}}{0.1\ \mathrm{k\Omega} + 0.2\ \mathrm{k\Omega} + 2\ \mathrm{k\Omega}}$$

$$= -130$$

$$f_H = \frac{1}{2\pi[(R_s + r_{bb'}) /\!/ r_{b'e}]C_M} = \frac{1}{2\pi[(0.1\ \mathrm{k\Omega} + 0.2\ \mathrm{k\Omega}) /\!/ 2\ \mathrm{k\Omega}] \times 481.8\ \mathrm{pF}}$$

$$= 1.26\ \mathrm{MHz}$$

*3.4.4 共基极放大器的高频特性

用图 3.4.1(d)所示三极管高频等效电路模型取代图 3.2.5(b)共基极放大器交流通路中的三极管,得到图 3.4.6(a)所示共基极放大器等效电路。

由于在很宽的频率范围内 $\dot{I}_b$ 比 $\dot{I}_c$ 和 $\dot{I}_e$ 小得多,$r_{bb'}$ 的数值也不大,因此 b′ 点的电位 $U_{b'}$ $=\dot{I}_b \cdot r_{bb'}$ 可以忽略,而认为 b′ 点是直接接地的。这实际上是把等效电路中的 $r_{bb'}$ 消除了。这样得到了图 3.4.6(b)所示简化等效电路。由图(b)可写出

$$\dot{I}_e = \dot{U}_{b'e}\left(\frac{1}{r_{b'e}}+g_m+j\omega C_{b'e}\right)$$

$$= \dot{U}_{b'e}\left(\frac{1}{(1+\beta)r_e}+\frac{1}{r_e}+j\omega C_{b'e}\right)$$

$$\approx \dot{U}_{b'e}\left(\frac{1}{r_e}+j\omega C_{b'e}\right) \tag{3.43}$$

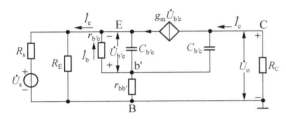

（a）共基极放大器高频等效电路

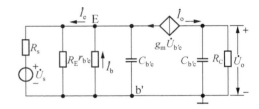

（b）简化的高频等效电路

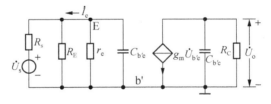

（c）进一步简化的高频等效电路

图 3.4.6 共基极放大器的高频等效电路分析

由三极管发射极端看进去的输入导纳为

$$\frac{\dot{I}_e}{\dot{U}_{b'e}} = \frac{1}{r_e}+j\omega C_{b'e} \tag{3.44}$$

于是得到图 3.4.6(c)的等效电路。由图(c)电路可知,共基极放大器的高频段电压增益具有二阶低通特性的形式

$$\dot{A}_u = \frac{A_{uo}}{\left(1+j\dfrac{f}{f_{H1}}\right) \cdot \left(1+j\dfrac{f}{f_{H2}}\right)} \tag{3.45}$$

其中

$$f_{H1} = \frac{1}{2\pi(R_s /\!/ r_e /\!/ R_E)C_{b'e}} \tag{3.46}$$

$$f_{H2} = \frac{1}{2\pi R_C \cdot C_{b'c}} \tag{3.47}$$

$$A_{uo} = g_m \cdot R_C \frac{r_e /\!/ R_E}{R_s + r_e /\!/ R_E} \tag{3.48}$$

与共射极放大器相比,共基极放大器的 f_H 要高得多。这主要是共基极放大器没有共射极放大器的密勒电容效应。在与例 3.4.1 同样的电路参数下,可以算出共基极放大器的 f_H 约为 17.7 MHz。

*3.4.5　共集电极放大器的高频特性

用三极管的高频等效电路模型取代图 3.2.7(b)所示共集电极放大器交流通路中的三极管,得到图 3.4.7(a)所示共集电极放大器的高频等效电路。图(a)电路可改画成图 3.4.7(b)形式。

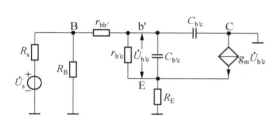

（a）共集电极放大器的高频等效电路

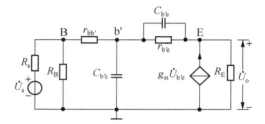

（b）图(a)高频等效电路的改画

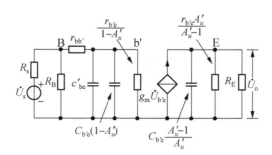

（c）简化后的高频等效电路

图 3.4.7　共集电极放大器高频等效电路的分析

设 $\dot{U}_o'/\dot{U}_b' = A_u'$,则可依据密勒定理将跨接在 b' 和 E 点间的 $C_{b'e}$ 和 $r_{b'e}$ 分别变换到 b' 点和 E 点到地之间的 $C_{b'e}(1-\dot{A}_u')$,$\dfrac{r_{b'e}}{1-\dot{A}_u'}$ 及 $C_{b'e}\dfrac{\dot{A}_u'-1}{\dot{A}_u'}$,$\dfrac{r_{b'e}\dot{A}_u'}{\dot{A}_u'-1}$,如图 3.4.7(c)所示。

由于在很宽的频率范围内,$\dot{A}_u'$ 的值很接近于 1,所以上述变换后的四个阻抗就十分大,

以至于作为近似计算时完全可将它们忽略。由此可得到共集电极放大器的高频特性

$$\dot{A}_u = \frac{\dot{U}_\mathrm{o}}{\dot{U}_\mathrm{s}} = \frac{A_{uo}}{1 + \mathrm{j}\dfrac{f}{f_\mathrm{H}}} \tag{3.49}$$

$$A_{uo} = \frac{(1+\beta_0) \cdot R_\mathrm{E}}{R_\mathrm{s} + \left(1 + \dfrac{R_\mathrm{s}}{R_\mathrm{B}}\right)\left[r_{\mathrm{bb'}} + r_{\mathrm{b'e}} + (1+\beta_0) \cdot R_\mathrm{E}\right]} \tag{3.50}$$

$$f_\mathrm{H} = \frac{1}{2\pi(R_\mathrm{s} /\!/ R_\mathrm{B} + r_{\mathrm{bb'}})C_{\mathrm{b'e}}} \tag{3.51}$$

在与例 3.4.1 相同的参数取值条件下,可以求得共集电极放大器的 $f_\mathrm{H} = 177\ \mathrm{MHz}$。它说明共集电极放大器具有极好的高频特性。

*3.5　对数及反对数放大电路

利用三极管 I_C 与 u_BE 间的对数关系,结合运算放大器,可以构成输入输出间成对数或反对数关系的放大器。

3.5.1　对数放大器

对数放大电路实现的 $u_\mathrm{o} = A\lg Bu_\mathrm{s}$ 的运算关系,对于输入量的变化范围要求达到 3~6 个十倍程的情况,将输出量用输入量的对数来表示是更为合适的。

利用小功率三极管的集电极电流 i_C 在很宽广的范围内(例如 1 nA~1 mA 的 5~6 个十倍程)与基-射极间电压 u_BE 之间存在着相当精确的对数关系的特点,可以实现放大器输

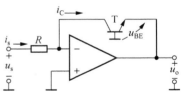

图 3.5.1　基本对数放大器

出、输入间的对数关系。图 3.5.1 示出了基本对数放大器的原理电路。它在本质上是一个并联负反馈电路。正的输入信号通过电阻 R 作用到运放的反相输入端。运算放大器的输出通过控制三极管的 u_BE 达到控制 i_C 的目的,而 i_C 在运放的反相输入端与信号电流相比较实现了并联负反馈。

根据运放输入端的“虚短接”状态并结合 Ebers-Moll 方程,可以可出

$$i_\mathrm{s} = \frac{u_\mathrm{s}}{R} = i_\mathrm{C} = I_\mathrm{ES}\mathrm{e}^{u_\mathrm{BE}/U_T} \tag{3.52}$$

又因
$$u_\mathrm{o} = -u_\mathrm{BE}$$

故得
$$u_\mathrm{o} = -u_\mathrm{BE} = -U_T \ln \frac{i_\mathrm{C}}{I_\mathrm{ES}}$$

$$= -U_T \ln \frac{u_\mathrm{s}}{R} + U_T \ln I_\mathrm{ES} \tag{3.53}$$

上式表明输出电压 u_o 与输入电压 u_s 间存在着对数关系。

图 3.5.1 所示电路的缺点是放大器的输出电压 u_o 与温度有关。这是因为式(3.53)中的 I_{ES} 和 U_T 都是温度的函数。为了克服这个缺点,采用图 3.5.2 的电路。电路中的 A_1 和 T_1 是图 3.5.1 所示基本对数放大器部分,T_2 是与 T_1 特性相近的对管(做在同一块硅片上),它是为了消除输出表达式(3.53)中的 I_{ES} 项而设置的。T_2 的发射极电流是由固定电压 U_{REF} 和电阻 R_2 产生的。根据 Ebers-Moll 方程可以写出

$$u_{BE1}=U_T\ln i_{C1}-U_T\ln I_{ES} \tag{3.54}$$

$$u_{BE2}=U_T\ln I_2-U_T\ln I_{ES} \tag{3.55}$$

而

$$u_B=u_{BE2}-u_{BE1} \tag{3.56}$$

将式(3.54)、式(3.55)代入式(3.56)得

$$u_B=-U_T\ln\frac{i_{C1}}{I_2}=-U_T\ln\frac{u_s}{R_1 I_2} \tag{3.57}$$

式中

$$I_2=(U_{REF}-u_B)/R_2 \tag{3.58}$$

只要 U_{REF} 的取值在 10 V 以上,则相对于 U_{REF},u_B 的数值甚小可忽略不计,式(3.57)就可近似表示为

$$u_B=-U_T\ln\frac{u_s R_2}{R_1\cdot U_{REF}} \tag{3.59}$$

最后,将 u_B 经 A_2 组成的同相放大器放大,得到对数放大器的输出电压为

$$u_o=u_B(1+R_5/R_4)$$
$$=-U_T(1+R_5/R_4)\ln K_1 u_s \tag{3.60}$$

式中

$$K_1=R_2/(R_1\cdot U_{REF})$$

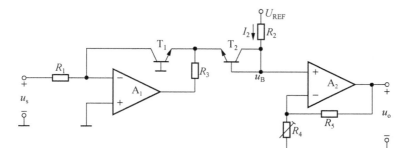

图 3.5.2 具有温度补偿的对数放大器

将式(3.60)换算成以 10 为底的对数,得

$$u_o=-2.3U_T(1+R_5/R_4)\lg K_1 u_s \tag{3.61}$$

由式(3.61)可见,I_{ES} 的因素已经消除了,但仍存在 U_T 的影响。在温室附近,U_T 具有 $+0.33\%/℃$ 的温度系数。如果使 $(1+R_5/R_4)$ 具有 $-0.33\%/℃$ 的负温度系数,则 U_T 随温度变化的因素就可得到补偿。通常 $R_5\gg R_4$,所以只要 R_4 选用具有 $+0.33\%/℃$ 温度系数的电阻,即可达到补偿的目的。

【例题 3.5.1】 试设计一个对数放大器,输入电压从 1 mV 到 10 V。当 $u_s=0.1$ V 时 $u_o=0$ V,输入每增加十倍程,输出电压增大 1 V。

【解】 采用图 3.5.2 所示的电路。取 $R_1=10$ kΩ,则不同输入电压对应的 i_{C1} 值为

输入电压	1 mV	10 mA	0.1 V	1 V	10 V
i_{C1}	100 nA	1 μA	10 μA	100 μA	1 mA

取 $U_{REF}=V_{CC}=12$ V,当 $u_s=0.1$ V 时,欲使 $u_o=0$ V,则应有 $I_2=10$ μA。由此得 $R_2=$ 12 V/10 μA$=1.2$ MΩ。

欲使输入 u_s 每增加十倍程,输出增大 1 V,则由式(3.61)中取 $U_T=26$ mV 得

$$1000 \text{ mV}=60 \text{ mV}\times\left(1+\frac{R_5}{R_4}\right)$$

所以可求得 $\qquad\qquad 1+R_5/R_4=16.7 \quad$ 或 $R_5/R_4=15.7$

在图 3.5.2 中,取 R_4 为 1 kΩ、+0.33%/℃温度系数的热敏电阻,取 R_5 为 15 kΩ 电阻与 1 kΩ 电位器相串联。取 R_3 为 1~2 kΩ 左右。电路的特性如例图 3.5.1 所示。

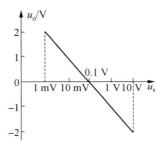

例图 3.5.1 对数放大器特性

3.5.2 反对数放大器

反对数放大电路实现 $u_o=A10^{Bu_s}$ 的运算,式中 A 和 B 是常数。

基本反对数放大电路的原理电路示于图 3.5.3。输入电压 u_s 作用到三极管的发射结上,当 u_s 为负值时,产生的 i_C 流过由 R 和运放组成的电压并联负反馈放大器,放大器的输出电压为

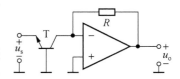

图 3.5.3 基本反对数放大电路

$$u_o=i_C\cdot R=I_{ES}\cdot R\cdot e^{-u_s/U_T} \tag{3.62}$$

从上式可见,由于 u_o 式中包含了 I_{ES} 和 U_T,u_o 将与温度 T 有关。为了克服这个缺点,可采用图 3.5.4 所示的具有温度补偿的反对数放大器。图中的 T_2、A_2 和 R_2 构成基本反对数放大器。为消除 u_o 式中的 I_{ES} 项,将 u_s 经分压后加到另一个三极管 T_1 的基极。并由 U_{BEF} 和 R_1 及运放 A_1 来提供一个固定的电流给 T_1。

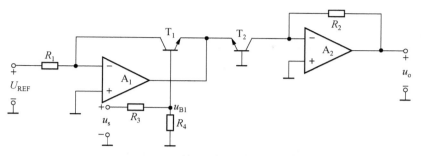

图 3.5.4 具有温度补偿的反对数放大器

T_1 的集电极电流为

$$i_{C1} = U_{REF}/R_1$$

并有

$$u_{B1} = u_s \frac{R_4}{R_3 + R_4} = u_{BE1} - u_{BE2} \tag{3.63}$$

由于

$$u_{BE1} = U_T \ln \frac{i_{C1}}{I_{ES}}$$

$$u_{BE2} = U_T \ln \frac{i_{C2}}{I_{ES}}$$

将以上两式代入式(3.63)中,得

$$u_s \frac{R_4}{R_3 + R_4} = U_T \ln \frac{i_{C1}}{i_{C2}} = U_T \ln \frac{R_2 U_{REF}}{R_1 u_o}$$

变为指数式后

$$\frac{R_2 U_{REF}}{u_o R_1} = e^{\frac{u_s}{U_T} \cdot \frac{R_4}{R_3 + R_4}}$$

即

$$u_o = \frac{U_{REF} R_2}{R_1} \cdot e^{-\frac{u_s}{U_T} \cdot \frac{R_4}{R_3 + R_4}}$$

由指数换底公式

$$e^{-x} = 10^{-x/2.3}$$

得

$$u_o = \frac{U_{REF} R_2}{R_1} \cdot 10^{-u_s \cdot \frac{R_4}{2.3 U_T (R_3 + R_4)}} = A 10^{-B u_s} \tag{3.64}$$

式中

$$A = \frac{U_{REF} R_2}{R_1} \tag{3.65}$$

$$B = \frac{R_4}{2.3 U_T (R_3 + R_4)} = \frac{R_4}{60 \text{ mV}(R_3 + R_4)} \tag{3.66}$$

分析式(3.64)可知:A 是 $u_s = 0$ V 时的 u_o 值,B 是 u_o 每变化十倍程的 u_s 变化量。

【例题 3.5.2】 试设计一个反对数放大器,$u_s = 0$ V 时 $u_o = 0.1$ V,要求 u_s 从 $-2 \sim +2$ V 每变化 1 V,u_o 变化十倍程。

【解】 根据题意要求,放大器输入、输出及 i_{C2} 的关系为

输入电压/V	-2	-1	0	1	2
输出电压/V	0.001	0.01	0.1	1	10
i_{C2}	100 nA	1 μA	10 μA	100 μA	1 mA

要求

$$A = \frac{U_{REF}R_2}{R_1} = 0.1 \text{ V}$$

取 $U_{REF} = 12$ V,则因 $U_{REF}/R_1 = 10\ \mu$A,所以 $R_1 = 1.2$ MΩ,求得

$$R_2 = 0.1 \times \frac{R_1}{U_{REF}} = 0.1 \text{ V} \times \frac{1.2 \text{ M}\Omega}{12 \text{ V}} = 10 \text{ k}\Omega$$

由

$$B = \frac{R_4}{60 \text{ mV}(R_3 + R_4)} = 1 \text{ V}$$

得

$$\frac{R_3 + R_4}{R_4} = 16.7 \quad \text{即} \quad \frac{R_3}{R_4} = 15.7$$

取 $R_4 = 1$ kΩ,其温度系数为 0.33%/℃,取 $R_3 = 15.7$ kΩ。

附录　密勒定理

密勒定理:任意一个电路结构中有 $1, 2, 3, \cdots, N$,共 N 个节点,其中点 N 是此电路中的参考节点,即"地"点。各点相对于 N 点的电位分别为 $\dot{U}_1, \dot{U}_2, \dot{U}_3, \cdots, \dot{U}_{n-1}$。设点 1 和点 2 间电压增益为 $k = \dot{U}_2/\dot{U}_1$,并有一路接阻抗 Z(如附图(a)所示),则可将跨接在 1,2 两点间的阻抗 Z 等效成跨接在 $1-N$ 之间和 $2-N$ 之间的阻抗 Z_1 和 Z_2。

$$Z_1 = \frac{Z}{1-K} \quad Z_2 = \frac{K}{K-1}Z$$

式中,$K = \dot{U}_2/\dot{U}_1$。

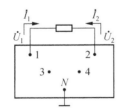 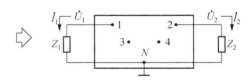

（a）等效前的跨接端阻抗　　　　　（b）等效后的跨接端两边阻抗

附图　密勒定理的阻抗等效示意图

证:由附图(a)可列出:

$$Z_1 = \frac{\dot{U}_1}{\dfrac{\dot{U}_1 - \dot{U}_2}{Z}} = \frac{\dot{U}_1}{\dfrac{\dot{U}_1 - K\dot{U}_1}{Z}}$$

即：

$$Z_1 = \frac{Z}{1-K}$$

同理有：

$$Z_2 = \frac{\dot{U}_2}{\dfrac{\dot{U}_2 - \dot{U}_1}{Z}} = \frac{\dot{U}_2}{\dfrac{\dot{U}_2 - \dot{U}_2/K}{Z}}$$

即：

$$Z_2 = \frac{K}{K-1}Z$$

本 章 小 结

本章是三极管线性运用电路的重要基础,其内容要点如下:

1. 从结构上划分,三极管分为 NPN 型和 PNP 型两大类。尽管两者电压、电流的实际方向相反,但都具有共同的结构特点,即:都是"三层两结"结构,基区层宽薄且掺杂浓度低,发射区掺杂浓度高。这一结构特点是三极管具有放大能力的关键,也是区别于两个"背靠背"连接的二极管的关键。

2. 三极管本质上是一个由基-射极间电压控制集电极电流的电导器件。描述这种电压、电流关系的最基本的公式是 Ebers-Moll 方程,它是导出其他一切三极管级间电压、电流关系式的基础。

3. 三极管中的电流包含了"多子"和"少子"两种电流成分(所以也称作双极型器件),"少子"成分电流虽然数值很小,却是影响三极管温度稳定性的重要因素之一。此外三极管的 U_{BE} 和 β 具有各自的温度系数,也是影响三极管温度稳定性的重要因素。

4. 引进直流负反馈及温度补偿元件是建立三极管稳定偏置的基本措施。分压式偏置电路是其中最常见的典型偏置之一,它不仅可用于三极管,也可用于其他放大器件。

5. 微变等效电路法是定量分析小信号放大器的基本方法。微变等效电路模型虽然用于电路的动态分析,但其参数本身却是与电路的静态工作点直接相关的,或者说是建立在确定的静态工作点基础之上的。

6. 共发射极、共基极、共集电极三种基本组态的放大电路是一切三极管放大电路的基础。在直流偏置基本相同的前提下对三种基本组态放大电路加以比较,各自特点如表3.2所示。

7. 三极管组合放大电路的静态分析主要依据直流电路的分析方法进行。通过合理近似可简化分析,方便求解。动态分析仍采用微变等效电路法,并可通过前后级阻抗关系的折合,最终归结为对逐个单级放大器的分析。

8. 对深度负反馈三极管组合放大电路,可采用近似估算法求解增益。准确判断负反馈类型,合理利用电路中存在的"虚短接"现象,是进行正确估算的关键。

9. 三极管放大电路频带宽度主要与其高频特性相关,电路的信号源内阻及三极管的极间电容是决定上限截止频率 f_H 的主要因素。电路高频特性的分析必须采用三极管高频等效电路模型,并简化成以三极管为阶的一阶 RC 电路求解。理论分析表明,放大器的增益带宽积近似为一常数。因此,提高增益和带宽通带必须兼顾。

10. 三极管与运放相结合,实现某些特定功能或改善电路某些性能,代表了三极管应用电路的一个发展方向。这类电路通常在负反馈条件下运行,宜根据反馈类型及三极管和运放的各自特点进行综合分析。

表 3.2　三种基本组态放大电路的比较

电路组态	电压增益及相位关系	输入电阻	输出电阻	高频特性
共发射极	$\dot{A}_u = -\dfrac{\beta R_\mathrm{C}}{r_\mathrm{be}}$ 电压增益高 输入输出反相	$R_\mathrm{i} = R_\mathrm{B} /\!/ r_\mathrm{be}$ $R_\mathrm{B} = R_1 /\!/ R_2$ 输入电阻居中	$R_\mathrm{o} \approx R_\mathrm{C}$ 输出电阻一般	一般
共基极	$\dot{A}_u = \dfrac{\beta R_\mathrm{C}}{r_\mathrm{be}}$ 电压增益高 输入输出同相	$R_\mathrm{i} = R_\mathrm{E} /\!/ \dfrac{r_\mathrm{be}}{1+\beta}$ 输入电阻低	$R_\mathrm{o} \approx R_\mathrm{C}$ 输出电阻一般	良
共集电极	$\dot{A}_u = \dfrac{(1+\beta) R_\mathrm{E}}{r_\mathrm{be}+(1+\beta) R_\mathrm{E}}$ 电压增益接近 1 输入输出同相	$R_\mathrm{i} = R_\mathrm{B} /\!/ [r_\mathrm{be}+$ $(1+\beta) R_\mathrm{E}]$ 输入电阻低	$R_\mathrm{o} = R_\mathrm{E} /\!/ \dfrac{r_\mathrm{be}+R_\mathrm{s}'}{1+\beta}$ $R_\mathrm{s}' = R_\mathrm{s} /\!/ R_\mathrm{B}$ $R_\mathrm{B} = R_1 /\!/ R_2$ (R_s 是信号源内阻) 输出电阻低	优

思考题与习题

题 3-1　两个"背靠背"连接的二极管能否取代三极管起放大作用,为什么?

题 3-2　有两只三极管,一只管子的 $\beta = 150$,$I_\mathrm{CEO} = 200\ \mu\mathrm{A}$,另一只管子的 $\beta = 50$,$I_\mathrm{CEO} = 10\ \mu\mathrm{A}$,其他参数两管相同。试问哪只管子性能好,为什么?

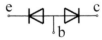

题图 3-1

题 3-3　在题图 3-3 所示放大电路中,三极管的 $\beta=40$,$U_{BE}=0.7$ V,各电容都足够大,试回答下列问题:

① 求静态工作点;

② 求中频段电压放大倍数 $\dot{A}_{us}=\dot{U}_o/\dot{U}_s$;

③ 求电路的输入电阻 R_i 及输出电阻 R_o。

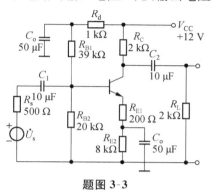 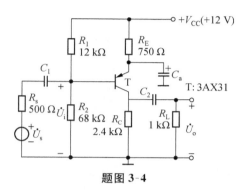

题图 3-3　　　　　　　　　　　题图 3-4

题 3-4　电路如题图 3-4 所示。三极管的 $\beta=100$,所有电容足够大。试求电压放大倍数 $\dot{A}_u=\dot{U}_o/\dot{U}_i$ 及 $\dot{A}_{us}=\dot{U}_o/\dot{U}_s$。

题 3-5　用理想变压器耦合输入信号的共基极放大器如题图 3-5。

① 求静态工作点;

② 求电压放大倍数 $\dot{A}_u=\dot{U}_o/\dot{U}_i$;

③ 求输入电阻 R_i 及输出电阻 R_o。

题 3-6　图示电路中三极管的静态电流 $I_C=1$ mA,$\beta=100$。

① 求电压放大倍数 $\dot{A}_u=\dot{U}_o/\dot{U}_i$;

② 求电流放大倍数 $\dot{A}=\dot{I}_L/\dot{I}_i$;

③ 求输入电阻 R_i 及输出电阻 R_o。

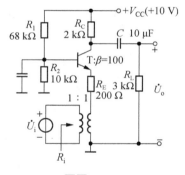

题图 3-5

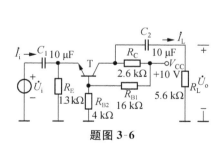 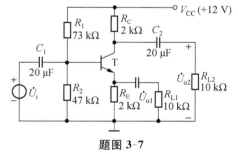

题图 3-6　　　　　　　　　　　题图 3-7

题 3-7　题图 3-7 电路的两个输出端分别接负载 R_{L1}、R_{L2}。若三极管的 $\beta=80$,试求:

① 静态工作电流 I_C;

② 电压放大倍数 $\dot{A}_{u1}=\dot{U}_{o1}/\dot{U}_i$ 及 $\dot{A}_{u2}=\dot{U}_{o2}/\dot{U}_i$;

③ 两个输出端的输出电阻 R_{o1} 及 R_{o2}。

题 3-8 集-基偏置放大电路如题图 3-8 所示。已知三极管 $\beta=100$，所有电容容量足够大。求：

① 静态工作点；

② 电压放大倍数 $\dot{A}_u=\dot{U}_o/\dot{U}_i$。

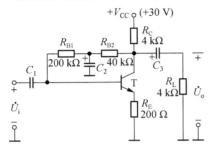
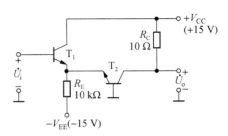

题图 3-8   题图 3-9

题 3-9 题图 3-9 所示组合放大器电路中，$I_{C1}=I_{C2}$，$\beta_1=\beta_2=\beta=70$，$U_{BE}=0.6\ \mathrm{V}$，计算：

① 电压放大倍数 $\dot{A}_u=\dot{U}_o/\dot{U}_i$；

② 输入电阻 R_i 及输出电阻 R_o。

题 3-10 组合放大电路如题图 3-10 所示。设各三极管参数相同，$U_{BE}=0.6\ \mathrm{V}$，$\beta=100$，所有电容足够大。

① 求静态工作电流 I_{C1}、I_{C2} 和 I_{C3}（设 $T_1\sim T_3$ 的 I_B 均可忽略不计）；

② 求电压放大倍数 $\dot{A}_u=\dot{U}_o/\dot{U}_i$；

③ 求输出电阻 R_o。

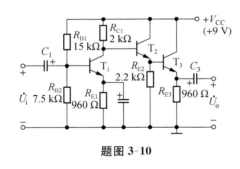
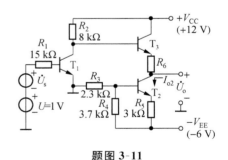

题图 3-10   题图 3-11

题 3-11 共射-共集组合放大电路如题图 3-11。设所有三极管的 $U_{BE}=0.6\ \mathrm{V}$，$\beta=50$，$r_{ce}=200\ \mathrm{k\Omega}$。

① 若要求 $u_s=0$ 时 $u_o=0$，则 R_6 应为多大？

② 求 T_2 组成的恒流源电路的等效内阻 $R_{o2}=?$

③ 求电压放大倍数 $\dot{A}_{us}=\dot{U}_o/\dot{U}_s$。

题 3-12 共射-共基组合放大电路如题图 3-12。设 $\beta_1=\beta_2=\beta=180$，求静态电流 I_{C1}、

I_{C2},电压放大倍数 $\dot{A}_u$,输入电阻 R_i 及输出电阻 R_o。

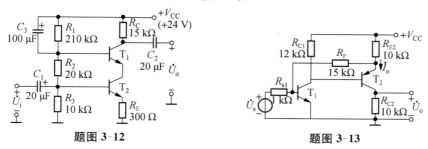

题图 3-12   题图 3-13

题 3-13 判断题图 3-13 电路中引入级间反馈的类型,并用近似估算法求深度负反馈条件下的电压放大倍数 $\dot{A}_u = \dot{U}_o / \dot{U}_s$。

题 3-14 电路如题图 3-14 所示,

① 采用 $\dot{U}_{o1}$ 输出时该电路属于何种类型的反馈放大器?

② 采用 $\dot{U}_{o2}$ 输出时该电路属于何种类型的反馈放大器?

③ 假设为深度负反馈,求两种情况下的电压放大倍数。

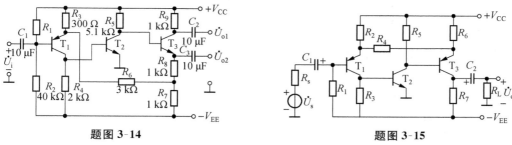

题图 3-14   题图 3-15

题 3-15 放大电路如题图 3-15 所示。

① 指出构成反馈网络的各元件及反馈的类型;

② 写出在深度负反馈条件下的电压放大倍数 $\dot{A}_u = \dot{U}_o / \dot{U}_s$ 的近似表达式。

题 3-16 反馈放大电路如题图 3-16 所示。

① 判断电路的反馈类型;

② 估算深度负反馈条件下的电压放大倍数 $\dot{A}_u = \dot{U}_o / \dot{U}_s$。

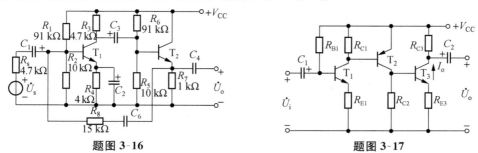

题图 3-16   题图 3-17

题 3-17 为实现下列要求,题图 3-17 的电路中应在末级与最前级之间引入什么样的反馈? 将答案填入括号内。

① 提高从 T_1 基极看进去的输入电阻。（接 R_F 从　　到　　）；

② 接上负载 R_L 以后，电压放大倍数基本不变。（接 R_F 从　　到　　）

③ 各级静态工作点基本稳定。（接 R_F 从　　到　　）

题 3-18　共发射极放大电路如题图 3-18，已知
$r_{be}=1.6$ kΩ、$r_{bb'}=200$ Ω、$C_{b'e}=100$ pF、$C_{b'c}=3$ pF、
$g_m=77$ mA/V。

① 画出放大器的高频等效电路；

② 求高频传输特性表达式及上限截止频率 f_H；

③ 若输出端接上 $C_L=0.01$ μF 负载电容，上限
截止频率 f_H 将为多少？

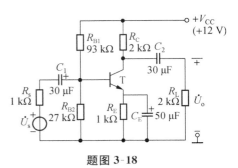

题图 3-18

题 3-19　题图 3-19 所示放大电路中，已知三极
管的 $\beta=100$，$r_{be}=2.7$ kΩ，$r_{bb'}=100$ Ω，$f_T=100$ MHz，
$C_{b'c}=6$ pF。

① 求中频电压放大倍数 $\dot{A}_{us}=\dot{U}_o/\dot{U}_s$；

② 求电路的上限截止频率 f_H。

题 3-20　题图 3-20 电路中集成运放的增益 A 及
三极管的 β 很大。

① 指出电路中的反馈类型；

② 当输入电压为 $u_i=2\sin\omega t$(V)时，经电路转换后
的输出电流 $i_o=$？

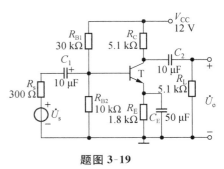

题图 3-19

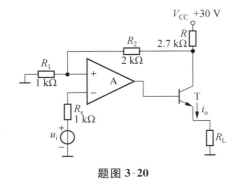

题图 3-20

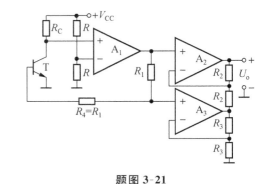

题图 3-21

题 3-21　已知电路如题图 3-21 所示。各集成运放均为理想器件，试写出输出电压 U_o
与三极管电流放大系数 β 的关系式 $U_o=f(\beta)$，电源电压和各电阻均可为已知。

题 3-22　一个实用对数运算电路如题图 3-22 所示。设 T_1、T_2 是参数完全相同的对
管，集电极电流 $i_C \approx I_{ES}e^{u_{BE}/U_T}$。运放 A_1、A_2 具有理想特性。$u_{I1}>0$，$u_{I2}>0$，求 $u_O=f(u_{I1}$，
$u_{I2})$ 的表达式。

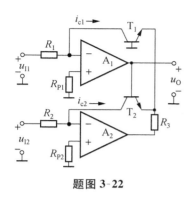

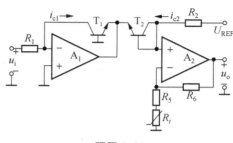

题图 3-22　　　　　　　　　　　　　　　　题图 3-23

题 3-23　题图 3-23 所示是一个对数运算电路。设 A_1、A_2 为理想运放，T_1、T_2 的特性相同，$u_i > 0$，$U_{REF} \gg U_{BE}$。试写出输出电压 u_o 的表达式，并说明热敏电阻 R_t 的作用。

题 3-24　电路如题图 3-24 所示。A_1、A_2 为理想运放，T_1、T_2 特性相同，两管集电极电流 $i_C \approx I_{ES} e^{u_{BE}/U_T}$。

① 写出输出电压 u_o 的表达式；

② 该电路有何种运算功能？

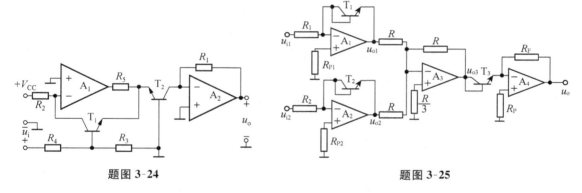

题图 3-24　　　　　　　　　　　　　　　　题图 3-25

题 3-25　对数乘法器电路如题图 3-25 所示。若三极管 T_1、T_2、T_3 的特性完全相同，试求 u_o 的表达式并说明该电路完成何种运算功能？

第4章　场效应管及其应用

　　本章以结型场效应管为主,介绍各类场效应管的结构、工作原理、特性曲线及参数,并概括了场效应管的主要特点。为了拓宽视野,还扼要介绍了一些旨在反映场效应管特点的典型应用电路。本章内容范畴包括场效应管基本放大电路,场效应管压控电阻及场效应管开关电路等。

　　第3章中讨论的晶体三极管工作在放大状态时,集电极电流 i_C 与基极电流 i_B 成比例关系。由于输入电流的存在,使晶体三极管的输入阻抗不可能很高。从电流成分上看,i_B 或 i_C 都是由多数载流子和少数载流子两种极性不同的载流子构成,因此也称为双极型三极管,用 BJT(Bipolar Junction Transistor)表示。由于少数载流子成分对温度变化比较敏感,使晶体三极管的热稳定性相应变差;其次载流子运动形式的差异及电流分配的不均匀性,使得晶体三极管的噪声系数指标也不够理想。这些因素使晶体三极管的应用范围受到一定限制。尤其是对电路输入阻抗要求很高的场合,晶体三极管组成的电路是难以胜任的。场效应管自20世纪60年代诞生以来,以其输入阻抗高、噪声小、热稳定性好、抗辐射能力强等特点得到了广泛的应用。

　　场效应管是一种电压控制器件,输入端几乎不汲取信号电流,因而输入阻抗极高,通常在 $10^9\,\Omega$ 以上,更高的达 $10^{12}\,\Omega$ 以上。从结构上来区分场效应管可分为两大类,一类称为结型场效应管(Junction type Field Effect Transistor),用 JFET 表示;另一类称为绝缘栅场效应管(Insulated Gate Field Effect Transistor),用 IGFET 表示。目前 IGFET 中绝大多数是 MOSFET(Metal Oxide Semiconductor Field Effect Transistor)。

4.1　结型场效应管(JFET)

　　按照导电沟道的性质划分,JFET 分为 N 沟道与 P 沟道两种,两者结构与工作原理类似。这里以 N 沟道 JFET 为例,介绍结型场效应管的结构与工作原理。

4.1.1　结型场效应管的结构

　　N 沟道 JFET 的结构如图 4.1.1 所示。在一块 N 型硅半导体材料的两侧,采用扩散工艺做成两个掺杂浓度较高的 P 区(P$^+$表示浓掺杂),并引出相应的电极——栅极 G、源极 S 和漏极 D。在两个 P$^+$ 区中间部分则是一个 N 型半导体导电沟道。同理,若将 N 型材料换成 P 型材料,并扩散上两个相应的 N$^+$区,则可构成 P 沟道 JFET。在电路中,N 沟道 JFET 用图 4.1.2(a)所示电路符号表示,P 沟道 JFET 的电路符号则如图 4.1.2(b)所示。符号中的箭头方向实际上是指明了导电沟道的性质。

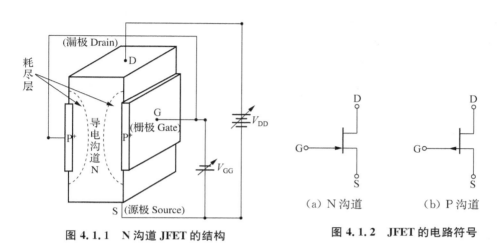

图 4.1.1　N 沟道 JFET 的结构　　　　图 4.1.2　JFET 的电路符号

　　　　　　　　　　　　　　　　　　(a) N 沟道　　　　(b) P 沟道

4.1.2　结型场效应管的工作原理

　　JFET 是一种体内场效应器件,其基本工作原理是通过外加电压在半导体内产生的电场效应去影响导电沟道的宽度,从而控制沟道电阻的大小,达到控制沟道中电流的目的。下面着重讨论外加电压与沟道电流的关系。

　　1. 漏极电压 u_{DS} 对漏极电流 i_D 的影响

　　图 4.1.1 中若将栅极与源极短接,使 $u_{GS}=0$ V, 则图 4.1.1 可用平面图表示为图 4.1.3 的形式。

　　调节电源电压 V_{DD},漏极电流 i_D 将随 u_{DS} 变化而变化。漏极电压 u_{DS} 一定时,i_D 的大小取决于沟道电阻,而沟道电阻与材料的杂质浓度、沟道体积(在平面图中对应沟道的面积)等因素有关。对于一个具体的 JFET,其材料的杂质浓度是确定的,沟道体积则与外加电压密切相关。根据 PN 结理论,PN 结的耗尽层宽度受结电压控制,PN 结上反偏电压越大耗尽层越宽。当 $u_{DS}=0$ 时,沟道两侧的 PN 结都处于

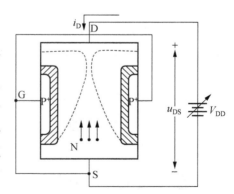

图 4.1.3　漏极电压 u_{DS} 对漏极电流 i_D 的影响

零偏状态,耗尽层向沟道方向延伸较小,如图4.1.3中实线阴影部分所示。(耗尽层延伸的长

度与掺杂浓度成反比,故向 P$^+$ 区的延伸极小,图中未画出。)在此基础上若增大 u_{DS},i_D 几乎随 u_{DS} 线性增长,如图 4.1.4 中曲线 OA 段所示。随着漏极电流 i_D 的增大,沟道两端的电压升高,靠近漏极一端 PN 结上承受的反偏电压增大,于是靠近漏极一端的耗尽层相应变宽,使沟道呈现"楔型"。从平面图上看到的沟道面积相应减小,如图 4.1.3 中虚线所示。由于这个因素的制约,i_D 随 u_{DS} 上升的速度趋缓,如图 4.1.4 中 AB 段曲线所示。继续增大 u_{DS},则靠近漏端的 PN 结上承受的反偏电压继续增大,直至达到某个数值(由后面的介绍可知,该电压值为 $|U_P|$)时,使沟道两侧的耗尽层在 D 端相遇,即沟道在 D 端被局部夹断,如图4.1.5 所示。我们把这种沟道被局部夹断的现象称为"预夹断"。预夹断后沟道中的电流并不为零,而是趋于某个定值。这是因为预夹断点处场强很大,沟道中的自由电子能够在强电场的作用下穿过耗尽层到达漏极,这与晶体三极管基区载流子能穿过集电结耗尽层而被集电区所收集的道理是相同的。

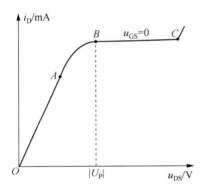

图 4.1.4　u_{DS} 与 i_D 的关系曲线

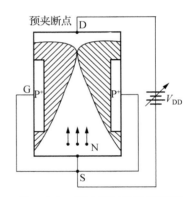

图 4.1.5　预夹断时的沟道状况

预夹断后若 u_{DS} 进一步增大,则由于预夹断处电阻较大使增加的电压主要降落在预夹断点处,这除了使预夹断点的合拢长度向下略微延伸外,从平面图上看到的沟道面积基本保持不变,因此沟道中电流 i_D 趋于饱和,不再随 u_{DS} 的增加而明显变化。如图 4.1.4 中曲线 BC 段所示。

当 $u_{DS} > U_{(BR)DS}$ 时,漏极端 PN 结上承受的反向电压将使 PN 结产生雪崩击穿,i_D 急剧增大。如图 4.1.4 中 C 点后曲线段所示。$U_{(BR)DS}$ 称为漏极击穿电压,正常工作时 u_{DS} 不能超过 $U_{(BR)DS}$。

2. 栅源电压 u_{GS} 对漏极电流 i_D 的控制作用

栅、源间电压 u_{GS} 对漏极电流 i_D 的控制作用,主要体现在 u_{GS} 对沟道电阻的控制上。在图 4.1.1 中,改变 u_{GS} 的值,沟道电阻将发生显著变化。为了清楚起见,我们先调节 V_{DD} 使 $u_{DS} = 0$,讨论 u_{GS} 对沟道的影响。图 4.1.6 画出了在不同 u_{GS} 电压下的沟道情况。

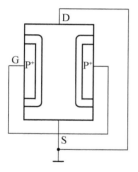 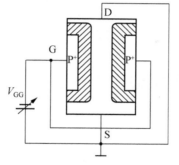 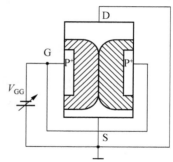

(a) $u_{GS}=0$ 时的沟道情况 　　(b) $U_P<u_{GS}<0$ 时的沟道情况 　　(c) $u_{GS}=U_P$ 时的沟道情况

图 4.1.6　不同 u_{GS} 电压下的沟道情况

图 4.1.6(a)为 $u_{GS}=0$ 时的沟道状况。如前所述,此时沟道最宽,沟道电阻最小。调节 V_{GG} 使 $|u_{GS}|$ 增大,由于沟道两侧 PN 结上反偏电压升高,耗尽层向沟道方向延伸,导致沟道变窄,沟道电阻升高,如图 4.1.6(b)所示。进一步增大 V_{GG},则随着 $|u_{GS}|$ 的增大,耗尽层进一步向中间延伸。当 $u_{GS}=U_P$ 时,沟道两侧的耗尽层合拢,沟道宽度降至零。这种状况称为沟道被夹断,对应的电压 U_P 称为夹断电压(Pinchoff Voltage),如图 4.1.6(c)。由上述

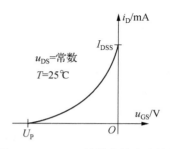

图 4.1.7　JFET 的静态转移特性曲线

过程可知 JFET 的沟道电阻是受栅源电压 u_{GS} 控制的,因此加上漏源电压 u_{DS} 后,沟道中产生的漏极电流 i_D 也必将受 u_{GS} 的控制。在 $(u_{GS}-U_P)\leqslant u_{DS}<U_{(BR)DS}$ 范围内,当 u_{DS} 为定值时,u_{GS} 对 i_D 的控制规律如图 4.1.7 所示,称为转移特性曲线,它符合平方律关系,可近似用式(4.1)表示

$$i_D=I_{DSS}(1-u_{GS}/U_P)^2 \tag{4.1}$$

式中 I_{DSS} 是 $u_{GS}=0$ 时对应的 i_D 电流。

综上所述,JFET 是一种电压控制器件,漏极电流可表为 $i_D=f(u_{GS},u_{DS})$ 函数关系。图 4.1.8 是一族输出特性曲线,其中的每一条曲线都代表着在给定的某个栅源电压值下 i_D 随 u_{DS} 变化的规律。$u_{GS}=0$ 时的情况我们已经讨论过,由于 u_{GS} 决定了沟道的起始宽度,导致图 4.1.8 中 u_{GS} 为负电压时的特性曲线与 $u_{GS}=0$ 时的特性曲线有几点不同:首先是预夹断点的位置向左偏移,即预夹断时对应的 u_{DS} 值下降了;其次是 i_D 饱和时的电流值小了;此外,由于 PN 结的耐压是一定的,u_{GS} 向负值增大后使漏极一端的 PN 结实际承受的反向电压升高,反向击

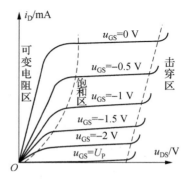

图 4.1.8　JFET 的输出特性曲线

穿时对应的 u_{DS} 亦相应减小。预夹断点及反向击穿点的轨迹(分别如图中左、右两条虚线所示)将输出特性曲线族划分为可变电阻区、饱和区、击穿区三个区域。此外当 $u_{GS} \leqslant U_P$ 时,i_D 趋向于零,JFET 处于截止区。

4.1.3 结型场效应管的特性曲线及主要参数

1. JFET 输出特性曲线的特点

由图 4.1.8 可见,随着外加电压的不同,JFET 分别处于几种不同的工作状态,对应着输出特性曲线中几个不同的工作区域。

1) 可变电阻区

可变电阻区简称变阻区,JFET 处于这一区域时,外加电压 u_{DS} 通常很小,导电沟道的宽度主要由 u_{GS} 决定,亦即漏、源之间的沟道电阻可由 u_{GS} 来控制。变阻区内漏极电压、电流之间基本呈线性关系,意味着漏、源间呈现为线性电阻 R_{DS},其大小相当于曲线斜率的倒数,可在很大范围(例如 $10 \sim 10^9 \, \Omega$)内由 u_{GS} 来控制。这一特点使 JFET 常常被作为"压控电阻"应用于各种场合。

2) 饱和区

在饱和区内,i_D 基本呈水平状态,趋于"饱和"。在这一区域内 u_{DS} 的变化对 i_D 的影响很小,而 u_{GS} 的变化却对 i_D 有着强烈的控制作用。处于放大状态的 JFET 就是偏置在这一区域。饱和区内 JFET 存在着一个零温度系数点,如图 4.1.9 所示曲线的交点 K 处。由图可知,当温度在较大范围变化时,K 点处的电压、电流基本不变,用 JFET 构成放大电路时,若偏置在靠近零温度系数点处可望获得良好的温度稳定性。零温度系数点可由实验方法求得。

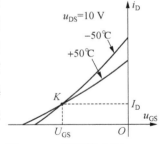

图 4.1.9 不同温度下 JFET 的转移特性曲线

3) 击穿区

当 u_{DS} 增加到大于某个极限值(用 $U_{(BR)DS}$ 表示)后,i_D 迅速增大,JFET 被击穿。正常情况下,JFET 应避免进入这个区域。

4) 截止区

当 $u_{GS} \leqslant U_P$ 时,JFET 的导电沟道被夹断,其夹断电阻一般在数百兆欧以上。夹断后由于漏极电流趋于零,因此在输出特性曲线上看不到对应的截止区。

2. JFET 的主要参数

1) 夹断电压 U_P

U_P 是指沟道被完全夹断时所需的栅、源间电压。实际上由于场效应管具有遥截特性,并非将 i_D 完全等于零时的 U_{GS} 定义为 U_P,而是规定 i_D 小于某个微小电流值后对应的栅、源电压为 U_P。例如 3DJ6 规定 U_P 的测试条件为 $u_{DS} = 10 \, V$,$i_D = 50 \, \mu A$。对于 N 沟道 JFET,U_P

一般在负零点几伏到 -10 V 之间。

2）饱和漏极电流 I_{DSS}

I_{DSS} 定义为 JFET 在饱和区范围内，$u_{GS}=0$ 时的 i_D 值。它也是 JFET 能够达到的最大漏极电流，反映了零栅压时原始沟道的导电能力。通常 U_P 值大的管子其 I_{DSS} 值也大。

3）漏、源间击穿电压 $U_{(BR)DS}$

指 PN 结反向击穿，i_D 急剧上升时的 u_{DS} 值，由于 PN 结反向击穿电压是一定的，因而栅源电压 u_{GS} 越负，出现击穿时的漏、源间电压就越小。

4）直流输入电阻 R_{GS}

指漏、源之间短路，栅、源间加固定电压时（例如 -10 V）栅、源间测得的直流电阻。由于 JFET 栅、源间 PN 结在反向偏压下工作，故 R_{GS} 通常很大，在 $10^7 \sim 10^{10}$ Ω 范围。

5）低频跨导 g_m

低频跨导 g_m 是表征场效应管放大能力的一个重要参数。它定义为 $u_{DS}=$ 常数时，漏极电流与栅源电压的微变量之比。即

$$g_m = \frac{\partial i_D}{\partial u_{GS}}\bigg|_{u_{DS}=\text{常数}} \tag{4.2}$$

从定义可知，g_m 实际上反映了栅、源间电压对漏极电流的控制能力。g_m 的单位一般用 [mS] 或 [mA/V] 表示，通常在零点几到几毫西之间。值得注意的是 g_m 的大小与静态工作点有关，其几何意义是转移特性曲线上工作点处的切线斜率，如图 4.1.10 所示。

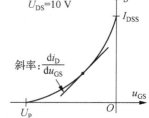

g_m 也可根据定义直接求出。由式（4.1）可得

$$g_m = -\frac{2I_{DSS}\left(1-\frac{u_{GS}}{U_P}\right)}{U_P} = g_{m0}\left(1-\frac{u_{GS}}{U_P}\right) \tag{4.3}$$

图 4.1.10　g_m 的几何表示

其中 $g_{m0}=-2I_{DSS}/U_P$ 是 $u_{GS}=0$ 时的 g_m 值，也就是 g_m 的最大值。

6）输出电阻 r_d

r_d 定义为 u_{GS} 一定时，漏源电压与漏极电流的微变量之比，即

$$r_d = \frac{\partial u_{DS}}{\partial i_D}\bigg|_{u_{GS}=\text{常数}}$$

在几何意义上，r_d 也可用输出特性曲线上（饱和区）工作点处切线斜率的倒数表示。一般 r_d 在几十千欧至几百千欧之间。

7）极间电容

JFET 的电极间存在着极间电容，反映了 PN 结的电容效应。栅、源间电容记作 C_{gs}，栅、漏间电容记作 C_{gd}，漏、源间电容记作 C_{ds}。极间电容的数值一般为几个皮法。在低频情况下，极间电容的影响可以忽略，但在高频及开关运用状态下，极间电容的影响必须考虑。

4.2　绝缘栅场效应管(IGFET)

与结型场效应管不同,绝缘栅场效应管是一种表面场效应器件。它的输入阻抗更高,可达 $10^{15}\,\Omega$。绝缘栅场效应管分为增强型、耗尽型两类。按导电沟道性质的不同,每一类中又分为 N 沟道和 P 沟道两种。这里以 N 沟道器件为主来介绍绝缘栅场效应管的结构与工作原理。

4.2.1　增强型绝缘栅场效应管

1. 结构与符号

N 沟道增强型 IGFET 的结构如图 4.2.1 所示。在一块 P 型半导体衬底材料上,扩散两个高浓度的 N 区(用 N$^+$ 表示),表面覆盖绝缘性能良好的氧化层(例如 SiO$_2$),并分别在两个 N 区刻出窗口,用金属材料(例如 Al)引出相应的电极,即源极和漏极,栅极则在氧化层表面覆盖的金属材料上直接引出。衬底引线如图中 B 所示。同理,若在 N 型衬底材料上扩散两个 P$^+$ 区,引出相应电极,则可构成 P 沟道的增强型 IGFET(在 IGFET 的绝缘层由氧化物构成时,通常也称为 MOSFET,且根据沟道性质的不同,简称为 NMOS 或 PMOS)。在电路图中,N 沟道增强型 IGFET 用图 4.2.2(a)所示符号表示,P 沟道增强型 IGFET 的电路符号如图 4.2.2(b)所示。

2. 工作原理

从 N 沟道增强型 IGFET 的结构可知,其栅极与半导体材料之间是绝缘的。这种绝缘栅的构造使器件输入阻抗极高,正常情况下栅极没有任何电流。其基本工作原理是通过增强栅极电压所产生的电场强度,在半导体材料表面感生自由电子形成导电沟道,从而产生受栅压控制的漏极电流。因此,IGFET 是一种表面场效应器件。

1)栅极电压对导电沟道的影响

在图 4.2.1 所示 N 沟道增强型 IGFET 的栅极加上可变电压 V_G,并将衬底引线接至电位最低点(此处即源极 S),如图 4.2.3 所示。当 $u_{GS}=0$ 时,衬底 P 与两个 N$^+$ 区形成的两个 PN 结均为反偏状态,漏、源之间即使加上 u_{DS} 也不会有电流流通。升高 u_{GS} 则形成相应的栅极电场(图中以电力线形式示出),该电场排斥 P 型半导体表面的空穴,形成一个耗尽层。继续增大 u_{GS},则一方面耗尽层向下延伸,另一方面随着电场强度的增强,P 型半导体中的少数载流子-自由电子将被吸引到表层,形成表面电子层。这个电子层沟通了两个 N$^+$ 区,在漏极和源极之间形成一个导电沟道,沟道的下面被耗尽层与 P 区隔开。这种现象称为表面反型。表面反型时所需的栅、源间电压称为开启电压,记作 U_T,它是增强型 IGFET 的一个重要参数。$u_{GS}=U_T$ 后,若进一步增大 u_{GS},则随着电场强度的进一步增加,吸引到表面的自由电子数量增多,沟道加厚,沟道的电阻率下降,导电能力进一步增加。显然,若在漏、源间加上电压 u_{DS},则 u_{GS} 越大,漏极电流也就越大。这种 $u_{GS}=0$ 时没有导电沟道,$u_{GS} \geqslant U_T$ 后才开始导电,且 u_{GS} 越高漏极电流越大的现象,正是所谓"增强型"的含义所在。

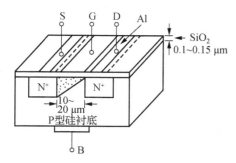

图 4.2.1　增强型 IGFET 的结构

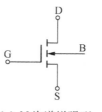

（a）N 沟道增强型

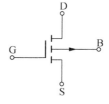

（b）P 沟道增强型

图 4.2.2　IGFET 的电路符号

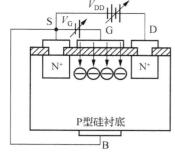

图 4.2.3　N 沟通增强型 IGFET 的偏置

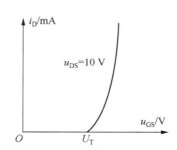

图 4.2.4　N 沟道增强型 IGFET 的转移特性曲线

u_{GS} 与 i_D 的关系可由图 4.2.4 所示转移特性曲线表示。这种关系也可近似用下式表出：

$$i_D = K(u_{GS} - U_T)^2 \tag{4.4}$$

其中 K 为导电系数,与管子结构有关,

$$K = \frac{1}{2}\mu \cdot C_{ox} \cdot \frac{W}{L} \tag{4.5}$$

式中 μ 为载流子迁移率,C_{ox} 为 MOS 管沟道电容,W 和 L 分别为沟道的宽度和长度。对于一般的小功率场效应管,K 约为 0.3 mA/V^2。

2）漏、源间电压 u_{DS} 对漏源极电流 i_D 的影响

图 4.2.3 中将 u_{GS} 取定某个大于 U_T 的数值,漏、源之间加上可调节的电压 V_{DD},则在 u_{DS} 电压作用下,沟道中会有电流 i_D 流过,其大小取决于 u_{DS} 及沟道电阻。

$u_{DS}=0$ 时,$i_D=0$;u_{DS} 增大则 i_D 也随之线性增长,如图 4.2.5 中 OA 段所示。随着 i_D 的增大,沟道电阻上产生的压降也逐渐增大,沿沟道由 S 极至 D 极的电位由零逐渐增加,导致栅极与沟道各点间的电势差发生变化。即在靠近漏极一端,栅极与沟道间的电势差减小了,感生出沟道电子的厚度减小,整个沟道的厚度变得明显不均匀,沟道电阻也相应增大了,如图 4.2.6 所示。由于沟道电阻增大,i_D 随 u_{DS} 的增长也逐渐趋缓,如图 4.2.5 中的 AB 段所示。

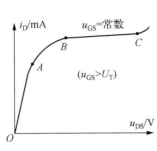

图 4.2.5　i_D 与 u_{DS} 的关系

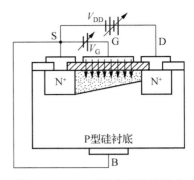

图 4.2.6　u_{DS} 对导电沟道的影响

当 u_{DS} 再继续增大时,漏极一端感生出的沟道电子数也继续减少。直至 u_{DS} 增大到某个定值时,在漏极一端的反型层消失,只剩下耗尽层。如图 4.2.7 中虚线所示,这种导电沟道在靠近漏极一端被局部夹断的现象也称为预夹断。

预夹断后,再增加 u_{DS},i_D 将不再明显变化,趋于饱和。这是因为预夹断点处电阻很大,增加的 u_{DS} 几乎全部降落在预夹断点处,除了使预夹断点略微向左延伸(如图 4.2.7 中虚线所示)外,沟道面积基本不变。应当指出的是,预夹断点处耗尽层宽度 δ 极窄,在 u_{DS} 作用下此处的横向电场强度很大,足以将沟道中的电子拉过耗尽层而吸引到漏极形成漏极电流 i_D。预夹断以后,由于沟道面积基本不变,沟道电流也就保持基本恒定。这种情况如图 4.2.5 中曲线 BC 段所示。

进一步加大 u_{DS},则漏、源间将发生击穿,i_D 急剧增大。如图 4.2.5 中 C 点以后的状况。

综上所述,N 沟道增强型 IGFET 的漏极电流也是外加电压的函数,可表为 $i_D = f(u_{GS}, u_{DS})$。$u_{GS} \geqslant U_T$ 后,不同的 u_{GS} 取值对应着不同的沟道厚度,在 u_{DS} 作用下将产生不同的沟道电流。图 4.2.8 反映了在不同的 u_{GS} 参变量下 i_D 与 u_{DS} 的关系曲线,即输出特性曲线族。

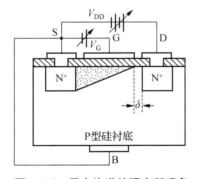

图4.2.7　导电沟道的预夹断现象

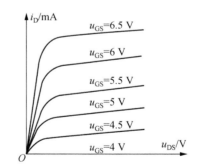

图4.2.8　N 沟道增强型 IGFET 的输出特性曲线

4.2.2　耗尽型绝缘栅场效应管

1. 结构与符号

N 沟道耗尽型 IGFET 的结构与增强型类似,所不同的是,前者在栅极与沟道间的绝缘层中溅射了一些正离子,如图 4.2.9。同理,若在 N 型衬底上扩散两个 P^+ 区,并在栅极与沟道间绝缘层中溅射一些负离子,则可构成 P 沟道耗尽型 IGFET。

耗尽型 IGFET 的电路符号分别如图 4.2.10(a)、(b)所示。

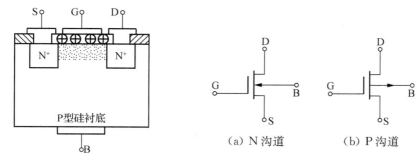

图 4.2.9 N 沟道耗尽型 IGFET 的结构　　图 4.2.10 耗尽型 IGFET 符号

（a）N 沟道　　　　（b）P 沟道

2. 工作原理

从 N 沟道耗尽型 IGFET 的构造可见,由于栅极下的绝缘层中溅射了一些正离子,即使 $u_{GS}=0$,依靠这些正离子也能在半导体表面感生出自由电子层,形成导电沟道。我们把栅、源电压为零时就有导电沟道存在的场效应管统称为耗尽型场效应管。从这个意义上讲, JFET 也属于耗尽型场效应管范畴。

1) 栅极电压对导电沟道的影响

N 沟道耗尽型 IGFET 的栅源电压 $u_{GS}=0$ 时,漏、源极间已有导电沟道存在,若加上 u_{DS} 电压,就会有电流产生。与 JFET 类似,我们把这个电流也记作 I_{DSS}。

显然,若在栅极加上正电压,使 $u_{GS}>0$,则感生出的电子数量将进一步增多,导电沟道变厚,漏极电流 i_D 将增大,如图 4.2.11 所示转移特性曲线中的 AB 段所示。若在栅极加上负电压,使 $u_{GS}<0$,则由于负栅压中和了绝缘层中一部分正离子的影响,将使感生出的电子数量减少,沟道变薄,i_D 相应减小,如图 4.2.11 中 AC 段所示。当 u_{GS} 负栅压增加到等于 U_P 时,导电沟道消失,i_D 趋于零。U_P 称为夹断电压。

从转移特性曲线可见,耗尽型绝缘栅场效应管既可工作在正栅压下,也可工作在负栅压下,这将给管子的偏置带来相应的灵活性。在饱和区其漏极电流 i_D 与栅极电压 u_{GS} 的关系仍符合式(4.1)。

2) 漏、源间电压 u_{DS} 对漏极电流 i_D 的影响

导电沟道形成后,i_D 随 u_{DS} 变化的规律与增强型 IGFET 是类似的,不再赘述。

综上所述,对 N 沟道(或 P 沟道)耗尽型 IGFET 而言,也有 $i_D=f(u_{GS},u_{DS})$ 关系成立。以 u_{GS} 为参变量,作出 i_D 与 u_{DS} 间的关系曲线,可得出 N 沟道耗尽型 IGFET 的输出特性曲线族如图 4.2.12 所示。几种场效应管的型号及主要参数请见本章末表 4.1。

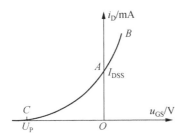

图 **4.2.11** N 沟道耗尽型 IGFET 的转移特性

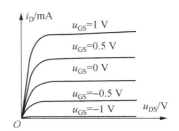

图 **4.2.12** N 沟道耗尽型 IGFET 的输出特性曲线

4.3 场效应管的特点及使用注意事项

4.3.1 场效应管的主要特点

场效应管虽然种类较多,工作原理与结构也不尽相同,但却有着许多共同特点。与晶体三极管比较,这些特点主要可归纳如下:

(1) 场效应管的噪声较小。这是因为场效应管是一种单极型器件,电流由单一极性的载流子形成,而晶体三极管的电流成分中既有多数载流子,也有少数载流子。

(2) 场效应管的热稳定性好。i_D 与晶体三极管的 i_C 具有相反的温度系数,因此热稳定性好,噪声小,抗辐射能力强。

(3) 场效应管是一种电压控制器件,栅极几乎不取任何电流,因而场效应管的输入电阻极高。

(4) 场效应管在微小电压、电流条件下工作时,仍具有良好的特性。图 4.3.1(a)、(b)分别示出了 NPN 型晶体三极管和 N 沟道结型场效应管在零点附近放大后的输出特性曲线。由图 4.3.1(a)可见,晶体三极管的 i_C-u_{CE} 曲线不完全与零点相交。当 $i_C = 0$ 时 $u_{CE} \neq 0$,而是存在着残余电压 Δu,图 4.3.1(b)所示场效应管的特性曲线则与零点相交,不仅没有残余电压,而且具有良好的线性度(双向)。因此场效应管除用于放大外,还适合用作模拟开关和压控电阻。

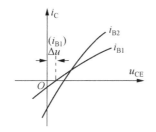

(a) 晶体三极管零点附近的输出特性曲线

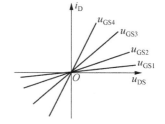

(b) 场效应管零点附近输出特性曲线

图 **4.3.1** 两种输出特性曲线的比较

(5) 与晶体三极管相比,场效应管的 g_m 较小,因此放大能力较弱。此外,放大的信号幅度较大时,场效应管产生的非线性失真也略比晶体三极管大些。

4.3.2 场效应管的使用注意事项

根据场效应管的特点,在具体使用时应注意以下几点:

(1) 从结构上看,场效应管的漏极和源极是对称的,没有本质差别,因此漏极和源极可以互换。但应注意,有些场效应管在制作时已将衬底引线与源极连在一起,向外只引出三个电极,这种场效应管的漏极和源极是不能互换的。

(2) 场效应管衬底引线的连接,应能保证与衬底有关的 PN 结都处于反向偏置,以实现衬底与其他电极的隔离。因此在使用时应将衬底引线连接到整个电路中电位最低的一点(对 N 沟道场效应管)或电位最高的一点(对 P 沟道场效应管)。通常最简便的方法是连接到源极上。

(3) 场效应管的输入电阻极高,因此在任何情况下必须注意防潮,以防止输入电阻降低,尤其对 IGFET 更是如此。

(4) IGFET 由于栅极绝缘,当栅极处于悬空状态时极易因静电感应而击穿栅极绝缘层,造成器件永久性损坏。因此无论在保存、焊接、调试时均应防止栅极悬空,以免栅极感应电荷。

4.4 场效应管放大电路

场效应管的重要用途之一是作为放大器件。由于场效应管的输入电阻高、噪声小、热稳定性好等特点,用其构成放大电路可使某些电路指标得到显著改善,因而在放大器的前置级、集成运放的输入级得到广泛应用。

4.4.1 场效应管的直流偏置及微变等效电路

1. 场效应管的直流偏置

类似于晶体三极管的偏置方式,场效应管也可采用分压式偏置,如图 4.4.1(a)所示。其中 T_1 为 N 沟道结型场效应管。将图 4.4.1(a)输入回路用戴维南定理等效后得到图 4.4.1(b)所示电路。其中:

$$U_G = V_{DD} \cdot \frac{R_{g2}}{R_{g1} + R_{g2}}$$

$$R_g = R_{g1} /\!/ R_{g2}$$

由电路输入回路可以写出

$$U_{GS} = U_G - I_D R_s \qquad (4.6)$$

上式在 U_{GS}-I_D 坐标轴上代表一条斜率为 $-1/R_s$ 的直线,它与 T_1 转移特性曲线①的交点 Q

即为电路的静态工作点,如图 4.4.2 所示。若将 T_1 换成 N 沟道耗尽型 IGFET,这种偏置仍然适用,工作点将被设置在与转移特性曲线②的交点 Q_1 处。由于 U_G 的大小可通过改变电阻的分压比来灵活选定,因此仅仅改变分压电阻 R_{g1}、R_{g2} 的阻值,便可将工作点移至 Q_2 处,如图 4.4.2 中虚线与曲线②的交点处。显然,若 T_1 换成 N 沟道增强型 IGFET,也可获得合适的工作点,如图中虚线与转移特性曲线③的交点 Q_3。由此可见,分压式偏置方式适用于所有场效应管。

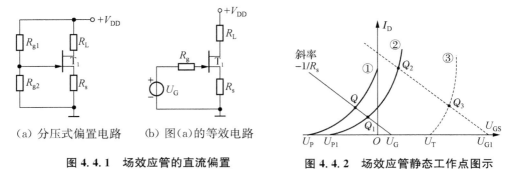

（a）分压式偏置电路　　（b）图(a)的等效电路

图 4.4.1　场效应管的直流偏置　　**图 4.4.2　场效应管静态工作点图示**

图 4.4.3(a)是场效应管的另一种偏置方式。它可看作是 4.4.1(b)中 $U_G = 0$ 时的一个特例。据图可写出:

$$U_{GS} = -I_D \cdot R_s \tag{4.7}$$

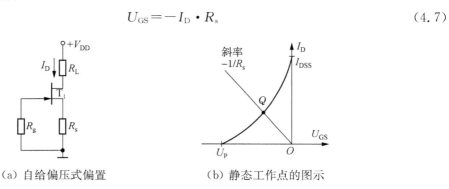

（a）自给偏压式偏置　　（b）静态工作点的图示

图 4.4.3　自给偏压式偏置电路

在图 4.4.3(b)坐标轴上,该式也代表一条斜率为 $-1/R_s$ 的直线,它与转移特性曲线的交点(即电路的静态工作点)可通过选取合适的 R_s 来确定。这种偏置的特点是完全利用场效应管自身的漏极电流来提供栅、源间所需的偏置电压,因此也称为自给偏压偏置电路。值得注意的是,自给偏压的偏置方式仅适用于耗尽型(包括 JFET)场效应管,因为这种偏置方式只能提供与 U_{DS} 极性相反的栅、源间偏置电压,而增强型场效应管则要求栅、源间偏置电压 U_{GS} 与漏、源间偏置电压 U_{DS} 具有相同的极性。

2. 场效应管的微变等效电路

由场效应管工作原理的讨论可知,场效应管的电流可表示为二元函数形式:$i_D = f(u_{GS},$

u_{DS})。为了得出微变量之间的关系,对上式求全微分得

$$di_D = \frac{\partial i_D}{\partial u_{GS}}\bigg|_{U_{DS}} \cdot du_{GS} + \frac{\partial i_D}{\partial u_{DS}}\bigg|_{U_{GS}} \cdot du_{DS} \qquad (4.8)$$

根据微分的物理含义,式(4.8)可写成

$$i_d = g_m \cdot u_{gs} + \frac{1}{r_d} \cdot u_{ds} \qquad (4.9)$$

式中:$g_m = \frac{\partial i_D}{\partial u_{GS}}\bigg|_{U_{DS}}$ 表示场效应管漏、源极对交流短路时,i_D 与 u_{GS} 的变化量之比。它反映了栅、源间电压对漏极电流的控制能力,也就是前面已讨论过的跨导。

$r_d = \frac{\partial u_{DS}}{\partial i_D}\bigg|_{U_{GS}}$ 表示场效应管栅、源极对交流短路时,漏、源间电压与电流变化量之比。它反映了场效应管的输出电阻,其数值一般在几十至几百千欧。

由式(4.9)可画出场效应管的微变等效电路模型如图 4.4.4(a)所示。

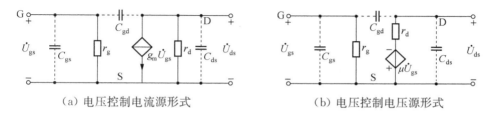

(a) 电压控制电流源形式　　　　　　(b) 电压控制电压源形式

图 4.4.4　场效应管的微变等效电路

其中 r_g 为栅、源间交流电阻,阻值在 10^9 Ω 以上,通常可视为无穷大。各电量采用交流相量表示。图 4.4.4(a)的输出回路采用电压控制电流源形式表出,应注意其大小、方向均与控制量 U_{gs} 有关。图 4.4.4(b)给出了场效应管微变等效电路的另一种形式,其中

$$\mu = g_m \cdot r_d \qquad (4.10)$$

称为电压放大系数,输出回路用电压控制电压源形式表示。C_{gs}、C_{gd}、C_{ds} 是场效应管的极间电容。C_{gs}、C_{gd} 的数值多在 $1\sim3$ pF,C_{ds} 多在 $0.1\sim1$ pF。当信号频率不十分高时,这些极间电容的影响可忽略不计。

上述两种微变等效电路模型是等价的,在对电路作具体分析时,可根据实际情况合理选用。

4.4.2　共源极放大器

与三极管放大电路相类似,场效应管放大器也可分为共源极、共漏极、共栅极三种组态,其中前两者具有较高实用价值。本节讨论共源极组态放大器。

共源极组态放大器如图 4.4.5(a)所示,图 4.4.5(b)为其交流通路。它是在分压式偏置的基础上由 C_1、C_2 引出相应的信号输入、输出端而构成的。其中电阻 R_{g3} 用于提高偏置电路部分的交流输入电阻,对直流偏置没有任何影响。R_s 起稳定静态工作点的作用,C_s 为旁路电

容。由交流通路可见,输入、输出回路的公共电极为源极,故称为共源极组态放大器。

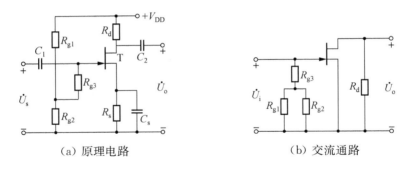

（a）原理电路　　　　　　　（b）交流通路

图 4.4.5　共源极放大器

1. 共源极放大器的静态分析

静态分析主要是求解电路的静态工作点。在电路参数已经给定的情况下,我们可以采用解析的方法进行求解。

由式(4.1)知,结型场效应管的转移特性曲线方程为 $i_D = I_{DSS}(1 - u_{GS}/U_P)^2$。在静态情况下写成:

$$I_D = I_{DSS}(1 - U_{GS}/U_P)^2 \qquad\qquad ①$$

根据分压式偏置电路的特点,参照式(4.6)写出:

$$U_{GS} = U_G - I_D \cdot R_s = V_{DD}\frac{R_{g2}}{R_{g1} + R_{g2}} - I_D \cdot R_s \qquad\qquad ②$$

再由输出回路列出:

$$U_{DS} = V_{DD} - I_D(R_d + R_s) \qquad\qquad ③$$

将以上①~③式联立求解,即可求得静态工作点 I_D、U_{GS}、U_{DS} 的值。此外工作点处场效应管的跨导 g_m 也可由式(4.3)确定。

【例题 4.4.1】　设图 4.4.5(a)电路中,结型场效应管的转移特性曲线方程为 $I_D = 5\left(1 - \dfrac{U_{GS}}{-2}\right)^2$ mA,$R_{g1} = 100$ kΩ,$R_{g2} = 16$ kΩ,$R_{g3} = 10$ MΩ,$R_d = 4.7$ kΩ,$R_s = 2$ kΩ,$V_{DD} = 24$ V,求电路的静态工作点参数及跨导 g_m。

【解】　据电路中给定的参数,代入②式中得到

$$U_{GS} = 3.31 - 2I_D$$

题中已给出

$$I_D = 5\left(1 - \frac{U_{GS}}{-2}\right)^2$$

将以上两式联立求解得

$$U_{GS1} = -0.729 \text{ V}$$

和

$$U_{GS2} = -3.67 \text{ V}$$

由于 $U_{GS2} < U_P$,显然 $U_{GS2} = -3.67$ V 为增根,应当舍弃。进而求得:

$$I_{\mathrm{D}}=I_{\mathrm{DSS}}\left(1-\frac{U_{\mathrm{GS1}}}{U_{\mathrm{P}}}\right)^2=5\times\left(1-\frac{-0.729}{-2}\right)^2=2.02\ \mathrm{mA}$$

所以
$$U_{\mathrm{DS}}=V_{\mathrm{DD}}-I_{\mathrm{D}}(R_{\mathrm{d}}+R_{\mathrm{s}})=10.5\ \mathrm{V}$$

静态工作点的参数为($I_{\mathrm{D}}=2.02\ \mathrm{mA}, U_{\mathrm{DS}}=10.5\ \mathrm{V}, U_{\mathrm{GS}}=-0.729\ \mathrm{V}$)由此确定工作点处的低频跨导 g_{m} 为

$$g_{\mathrm{m}}=\frac{-2I_{\mathrm{DSS}}}{U_{\mathrm{P}}}\left(1-\frac{U_{\mathrm{GS}}}{U_{\mathrm{P}}}\right)=\frac{-2\times5}{-2}\times\left(1-\frac{-0.729}{-2}\right)=3.18\ \mathrm{mS}$$

2. 共源极放大器的动态分析

动态分析的主要目的是依靠微变等效电路分析放大器的放大倍数、输入及输出电阻。在交流小信号工作状态下，图 4.4.5(b) 所示交流通路中的 JFET 可用微变等效电路模型取代，结果如图 4.4.6 所示。其中电压放大系数 μ 可据式(4.10)求得。

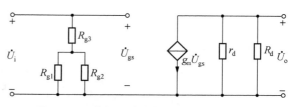

图 4.4.6　共源极放大器的微变等效电路

1) 电压放大倍数

据图 4.4.6 的输出回路可以写出：

$$\dot{U}_{\mathrm{o}}=-g_{\mathrm{m}}\dot{U}_{\mathrm{gs}}(r_{\mathrm{d}}/\!/R_{\mathrm{d}})$$

再由输入回路写出：

$$\dot{U}_{\mathrm{i}}=\dot{U}_{\mathrm{gs}}$$

由以上两式求得电路的电压放大倍数为：

$$\dot{A}_u=\frac{\dot{U}_{\mathrm{o}}}{\dot{U}_{\mathrm{i}}}=-g_{\mathrm{m}}(R_{\mathrm{d}}/\!/r_{\mathrm{d}})\tag{4.11}$$

式中负号表示输出电压与输入电压的相位相反。

2) 输入电阻

场效应管输入端几乎不取信号电流，因此其输入电阻极高，可视为无穷大。实际上整个放大器的输入电阻主要由偏置电路部分决定。以图 4.4.6 输入端看进去的输入电阻为

$$R_{\mathrm{i}}=R_{\mathrm{g3}}+R_{\mathrm{g1}}/\!/R_{\mathrm{g2}}$$

通常电路中引入的 $R_{\mathrm{g3}}\gg R_{\mathrm{g1}}/\!/R_{\mathrm{g2}}$，所以 R_{i} 近似由 R_{g3} 决定。场效应管放大器的输入电阻一般远高于晶体三极管放大器。

3) 输出电阻

根据求输出电阻的定义，我们将图 4.4.6 改画成图 4.4.7。图中 $\dot{I}$ 是在外加电压 $\dot{U}$ 作用下在电路输出端形成的电流。由于 $\dot{U}_{\mathrm{gs}}=0$，由图可求得输出电阻的大小为

$$R_{\mathrm{o}}=\dot{U}/\dot{I}=R_{\mathrm{d}}/\!/r_{\mathrm{d}}\tag{4.12}$$

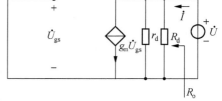

图 4.4.7　求共源极放大器输出阻抗的电路

【例题 4.4.2】 共源极放大器电路参数与例题 4.4.1 相同,并给定 $r_d = 80 \text{ k}\Omega$,求

(1) $\dot{A}_u$,R_i,R_o。 (2) 若去除旁路电容 C_s,再求 $\dot{A}_u$,R_{id},R_o。

【解】 例题 4.4.1 中已求出 JFET 在静态工作点处的低频跨导为:$g_m = 3.18 \text{ mS}$

由此可得:$\mu = g_m \cdot r_d = 3.18 \times 80 = 254.4$

(1) 由式(4.11)求得

$$\dot{A}_u = \frac{\dot{U}_o}{\dot{U}_i} = -g_m (R_d // r_d) = -3.18 \times (4.7 // 80) = -14.1$$

电路的输入电阻为

$$R_i = R_{g3} + R_{g1} // R_{g2} \approx R_{g3} = 10 \text{ M}\Omega$$

由式(4.12)求得

$$R_o = R_d // r_d \approx R_d = 4.7 \text{ k}\Omega$$

(2) 若去除旁路电容 C_s,画出微变等效电路如下:

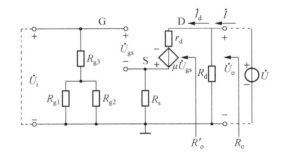

据图写出:

$$\dot{U}_o = -\frac{\mu \dot{U}_{gs}}{R_s + r_d + R_d} \cdot R_d, \quad \dot{U}_i = \dot{U}_{gs} \left(1 + \frac{\mu R_s}{R_s + r_d + R_d} \right)$$

$$\dot{A}_u = \frac{\dot{U}_o}{\dot{U}_i} = -\frac{\mu R_d}{r_d + R_d + (1 + \mu) R_s} \tag{4.13}$$

代入参数求得:

$$\dot{A}_u = -\frac{254.4 \times 4.7}{80 + 4.7 + (1 + 254.4) \times 2} = -2$$

电路的输入电阻不变,$R_i = R_{g3} + R_{g1} // R_{g2} = 10 \text{ M}\Omega$。

为求电路的输出电阻,令电路输入端短路,在输出端外加电压 $\dot{U}$(如图中虚线所示),则

$$R_o = \frac{\dot{U}}{\dot{I}} \bigg|_{\dot{U}_i = 0} = R_o' // R_d, \quad \text{其中} \quad R_o' = \frac{\dot{U}}{\dot{I}_d} \bigg|_{\dot{U}_i = 0}。\text{据图写出:}$$

$$\begin{cases} \dot{I}_d = \dfrac{\dot{U} + \mu \dot{U}_{gs}}{r_d + R_s} \\ \dot{U}_{gs} = -\dot{I}_d \cdot R_s \end{cases}$$

$$R'_{o} = \frac{\dot{U}}{\dot{I}_{d}} = r_{d} + (1+\mu)R_{s} \qquad (4.14)$$

代入参数得：

$$R'_{o} = 80 + 255.4 \times 2 = 591 \ \mathrm{k\Omega}, \ R_{o} = R'_{o} /\!/ R_{d} \approx R_{d} = 4.7 \ \mathrm{k\Omega}$$

*4.4.3 共漏极放大器

共漏极放大器也称为源极输出器,图 4.4.8(a)所示是采用分压式偏置的源极输出器电路,图(b)是其交流通路。由图(b)可见,输入、输出回路的共用电极是漏极,所以是共漏极组态放大器。

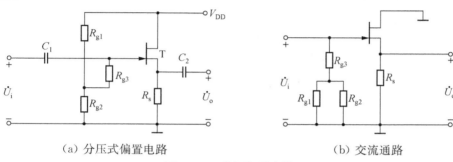

(a) 分压式偏置电路   (b) 交流通路

图 4.4.8 共漏极放大器

1. 共漏极放大器的静态分析

由于采用分压式偏置,共漏极放大器的静态分析方法与 4.4.2 节中共源极放大器的分析类同。据电路可写出：

$$I_{D} = I_{DSS}(1 - U_{GS}/U_{P})^{2}$$

$$U_{GS} = U_{G} - I_{D} \cdot R_{s}$$

其中

$$U_{G} = V_{DD} \cdot \frac{R_{g2}}{R_{g1} + R_{g2}}$$

$$U_{DS} = V_{DD} - I_{D} \cdot R_{s}$$

联立求解上述方程,容易求得电路的静态工作点参数 U_{GS}、U_{DS} 和 I_{D}。

2. 共漏极放大器的动态分析

根据 4.4.8(b)所示共漏极放大器的交流通路,画出其相应的微变等效电路如图 4.4.9 所示。

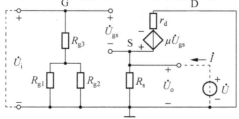

图 4.4.9 共漏极放大器的微变等效电路

1) 电压放大倍数

由图 4.4.9 输出回路可写出:

$$\dot{U}_\text{o} = \frac{\mu \dot{U}_\text{gs}}{r_\text{d} + R_\text{s}} \cdot R_\text{s}$$

上式中 $\dot{U}_\text{GS} = \dot{U}_\text{i} - \dot{U}_\text{o}, \mu = g_\text{m} \cdot r_\text{d}$,求得

$$\dot{A}_u = \frac{\dot{U}_\text{o}}{\dot{U}_\text{i}} = \frac{\mu R_\text{s}}{r_\text{d} + (1+\mu)R_\text{s}} \tag{4.15}$$

结果表明:共漏极放大器的输出电压与输入电压同相位,电压放大倍数小于 1 但接近于 1。

2) 输入电阻及输出电阻

放大器的输入电阻主要取决于偏置电路。图中可见

$$R_\text{i} = R_\text{g3} + R_\text{g1} /\!/ R_\text{g2}$$

在 $R_\text{g3} \gg R_\text{g1} /\!/ R_\text{g2}$ 条件下,$R_\text{i} \approx R_\text{g3}$。

为求电路的输出电阻,首先根据求输出电阻的定义,将放大器输入端对交流短路,输出端作用一个电压源 $\dot{U}$,如图 4.4.9 中虚线所示。由图写出:

$$\dot{I} = \dot{U} \left(\frac{1}{R_\text{s}} + \frac{1+\mu}{r_\text{d}} \right)$$

$$R_\text{o} = \frac{\dot{U}}{\dot{I}} = R_\text{s} /\!/ \frac{r_\text{d}}{1+\mu}$$

一般 $\mu = g_\text{m} r_\text{d} \gg 1$,上式可近似为

$$R_\text{o} = \frac{1}{g_\text{m}} /\!/ R_\text{s} \tag{4.16}$$

可见,共漏极放大器的输出电阻较小。它具有与共集电极电路相似的特点,因此常被用作输入级或缓冲隔离级。

【例题 4.4.3】 共漏极放大器如图 4.4.8(a)所示。其中 $V_\text{DD} = 20$ V,$R_\text{g1} = 27$ kΩ,$R_\text{g2} = 10$ kΩ,$R_\text{g3} = 3$ MΩ,$R_\text{s} = 5$ kΩ,场效应管的 $U_\text{P} = -5$ V,$I_\text{DSS} = 10$ mA,$r_\text{d} = 80$ kΩ。

(1) 求电路的静态工作点。

(2) 求电路的电压放大倍数及输入、输出电阻。

【解】 (1) 为求静态工作点,联立求解以下方程组

$$\begin{cases} U_\text{GS} = V_\text{DD} \dfrac{R_\text{g2}}{R_\text{g1} + R_\text{g2}} - I_\text{D} \cdot R_\text{s} & ① \\[2mm] U_\text{DS} = V_\text{DD} - I_\text{D} \cdot R_\text{s} & ② \\[2mm] I_\text{D} = I_\text{DSS}(1 - U_\text{GS}/U_\text{P})^2 & ③ \end{cases}$$

①式代入③式,解得

$$I_\text{D} = \begin{cases} 1.67 \text{ mA} \\ 2.59 \text{ mA} \end{cases}$$

由于 N 沟道 JFET 只能在 $U_{GS} \leqslant 0$ 条件下工作,可知 $I_D = 2.59$ mA 为增根,应予舍弃。将 $I_D = 1.67$ mA 代入①式及②式,求得结果为

$$U_{GS} = -2.95 \text{ V}, \quad U_{DS} = 11.65 \text{ V}, \quad I_D = 1.67 \text{ mA}$$

(2)场效应管的 g_m 与静态工作点相关,根据静态分析结果求出

$$g_m = g_{m0}(1 - U_{GS}/U_P) = \frac{2 \times 10}{5} \times \left(1 - \frac{2.95}{5}\right) = 1.64 \text{ mA/V}$$

据式(4.15),可求得

$$\dot{A}_u = \frac{\dot{U}_o}{\dot{U}_i} = \frac{\mu R_s}{r_d + (1 + \mu)R_s} = \frac{1.64 \times 80 \times 5}{80 + (1 + 1.64 \times 80) \times 5} = 0.89$$

电路的输入电阻为

$$R_i = R_{g3} + R_{g1} /\!/ R_{g2} \approx R_{g3} = 3 \text{ M}\Omega$$

由式(4.16)求得

$$R_o = \frac{1}{g_m} /\!/ R_s = \frac{1}{1.64} /\!/ 5 = 544 \text{ } \Omega$$

4.5 场效应管的其他应用举例

4.5.1 场效应管压控电阻

我们曾在图 4.3.1(b)中给出了 N 沟道 JFET 在零点附近的输出特性曲线,图中可见,漏、源间电压、电流呈现理想的线性关系。实际上,在整个可变电阻区 JFET 漏、源间相当于一个受 u_{GS} 控制的线性电阻 r_{DS}。

压控电阻有着广泛的应用,图 4.5.1 是利用场效应对管构成的压控电阻电路。集成运放输出端经场效应管 T_2 形成负反馈,使运放 A 的反相输入端处于"虚地"状态。于是流过可变电阻器 R_W 的电流为

$$I_S = V_{EE}/R_W$$

这种偏置方式的特点是场效应对管的栅极(G 点)电压将被自动调整,即运放能自动调整其输出电压使 T_2 获得产生 I_S 电流(由 R_W 设定)所需的栅源控制电压 U_{GS2}。这种偏置原理也常被应用于器件需要配对时测量并选择器件的阈值。

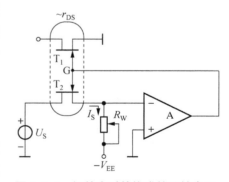

图 4.5.1 场效应对管构成的压控电阻

加上电压 U_S 后,T_2 管漏、源间电阻为

$$r_{DS} = \frac{U_S}{I_S} = \frac{U_S \cdot R_W}{V_{EE}} \tag{4.17}$$

由于场效应对管的参数匹配,T_1 管的 r_{DS} 将与 T_2 管作同样变化,T_1 管的源极接地时,其 r_{DS}

大小将完全由式(4.17)决定。

由式(4.17)可见, r_{DS} 的控制方式灵活,无论改变 U_S 、 R_W 或 V_{EE} 均可有效地控制 r_{DS} 的数值。此外,电路正常工作时,压控电阻本身(T_1 的 r_{DS})与其控制电路部分处于良好的隔离状态。这些特点使得压控电阻的应用也更为方便。

图 4.5.2 是根据上述压控电阻电路原理设计的模拟乘法(除法)器电路,运放 A_1 与 R_6 及 T_1 管的漏、源间电阻 r_{DS1} 组成反相放大电路。运放 A_2 的反相输入端处于"虚地"状态,并由 A_2 自动调整其输出端电位来维持电路的负反馈工作状态。于是,图中 R_1 电阻中的电流为

$$I_1 = U_Y / R_1$$

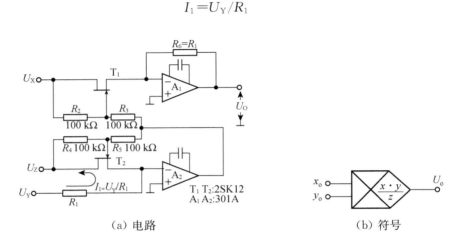

（a）电路　　　　　　　　　　　　（b）符号

图 4.5.2　场效应对管与运放组成的乘法(除法)器电路

T_2 管的漏、源间电阻为

$$r_{DS2} = U_Z / (-I_1) = -R_1 U_Z / U_Y$$

则运放 A_1 的输出电压为

$$U_O = -U_X \frac{R_1}{r_{DS1}} = -U_X \frac{R_1}{r_{DS2}} \frac{r_{DS1}}{r_{DS2}}$$

$$= -U_X \frac{R_1}{-R_1 U_Z / U_Y} \frac{r_{DS2}}{r_{DS1}}$$

若 r_{DS1} 与 r_{DS2} 完全相等,则有

$$U_O = \frac{U_X U_Y}{U_Z} \tag{4.18}$$

由此可知图 4.5.2 所示电路可用于实现输入信号的乘(除)法运算。当固定 $U_Z = \pm 1$ V 取值时,可方便地改变乘法器的极性。一般对运算精度没有过高要求的场合,这种场效应对管构成的模拟乘法器具有足够的实用性和便利性。其输入电压的动态工作范围,取决于场效应对管的电阻 r_{DS} 能在多大输入电压范围内保持阻值的线性匹配,通常允许工作在 r_{DS} 变化 1～2 个数量级(例如 $10^2 \sim 10^4$ Ω)所对应的范围。需要更宽广的动态电压工作范围或更高的运

算精度时可采用专门的集成模拟乘法器器件。模拟乘法器可以用来组成各种功能独特的应用电路和运算电路,这方面内容可参见本书第 8 章 8.3 节,此处不再赘述。

*4.5.2　场效应管模拟开关

场效应管作为开关元件使用时一般分为两类,一类是数字开关,另一类是模拟开关,两者是有区别的。在数字电子技术中,场效应管被广泛地用作数字逻辑开关,根据其导通或截止时对应的两种逻辑电平来代表数字"0"与"1"。由于逻辑电平有较大的容差范围,当电平状态在一个小范围内变化时,它所表示的数字不会出错。因此数字电路中一般不必讨论与开关参数有关的精度问题。但模拟开关是用来通、断模拟信号的,它应能精确地传送模拟信号,因此开关元件本身参数所引起的传输误差往往不可忽视。

1. 模拟开关的主要参数

表征模拟开关性能的主要参数有以下几个:

(1) 开关元件输入、输出间的电阻。设导通电阻为 R_{ON},截止电阻为 R_{OFF},则一般场效应管模拟开关的 R_{ON} 在几十至几百欧,R_{OFF} 在几百兆欧以上。实际应用中,截止电阻 R_{OFF} 常常以另一种参数形式给出,称为漏极夹断电流 I_{DOFF},其典型值在 $10^{-2} \sim 10^2$ nA 范围,并随温度升高而增大。

(2) 最大开闭电压、电流。设最大开闭电压为 U_{imax},最大开闭电流为 I_{imax}。当传送的电压、电流超过这个数值时,模拟开关将不能正常工作,甚至导致损坏。

(3) 开关速度。向模拟开关发出控制信号到开关通、断过渡过程结束间的延迟时间。具体参数以导通过渡时间 t_{ON},关断过渡时间 t_{OFF} 给出。

(4) 寄生参数。诸如开关元件的残余电压,温度特性,开、关过渡过程中产生的尖峰电压、电流等。

2. JFET 模拟开关

图 4.5.3 是由 JFET 构成的模拟开关,模拟信号从源极 S 加入,经开关传送到漏极 D。二极管 D_1 的作用是:当控制信号 U_C 处于高电平时,D_1 反偏,使栅极隔离处于悬浮状态,从而提供了 JFET 的导通条件,使模拟开关接通并保持导通电阻最小;当 U_C 为低电平时,D_1 导通,控制信号通过 D_1 加到栅极,使 JFET 夹断。但二极管 D_1 的引入使开关速度受到较大限制,这是因为 D_1 截止时切断了 JFET 极

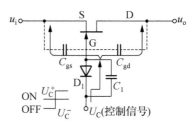

图 4.5.3　JEET 模拟开关

间电容的放电通路。图 4.5.3 中,当 JFET 从夹断状态向导通状态过渡时,极间电容 C_{gs}、C_{gd} 必须先放电,但控制信号 U_C 正跳变时 D_1 是截止的,其反向电阻很大,导致 C_{gs}、C_{gd} 放电时间延长,使 JFET 栅压 U_G 对 U_C 跳变的响应变慢。为了提高速度,必须为 C_{gs}、C_{gd} 的放电提供一

条低阻通路,加速电容 C_1 就是为此而引入的,它的取值一般在几十至几百皮法。放电通路如图 4.5.3 中箭头所示。

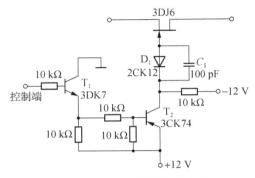

图 4.5.4　JEET 模拟开关电路

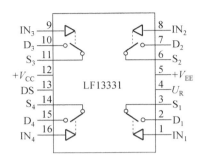

图 4.5.5　集成模拟开关 LF13331

图 4.5.4 给出了一个 JFET 模拟开关电路实例。其中 T_1、T_2 工作在饱和或截止状态,用于产生控制信号 U_C。电路的控制端可由 TTL 逻辑电平($U_C^- = 0.3$ V,$U_C^+ = 3.6$ V)直接控制。

采用集成工艺可将多个模拟开关和控制电路集成在一块芯片上,生产出各种集成模拟开关电路。图 4.5.5 所示 LF13331 就是一个带使能端的四常开 JFET 集成模拟开关电路。它采用 16 脚双列直插式封装,$S_1 \sim S_4$ 是四个模拟信号输入端,$D_1 \sim D_4$ 是四个输出端;$IN_1 \sim IN_4$ 是相应的开关控制输入端;DS 是使能控制端,平时可悬空;另外三个引脚 V_{CC}、V_{EE}、U_R 分别是正、负电源和参考电压接入端。当引脚 4 接地,$U_R = 0$ V 时,可直接用 TTL 电平作为控制端电压。允许的模拟输入信号幅度应限制在低于电源电压的范围内(一般比电源电压低几伏),例如当取 $V_{CC} = +15$ V、$V_{EE} = -15$ V 时,允许的模拟输入信号电压为 ± 10 V。

3. MOSFET 模拟开关

目前 MOSFET 组成的模拟开关电路应用十分广泛。虽然 MOSFET 模拟开关在主要性能方面比 JFET 模拟开关没有什么大的改进,但却有利于提高模拟开关电路的集成度。一些多路 MOSFET 模拟开关集成器件中可以将地址译码驱动电路也集成在同一芯片内,只要接入二进制代码,即可按代码指定的顺序选择接通任何一路开关。这对于用数字信号控制或作为计算机接口由地址码控制是十分方便的。

图 4.5.6(a) 给出了 CMOSFET 集成模拟开关芯片 CD4066 的内部单元电路(四分之一部分)。图中 T_1、T_2 是由两个互补的增强型 MOSFET(一个 PMOS 和一个 NMOS)组成 CMOS 模拟开关。T_3、T_4 组成反相器,提供模拟开关的控制电压 U_C。模拟信号的传送是双向的,即输入、输出端可以互换。设 NMOS 及 PMOS 管的开启电压 U_T 的绝对值相等,则为使模拟开关导通,控制电平取值只要满足 $|U_C| > |U_T|$ 即可。

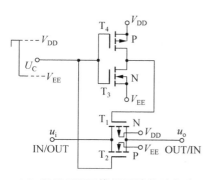
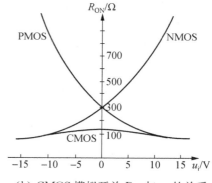

（a）CMOSFET 模拟开关单元电路　　　　（b）CMOS 模拟开关 R_{ON} 与 u_i 的关系

图 4.5.6　CMOSFET 模拟开关单元电路及导通电阻

由于增强型 MOSFET 中感生的导电沟道厚度与 U_{GS} 有关，因此导通电阻将受 U_C 和 u_i 的影响。图 4.5.6（b）给出了当 $|U_C|=15\ V$ 时，R_{ON} 与 u_i 的关系示例。图中可见，虽然 PMOS 及 NMOS 的 R_{ON} 受 u_i 的影响很大，但两者互补后 CMOS 模拟开关的导通电阻却较少受 u_i 影响，这正是我们所希望的。

图 4.5.7 所示 CD4066 模拟开关芯片中集成了四个相互独立的 CMOS 模拟开关，是应用较广泛的一种多通道集成模拟开关器件。在此基础上加进地址译码驱动电路，即构成具有译码选通功能的集成 CMOS 多路开关选择器，如 CD4051～CD4053 等。

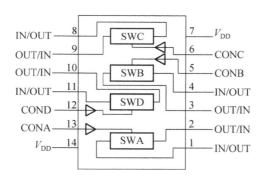

图 4.5.7　CD4066 模拟开关芯片及外部引脚图

4. 开关传输精度的改进措施

模拟开关应用中值得注意的一个问题是开关导通电阻对传输精度的影响。理想开关自身的导通电阻应该为零，但模拟开关的导通电阻一般为数十至数百欧。为进一步提高模拟开关的传输精度，可采用平衡补偿方法（习题 4-20）或将开关元件置入负反馈环路中以进一步减小导通电阻的影响。

图 4.5.8 是一种对模拟开关性能改进的原理电路。T_1、T_2 是 N 沟道增强型场效应开关管，其导通或截止由所加栅压 u_{KT} 通过反相器作互非控制。容易看出 T_1 截止、T_2 导通时

$u_O=0$ 相当于开关断开,反之 T_2 截止、T_1 导通时 $u_O=-u_1$ 相当于开关接通。值得注意的是尽管 T_1 导通时存在导通电阻 r_{on1},但由于运放的负反馈作用使 r_{on1} 在信号传输通路中被缩小为 $1/(1+AF)$,显著减小了导通电阻对开关传输精度的影响。

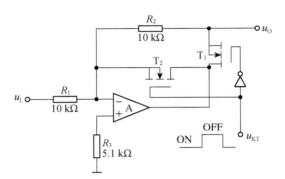

图 4.5.8　改进的模拟开关原理电路

图 4.5.9(a)所示采样-保持(S/H)电路是利用负反馈环路减小开关导通电阻影响的典型例子。电路由两级运放及 JFET 模拟开关组成,其功能是对输入信号跟踪采样并将采样的电压保持在电容 C 上直到下一次采样为止,如图 4.5.9(b)所示。通过将 JFET 模拟开关置于运放 A_1 和 A_2 的级间负反馈环路中,使开关导通电阻对电容 C 充放电的影响(时间常数)大幅度减小,从而使电路的采样延迟时间大大缩短。

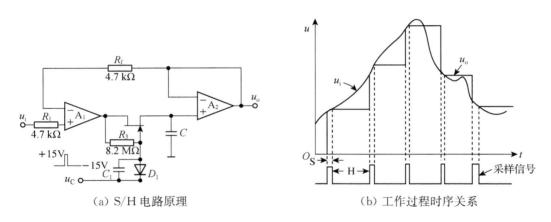

（a）S/H 电路原理　　　　　　　（b）工作过程时序关系

图 4.5.9　采样-保持(Sample-Holder)电路

表 4.1　几种场效应管的型号及主要参数

场效应管型号	参数										备注
	I_{DSS}/mA ($U_{DS}=10\text{ V}$, $U_{GS}=0\text{ V}$)	$U_P(U_T)$/V ($U_{DS}=10\text{ V}$, $I_D=50\ \mu\text{A}$)	g_m/ms ($U_{DS}=10\text{ V}$, $I_D=3\text{ mA}$, $f=1\text{ kHz}$)	R_{GS}/Ω ($U_{DS}=10\text{ V}$, $U_{GS}=10\text{ V}$)	P_{DM}/mW	$U_{(BR)GS}$/V	$U_{(BR)DS}$/V	G_{gs}/pF	G_{gd}/pF	NF/dB	
3DJ2G	3~6.5		>2					≤3	≤1		NF 为低频噪声系数
3DJ2H	6~10										
3DJ6G	3~6.5	<|−9|	>1	≥10^6	100	20	20	≤5	≤2	≤5	P_{DM} 为漏极最大允许耗散功率。3DJ 型为 N 沟道结型场效应管
3DJ6H	6~10										
3DJ7F	1~3.5		>3					≤8	≤2		
3DJ7H	10~18										
3DO1E	0.3~1.2										为 N 沟道耗尽型 MOS 管
3DO1F	1~3.5	<|−9|	>1	≥10^9	100	20	20				
3DO1G	3~6.5										
3DO6A		2.5~5	>2	≥10^9	100	20	20				为 N 沟道增强型 MOS 管
3DO6B		<3	>0.5								
3CO1		|2|~|−8|	>0.5	10^{13}~10^{15}	100	20	15				为 P 沟道增强型 MOS 管
3CO2		|−2|~|−8|	>0.5								
CS1A	0.2~0.5	<5	>1	≥10^8	≥100	50	20	≤5	≤1.5	<5	为 P 沟道耗尽型 MOS
CS1B	2~10	<7	>1.5								

本章小结

1. 与晶体三极管不同,场效应管是一种单极型电压控制器件。场效应管具有一些明显不同于晶体三极管的特点。主要表现在输入阻抗高、热稳定性好、噪声系数小等方面。但也有放大能力较弱、非线性失真稍大等不足。若将两者结合,取长补短,可望明显改善电子电路的某些性能和指标。

2. 场效应管分为结型和绝缘栅型两大类,每一类又分别有 N 沟道和 P 沟道两种,每一种又有耗尽型与增强型(MOS 管)之分。各种场效应管的特性及其比较见表 4.2。

表 4.2　各种场效应管的符号、特性比较

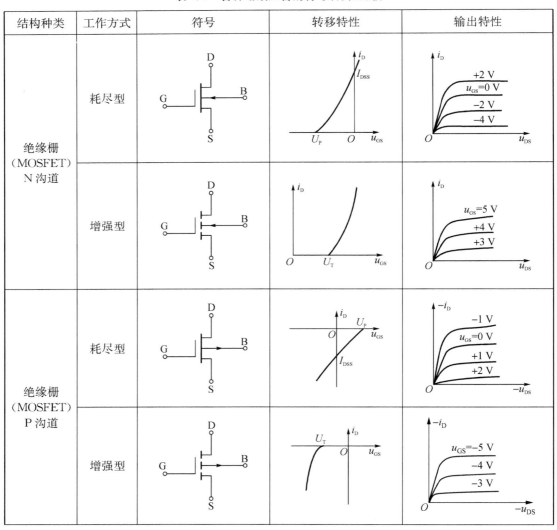

结构种类	工作方式	符号	转移特性	输出特性
绝缘栅 (MOSFET) N 沟道	耗尽型			
	增强型			
绝缘栅 (MOSFET) P 沟道	耗尽型			
	增强型			

(续表)

结构种类	工作方式	符号	转移特性	输出特性
结型 （JFET） N 沟道	耗尽型			
结型 （JFET） P 沟道	耗尽型			

注：i_D 的假定正方向为流进漏极。

3. 场效应管有多种偏置方式，其中较为典型的有分压式偏置和自给偏压偏置。后者仅适用于耗尽型场效应管。场效应管电路的分析方法有解析法、图解法和微变等效电路法。在基本相同的偏置条件下，三种不同组态场效应管放大电路的性能比较如表 4.3 所示。

表 4.3　三种基本组态场效应管放大器的性能比较

电路形式	通带内电压增益	输入电阻、电容	输出电阻	特点
 共源极放大器	$\dot{A}_u = -g_m(R_d \mathbin{/\mkern-5mu/} r_d)$ $\approx -g_m R_d$ （当 $r_d \gg R_d$ 时）	$R_i = R_g$ $C_i = C_{gs} +$ $(1-\dot{A}_u)C_{gd}$	$R_o = R_d \mathbin{/\mkern-5mu/} r_d$	电压放大倍数大 输入、输出电压 反相 输入电阻高、输入电容大 输出电阻主要取决于偏置电阻 R_d
 共漏极放大器	$\dot{A}_u = \dfrac{\mu R_s}{r_d + (1+\mu)R_s}$ $\approx \dfrac{g_m R_s}{1 + g_m R_s}$	$R_i = R_g$ $C_i = C_{gd} +$ $(1-\dot{A}_u)C_{gs}$	$R_o = \dfrac{r_d}{1+\mu} \mathbin{/\mkern-5mu/} R_s$ $\approx \dfrac{1}{g_m} \mathbin{/\mkern-5mu/} R_s$	电压放大倍数小于1，但接近1 输入、输出电压同相 输入电阻高、输入电容小 输出电阻小

(续表)

电路形式	通带内电压增益	输入电阻、电容	输出电阻	特点
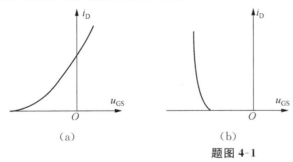 共栅极放大器	$\dot{A}_u=\dfrac{(1+\mu)R_d}{r_d+R_d}$ $\approx g_m R_d$	$R_i=\dfrac{1}{g_m}/\!/R_s$ $C_i=C_{gs}$	$R_o=$ $(r_d+R_s)/\!/R_d$ $\approx r_d/\!/R_d$	电压放大倍数大 输入、输出电压 同相 输入电阻小,输 入电容小 输出电阻大

注:$R_g=R_{g3}+(R_{g1}/\!/R_{g2})$,$C_i$ 在这里指高频时的输入电容,共栅极放大器因栅源间高阻未发挥作用,故较少使用。

4. 利用场效应管的特点,可构成多种独具特色的应用电路。如利用场效应管变阻区的良好线性关系,可构成压控电阻电路,并进一步构建乘、除法运算电路;利用场效应管残余电压为零及电压控制的特点,可构成性能良好的模拟开关等等。这些特点在各种应用电路及集成器件内部电路中都有较高的实用价值。

思考题与习题

题 4-1 题图 4-1(a)、(b)、(c)分别为三个场效应管的特性曲线,试问:它们分别属于哪种类型的(结型、绝缘栅型、增强型、耗尽型、N 沟道、P 沟道)场效应管?

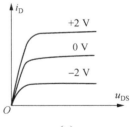

题图 4-1

题 4-2 场效应管的输出特性如题图 4-2 所示。

① 画出该管的表示符号;

② $I_{DSS}=?$

③ $U_P=?$

④ $U_{(BR)DS}=?$

⑤ $U_{DS}=10$ V,$U_{GS}=-1$ V 处的 $g_m=?$

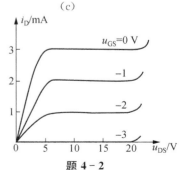

题 4-2

题 4-3 分析题图 4-3(a)～(d)电路能否正常放大输入信号,为什么?

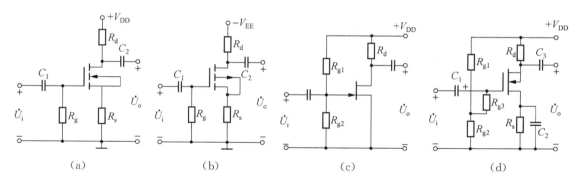

题图 4-3

题 4-4 题图 4-4 电路中,场效应管的参数为 $U_P = -2$ V,$I_{DSS} = 6$ mA,$r_d = 100$ kΩ,试求:

① 电路的电压放大倍数 $\dot{A}_u = \dot{U}_o / \dot{U}_i$;

② 电路的输入电阻 R_i 及输出电阻 R_o;

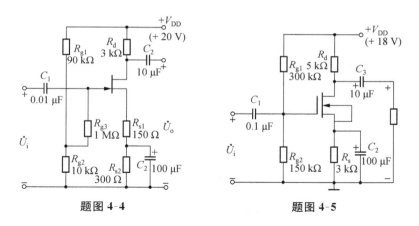

题图 4-4   题图 4-5

题 4-5 题图 4-5 中,已知场效应管的参数为 $U_P = -2.5$ V,$I_{DSS} = 2.2$ mA,$r_d \gg R_d$。求电路的静态工作点及电压放大倍数。

题 4-6 小信号放大电路如题图 4-6 所示。已知其中场效应管的转移特性表达式为 $i_D = 0.3(u_{GS} - 2)^2$。试求:

① 静态工作点 (U_{GS}, I_D);

② 工作点处的跨导 g_m;

③ 电压放大倍数 $\dot{A}_u = \dot{U}_o / \dot{U}_i$。

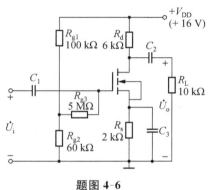

题图 4-6

题 4-7   某 JFET 的转移特性可表示为，$i_D = 16(1 + u_{GS}/4)^2$，已知 JFET 的 $r_d = 100$ kΩ，由该 JFET 组成的放大电路如题图 4-7。

① 求 JFET 的静态工作点 I_D 及 U_{GS}；

② 求电压放大倍数 $\dot{A}_u = \dot{U}_o / \dot{U}_i$。

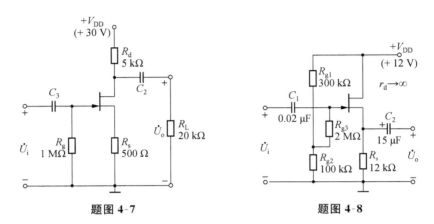

题图 4-7   题图 4-8

题 4-8   源极输出器电路如题图 4-8 所示。已知场效应管在工作点处的跨导 $g_m = 0.9$ mS，其他参数如图所示。求电压放大倍数 $\dot{A}_u$、输入电阻 R_i 和输出电阻 R_o。

题 4-9   在题图 4-9 中，$V_{DD} = 40$ V，$R_g = 1$ MΩ，$R_d = 10$ kΩ，$R_{s1} = R_{s2} = 500$ Ω，场效应管的 $U_P = -6$ V，$I_{DSS} = 6$ mA，$r_d \gg R_d$，各电容都足够大。求电路静态时的 I_D、U_{GS}、U_{DS}，并求 $\dot{A}_{u1} = \dot{U}_{o1}/\dot{U}_i$、$\dot{A}_{u2} = \dot{U}_{o2}/\dot{U}_i$ 和输出电阻 R_{o1}、R_{o2}。

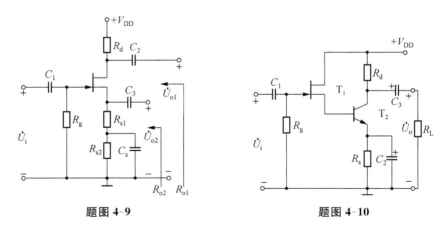

题图 4-9   题图 4-10

题 4-10   设场效应管、晶体三极管的所有参数均为已知，求题图 4-10 电路的电压放大倍数 $\dot{A}_u$、输入电阻 R_i 及输出电阻 R_o 的表达式。

题 4-11   题图 4-11 电路中，T_1 的 $g_m = 1.2$ mS，$r_d = 200$ kΩ，T_2 的 $\beta = 60$，$r_{ce} = 80$ kΩ。

① 求静态工作电流 I_D；

② 求电压放大倍数 $\dot{A}_u$;

③ 求输出电阻 R_o。

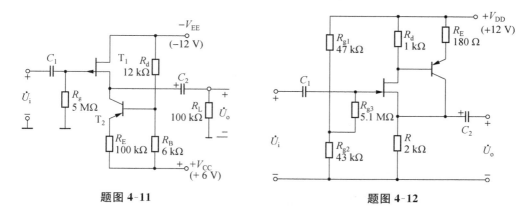

题图 4-11

题图 4-12

题 4-12 电路参数如题图 4-12 所示。设 JFET 的 $g_m = 0.8$ mS, r_d 很大,可视为开路,三极管的 $\beta = 40$, $r_{be} = 1$ kΩ。求电路的电压放大倍数 $\dot{A}_u = \dot{U}_o / \dot{U}_i$。

题 4-13 由参数相同的两个 JFET 构成题图 4-13 放大电路。设 g_m、r_d 均为已知,求电压放大倍数 $\dot{A}_u$ 及输出电阻 R_o 的表达式。

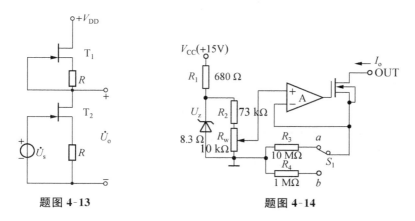

题图 4-13

题图 4-14

题 4-14 由场效应管及运放组成的微电流源电路如题图 4-14 所示。试分析电路工作原理并分别求出开关 S_1 拨向 a 点及 b 点时,输出电流 I_o 的可调范围。

题 4-15 题图 4-15 所示是一个对振动信号进行放大的电路。

① 说明 T_1、T_2 和 T_3 在电路中的作用;

② 求 T_1 的静态工作电流;

③ 设 T_1 的 r_d 很大, $g_m = 1$ mA/V, C_2 对交流可视为短路,画出 $\dot{A}_u = \dot{U}_o / \dot{U}_s$ 的幅频特性的波特图;

④ 说明调节 R_w 可以改变整个放大器电压放大倍数的机理。

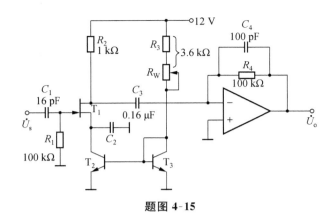

题图 4-15

题 4-16 由模拟乘法器组成的压控阻抗调节电路如题图 4-16 所示。试求

①Z_{ix} 与 Z 的关系表达式(提示:乘法器 x 输入端电流可忽略不计)。

②若将阻抗 Z 更换为电阻 R,求 R_{ix}。

③若将阻抗 Z 更换为电容 C,求 C_{ix}。

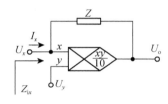

题图 4-16

题 4-17 电路如题图 4-17 所示。

①求图 4-17(a)电路的 $\dot{A}_u = \dot{U}_o / \dot{U}_i$ 并画出 $\dot{A}_u$ 的幅频特性波特图。

②若在图(a)电路中插入模拟乘法器构成图(b)电路,再求 $\dot{A}_u = \dot{U}_o / U_i$ 并证明其截止频率压控可调。

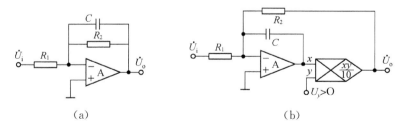

(a)   (b)

题图 4-17

题 4-18 用乘法器实现的自动增益控制电路如题图 4-18 所示。其中,稳压管 $U_Z = 5.5$ V,$U_D = 0.5$ V。已知 $U_s = 10\sin\omega t$ (V)时,试分析电路的增益调整原理并说明电路的输出电压稳幅值 U_{om} 为多少?

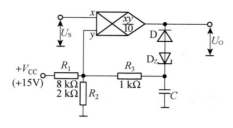

题图 4-18

题 4-19　题图 4-19 是 JFET 集成模拟开关芯片 LF13331 的输出级简化原理电路,其中场效应管 J_1 起模拟开关作用。试分析电路的工作原理并说明 J_2、$D_1 \sim D_3$ 起什么作用。

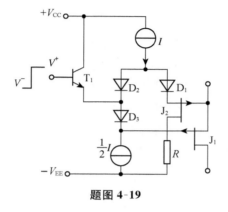

题图 4-19

题 4-20　题图 4-20 是为减小模拟开关 S_1 导通电阻 r_{on1} 影响而设计的模拟开关改进电路。

① 求 S_1、S_2 同时接通状态下的电压传递函数表达式;

② 若要抵消导通电阻 r_{on1} 的影响,应满足什么条件?

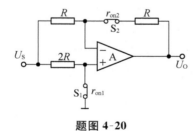

题图 4-20

第 5 章　集成运放内部电路及其性能参数

　　本章着重从集成运放的内部电路入手,分析探讨运放的电路原理、性能参数、器件类型及其适用场合。与理想运放相比,实际的集成运放器件除了差模电压增益 A_d 和共模抑制比 K_{CMR} 是有限值外,还存在着许多表征运放其他方面性能的参数,这些参数都将直接影响到由集成运放组成的运算电路的性能。另一方面与通用集成运放相比,具有特殊功能的集成运放在实际应用中也发挥着极其重要的作用,它们是在对运放的某些性能参数进行重点优化的基础上设计而成的。值得注意的是在对运放参数作选择性优化的同时,往往会难以避免地导致某些其他方面参数的劣化。这就要求一个优秀的设计者在集成运放器件选用上懂得如何权衡利弊,选择性能参数最符合设计要求的、最合适的运放器件。因此不仅要了解通用运放的电路原理及性能参数,还必须对特殊类型运放器件的电路原理及性能参数有较深入的理解。

5.1　集成运放的内部电路

　　在模拟和数字两大类电子电路中,由于数字逻辑电平的容差范围大,所以数字电路中对元器件的参数精度一般没有过高要求;而模拟电子电路由于常常涉及毫伏、微伏级信号的处理,因此往往对元器件的参数精度有较高的要求。

　　相对于分立元件的制造工艺而言,集成工艺制造的晶体管、电阻、电容等元器件具有体积小,参数的一致性或匹配性高,且因元器件间连线短、焊点少等原因使电路的可靠性大大提高。但用集成工艺制造的元器件也存在着元件数值精度低(误差达 $10\%\sim20\%$),参数范围窄(一般电阻不大于 20 kΩ,电容不大于 200 pF),温度系数大等缺点,难以满足制造高精度元器件的要求。因此包括集成运放在内的线性集成电路器件的设计,是在更新了传统的电路设计理念基础上才得以实现的。主要体现在:

　　(1) 采用参数补偿方法,使电路的性能主要取决于元件参数的匹配程度,而不依赖于元件参数的数值精度。例如,运放输入级通常采用差分结构电路,利用对管的参数匹配性来抑制零点漂移及共模信号影响等,从而提高电路的整体性能。由于集成化制造工艺中同一批次扩散所生成的器件参数一致性很高,十分有利于元器件的对称匹配。且芯片中晶体管等元器件占用的面积极小,保持元器件环境温度的一致性及提高温度补偿效果也更容易。

（2）大量采用三极管、场效应管等组成的电流源电路。往往采用有源器件取代电阻、电容等无源器件。例如,用电流源偏置电路取代电阻偏置电路;用有源负载取代单纯电阻负载;用 PN 结的结电容取代常用的小电容（pF 量级）等,目的是为了改善电路偏置的稳定性和电路增益等动态特性,同时也有利于器件集成度的提高。

（3）采用复合、组合结构获取器件及电路的最佳性能。由于复合结构电路性能较佳而制作又不增加多少困难,因而在模拟集成电路中多采用诸如复合晶体管,共射-共基及共集-共基组合等复合及组合结构的电路形式。例如横向 PNP 管耐压高但 β 值低,与纵向结构晶体管构成复合管则既提高了总的 β 值又提高了耐压;又如采用不同基本组态的三极管构成组合电路,以改善放大电路的增益、带宽、负载能力等性能指标。

（4）采用封装在芯片引脚间或外接方式提供高值电阻、电容等元件,以弥补集成工艺不宜制作高值电阻及大电容、电感等元件的不足。另外,某些线性集成电路往往需要在不同的应用条件下调整偏置及实施补偿等,也需要外接部分分立元件。

（5）为了提高器件的可靠性及耐用性,在芯片设计的同时也通常会考虑过压、过流及过热等极限状况下电路的过载保护,以减少集成器件因过载而造成的永久性损坏。

集成运放是由直接耦合的多级放大器组成的,它一般由输入级、中间级、输出级和偏置电路四部分构成。下面将结合集成运放的内部电路分析,介绍体现上述设计思想的具体电路。

5.1.1　直流电流源电路

直流电流源是一种能给负载提供恒定电流的电子电路。它应具有相当高的输出阻抗,而且它的电流应不受温度、电压变化等因素的影响。它常作为集成运放中三极管的偏置电路及有源负载,应用颇广。

1. 单管电流源

三极管本身就是一个受控电流源,只是由于它的输出阻抗不十分大,以及集电极电流受温度及 u_{CE} 变化等诸多因素的影响,有碍于它很好地实现这个功能。

采用分压式电流负反馈偏置方式,可以有效地稳定集电极电流 I_C,从而构成简单的直流电流源电路,如图 5.1.1(a)、(b)所示。其中图(b)电流源电路允许负载一端接地。

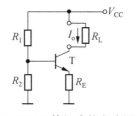
（a）NPN 管组成的电流源

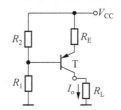
（b）PNP 管组成的电流源

图 5.1.1　简单的直流电流源

对于图 5.1.1 的电路,输出电流 I_o 可表示为

$$I_o = I_C = \alpha I_E = \frac{\alpha(U_{BB} - U_{BE})}{R_E + \dfrac{R_B}{1+\beta}} \tag{5.1}$$

式中 $U_{BB} = V_{CC}\dfrac{R_2}{R_1+R_2}$,$R_B = R_1 /\!/ R_2$,当满足 $[R_B/(1+\beta)] \ll R_E$ 及 $U_{BB} \gg U_{BE}$ 条件时,电流源具有较好的温度稳定性。

上述两种电流源的微变等效电路都如图 5.1.2 所示。

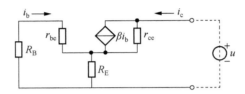

图 5.1.2　简单电流源的微变等效电路

由图 5.1.2 可写出

$$\begin{cases} i_b(r_{be} + R_B) + (i_b + i_c)R_E = 0 \\ u - (i_c - \beta i_b)r_{ce} - (i_b + i_c)R_E = 0 \end{cases}$$

在 $R_E \ll r_{ce}$ 情况下,求解出电路的输出电阻 $R_o = u/i_c$ 为

$$R_o = r_{ce}\left(1 + \frac{\beta R_E}{r_{be} + R_B + R_E}\right) \tag{5.2}$$

图 5.1.3 示出了一个改进的直流电流源,它采用了温度稳定性高的 2DW232 稳压管,并采用 T_2 接成二极管形式来补偿 T_1 管 U_{BE} 随温度的变化,从而得到一个温度稳定性很高且不受 V_{CC} 影响的直流电流源。2DW232 的稳压值为 6.2 V,T_1 及 T_2 的 U_{BE} 近似相等。因此可得 $I_o = \alpha I_E \approx I_E = 6.2\ \text{V}/R_E$

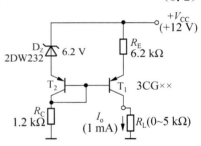

图 5.1.3　改进的直流电流源

2. 镜像电流源

镜像电流源的原理电路示于图 5.1.4(a)。它的主体部分是图 5.1.4(b)所示的流控电流源。T_1 及 T_2 是两个特性一致的三极管,因此有

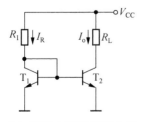

(a) 镜像电流源原理电路

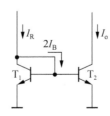

(b) 流控电流源

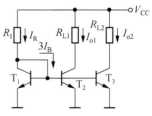

(c) 产生多个电流源

图 5.1.4　镜像电流源

$$I_R = I_{C1} + 2I_B$$
$$I_{C1} = I_{C2} = \beta I_B$$

求得

$$I_o = I_{C2} = \dfrac{I_R}{1 + \dfrac{2}{\beta}} \tag{5.3}$$

设图 5.1.4(a) 中 $V_{CC} = 12\ \text{V}, \beta_1 = \beta_2 = \beta = 60, R_1 = 11\ \text{k}\Omega$,则可求得

$$I_R = \dfrac{V_{CC} - U_{BE}}{R_1} = \dfrac{12 - 0.6}{11} = 1.04\ \text{mA}$$

$$I_o = \dfrac{I_R}{1 + \dfrac{2}{\beta}} = \dfrac{1.04}{1 + \dfrac{2}{60}} \approx 1\ \text{mA}$$

如果选 $V_{CC} \gg U_{BE}$,可以改善温度变化时由于 U_{BE} 变化而引起的 I_R 的变化;如果选用 β 值大的三极管,则电流传输精度更高,镜像电流 I_o 更接近基准电流 I_R。

图 5.1.4(c) 是产生多个电流源的电路,电路原理与图 5.1.4(a) 类似,在 $T_1 \sim T_3$ 特性一致的条件下,容易得到

$$I_{o1} = I_{o2} = \dfrac{I_R}{1 + \dfrac{3}{\beta}} \tag{5.4}$$

由式(5.3)和式(5.4)可知,基本镜像电流源电路中由于基极电流 I_B 的影响,使输出电流偏离基准电流 I_R,造成电流传输精度的降低。镜像多路电流源中更是如此。

图 5.1.5 是一种改进的流控电流源,可有效地提高电流传输精度。由图可见,利用 T_3 作为共集电极放大器,从而获得了 $(1+\beta)$ 倍的电流增益,使基极电流分量对传输精度的影响大大降低。据图可导出

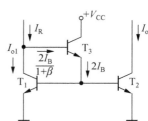

图 5.1.5　改进的流控电流源

$$I_o = \dfrac{I_R}{1 + \dfrac{2}{\beta^2 + \beta}} \tag{5.5}$$

可见 β 相同的情况下,I_o 与 I_R 间的偏差将小得多。

3. 微电流源

在集成运算放大器内部电路中,常常需要用到一些电流数值微小而稳定的直流电流源(通常是数微安至数十微安)。如果采用图 5.1.4(a) 电路来获取这一电流。则 R_1 将不可避免地要采用高阻值电阻(例如几百千欧以上),而在集成电路内部制造这样的高阻值电阻是困难的。为避免采用高阻值电阻,我们引出图 5.1.6 所示微电流源电路。由图可知

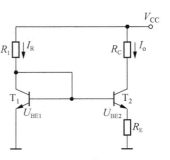

图 5.1.6　微电流源

$$I_{E2} = \frac{U_{BE1} - U_{BE2}}{R_E} \tag{5.6}$$

又根据 Ebers - Moll 方程可写出

$$U_{BE1} - U_{BE2} = U_T \ln \frac{I_{E1}}{I_{E2}} \tag{5.7}$$

于是有

$$I_{E2} = \frac{U_T}{R_E} \ln \frac{I_{E1}}{I_{E2}} \tag{5.8}$$

如果 I_{E2} 比 I_{E1} 小得多,以致在中等 β 值的情况下,T_2 基极电流 I_{B2} 就可忽略,那么就有

$$\left. \begin{aligned} I_R &\approx I_{E1} = \frac{V_{CC} - U_{BE1}}{R_1} \\ I_o &\approx I_{E2} = \frac{U_T}{R_E} \ln \frac{I_R}{I_{E2}} \end{aligned} \right\} \tag{5.9}$$

举一个实际例子,$V_{CC} = 15$ V,$R_1 = 12$ kΩ,$R_E = 2.2$ kΩ,则可求得 $I_R = 2$ mA,$I_o = 40\ \mu A$。若用图 5.1.4(a)来获取同样大小的 I_o 电流,则所需的 R_1 阻值将高达 360 kΩ。

4. 场效应管电流源

与晶体三极管相似,场效应管也可构成各种电流源电路。图 5.1.7 是一个最简单的实用恒流源电路,其作用犹如一个"稳流二极管"。在 JFET 的源极引入电阻 R_s 形成自偏压形式,合理选取 R_s 的阻值可改变 I_D 使之适合负载的需要。将 $U_{GS} = -I_D R_s$ 代入式(4.1)可求得所需要的 R_s 值

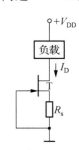

图 5.1.7 场效应管恒流源

$$R_s = \frac{U_P}{I_D} \left(\sqrt{\frac{I_D}{I_{DSS}}} - 1 \right)$$

由于源极电阻 R_s 具有电流负反馈作用,进一步提高了 I_D 的稳定性,同时也使恒流源内阻(即电路的输出电阻)得到提高,其具体数值可依据下式求得

$$R_o = r_d(1 + g_m R_s) + R_s \tag{5.10}$$

图 5.1.8 是场效应管构成的镜像电流源电路。其中图 5.1.8(a)是一基本镜像电流源。T_1、T_2 参数对称,由于 $U_{GS1} = U_{GS2}$,故 $I_o = I_{REF}$。因场效应管的栅极电流为零,漏极电流的"镜像"关系将严格成立,即电流传输精度很高。由于 T_1 栅、漏极连在一起,其等效电阻为 $1/g_m$,并接在 T_2 栅、源极之间。因此,按定义求输出电阻,其等效电路如图 5.1.8(b)所示。其中 $\dot{U}$ 是外加电压,产生相应的电流为

$$\dot{I} = g_m \dot{U}_{gs2} + \dot{U}/r_{d2} \tag{5.11}$$

因为 $\dot{U}_{gs2} = 0$,所以基本镜像电流源的输出电阻为

$$R_o = \dot{U}/\dot{I} = r_{d2} \tag{5.12}$$

上述各种电流源电路常用于集成运放内部电路设计时作为偏置电路及有源负载等。

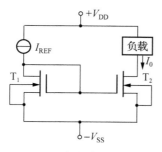
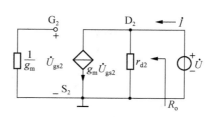

（a）基本镜像电流源　　　　（b）图（a）的等效电路

图 5.1.8　场效应管镜像电流源

5.1.2　集成运放的输入级电路

集成运放中输入级是最重要的部分，它的性能优劣直接影响整个运放的质量。对于输入级的要求是：

（1）必须有两个输入端（同相和反相输入端），并允许两个以"地"为参考点的输入电压（电压的极性为正或负）直接作用到两个输入端上。

（2）输入级的静态工作点必须有优良的温度稳定性。

（3）必须对共模输入信号有相当强的抑制能力，而对差模输入信号有很强的放大能力，即具有相当高的共模抑制比。

（4）有很高的输入阻抗。

显然，第 3 章和第 4 章中由双极型三极管或场效应三极管所组成的基本放大电路都不能直接应用到集成运放的输入级上。能满足上述四点要求的电路是差动放大电路，也称为差分放大电路。

1. 基本差动放大电路

基本差动放大电路如图 5.1.9 所示。通常认为三极管对管 T_1、T_2 的电路参数完全对称。电路有两个输入端，输入信号分别为 u_{i1} 和 u_{i2}。输出信号可以从 T_1 或 T_2 的集电极取出，也可以从 T_1、T_2 的集电极之间取出（如图 5.1.9 所示）。下面对这个电路进行具体分析。

1）分析静态工作状况

在直流工作状态时，$u_{i1} = u_{i2} = 0$，也就是两管基极静态电位 $U_{B1} = U_{B2} = 0$ V，静态时 T_1、T_2 管导通则发射极电位为 $U_E = -0.7$ V，于是流过电阻 R_{EE} 的电流为

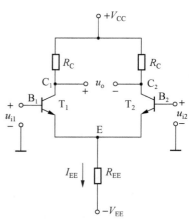

图 5.1.9　基本差动放大电路

$$I_{EE} = \frac{U_E + V_{EE}}{R_{EE}} = \frac{V_{EE} - 0.7 \text{ V}}{R_{EE}}$$

由于电路左右两边参数完全对称，因而有

$$I_{E1} = I_{E2} = I_{EE}/2$$

或 $$I_{C1} = I_{C2} \approx I_{EE}/2$$

2）动态性能指标的分析

当差模信号作用在差动放大电路的两输入端时，由于两管参数对称，因而有

$$i_{C1} = I_{C1} + \Delta i_C$$

$$i_{C2} = I_{C2} - \Delta i_C \quad (I_{C1} = I_{C2} = I_C)$$

式中用 Δi_C 表示差模信号作用下产生的交流信号分量。

当这两个电流同时流过 R_{EE} 时，静态电流相加等于 I_{EE}，交流分量 Δi_C 则相互抵消。也就是说，R_{EE} 上由差模信号作用而产生的交流压降为零，亦即对差模信号而言 R_{EE} 可视为短路。因而可画出差动放大电路在差模信号作用时的交流通路如图 5.1.10 所示。

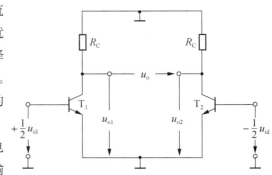

图 5.1.10　差模信号作用时的交流通路

差动放大电路在差模信号作用下，输出电压与输入电压的比值称为差模电压增益。若输出电压取自于 T_1 和 T_2 的两个集电极之间称为双端输出，差模电压增益用 A_{ud} 来表示。若输出电压取自 T_1 或 T_2 集电极则称为单端输出，差模电压增益用 A_{ud1} 或 A_{ud2} 来表示。由图 5.1.10 可分别求得双端输出和单端输出时的差模电压增益分别为

$$A_{ud} = \frac{u_o}{u_{id}} = \frac{2u_{o1}}{u_{id}} = \frac{u_{o1}}{\dfrac{u_{id}}{2}} = -\frac{\beta R_C}{r_{be}} \tag{5.13}$$

$$A_{ud1} = \frac{u_{o1}}{u_{id}} = \frac{1}{2} A_{ud} = -\frac{\beta R_C}{2r_{be}} \tag{5.14}$$

$$A_{ud2} = \frac{u_{o2}}{u_{id}} = -A_{ud1} = \frac{\beta R_C}{2r_{be}} \tag{5.15}$$

当共模信号作用在差动放大电路的两个输入端时，由于两管对称，因而有

$$i_{C1} = I_{C1} + \Delta i_C \tag{5.16}$$

$$i_{C2} = I_{C2} + \Delta i_C \tag{5.17}$$

当这两个电流共同流过 R_{EE} 时，静态电流相加等于 I_{EE}，交流分量 Δi_C 也相加。结果使得 R_{EE} 上产生的共模信号电压为单管的两倍。从等效的观点来看，每管发射极上相当于接入 $2R_{EE}$ 的电阻。因而可画出差动放大电路在共模信号作用时的交流通路如图 5.1.11 所示。

差动放大电路在共模信号作用时，输出电压与输入电压的比值称为共模电压增益。若共模输出电压取自 T_1 和 T_2 的两个集电极之间，称为双端输出，共模电压增益用 A_{uc} 来表示；若共模输出电压取自 T_1 或 T_2 的集电极，称为单端输出，共模电压增益用 A_{uc1} 或 A_{uc2} 来表示。

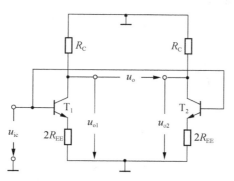

图 5.1.11　共模信号作用时的交流通路

由图 5.1.11 可分别求得双端输出和单端输出时的共模电压增益为

$$A_{uc}=0（因为 T_1、T_2 及电路左右两边对称）\qquad (5.18)$$

$$A_{uc1}=A_{uc2}=\frac{-\beta R_C}{r_{be}+2(1+\beta)R_{EE}}\qquad (5.19)$$

在本书第 3 章 3.1.4 节中已经讨论过，温度变化将引起电路工作点不稳定。在差动放大电路中，如果温度变化，两个差分对管的电流将按相同的方向一起增大或减小，相当于给放大电路加上一个共模输入信号，利用差动放大电路对共模信号的抑制作用，可以有效地抑制温度漂移。通常希望差动放大电路的差模电压放大倍数愈大愈好，而共模电压放大倍数愈小愈好。

实践中常用共模抑制比 K_{CMR} 来衡量差动放大电路对差模信号的放大能力和对共模信号的抑制能力，由式(1.7)知

$$K_{CMR}=\left|\frac{A_{ud}}{A_{uc}}\right|$$

式中，A_{ud} 为差模电压放大倍数，A_{uc} 为共模电压放大倍数。在理想情况下，差动放大电路的参数完全对称，则共模电压放大倍数 $A_{uc}=0$，共模抑制比 $K_{CMR}\rightarrow\infty$。

在单端输出时，由式(5.14)(或式(5.15))和式(5.19)可计算出共模抑制比为

$$K_{CMR}=\left|\frac{\dfrac{\beta R_C}{2r_{be}}}{\dfrac{\beta R_C}{r_{be}+2(1+\beta)R_{EE}}}\right|\approx\left(\frac{(1+\beta)R_{EE}}{r_{be}}\right)\qquad (5.20)$$

用分贝表示为：

$$K_{CMR}=20\lg\left[\frac{(1+\beta)R_{EE}}{r_{be}}\right]（dB）$$

3）基本差动放大电路的传输特性

以上我们已经分析了基本差动放大电路在静态及小信号工作状态的性能指标，但考虑到现实情况下差动放大电路的输入信号往往并不总是局限于小信号，有必要对差动放大电路在包括大信号输入的整个输入电压变化范围内，输出信号随输入信号变化的规律做进一

步分析，描述这种变化规律的电路特性曲线称为传输特性。下面讨论图 5.1.9 所示基本差动放大电路的差模信号传输特性。

根据三极管发射结电压与发射极电流的关系可得

$$i_{E1}=I_s e^{u_{BE1}/U_T} \qquad i_{E2}=I_s e^{u_{BE2}/U_T}$$

由以上两式可得

$$\frac{i_{E1}}{i_{E2}}=e^{\frac{u_{BE1}-u_{BE2}}{U_T}}=e^{\frac{u_{id}}{U_T}} \tag{5.21}$$

同时，由于

$$i_{E1}+i_{E2}=I_{EE} \tag{5.22}$$

联立式(5.21)、式(5.22)可得

$$i_{E1}=\frac{I_{EE}}{1+e^{-\frac{u_{id}}{U_T}}} \tag{5.23}$$

$$i_{E2}=\frac{I_{EE}}{1+e^{\frac{u_{id}}{U_T}}} \tag{5.24}$$

三极管的 $\alpha \approx 1$，所以

$$i_{C1}\approx i_{E1}=\frac{I_{EE}}{1+e^{-\frac{u_{id}}{U_T}}} \tag{5.25}$$

$$i_{C2}\approx i_{E2}=\frac{I_{EE}}{1+e^{\frac{u_{id}}{U_T}}} \tag{5.26}$$

双端输出时

$$i_{C1}-i_{C2}=\frac{I_{EE}}{1+e^{-\frac{u_{id}}{U_T}}}-\frac{I_{EE}}{1+e^{\frac{u_{id}}{U_T}}}=I_{EE}\cdot\frac{e^{\frac{u_{id}}{U_T}}-1}{1+e^{\frac{u_{id}}{U_T}}}=I_{EE}\cdot th\left(\frac{u_{id}}{2U_T}\right) \tag{5.27}$$

式(5.25)～式(5.27)分别是差分放大电路单端输出和双端输出时的差模传输特性方程，相应的曲线如图 5.1.12 所示。

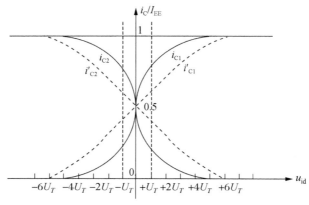

图 5.1.12　差动放大器传输特性曲线

从传输特性可以看出

(1) 当 $u_{id}=0$ 即 $u_{i1}=u_{i2}$ 时，$i_{C1}=i_{C2}=\dfrac{I_{EE}}{2}$，电路处于静态工作状态，工作在 Q 点。

(2) 当 u_{id} 在 $-U_T\sim U_T$ 范围内即（-26 mV$\sim+26$ mV）时，随 u_{id} 增加，i_{C1} 增大，i_{C2} 减小，并近似呈线性关系（如图中虚线范围内），电路工作在放大区。小信号工作状态下差动放大电路即工作在这个区域。

(3) 当 $|u_{id}|\geqslant 4U_T$ 即超过 ±104 mV 时，曲线趋于平坦，T_1、T_2 中一管进入饱和区，另一管进入截止区，电路工作在非线性区域。

(4) 为了使得差动放大电路有较大的线性工作范围，可在 T_1 和 T_2 的发射极间串接电阻 R_E，利用 R_E 的负反馈作用，扩大线性工作范围，如图 5.1.12 中虚线 i'_{C1}、i'_{C2} 所示。

【例 5.1.1】　例图 5.1.1(a)是一个由基本差动放大器为输入级的直接耦合放大电路，已知 T_1、T_2 为对管，T_3 的 $U_{BEQ}=-0.3$ V，其他各管的 $U_{BEQ}=0.7$ V，且所有三极管的 $\beta=50$。求：

(1) 静态时的输出端电压 U_o；

(2) 电路的差模电压增益 A_{ud}、共模电压增益 A_{uc} 及共模抑制比 K_{CMR}；

(3) 电路的差模输入电阻 R_{id} 和输出电阻 R_o。

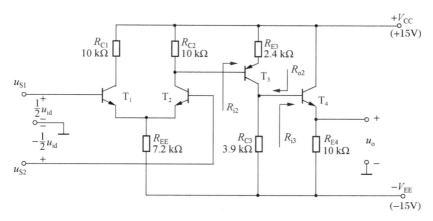

例图 5.1.1(a)　差动放大器电路举例

【解】　(1) 静态分析

静态时电路的两个输入端电压为零，相当于接地。且已知 T_1、T_2 为对管，所以有

$$I_{C1}=I_{C2}=\frac{V_{EE}-U_{BE1}}{2R_{EE}}=\frac{15\text{ V}-0.7\text{ V}}{2\times7.2\text{ k}\Omega}\approx1\text{ mA}$$

忽略各管基极电流 I_B 的影响，可求得

$$I_{E3}=I_{C3}=\frac{I_{C2}\cdot R_{C2}+U_{BE3}}{R_{E3}}=\frac{10\text{ V}-0.3\text{ V}}{2.4\text{ k}\Omega}\approx4\text{ mA}$$

$$I_{E4}=\frac{I_{C3Q}\cdot R_{C3}-U_{BE4}}{R_{E4}}=\frac{15.6\text{ V}-0.7\text{ V}}{10\text{ k}\Omega}\approx1.5\text{ mA}$$

$$U_o = I_{E4} \cdot R_{E4} - V_{EE} = 0 \text{ V}$$

（2）动态增益分析

电路的第一级是差动放大器，其差模及共模信号作用下的交流通路分别如例图 5.1.1 (b)的（ⅰ）（ⅱ）所示。根据静态分析的结果，已知各管静态工作电流后，则可求各管的 r_{be}，即 $r_{be} = r_{bb'} + (1+\beta)26[\text{mV}]/I_E$，分别为：$r_{be1} = r_{be2} \approx 1.53 \text{ k}\Omega$，$r_{be3} \approx 0.85 \text{ k}\Omega$，$r_{be4} \approx 1.1 \text{ k}\Omega$。

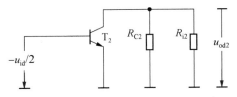 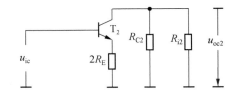

（ⅰ）差模信号作用下电路的交流通路　　　　（ⅱ）共模信号作用下电路的等效交流通路

例图 5.1.1(b)　差动输入级的交流通路

首先分析输入级的差模电压增益。例图 5.1.1(b)中 R_{i2} 是后级放大器的输入阻抗，它相当于是前级放大器的输出端负载电阻。其具体数值可求得为

$$R_{i2} = r_{be3} + (1+\beta_3)R_{E3} = 0.85\text{k}\Omega + 51 \times 2.4 \text{ k}\Omega \approx 123 \text{ k}\Omega$$

由例图 5.1.1(a)可写出输入级的差模电压增益为

$$A_{ud2} = \frac{u_{od2}}{u_{id}} = \beta_2 \frac{R_{C2} /\!/ R_{i2}}{2r_{be2}} = 50 \times \frac{10 \text{ k}\Omega /\!/ 123 \text{ k}\Omega}{2 \times 1.53 \text{ k}\Omega} \approx 151$$

然后根据图 5.1.1(b)的（ⅱ）求出输入级的共模电压增益为

$$A_{uc2} = \frac{u_{oc2}}{u_{ic}} = -\frac{\beta_2(R_{C2} /\!/ R_{i2})}{r_{be2} + (1+\beta_2)2R_{EE}}$$

$$= -50 \times \frac{10 \text{ k}\Omega /\!/ 123 \text{ k}\Omega}{1.53 \text{ k}\Omega + 51 \times 2 \times 7.2 \text{ k}\Omega} \approx -0.63$$

再求第二、三两级的电压增益。后两级放大电路的交流通路示于例图 5.1.1(c)。

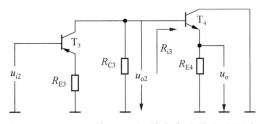

例图 5.1.1(c)　第二、三级放大电路的交流通路

在例图 5.1.1(c)所示交流通路中，R_{i3} 是 T_4 管构成的射极输出器的输入阻抗，它相当于前级 T_3 管放大电路的负载电阻。其数值为

$$R_{i3} = r_{be4} + (1 + \beta_4)R_{E4} = 1.1\ \text{k}\Omega + 51 \times 10\ \text{k}\Omega \approx 511\ \text{k}\Omega$$

可求得

$$A_{u2} = \frac{u_{o2}}{u_{i2}} = -\beta_3 \frac{R_{C3} /\!/ R_{i3}}{r_{be3} + (1 + \beta_3)R_{E3}}$$

$$= -50 \times \frac{3.9\ \text{k}\Omega /\!/ 511\ \text{k}\Omega}{0.85\ \text{k}\Omega + 51 \times 2.4\ \text{k}\Omega} \approx -1.57$$

$$A_{u3} = \frac{u_o}{u_{o2}} = \frac{(1 + \beta_4)R_{E4}}{r_{be4} + (1 + \beta_4)R_{E4}}$$

$$= \frac{51 \times 10\ \text{k}\Omega}{1.1\ \text{k}\Omega + 51 \times 10\ \text{k}\Omega} \approx 1$$

根据以上求出的各级电压增益,最终求得电路总的差模电压增益 A_{ud}、总的共模电压增益 A_{uc}、K_{CMR} 分别为

$$A_{ud} = \frac{u_o}{u_{id}} = A_{ud2}A_{u2}A_{u3} = 151 \times (-1.57) \times 1 \approx -237$$

$$A_{uc} = \frac{u_o}{u_{ic}} = A_{uc2}A_{u2}A_{u3} = -0.63 \times (-1.57) \times 1 \approx 0.99$$

$$K_{CMR} = |A_{ud}/A_{uc}| = 239.4$$

K_{CMR} 用分贝表示为 $K_{CMR} = 20\lg|A_{ud}/A_{uc}| = 20\lg 239.4 = 47.6(\text{dB})$

（3）差模输入电阻及输出电阻分析

据例图 5.1.1 可知,电路的差模输入电阻是两个输入端分别求得的输入电阻之和,即

$$R_{id} = 2r_{be1} = 3.06\ \text{k}\Omega$$

电路的输出电阻即 T_4 管构成的射极输出器的输出电阻,即

$$R_o = R_{E4} /\!/ \frac{R_{C3} + r_{be4}}{1 + \beta_4} = 10\ \text{k} /\!/ 0.1\ \text{k}\Omega \approx 0.1\ \text{k}\Omega$$

2. 电流源偏置的差动放大器

以上对图 5.1.9 基本差动放大器的分析及计算可知,若增大差动放大器的 R_C 或增大偏置电流 I_{EE}（即减小 r_{be}）都可提高电路的差模增益;若增大 R_{EE} 则可降低电路的共模增益,K_{CMR} 就可相应地增大。但增大 R_C、R_{EE} 和 I_{EE} 最终都将因受到电源电压 V_{CC}、V_{EE} 的限制而难以实现,比较有效的解决方法是引入直流电流源电路。

用电流源电路为差动放大器提供偏置电流 I_{EE} 并替代电阻 R_C 和 R_{EE},得到如图 5.1.13 所示电流源偏置的差动放大电路。由图可见 T_3、T_4 管及 T_5、T_6 管分别构成两个镜像电流源电路。差分对管 T_1、T_2 的偏置电流由 T_3 管提供,选择合适的阻值 R 可设置所需的基准电流 I_R。

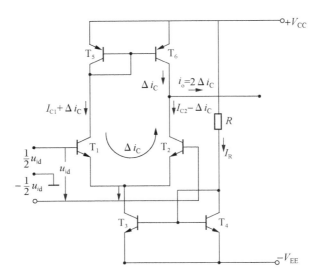

图 5.1.13　电流源偏置的差动放大电路

静态时 $T_1 \sim T_6$ 管的电流关系为：

$$I_R = \frac{V_{CC} + V_{EE} - U_{BE4}}{R}$$

$$I_{C1} = I_{C2} = I_{C5} = I_{C6} = I_R/2$$

由于镜像电流源中的对管具有良好的参数匹配和相同的温度系数，使得偏置电流的温度稳定性因参数互补而得到相应提高。

当信号输入时 T_6 及 T_3 的集电极对信号呈现出较大的动态电阻 r_{ce}（一般远大于基本差动放大器中的电阻 R_C 及 R_{EE}），这将有利于进一步提高输入级的共模抑制比 K_{CMR}。当差模输入电压 u_{id} 在输入回路中产生信号电流 Δi_d 时，T_1、T_2 的集电极回路相应地产生图 5.1.13 中所示信号电流 Δi_C，由于 T_5、T_6 间的镜像电流关系，将在输出端产生 $2\Delta i_C$ 的输出电流，增大了输入级差动电路的互导增益 A_{gd}。这表明即使在单端输出情况下，T_1 管对差模信号的放大作用也得到了充分利用。设输出电流为 i_o，T_1、T_2 管的 $\beta_1 = \beta_2 = \beta$，可以求得

$$i_o = 2\Delta i_C = 2\beta\Delta i_d = 2\beta\frac{u_{id}}{2r_{be}} = \beta\frac{u_{id}}{r_{be}}$$

$$r_{be} \approx \frac{2(1+\beta)U_T}{I_R}$$

$$A_{gd} = \frac{i_o}{u_{id}} = \frac{\beta}{r_{be}} = \frac{\beta I_R}{2(1+\beta)U_T} \approx \frac{I_R}{2U_T} \tag{5.28}$$

由此可见 A_{gd} 与偏置电流 I_R 的大小成正比。

电流源电路的广泛使用，标志着集成运放设计技术上的一大进步，使得集成运放在很大程度上摆脱了电源电压的刚性限制，大多数器件可在 $\pm 5\,\text{V} \sim \pm 18\,\text{V}$ 电源电压取值范围内工作。

3. 超 β 管输入级差动放大器

由式(5.28)可知差动放大器在增大差模增益和提高差模输入阻抗方面存在着相互制约的矛盾。即要增大电路的差模增益要求加大偏置电流 I_R，而要提高电路的输入阻抗则必须减小偏置电流 I_R。超 β 管的问世是一个重要突破，较好地解决了这一矛盾。

超 β 管的基区宽度特别小，即使在数微安的发射极电流下，也可获得高达 2 000～4 000 的 β 值。然而，由于基区很薄，超 β 管的 $U_{(BR)CEO}$ 和 $U_{(BR)EBO}$ 的数值仅为 3～4 V。在电路设计时，要采取措施防止这些 PN 结的反向击穿。图 5.1.14 是由超 β 管 T_1 和 T_2 作为输入级

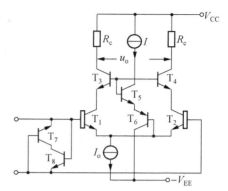

图 5.1.14 超 β 管输入级差动放大器

的共射-共基差动放大器。在输入端，由 T_7、T_8 的发射结在外接串联电阻的辅助下，构成双向限幅电路，防止 T_1 和 T_2 的发射结因差模输入电压过大而击穿。

当有较大的共模电压输入时，T_1 和 T_2 的 U_{CE} 将发生较大的变化，但由于 T_5 和 T_6 的存在，使 T_3、T_4 的基极至 T_1、T_2 的发射极间的电压始终维持在两个正向 PN 结的电压。这样，超 β 管 T_1 和 T_2 一直工作在 $U_{CE} \approx 0.7$ V 的限幅电压内。这种差动放大器的输入偏置电流约为 1～2 nA，输入阻抗高达 20～50 $M\Omega$。

4. 场效应管输入级差动放大器

为了适应对输入阻抗有更高要求场合的需要，采用场效应管输入级的差动放大电路应运而生，如图 5.1.15 所示。

场效应管组成的差动放大器具有相当高的输入阻抗，且与输入级偏置电流的大小几乎无关。图 5.1.15 示出了一种由 MOSFET 构成的差动放大器。图中差动输入电路由 NMOS 对管 T_1、T_2 及 PMOS 对管 T_3、T_4 构成，其工作偏置电流由 T_{5A} 管和 T_{5B} 管构成的镜像电流源提供，但由于 MOSFET 的饱和电流 I_3、I_4 难以精确匹配，会导致输入电压 u_1、u_2 为零时输出端也有共模电压存在。为了抑制输出共模电压，引入了由 T_{C1}、T_{C2} 及 $T_{C3} \sim T_{C5}$ 构成的共模负反馈电路。其工作原理是：将共模输出电压 u_3、u_4 经电阻 R_{CM1}、R_{CM2} 分压后得到的平均电压加载到共模负反馈电路的输入端即 T_{C2} 管的栅极，与差分结构的对管 T_{C1} 的栅极电压 V_{CM} 作比较，两个栅极电压之差被用于调节电流 I_{C4} 的大小。若输出共模电压的平均值大于 V_{CM} 则 I_{C4} 将增大，而由于 T_{C5} 提供的偏置电流 I_{C5} 是一定的，I_{C4} 的增大必定导致 I_{C3} 的减小，从而使电流 I_3、I_4 按相同比例减小，最终使得 T_1、T_2 漏极电压 u_3、u_4 减小。一般的，共模负反馈是从差分放大器的最后输出端引出的，以便对 R_{CM1}、R_{CM2} 呈现的电阻性负载有足够的驱动能力。然而，R_{CM1}、R_{CM2} 也必须足够大，以免影响电路对差模信号的放大能力。

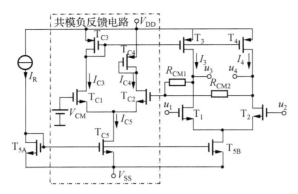

图 5.1.15　场效应管输入级差动放大器

场效应管构成的输入级放大器具有很高的输入阻抗。一般用 JFET 构成的差动放大器,差模输入阻抗可达 $10^9\ \Omega$,输入偏置电流(流入输入端的电流)为 100 pA 的数量级,而用 MOSFET 构成的差动放大器,一般差模输入阻抗高达 $10^{12}\ \Omega$ 以上,输入偏置电流在 10 pA 以下。

5.1.3　集成运放的中间级电路

中间级电路要求有较大的电压增益或互阻增益。它的电路较简单,通常是一个以恒流源为集电极负载的共射极放大器,如图 5.1.16(a)所示。

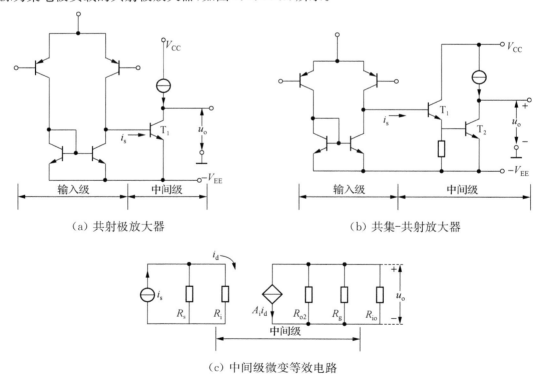

（a）共射极放大器　　　　　　　　　　（b）共集-共射放大器

（c）中间级微变等效电路

图 5.1.16　集成运放的中间级电路

　　某些集成运放为了进一步提高中间级增益,在共射极放大器的前面再加上一级射极跟随器,成为共集-共射放大器的结构,如图 5.1.16(b)所示。输入电流 i_s 经 T_1、T_2 放大了 $A_i \approx \beta_1 \cdot \beta_2$ 后在 T_2 输出端负载上转换为中间级的输出电压 u_o。图 5.1.16(b)电路的微变等效电路示于图 5.1.16(c)。图中

　　i_s——差动输入级对后级的等效电流源电流;

　　i_d——中间级的输入电流;

　　R_s——差动输入级对后级的等效电流源内阻;

　　R_i——中间级的输入阻抗,它可表示为 $R_i = r_{be1} + (1 + \beta_1)(R // r_{be2})$;

　　A_i——中间级的电流增益,它可近似地表示为 $A_i = \beta_1 \cdot \beta_2$;

　　R_{o2}——T_2 的输出阻抗;

　　R_g——T_2 集电极恒流源的输出阻抗;

　　R_{io}——输出级的输入阻抗。

由图可得中间的互阻增益

$$A_r = \frac{u_o}{i_s} = -\beta_1 \cdot \beta_2 \frac{R_s}{R_s + R_i} \cdot (R_{o2} // R_g // R_{io}) \tag{5.29}$$

　　例如通用运放 741 的参数为:$R_s \approx 6.7\ \text{M}\Omega$,$R_i \approx 4\ \text{M}\Omega$,$R_{o2} = 730\ \text{k}\Omega$,$R_g = 91\ \text{k}\Omega$,$R_{io} \approx 5\ \text{M}\Omega$,$\beta_1 = \beta_2 = 120$。计算其 A_r 可求得 $A_r \approx -718\ \text{V}/\mu\text{A}$。假如要使中间级产生 10 V 的输出电压,中间级的输入电流只需 13.9 nA 就够了。

5.1.4　集成运放的输出级电路

　　多数集成运放的输出级采用如图 5.1.17(a)所示的"互补推挽放大器"的形式。它由 NPN 三极管和衬底 PNP 三极管组成,两管都工作于射极跟随器的状态。静态时 $u_i = 0$,T_1 和 T_2 的发射结电压为零,因而均不导电,输出电压 $u_o = 0$。当 u_i 正向变化时,T_2 的发射结变为反向偏置,并始终保持截止状态。而 T_1 的发射结则变为正向偏置,当正向偏置电压大于约 0.5 V 时,T_1 开始导电,此后 u_o 便跟随 u_i 变化。当 u_i 负向变化时,T_1 的发射结变为反向偏置,并始终保持截止状态。而 T_2 的发射结为正向偏置,当 u_i 负向电压超过 0.5 V 时,T_2 开始导电,输出电压 u_o 跟随 u_i 变化。图 5.1.17(b)画出了 u_o 的波形。波形在过零处产生了失真,这种失真称为"交越失真"。

　　为了消除输出波形中的交越失真,可采用图 5.1.17(c)所示的电路。电路中的两个二极管 D_1、D_2 提供给 T_1、T_2 的两个基极电压间约 1 V 的电压,以克服输出电压 u_o 为零时 T_1、T_2 的基-射极间的阈值电压,使其处于导电状态,并有一个很小的集电极电流。当 $u_o > 0$ 时,T_1 电流增大,而 T_2 迅速截止;反之,当 $u_o < 0$ 时,T_2 电流增大,而 T_1 迅速截止。这样,在正弦波输出的正、负半周,仍然可看作由 T_1、T_2 交替工作。但从整体上看,它相当于一个在正、负半周连续工作的单管射极输出器。

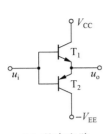

(a) 基本电路

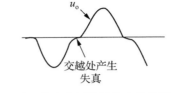

(b) 输出电压波形的交越失真

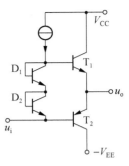

(c) 改进的电路形式

图 5.1.17　集成运放的输出级

图 5.1.17(c)电路的增益可由图 5.1.18(a)的等效电路求出,其中

$$R_i \approx r_{be} + (1+\beta)R_L \tag{5.30}$$

$$R_o = (R_s + r_{be})/(1+\beta) \tag{5.31}$$

式中 β 为输出管的电流放大系数。

电压增益

$$A_{uo} = \frac{U_o}{U_s} = \frac{R_i}{R_i + R_s} \cdot \frac{R_L}{R_L + R_o} \tag{5.32}$$

从式(5.30)~式(5.32)可以看出,设法增大 R_i,减小 R_o,有利于减小 R_L 对电压增益的影响。因此,许多运放中,在中间级和互补输出级中间再插一级共集放大器,见图 5.1.18(b)。T_3 的加入,其效果相当于使式(5.30)和式(5.31)中的 β 增大了 β_3 倍。这类电路的 R_o 通常可达 20~30 Ω,R_i 可达数兆欧,当 $R_L > 2$ kΩ 时,R_L 几乎对电压增益没有影响,电压增益近似为 1。

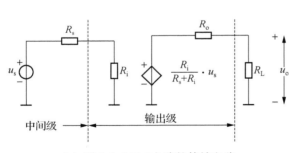

(a) 图 5.1.16(c)电路的等效电路

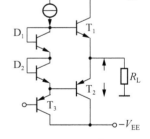

(b) 进一步改进的输出级电路

图 5.1.18　输出级电路的等效及改进

5.2　通用集成运放 μA741

　　μA741 是应用最广泛的通用运算放大器。它们的内部电路示于图 5.2.1。它由偏置电路、输入级、中间级和输出级四部分组成。

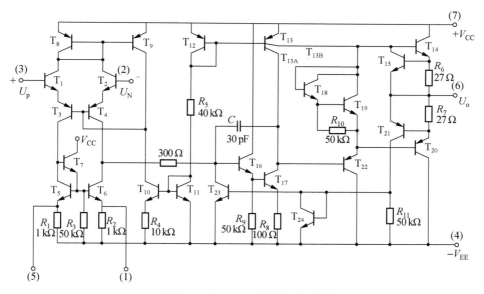

图 5.2.1　μA741 的内部电路

1. 偏置电路

集成运放中广泛使用直流电流源。图 5.2.1 的电路中,通过 T_{12}、R_5 与 T_{11} 产生一个基准电流 I_R,其数值为

$$I_R = \frac{V_{CC} + V_{EE} - 2U_{BE}}{R_5} \tag{5.33}$$

当 $V_{CC} = 15$ V,$-V_{EE} = -15$ V 时,$I_R = 0.72$ mA。由 T_{12} 与 T_{13A} 和 T_{13B} 构成两个流控电流源,T_{11} 与 T_{10} 构成一个流控微电流源,它们的电流值分别为

$$I_{C10} = 10 \ \mu A$$

$$\left. \begin{array}{l} I_{C13A} = 180 \ \mu A \\ I_{C13B} = 550 \ \mu A \end{array} \right\} \text{(T13 为双集电极三极管,两管的集电极电流由两个集电极扇形面积决定)}$$

由此可得到 μA741 主体部分的简化原理图,如图 5.2.2 所示。

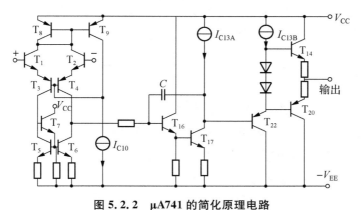

图 5.2.2　μA741 的简化原理电路

图中还把 T_{18}、T_{19} 用两个串联的二极管代替,与输出过电流保护的有关元件为 T_{23}、T_{24}、T_{15}、T_{21} 也未画在图上。

2. 输入级

输入级的 $T_1 \sim T_4$ 是典型的共集-共基电流输出型的差动放大器,所不同的是又增加了由 T_9、T_8 和 T_{10} 所构成的共模负反馈部分。电路中的 T_8、T_9 构成流控电流源,各部分电流示于图 5.2.3。由于 T_9 的 $\beta \gg 1$,故可得出

$$I_{C10} \approx I_{C9} \approx I_{C8} = 2I$$

$$I = \frac{1}{2} I_{C10} = 5 \ \mu A$$

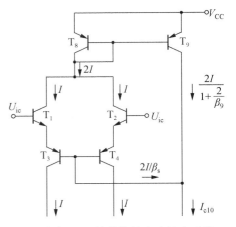

β_s:电路中 PNP 晶体管的电流放大系数

图 5.2.3 输入级各电流的关系

设在输入端作用一个正向的共模电压,则 T_1、T_2 的集电极电流 I 将增大。由于 T_8、T_9 是流控电流源关系,I_{C9} 也将增大。但 $I_{C9} + I_{B3} + I_{B4} = I_{C10}$,因此,$I_{C9}$ 的增大必然使 $I_{B3} + I_{B4}$ 减小,它又导致了 I_{C3} 和 I_{C4} 的减小,从而起到稳定 $T_1 \sim T_4$ 集电极电流的作用。这个"共模负反馈"作用抑制了输入级的共模分量。对输入端的差模信号分量,不存在这样的负反馈作用。因此,它进一步提高了运放的共模抑制比。

3. 中间级

中间级是典型的共集-共射组合放大电路,读者可参照 5.1.4 节(图 5.1.15)自行分析,此处不再详述。下面只说明电容 C 的作用。电容 C 是内接的频率补偿电容。当运放构成负反馈电路时,某些情况下会在输出端出现一个高频的振荡波形,这种现象称为"自激振荡",这是我们所不希望的。为了避免这种现象的出现,就要在运放电路的某些节点上接上一些电容及电阻补偿元件,这叫做"频率补偿",它将在第 6 章 6.3.2 节中详细讨论。

4. 输出级

$\mu A741$ 的输出级电路除增加了过电流保护环节外,其主体电路与 5.1.5 节所讨论的完全相同。过电流保护环节 T_{15}、R_6、T_{21}、R_7、T_{24}、T_{23} 及 R_{11} 等元件构成。当输出的"拉"电流达到 $0.6 \ V/R_6 = \dfrac{0.6 \ V}{27 \ \Omega} = 22 \ mA$ 时,T_{15} 导通,它的集电极电流分流了 T_{14} 的基极电流,抑制了输出"拉"电流的增大。当输出的"灌"电流达到 $0.6 \ V/R_7 = \dfrac{0.6 \ V}{27 \ \Omega} = 22 \ mA$ 时,T_{21} 导电,它通过 T_{24} 与 T_{23} 组成的流控电流源,使 T_{23} 的集电极电流分流 T_{16} 的基极电流,从而抑制了输出电流的进一步增大。这样就把输出的"拉"电流和"灌"电流都限制在 22 mA 的范围内,从而允许输出端即使长期处于对地短路状态也不会因过流而损坏器件。

5.3　集成运放的参数

集成运放的参数是表征运放各方面性能的技术指标。在选择运放的型号使之适合于所要求的应用时,其中某些参数起着支配作用,而其他的参数可用作实际设计工作的参考数据。优秀的电路设计人员必须对运放的参数有十分深刻的理解。

运放的参数可以分为静态参数、动态参数、极限参数、电源及温度参数等几大类,下面介绍运放的一些主要参数。

5.3.1　静态参数

1. 输入失调电压 U_{IO}

理想运放的同相和反相输入端同时接地时,输出电压应为零。但对于实际运放,由于各放大级(特别是输入级)在制造时受工艺的限制,使运放内部出现一些非理想的偏差因素,致使输入端电压为零时,输出电压不为零。这些非理想的偏差因素的效应,可以用存在于输入端运放内部的一个非理想偏差电压来代替,它称为输入失调电压 U_{IO}。要使实际

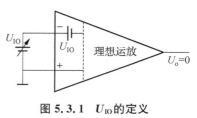

图 5.3.1　U_{IO} 的定义

运放的输出电压为零,必须在输入端的外部作用一个数值等于 U_{IO} 的补偿电压,抵消内部 U_{IO} 的作用,如图 5.3.1 所示。

失调电压的大小随运放的型号而异。在同一型号的运放中,由于生产的分散性,各个具体运放的失调电压的大小和极性也都不同。器件手册上给出的是它的典型参数的绝对值,并不关心它的极性是正还是负。

输入失调电压产生的机理主要是由于运放差动输入级左右两个半边的特性不对称引起的。对于这种特性不对称的输入级,当 $U_o = 0$ 时,输入级两管的 U_{BE} 和 I_C 都不相等,设其值分别为 U_{BE1} 和 U_{BE2} 及 I_{C1} 和 I_{C2}。按定义有

$$U_{IO} = U_{BE1} - U_{BE2}$$

$$= U_T \ln \frac{I_{C1}}{I_{ES1}} - U_T \ln \frac{I_{C2}}{I_{ES2}}$$

$$= U_T \left(\ln \frac{I_{ES2}}{I_{ES1}} + \ln \frac{I_{C1}}{I_{C2}} \right) \tag{5.34}$$

上式表明:U_{IO} 由两个部分组成,其中的 $U_T \ln(I_{ES2}/I_{ES1})$ 代表两个差放管的发射结反向饱和电流 I_{ES1} 和 I_{ES2} 不一致引起的失调电压分量。I_{ES} 与温度 T 及半导体材料的掺杂浓度有关。I_{ES} 的不同使差动输入级即使在两管的 I_C 相同的条件下,两管的 U_{BE} 也不相同。它导致了两管的 I_C-U_{BE} 特性曲线不重合,由此产生了一部分失调电压,我们将其记作 U'_{IO}。如图

5.3.2(b)所示。在集成运放中,两差放管间的距离很小,又是在同样工艺条件下一次加工完成的,两管的 I_{ES} 的相对误差不难达到 $1\%\sim10\%$,所产生的 U'_{IO} 约为 $0.25\sim2.5$ mV(而在用分立元件构成的差动放大器中,只有经过十分精细的选配,才能使此部分失调电压达到 5 mV 的水平)。

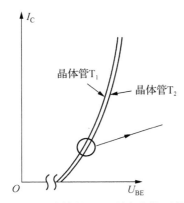

(a) 由于两差放管的 I_{ES} 不同致使两管 I_C - U_{BE} 曲线不重合

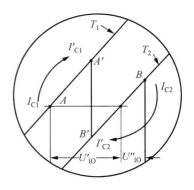

(b) 由于 I_{ES} 不同而产生的输入失调电压 U'_{IO} 和由于 I_C 不同而产生的输入失调电压 U''_{IO}

图 5.3.2　输入失调电压产生的机理

式(5.34)中另一项 $U_T \ln(I_{C1}/I_{C2})$ 代表运放在输出电压为零时两差放管集电极电流不同所引起的输入失调电压分量。我们参照图 5.3.3 所示的电流输出型的差动放大器电路,并利用图 5.3.2(b)来说明失调电压的各个分量。当输出电压 $U_o=0$ 时,输送到中间级晶体管 T 的基极电流 $I_{i2}=I_{C2}-I_{C4}$,它的数值与 I_{C2} 和 I_{C4} 相比是可忽略不计的,即 $I_{C2}\approx I_{C4}$,而由于流控电流源的关系,又有 $I_{C4}=I_{C3}=I_{C1}$,故有 $I_{C1}=I_{C2}=I_{C3}=I_{C4}$。然而当制造工艺不能确保电路参数精确对称时,上述电流等式将不能成立。例如当 $R_1 \neq R_2$ 时必然有 $I_{C3}\neq I_{C4}$,即 $I_{C1}\neq I_{C2}$。这样就产生了输出失调电压使 $U_o\neq 0$。此时要使 $U_o=0$ 就必须在输入端补偿一个 $U_T \ln(I_{C1}/I_{C2})$ 的失调电压。在图

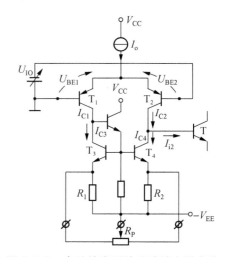

图 5.3.3　电流输出型的差动放大器电路

5.3.2(b)中,设 T_1 和 T_2 分别工作在 I_C-U_{BE} 特性曲线上的 A 点和 B 点,相对应的集电极电流分别为 I_{C1} 和 I_{C2},由此产生的输入失调电压分量用 U''_{IO} 表示。

消除 U_{IO} 的方法是在 R_1 和 R_2 的上端和 $-V_{EE}$ 端子外接一个电位器(所有单运放都有这些端子的引出脚),调节 R_P 相当于直接改变了电阻 R_1 和 R_2 以改变 I_{C3} 和 I_{C4} 的相对比例,从而达到 $U_o=0$ 时要求的 I_{C1} 和 I_{C2} 值。在图 5.3.2(b)中,相当于调节 R_P 使 T_1 和 T_2 的工作点由 A 和 B 变为 A' 和 B',相应的集电极电流由 I_{C1} 和 I_{C2} 变为 I'_{C1} 和 I'_{C2}。由图可知,此时 U_{BE1}

$=U_{BE2}$，即 $U_{IO}=0$。这种用外接元件直接改变运放内部元件参数的失调电压补偿方法，称为失调电压的"内部补偿"。

2. 输入偏置电流 I_B

它是运放输出电压为零时，两个差动管基极电流 I_{B1} 和 I_{B2} 的平均值，即

$$I_B = \frac{1}{2}(I_{B1}+I_{B2})|_{U_O=0} \tag{5.35}$$

μA741 的 I_B 为 80 nA。以超 β 晶体管为输入级的运放，如 OP-07、LM308 等，其 I_B 小到 1 nA 左右。以场效应管为输入级的运放，如 LF356、CA3140 等，I_B 则降到数十 pA 的水平。I_B 流过信号源内阻及反馈网络的电阻时将产生直流误差电压。因此，I_B 越小越好。

3. 输入失调电流 I_{IO}

它是在运放的输出电压为零的条件下，运放同相输入端和反相输入端的电流 I_{B1}、I_{B2} 之差的绝对值，即

$$I_{IO} = |I_{B1}-I_{B2}|_{U_O=0} \tag{5.36}$$

产生失调电流的原因，固然有 $U_O=0$ 时要求的 I_{C1} 和 I_{C2} 不同的因素，但主要是由于差动管的电流放大系数不同造成的。设 T_1 和 T_2 的电流放大系数分别为 β_1 和 β_2，$I_{C1}\approx I_{C2}=I_C$，则有

$$I_{B1}=I_C/\beta_1 , I_{B2}=I_C/\beta_2$$

$$I_{IO}=I_C\left(\frac{1}{\beta_1}-\frac{1}{\beta_2}\right)=I_C\frac{\beta_2-\beta_1}{\beta_1\beta_2}$$

为了彰显两个 β 数值不一致所产生的影响，令 $\beta=\frac{1}{2}(\beta_1+\beta_2)$，$\Delta\beta=\beta_2-\beta_1$，则有

$$I_{IO}=\frac{\Delta\beta}{\beta^2-\left(\frac{\Delta\beta}{2}\right)^2}\cdot I_C\approx\frac{\Delta\beta}{\beta}I_B \tag{5.37}$$

上式说明，输入失调电流 I_{IO} 在某种程度上正比于输入偏置电流 I_B，即 I_B 大的运放其 I_{IO} 也较大。

I_{IO} 的存在也将在运放输出端引起直流误差电压，因此希望 I_{IO} 越小越好。

4. 输入失调电压的温度漂移 $\dfrac{dU_{IO}}{dT}$（简称失调电压温漂）

失调电压温漂 dU_{IO}/dT 实质上是 U_{IO} 的温度系数，其大小用 μV/℃ 来表示。对于一个运算电路，我们可以用外接调零电位器来消除失调电压 U_{IO} 在输出端产生的误差，然而却不能消除失调电压温漂产生的输出端误差。因为当温度变化时，已补偿好的电路会因失调电压温漂产生新的失调电压增量。因此，失调电压温漂是一个比失调电压更重要的技术指标。

双极型运放的失调电压温漂可由下面的计算求出。

由定义　　　　　　　　　　　$U_{BE}=U_{BE1}-U_{BE2}$

而 U_{BE} 可表示为

$$U_{BE} = U_T \ln \frac{I_E}{I_{ES}}$$

由于输入级的 I_E 基本不随温度而变化,在此条件下求出 dU_{BE}/dT 为

$$\frac{dU_{BE}}{dT} = \frac{U_{BE}}{T} - \frac{U_T}{I_{ES}} \cdot \frac{dI_{ES}}{dT}$$

故得

$$\frac{dU_{IO}}{dT} = \frac{d(U_{BE1} - U_{BE2})}{dT} = \frac{U_{BE1} - U_{BE2}}{T} - U_T \left(\frac{dI_{ES1}}{I_{ES1} dT} - \frac{dI_{ES2}}{I_{ES2} dT} \right)$$

即

$$\frac{dU_{IO}}{dT} = \frac{U_{IO}}{T} - U_T \left(\frac{dI_{ES1}}{I_{ES1} dT} - \frac{dI_{ES2}}{I_{ES2} dT} \right) \tag{5.38}$$

式(5.38)中的第 1 项 U_{IO}/T,当 T 为室温时($T = 298$ K,相当于 25 ℃),每 1 mV 的失调电压产生的失调电压温漂为

$$\frac{U_{IO}}{T} = \frac{1 \text{ mV}}{298 \text{ K}} = 3.4 \ \mu V/K = 3.4 \ \mu V/℃ \tag{5.39}$$

式(5.38)中的第 2 项是由输入级两差放管 I_{ES} 的相对温度漂移的不对称引起的。由于运放输入级两个差放管间的距离很小,又是在同样工艺下一次加工而成的,这样,两管 I_{ES} 的相对温漂,便具有良好的对称性。因此,此项大部分被抵消,其数值一般仅为 $0.1 \sim 2.5 \ \mu V/℃$。这样可得

$$\frac{dU_{IO}}{dT} = \frac{U_{IO}}{T} + (0.1 \sim 2.5) \left[\mu V/℃ \right] \tag{5.40}$$

上式表明:

(1) U_{IO} 大的运放,其失调电压温漂也大。

(2) 采用失调内补偿的方法使 $U_{IO} = 0$,也把失调电压漂移中的主要分量 U_{IO}/T 消除了。

(3) 失调电压温漂的极限是 $0.1 \sim 2.5 \ \mu V/℃$,这部分的大小完全取决于运放漂移性能的优劣。

5. 失调电流的温度漂移 dI_{IO}/dT(简称失调电流温漂)

失调电流的温漂也就是 I_{IO} 的温度系数,它可由上面的计算求得。

将式(5.37)的 I_{IO} 对温度 T 求导得

$$\frac{dI_{IO}}{dT} = -I_{IO} \frac{d\beta}{\beta dT} \tag{5.41}$$

而 $d\beta/\beta dT$ 的数值一般由实验求得,其值约为 $1\%/℃$,故得

$$\frac{dI_{IO}}{dT} = -1\% / ℃ \cdot I_{IO} \tag{5.42}$$

例如,μA741 的 I_{IO} 为 10 nA,则 $\frac{dI_{IO}}{dT} = -100 (pA/℃)$。

6. 电源电压抑制比 $PSRR$

电源电压抑制比又称"电源灵敏度"。当运放的电源电压发生变化(V_{CC} 和 V_{EE} 同时增大或减小)时,会引起运放输出电压的变化,将此输出电压的变化折算到输入端,可以得到一个等效的输入失调电压 U_{IO} 的变化。$PSRR$ 定义为输入失调电压的变化量与引起此变化的电源电压的变化量的比值,即

$$PSRR = \frac{\partial U_{IO}}{\partial V_{CC}} \tag{5.43}$$

$PSRR$ 通常用分贝来表示,例如 μA741 的 $PSRR$ 典型值为 96 dB。这相当于电源电压每变化 1 V,在输入端产生 16 μV 的失调电压。

5.3.2　动态参数

7. 开环差模电压增益 A_d

它是运放接上规定的负载但不加反馈时,输出信号电压与输入差模信号电压之比,即

$$A_d = \frac{U_o}{U_{id}} \tag{5.44}$$

由于运放传输特性的非线性,使 A_d 与 U_o 的大小有关。通常它是在规定的大信号输出摆幅下(例如 $U_o = \pm 10$ V)测得的。

A_d 是频率的函数,频率高于某一数值后,A_d 的数值开始下降。手册上给出的 A_d 是直流信号时的数值,其数值用 A_{do} 表示。它的大小也可用[dB]或[V/mV]表示。以 μA741 运放为例,A_{do} 是在电源电压为 ± 15 V,负载电阻 $R_L \geqslant 2$ kΩ,输出摆幅为 ± 10 V 的情况下测得的。典型数值为 106 dB 或 200 V/mV。

8. 共模抑制比 K_{CMR}

它定义为运放的开环差模电压增益 A_d 和共模电压增益之比的绝对值,即

$$K_{CMR} = \left| \frac{A_d}{A_c} \right| \tag{5.45}$$

其大小用分贝来表示。

K_{CMR} 是频率的函数,手册上给出的数值是直流或很低频率下的典型值,范围一般为 70～120 dB。μA741 的 K_{CMR} 为 90 dB。当频率高于 600 Hz 后,便以 -20 dB/十倍频的速率下降。

当运放输入端同时存在共模和差模电压时,运放的输出电压为

$$\dot{U}_o = \dot{U}_{id} A_d + \dot{U}_{ic} A_c = A_d \left(\dot{U}_{id} + \frac{\dot{U}_{ic}}{K_{CMR}} \right) \tag{5.46}$$

式中的 $\dot{U}_{ic}/K_{CMR}$ 项是共模输入信号在输入端产生的等效差模误差电压,考虑这个误差电压的运放等效电路示于图 5.3.4。

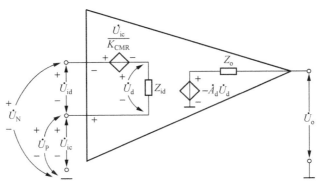

图 5.3.4 分析 K_{CMR} 影响的运放等效电路

与第 1 章中式(1.1)的定义 $\dot{U}_{ic}=(\dot{U}_P+\dot{U}_N)/2$ 稍有不同,图 5.3.4 中我们定义 $\dot{U}_{ic}=\dot{U}_P$。可以计算出两者的差别为 $\dot{U}_{id}/2$。由于 $\dot{U}_{id}$ 的数值甚小,所以这两种定义的差别也很小,但后者的定义方法却给以后的计算带来很多方便。

9. 差模输入阻抗 Z_{id}

差模输入阻抗定义为差模输入电压 $\dot{U}_{id}$ 与它引起的差模输入电流 $\dot{I}_{id}$ 之比,即

$$Z_{id}=\frac{\dot{U}_{id}}{\dot{I}_{id}}$$

Z_{id} 包含输入电阻 R_{id} 和与其并联的输入电容 C_{id} 两个部分。μA741 的 R_{id} 约 2 MΩ,C_{id} 约 2 pF。由于 C_{id} 的数值很小,在低频时可不考虑。

10. 输出阻抗 Z_o

它是运放输出端的交流内阻。由于运放的输出级是射极跟随器形式,Z_o 呈现为十至数十欧姆的小电阻。

11. -3 dB 带宽 f_h

差模电压增益 A_d 随频率的变化特性示于图 5.3.5,它具有低通特性。对应于增益下降 3 dB 的频率就是 f_h。μA741 的 f_h 约 7 Hz。

12. 单位增益带宽 f_T

它是对应于 A_d 频率特性(图 5.3.5)上增益等于 1(即 0 dB)对应的频率。我们用图 5.3.6 所示的运放的简化模型来讨论 f_T 的表达式。图中的电容 C 称为密勒补偿电容。运放的输出级用单位增益的缓冲器代替。设输入端作用的差模电压为 U_{id},在忽略三极管的 $r_{bb'}$ 且 $\beta\gg1$ 条件下,输入级互导增益 A_{gd} 可由下式近似为

$$A_{gd}=\frac{i_o}{U_{id}}=\frac{i_{C1}-i_{C2}}{U_{id}}=\frac{2\beta i_{b1}}{U_{id}}=\frac{\beta}{r_{be1}}\approx\frac{I_o}{2U_T}$$

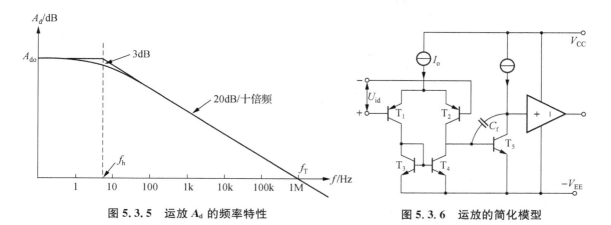

图 5.3.5　运放 A_d 的频率特性　　　　图 5.3.6　运放的简化模型

因此输入级的输出电流 i_o 可表示为

$$i_o = A_{gd} \cdot U_{id} \approx \frac{I_o}{2U_T} U_{id}$$

中间级相当于一个积分器,其输出电压为

$$U_o = i_o \cdot X_C \approx \frac{I_o}{2U_T} U_{id} \frac{1}{2\pi fC}$$

于是求得整个放大器的电压增益为

$$A_u = \frac{U_o}{U_{id}} = \frac{I_o}{4\pi U_T fC}$$

又因为当 $f = f_T$ 时 $A_u = 1$,故有

$$f_T = \frac{I_o}{4\pi C U_T} \tag{5.47}$$

由上式可见,f_T 正比于 I_o,反比于密勒补偿电容 C。因此要得到大的 f_T,通常将 I_o 选得较大,C 选得较小,这是宽频带放大器的特点。

从图 5.3.5 的运放增益的频率特性上看,从 f_h 到 f_T 之间 A_d 是以每十倍频 -20 dB 的速率变化的。即频率增大 1 倍,A_d 减小 $\frac{1}{2}$。这样 f_h 和 f_T 之间存在如下关系:

$$f_h \cdot A_{do} = f_T$$

这说明 f_T 在数值上等于运放的带宽(即 -3 dB 带宽)增益积,它是运放的一个重要参数。

13. 转换速率 SR

它定义为在任何情况下,运放输出电压的最大变化速率,即

$$SR = \left| \frac{du_o(t)}{dt} \right|_{\max} \tag{5.48}$$

其大小用 $[\text{V}/\mu\text{s}]$ 来表示。输出电压的最大变化率发生在运放输入端出现过激励的情况下,致使输入端的电压超出线性运行的范围,整个反馈电路不起调节作用。我们仍用图 5.3.6 所示的运放简化模型来对 SR 分析。设用此运放接成电压增益为 10 的同相放大器,在 $t = 0$

时,输入端作用一个 1 V 的阶跃电压。由于输出电压和反馈电压的建立迟后于输入电压,因此在信号作用后的一段时间内,运放输入端出现相当大的过激励,致使 T_1 完全截止,流入中间级输入端的电流 $i = i_{C2} = I_o$。放大器输出电压 $u_o(t)$ 可表示为

$$u_o(t) = u_o(0) - \frac{1}{C}\int_0^t I_o \mathrm{d}t = u_o(0) - \frac{I_o}{C}t$$

根据式(5.48)的定义得

$$SR = \frac{I_o}{C} \tag{5.49}$$

上式表明:转换速率 SR 与差放输入级的电流源 I_o 成正比,而与补偿电容 C 成反比。

由式(5.47)知

$$\frac{I_o}{C} = 4\pi U_T f_T$$

故得

$$SR = 4\pi U_T f_T = 0.33 f_T [\mathrm{V/\mu s}] \tag{5.50}$$

上式说明 SR 和 f_T 有内在的联系,即宽带运放的转换速率 SR 必然高,高速运放的单位增益带宽 f_T 亦必然大。

工作于高频大摆幅的运放,当理论上的输出电压变化速率超过 SR 时,输出波形将发生失真。在输入为正弦波形的情况下,输出波形为 $U_{om}\sin\omega t$ 时,输出的最大变化速率为 ωU_{om},为了使输出波形不因 SR 的限制而产生失真,则必须使

$$\omega U_{om} < SR \tag{5.51}$$

以 $\mu A741$ 为例,其 $SR = 0.5 \ \mathrm{V/\mu s}$,当 $U_{om} = 10 \ \mathrm{V}$ 时,输入信号的最大不失真频率为 7.95 kHz。

5.3.3 极限参数

14. 差模输入电压范围 U_{idmax}

它是指不损坏运放的前提下加到两个输入端的最大差模输入电压,它取决于差动输入级晶体管发射结的反向击穿电压。在应用时为了防止损坏器件,输入端可串入几千欧的保护电阻,一旦输入电压超过 U_{idmax} 时,能将输入电流限制在几毫安之内。

15. 输出电压摆幅 U_{omax}

它是指输出电压波形不出现正向或负向削波的最大摆幅。对大多数运放,其正向和负向的不削波摆幅是相等的,只比电源电压低 1~2 V。

16. 最大输出电流 I_{omax}

它是指运放所能输出的正向或负向的峰值电流。

大多数运放的输出级都具有输出端过电流保护,对于这类运放,通常给出输出短路电流,它是当输出端对地或对某一电源短路时的最大输出电流。

5.3.4　电源功率参数

17. 电源电压范围 $V_{CC}+V_{EE}$

它是指运放能正常工作的总电源电压 $V_{CC}+V_{EE}$。运放都能够在较宽的电源电压范围内工作,典型数值为 $10\sim36$ V(相当于 ±5 V$\sim\pm18$ V 的正负电源)。一些特殊的运放,如 LM324、ICL7612 等,最小工作电源电压为 3 V(即 ±1.5 V 的正负电源),另外一些高压运放的电源电压可高达 250 V。

18. 电源电流 I_W

它是指运放在规定的电源电压下,不加输入信号也不接负载的情况下,流过正、负电源的电流。

19. 最大耗散功率 P_{dmax}

它定义为有输入信号和接上负载时,运放所允许耗散的最大功率。

5.3.5　环境温度参数

20. 工作温度范围 T_A

它是指保证运放的参数不超出手册上所规定的数值的环境温度范围。生产厂家通常对同一种运放产品划分成如下三种不同的工作温度范围:

(1) -55 ℃$\sim+125$ ℃(军用品);

(2) -25 ℃$\sim+85$ ℃(工业品);

(3) $0\sim+70$ ℃(商用品)

*5.4　特殊功能的运算放大器

我们已经对通用运放 μA741 的内部电路和某些参数有了较深入的了解。通用运放能满足许多应用的要求。但对一些特殊的应用,就需要使用在某些参数上具有更优良性能的特殊功能运算放大器。它们大体上可分为低漂移型、低功耗型、低输入偏置电流型、高速型和程控型,本节所介绍的都是一些应用极为普遍的运放型号。

5.4.1　低漂移型

低漂移型运放具有较低的失调电压温漂。通常把 $\dfrac{\mathrm{d}U_{IO}}{\mathrm{d}T}<2\ \mu$V/℃ 的运放归属于低漂移型。

1. OP-07

OP-07 是一种性能优良、价格低廉的低漂移型运放。它的失调电压仅为 60 μV,失调电

压温漂为 $0.7~\mu V/℃$。图 5.4.1 示出了它的简化原理电路。输入级为共射-共基差动放大器，它由 T_1、T_2 超 β 管及 T_3、T_4 组成，其工作原理与图 5.1.14 电路相同。$D_1 \sim D_4$ 用来保护运放的输入端，$D_5 \sim D_7$ 用来对超 β 管 T_1、T_2 的 U_{CE} 进行箝位限幅，以避免过大的输入电压而损坏。

输入端采取了 3 项特殊的措施以提高运放的性能。

（1）为了抑制片内产生的温度梯度对失调电压稳定性的影响，T_1 和 T_2 都做成互相分开的但有公共引出电极的两部分，然后将 4 部分交叉地放置在一个正方形的对角上，从而有效地减小了运放的温漂。

（2）采用基极电流抵消技术，使电路具有很小的 I_B 和 I_{IO}。PNP 管 T_5 与 T_7 以及 T_6 与 T_8 构成两个流控电流源，取出 T_3 和 T_4 的基流并注入 T_1 和 T_2 的基极，从而抵消了输入偏置电流。

（3）在生产过程的初测时，采用激光加工工艺对 R_3 和 R_4 进行精密的修正，使电路具有很低的 U_{IO} 值。

中间级由 T_9、T_{10} 的射极输出器和 T_{11}、T_{12} 的电流输出型差动放大器以及 T_{15} 的共射放大器组成。

输出级是典型的互补结构。$C_1 \sim C_3$ 为内部频率补偿电容。

OP-07 的主要技术参数如下：

U_{IO}：$60~\mu V$ 　　　　$\dfrac{\mathrm{d}U_{IO}}{\mathrm{d}T}$：$0.7~\mu V/℃$

I_B：$\pm 2~nA$ 　　　　　I_{IO}：$0.8~nA$

A_{do}：$114~dB$ 　　　　K_{CMR}：$120~dB$

R_{id}：$80~M\Omega$ 　　　　SR：$0.25~V/\mu s$

f_T：$0.6~MHz$ 　　　　$V_{CC} + V_{EE}$：$6 \sim 44~V$

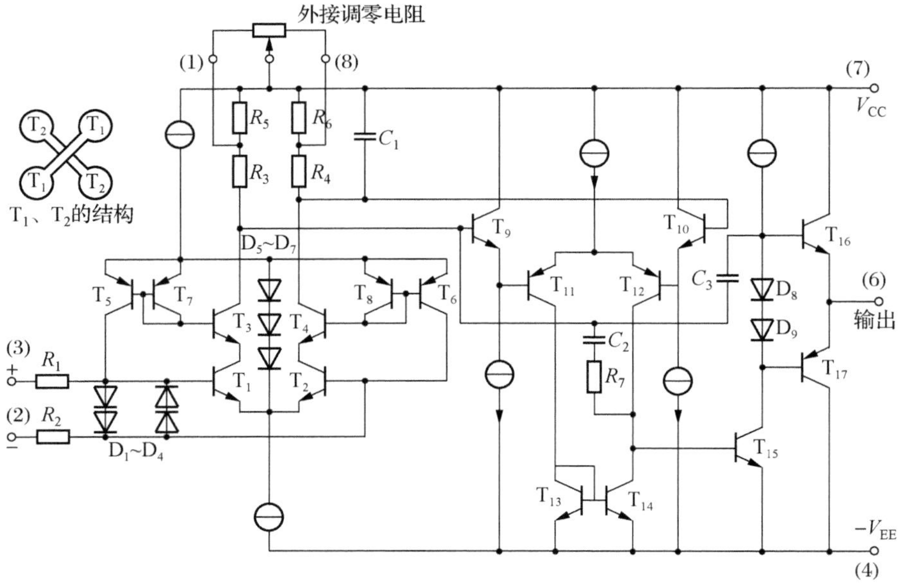

图 5.4.1　OP-07 的简化原理电路

2. ICL7650

ICL7650 是一种由 MOSFET 构成的斩波稳零的超低漂移运算放大器。它利用动态校零的原理来消除 MOSFET 放大器固有的失调和漂移。它的管脚及简化原理图示于图 5.4.2。

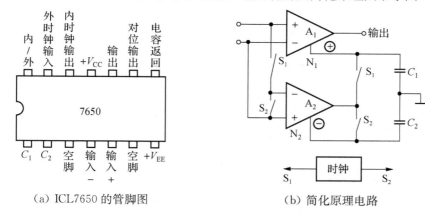

（a）ICL7650 的管脚图　　　（b）简化原理电路

图 5.4.2　MOSFET 构成的斩波稳零的超低漂移运算放大器 ICL7650

动态校零的原理如下：在片内（或外接）时钟脉冲的控制下，电路分时钟的上半周和下半周两个阶段工作。第 1 阶段进行放大器的误差检测和寄存，第 2 阶段进行校零和放大。

由图 5.4.2(b)可知，整个运放由两个放大器组成，其中 A_1 是主放大器，A_2 是调零放大器。这两个放大器都有 3 个输入端，其中 N_1 是 A_1 的调零输入端，它与输出是同相关系。N_2 是 A_2 的调零端，它与输出是反相关系。从 N_i 到各自对应的输出均有增益，设其为 A'_{d1} 和 A'_{d2}。

设 A_1 和 A_2 的失调电压、差模电压增益和共模抑制比分别为 U_{IO}、A_{d1}、K_{CMR1} 及 U_{IO2}、A_{d2}、K_{CMR2}。电路的工作过程如下：

（1）误差检测和寄存

在这阶段 S_2 闭合，S_1 断开。由图 5.4.3 可知，此时 A_2 的两个输入端被短接，只作用共模输入电压 U_{ic}。第 3 个输入端 N_2 与输出端短接。输出电压为

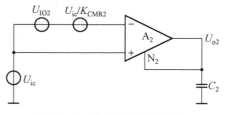

图 5.4.3　第 1 阶段等效电路

$$U_{o2}=A_{d2}\left(U_{IO2}+\frac{U_{ic}}{K_{CMR2}}\right)-A'_{d2}U_{o2}$$

整理后得

$$U_{o2}=\frac{A_{d2}\left(U_{IO2}+\frac{U_{ic}}{K_{CMR2}}\right)}{1+A'_{d2}}=U_{c2} \tag{5.52}$$

这一电压全部寄存在电容 C_2 上，即 $U_{o2}=U_{c2}$。

（2）校正和放大阶段

在时钟的下半周，S_1 闭合，S_2 断开。此时，A_1 和 A_2 同时加入输入信号，A_2 的输出端加

到 A_1 的调零输入端 N_1 上,见图 5.4.4。此阶段 A_2 的输出电压 U_{o2}' 为

$$U_{o2}' = A_{d2}\left(U_{id} + U_{IO2} + \frac{U_{ic}}{K_{CMR2}}\right) - A_{d2}' U_{c2} \tag{5.53}$$

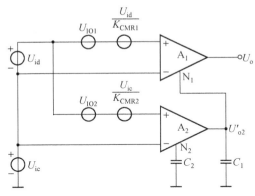

图 5.4.4　第 2 阶段等效电路

将式(5.52)中的 U_{c2} 代入式(5.53)得

$$U_{o2}' = A_{d2}\left(U_{id} + U_{IO2} + \frac{U_{ic}}{K_{CMR2}}\right) - A_{d2}' \frac{A_{d2}\left(U_{IO2} + \frac{U_{ic}}{K_{CMR2}}\right)}{1 + A_{d2}'}$$

若 $1 + A_{d2}' \gg 1$,则上式可化简为

$$U_{o2}' \approx A_{d2} U_{id}$$

此时 A_1 的输出

$$U_o = A_{d1}\left(U_{id} + U_{IO1} + \frac{U_{ic}}{K_{CMR1}}\right) + A_{d1}' \cdot U_{o2}'$$

$$= A_{d1}\left(U_{id} + U_{IO1} + \frac{U_{ic}}{K_{CMR1}}\right) + A_{d1}' A_{d2} U_{id}$$

即

$$U_o = (A_{d1} + A_{d1}' A_{d2}) U_{id} + A_{d1} U_{IO1} + \frac{A_{d1}}{K_{CMR1}} U_{ic} \tag{5.54}$$

式(5.54)表明,放大器对 U_{id} 的增益是上式中第一项 $(A_{d1} + A_{d1}' A_{d2})$。上式中的第二、第三项分别是输出电压中的失调电压和共模电压成分,将其折算到输入端去则可得到等效的输入失调电压和共模抑制比。在电路设计中,一般满足 $A_{d1}' > A_{d1}$,$A_{d2} \gg 1$,所以有

$$U_{IO} = \frac{A_{d1} U_{IO1}}{A_{d1} + A_{d1}' A_{d2}} \approx \frac{U_{IO1}}{A_{d2}}$$

$$K_{CMR} \approx A_{d2} K_{CMR1}$$

这样,只要 A_{d2} 足够大,就可使 A_d 和 K_{CMR} 大为提高,使 U_{IO} 变得很小。

ICL7650 的主要参数

A_d:120 dB K_{CMR}:120 dB

U_{IO}:1 μV $\dfrac{dU_{IO}}{dT}$:0. 01 μV/℃

R_{id}:10^{11} Ω f_T:2 MHz

SR:2 V/μs $V_{CC}+V_{EE}$:6～16 V

ICL7650 适合于放大[μV]或[mV]级的直流信号。图 5.4.5 是同相放大器的接法。C_1 和 C_2 通常选用 0.1～0.22 μF 的低漏电电容器。

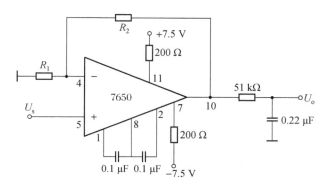

图 5.4.5 用 ICL7650 组成的同相放大器

7650 的输出阻抗较大(约 18 kΩ)所以负载电阻不宜太小(通常要求至少大于 10 kΩ)。此外，它的输出波形中存在时钟脉冲引起的斩波噪声,可在输出端加一低通滤波器将其滤除。

5.4.2 低功耗型

LM358(二运放)和 LM324(四运放)是廉价、应用极为广泛的低功耗型运放,其简化原理电路示于图 5.4.6。通过特殊的电路设计,能使在很大的电源电压范围内保证运放各级有一个几乎不变的低的偏置电流。它的电源电压范围为 3～32 V。既可像普通运放一样采用正、负电源工作,又可在单电源下工作(只接 V_{CC},电源的地点接在$-V_{EE}$处)所以这类运放又称"单电源运放",当它在±1.5 V 或 3 V 电源下工作时,每个运放的功耗仅为 0.8 mW。

输入级是在由 T_2、T_3 构成的典型差动放大器的基础上附加了 T_1 和 T_4 作为射极跟随器组成的,这种电路结构输入端的共模电压可最低达到单电源供电的"地"点。输出电压的最低点也可近似达到地点(约 0.1 V)。这是此类运放突出的特点。

LM358 和 LM324 的主要参数如下:

A_{do}:100 dB U_{IO}:2～3 mV

I_B:45 nA I_{IO}:2～5 nA

f_T:1 MHz U_{Omax}:0～V_{CC}-1.5 V

I_W:0.7 mA V_{CC}:3～32 V

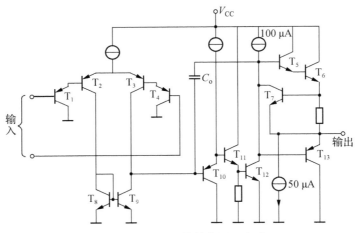

图 5.4.6　LM324 的简化原理电路

LM358 和 LM324 很适合用作交流放大器，这时可采用单电源供电。图 5.4.7 是交流同相和反相放大器的实例。

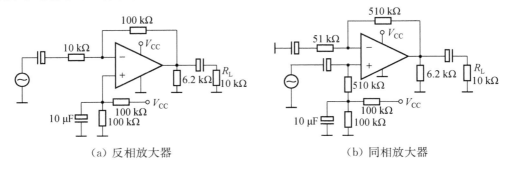

（a）反相放大器　　　　　　　　　　　（b）同相放大器

图 5.4.7　用 LM358 或 LM324 组成的交流放大器

5.4.3　低输入偏置电流型

精密积分放大器、对数放大器、采样—保持放大器以及微电流放大器等都要求所采用的运放具有极小的输入偏置电流。这类运放称为"低输入偏置电流型"运放。许多书中也称它们为高输入阻抗运放，但这容易被误认为我们需要的是它的高输入阻抗，而不是它的低输入偏置电流。

1. LF356

LF356 是以结型场效应管为输入晶体管的运放，其简化的原理电路示于图 5.4.8。由 P 沟道 JFET T_1 和 T_2 构成的输入差动级提供了约 30 pA 的低输入偏置电流和 10^{12} Ω 的高输入阻抗，它的输出送入由 T_5、T_6 组成的单端输出的差动放大器进一步放大，然后经 T_7 组成的射极跟随器来驱动 NPN 管 T_9 及等效 PNP 复合管（由 JFET T_8 与 NPN 管 T_{10} 组成）组成的互补输出级。T_{11}、R 及 D_2 构成输出电流保护环节，允许输出长期处于对地短路状态。R

为短路电流采样电阻。当输出"拉"电流大于 20 mA 时,T_{11} 导通,使 T_7 的基流减小。抑制了输出电流的增大。同样,当输出"灌"电流大于 20 mA 时,D_2 导通,使 P 沟道 JFET T_8 的栅极电位上升,抑制了输出电流的增大。

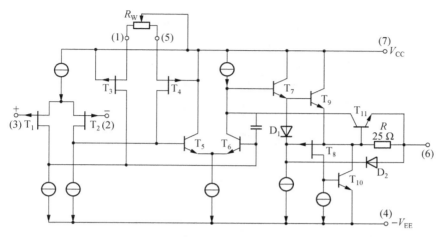

图 5.4.8　LF356 的简化原理电路

P 沟道 JFET T_3、T_4 与外接 25 kΩ 电位器 R_W 构成两路电流源,调节 R_W 可以改变两路电流的相对比例,从而改变送入第二个差动放大器的静态输入电流,实现对失调电压的补偿。

LF356 各级的偏置电流都较大,因此 f_T 和 SR 都较大,适合做宽带和高速放大器。但电路的电源电流较大,因此功耗也较大。

该运放采用内部频率补偿,主要参数如下:

A_{do}:100 dB　　　　　　U_{IO}:2 mV

$\dfrac{dU_{IO}}{dT}$:5 [μV/℃]　　　　I_B: 30 pA

I_{IO}:3 pA　　　　　　f_T: 4.5 MHz

SR:12 V/μs　　　　　　I_W:10 mA

与 LF356 具有类似性能的有 LF353(双运放)和 LF347(四运放)。

2. CA3130

CA3130 是以 MOSFET 为输入级的低输入偏置电流型运放。其简化电路示于图 5.4.9,电路原理十分简单。

输出级是由 P-MOS 管 T_6 和 N-MOS 管 T_7 组成的共源互补放大器,故电压增益很大,输出阻抗也较大,增益与外接负载有关,可以有 0~20 dB 的变化范围。CA3130 具有较高的 f_T 和 SR。

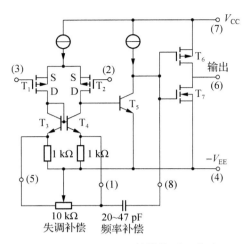

图 5.4.9　CA3130 的简化原理电路

CA3130 的主要参数如下：

$$A_{do}:110 \text{ dB} \qquad\qquad U_{IO}:2 \text{ mV}$$

$$\frac{dU_{IO}}{dT}:10 \text{ } \mu\text{V/℃} \qquad\qquad I_B:5 \text{ pA}$$

$$I_{IO}:0.5 \text{ pA} \qquad\qquad K_{CMR}:90 \text{ dB}$$

$$f_T:4 \text{ MHz} \qquad\qquad SR:10 \text{ V/}\mu\text{s}$$

I_B 更小的运放有 AD515、LH0052 等，其数值为零点几皮安，这类运放多用于微电流测量(可测量 10^{-13} A 级的微电流)，故又称作静电计型运放。

5.4.4　高速型

高速型运放通常指 $SR > 10$ V/μs 的运放，是为要求宽频带和高转换速率的应用而设计的。LM318 是具有代表性的一种。它的 SR 比通用运放大一百多倍，而不降低其直流性能。电路采用内部频率补偿，外接元件很少。图 5.4.10 示出了它的简化原理电路。

T_1 和 T_2 组成以电阻 R_3、R_4 为集电极负载的复合管(参见第 9 章 9.1.3 节)差动放大器，由横向 PNP 管 T_3、T_4 组成的第 2 级放大器提供对信号的进一步的放大，并以电流输出的形式送到 T_9 组成的共射放大器放大，最后激励 T_7、T_8 的输出级。电路中的各管均有较大的工作电流，这是为取得宽的频带和高的转换速率所必需的。$C_1 \sim C_3$ 是 3 个内部频率补偿电容。

LM318 的主要参数如下：

$$A_{do}:106 \text{ dB} \qquad\qquad U_{IO}:4 \text{ mV}$$

$$I_B:150 \text{ nA} \qquad\qquad I_{IO}:30 \text{ nA}$$

$$SR:70 \text{ V/}\mu\text{s} \qquad\qquad f_T:15 \text{ MHz} \qquad I_W:20 \text{ mA}$$

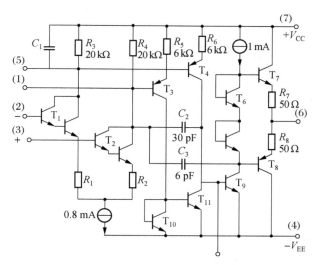

图 5.4.10　LM318 的简化原理电路

5.4.5　程控型

运放中各级的偏置电流直接影响输入偏置电流 I_B、输入失调电流 I_{IO} 和电源电流 I_W 等直流参数,同时又影响单位增益带宽 f_T 和转换速率 SR 等动态参数。一般来说,具有良好动态参数的运放,其静态参数通常较差,而具有良好静态参数的运放,其动态参数也多不理想。因此,为了满足不同应用的要求,设计人员需要备有多种型号的运放。程控型运放成功地解决了这个问题。它把通常放在运放内部的偏流设置电阻(如 μA741 的 R_5,见图 5.2.1)改为外接电阻,改变它的阻值,可以改变各级的偏置电流,从而改变 I_B、I_{IO}、I_W、f_T 及 SR 等参数,实现"一器多用"。

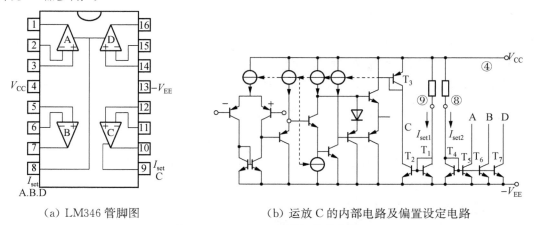

（a）LM346 管脚图　　　　　　（b）运放 C 的内部电路及偏置设定电路

图 5.4.11　LM346 程控运算放大器

LM346 是一种价格低廉的程控型运放,其管脚图及简化原理电路示于图 5.4.11。偏置设定电流 I_{set} 由外接在管脚⑨和④间以及⑧和④间的偏置设定电阻 R_{set} 确定。

$$I_{set}=\frac{V_{CC}+V_{EE}-0.7\ V}{R_{set}}$$

I_{set}通过流控电流的原理控制整个电路中的各个偏置电流。I_{set1}决定运放 C 的偏置电流，I_{set2}决定 A、B 和 D 运放的偏置电流。

运放的主体部分与一般运放没有本质差别，不再赘述。图 5.4.12 表示了 LM346 的 I_{set}与 I_B、I_W、f_T 和 SR 的关系曲线。曲线说明当 I_{set} 从 0.1 μA 变到 50 μA 时，上述参数可有数百倍的变化。

其他程控型运放有 LM4250、μA776、CA3080 等。常用的各种类型运放的主要参数列于本章末之附录 5.2。

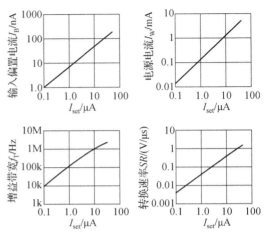

图 5.4.12　LM346 I_{set} 与 I_B、I_W、f_T、SR 的关系

*5.5　复合结构的等效运放

选用集成运放通常需要根据信号变化的快慢、幅度及频率、处理的精度要求以及供电条件、环境温度、安装尺寸、成本限制等多方面的权衡对器件参数及型号做出选择。一般而言，信号的幅度越小、处理精度要求越高对运放的失调电压、失调电流及其温漂等参数的要求越苛刻；信号跳变边沿越陡、频率越高则对运放的转换速率、频带宽度等要求也越高。据此可在通用或特殊集成运放器件中做出合理选择。但在实际选择中也往往会遇到前后矛盾、难以两全的情况。例如在 SLM(Selective Laser Melting，选择性激光熔融)3D 打印过程中，熔池特征光谱信号呈现光脉冲性质，要求光电检测电路的频带宽度、响应速率高；同时为了获得必要的检测精度，要求检测电路的输入失调电压、失调电流小，温度漂移及噪声低。对于电路设计而言，运放器件的选择要同时满足上述相互矛盾的两方面要求是困难的。

解决此类矛盾的思路是构建等效运放。其设计思想是：选取 A₁、A₂ 两个具有参数互补特点的运放器件，其中 A₂ 为高速器件，虽然输入失调、漂移量较大，但具有频带宽、转换速率高的主要特点。A₁ 为高精度器件，虽然带宽较窄、转换速率低，但具有输入偏置电流小、低失调、低漂移的主要特点。通过采用复合结构可充分发挥 A₁、A₂ 两个运放器件的参数优势，使构成的等效运放在整体上超越单个运放器件的性能，同时具备宽带、高速、低失调、低漂移的性能特点。

5.5.1　反相输入型复合等效运放电路

图 5.5.1 示出了一个反相输入型复合等效运放电路。输入端的直流或低频分量(失调、

漂移等均属于直流或低频分量)经 A_1 通路传送至电路输出端,使得电路的输入端性能主要取决于高精度器件 A_1 的参数。输入信号则主要经 A_2 通路放大,使整个电路的高频响应主要取决于高速器件 A_2 的参数。静态时 A_2 输入端的相对较大的失调电压、电流及其漂移的影响均被包含在等效运放的直流负反馈环路中,A_2 输出端的偏差电压经 R_5、R_4 分压后反馈到等效运放的反相输入端,经 A_1 构成的积分器反相后输出,再经 R_3、C_3 构成的低通滤波环节送到 A_2 的同相输入端对误差量作反向校正,使等效运放的输出端误差电压归零。动态时信号经 R_2、C_2 构成的高通环节耦合到高速器件 A_2 的反相输入端,经 A_2 放大后输出。

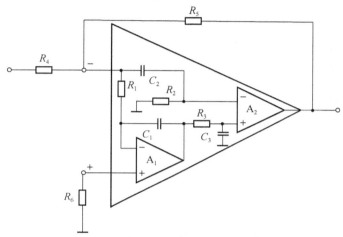

图 5.5.1　反相输入型复合等效运放电路

5.5.2　同相输入型复合等效运放电路

图 5.5.2 示出了一个同相输入型复合等效运放电路。同上原理,静态时 A_1 将 A_2 输出端误差电压作用到 A_2 的反相端,对误差分量进行校正,使输出端误差电压归零。动态时电容 C 对信号相当于短路,使等效运放的两个输入端电压直接加到 A_2 输入端进行放大并输出。

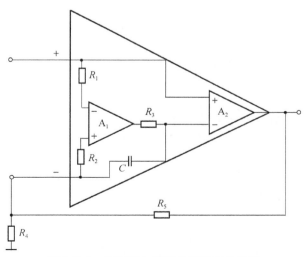

图 5.5.2　同相输入型复合等效运放电路

图 5.5.3 是一个对激光熔融 3D 打印机的熔池温度进行高速跟踪检测的实用电路示例。

该电路中 PIN 型光敏二极管直接与等效复合运放的反相输入端连接,用于对特征光谱中辐射的光脉冲进行高速检测。由于光脉冲频率高、幅度小,产生的光电流仅有几个微安,要求检测电路的单位增益带宽高于 30 MHz,输入端失调电流在 nA 数量级,并具有 μs 级在线检测响应速度。

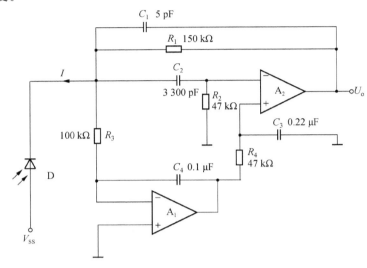

图 5.5.3　复合等效运放实用电路示例

图示反相型复合等效运放电路中 A_1 采用 AD795 型精密运放,其开环增益 120 dB,输入最大偏置电流为 23 pA,输入失调电流最大 2 pA,单位增益带宽为 1.6 MHz;A_2 采用 AD8065 型高速运放,其开环增益 100 dB,转换速率 180 V/μs,单位增益带宽 50 MHz,输入失调电压 1.5 mV。可见单个运放都达不到设计要求,但两者构成的复合等效运放在精度及速度上都很好地满足了设计要求。

附录 5.1　集成运算放大器的制造工艺简介

集成运算放大器是采用集成工艺将数十个至数百个半导体三极管、二极管、电阻器和小容量的电容器等元件集成在一块厚 200～250 μm,面积 1～4 mm² 的硅半导体基片上,组成多级直接耦合的放大电路。且采用集成工艺使同批次制造的同类元器件间具有很高的参数一致性或性能匹配性。在集成运放的制造过程中要解决的主要技术问题是:(1) 半导体材料的变型;(2) 隔离技术。

附 5.1.1　半导体材料的变型

在制造集成运放时,要把半导体二极管和三极管制作在同一块同一极性的硅半导体(称为基片)上。这就要求在一种极性的半导体(例如 N 型半导体)的某一限定的区域及深度内,改变半导体的极性,使之变为 P 型半导体,以及更进一步将已变为 P 型半导体的部分中某一个小区域再变成 N 型半导体。我们把这种技术称为半导体材料的变型。

半导体变型的基本原理是第 2 章 2.1.2 节介绍的杂质补偿原理。它指出如果在一块施主杂质浓度为 N_D 的 N 型半导体中,扩散进浓度 N_A 的受主杂质,则当 $N_D > N_A$ 时,半导体仍为 N 型,其等效施主杂质浓度为 $N_D - N_A$。当 $N_A > N_D$ 时,半导体变为 P 型,等效受主杂质浓度为 $N_A - N_D$。当 $N_A = N_D$ 时,等效杂质浓度为零,半导体变为本征半导体。利用这种原理,可以达到控制半导体极性的目的。

下面以 N 型半导体改型为 P 型半导体为例,说明半导体改型的工艺(附图 5.1)。

(1) 氧化——使 N 型硅晶体的表面在高温下生成一层 $0.3 \sim 0.8\ \mu m$ 的 SiO_2 层。

(2) 用光效抗蚀剂覆盖——在氧化层表面覆盖一层光效抗蚀剂。

(3) 曝光——用精密的支架定位器将负光掩膜与光效抗蚀剂紧靠在一起进行紫外线曝光。

(4) 显影——将曝光后的光效抗蚀剂表面放进显影剂内进行化学处理。被曝光的光效抗蚀剂部分产生聚合反应而不受化学处理的影响,未曝光部分的光效抗蚀剂,将被显影剂清除。

(5) 蚀刻——将未被光效抗蚀剂覆盖部分的氧化层腐蚀掉。

(6) 清除掩膜——利用氧化的方法,清除光效抗蚀剂。

(7) 扩散——在高温下使杂质原子通过氧化层的窗口扩散进硅晶体,使之改变半导体的极性。

(8) 清除氧化膜——将氧化层清除。

利用上述的方法,同样可以在已变成 P 型的半导体上再产生一个 N 型半导体区域。

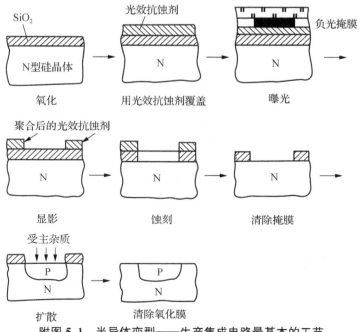

附图 5.1　半导体变型——生产集成电路最基本的工艺

附 5.1.2 隔离技术

集成运放电路中的所有元件都制作在同一块基片上,为了保证电路的正常工作,就必须在各元件间实行有效的绝缘隔离。下面介绍广为采用的 PN 结隔离技术。

PN 结隔离技术的工艺流程如附图 5.2(a)所示。

(1)制作隐埋层——利用附图 5.1 所示的工艺,在一块厚度约 $250~\mu m$ 的 P 型硅晶体薄片(称为衬底)上产生一个高浓度的 N^+ 区,称之为隐埋层。隐埋层是一层低阻半导体,相当于一层金属导电层,它的用途将在后面说明。

(2)形成 N 型外延层——利用一种称为"外延"的技术,在 P 型衬底的表面生产出一层低杂质浓度的 N 型半导体,称为外延层。

(3)隔离扩散——利用附图 5.1 所示的工艺,在 N 型外延层表面扩散出一些"井"字状的 P 型隔离槽,附图 5.2(b)示出了它的立体图。这样,N 型外延层就被分割成若干个 N 型隔离岛,每个隔离岛上可以制作一个独立的元件——三极管、二极管或电阻器、电容器等。当 P 型衬底接在系统最负的电位 $-V_{EE}$ 上时,P 型衬底连同 P 型隔离槽就与 N 型隔离岛间形成了一个反向偏置的 PN 结,每个隔离岛都被两个反向偏置的二极管分开。

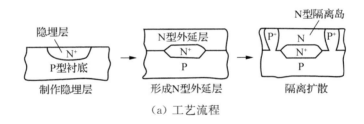

(a)工艺流程

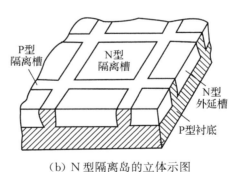

(b)N 型隔离岛的立体示图

附图 5.2　PN 结隔离技术

附 5.1.3 NPN 型三极管

NPN 型三极管是集成运放中使用最多的器件,附图 5.3 是它的结构图,它在已制成的 N 型隔离岛上再进行两次半导体变型后制成的。图中的虚线表示载流子从发射极出发经基区到达集电区的路径。这个路径是沿着与三极管表面相垂直的方向进行的,故称它为"纵向晶体管"。从图中还可看出,低电阻的隐埋层起到了减小电流通路上集电区(低杂质浓度、高电阻率)的体电阻的作用。

集成运放中的 NPN 三极管具有附表 5.1 所列的电气参数。

附图 5.3　集成运放中 NPN 三极管的结构图

附表 5.1　集成运放中 NPN 三极管的电气参数

参数	测试条件	典型范围
集电极-发射极击穿电压 $U_{(BR)CEO}$	$I_C = 10\ \mu A$	$4 \sim 60$ V
集电极-隔离槽击穿电压 $U_{(BR)CUO}$	$I_C = 10\ \mu A$	$60 \sim 100$ V
发射极-基极击穿电压 $U_{(BR)EBO}$	$I_E = 10\ \mu A$	$6 \sim 7$ V
共射电流放大系数 β	$I_C = 10\ \mu A \sim 1$ mA	$50 \sim 300$
集电极-基极电容 C_o	$U_{CB} = 10$ V	$0.1 \sim 0.3$ pF
集电极-衬底电容 C_{ou}	$U_{ou} = 5$ V	$1 \sim 3$ pF
基极-发射极电容 C_c	$U_{EB} = 0$	$1 \sim 3$ pF
基区体电阻 $r_{bb'}$		$20 \sim 100\ \Omega$
特征频率 f_T	$I_C = 0.1$ mA	$400 \sim 800$ MHz

附 5.1.4　PNP 型三极管

集成运放中的 PNP 型三极管有衬底 PNP 三极管和横向 PNP 三极管两种类型。

1. 衬底 PNP 三极管

衬底 PNP 三极管的特点是 P 型衬底就是三极管的集电极,如附图 5.4 所示。因此,这种三极管只适用于集电极接在 $-V_{EE}$ 上的射极跟随器。由附图 5.4 可知,衬底 PNP 三极管中载流子从发射极出发经基区到达集电区的运动路径,仍是沿着与三极管表面相垂直的方向进行的,所以它与 NPN 三极管一样也是纵向三极管。然而,衬底 PNP 三极管的基区比 NPN 三极管宽,所以它的 β 值一般小于 50,f_T 约在 10 MHz。

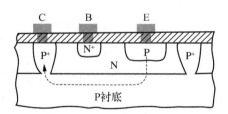

附图 5.4　衬底 PNP 三极管的结构图

2. 横向 PNP 三极管

横向 PNP 三极管的结构图如附图 5.5。从发射极出发的载流子经基区到达集电极的路径是沿着与三极管表面水平方向进行的。因此,这是一种横向结构的三极管,故称"横向 PNP 三极管"。由于制作工艺水平的限制,发射区与集电区之间的间隔(基区宽度),难以做得很小,致使基区内的载流子复合效应增大。早期生产的横向 PNP 管没有隐埋层,由于衬底处于比其他电极更负的电位,因此,衬底相当于第二个集电极,它要吸收相当一部分发射极电流。这两个因素使这种横向 PNP 三极管的 β 值极低,典型值为 $0.5\sim 2$。改进后的横向 PNP 三极管制作了隐埋层,它阻挡了基区内的空穴向衬底方向继续扩散,使流向衬底方向的那部分电流大大减小,加之采用了改进的掩膜方法,减小了基区的宽度,使这种新型的横向 PNP 三极管的 β 一般达到几十,甚至超过一百。

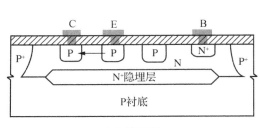

（a）俯视图　　　　　　　　　　　　（b）断面图

附图 5.5　横向 PNP 三极管的结构图

横向 PNP 三极管的频率特性较差,f_T 在 $3\sim 30$ MHz 的范围内。但这种三极管的发射结的结构与纵向 NPN 三极管的集电结完全一样,是由低掺杂 P 区与外延层构成的,其反向击穿电压 $U_{\text{(BR)EBO}}$ 可达数十伏。

在集成运放中还常用到一种多集电极横向 PNP 三极管。附图 5.6(a)表示的是一个具有两个集电极的横向 PNP 三极管的俯视图,图(b)和图(c)分别是它的电路符号及等效电路。这种三极管仅仅是将普通横向 PNP 三极管的集电极分成两段,它相当于基极和发射极分别连在一起的两个独立的 PNP 三极管 T_1 和 T_2(附图 5.6(c))。设它的两个集电极扇形面积分别为 a 和 b,则两管的电流关系为

$$\frac{I_{C1}}{I_{B1}} = \frac{I_{C2}}{I_{B2}} = \beta, \quad \frac{I_{C1}}{I_{C2}} = \frac{a}{b}$$

改变各集电极扇形面积的相对比例,就能改变各集电极电流的比例。

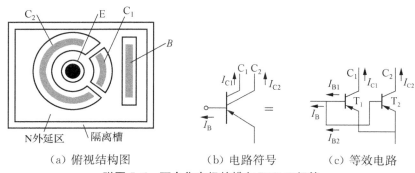

（a）俯视结构图　　　　（b）电路符号　　　　（c）等效电路

附图 5.6　两个集电极的横向 PNP 三极管

附图 5.7(a)示出了一个三集电极横向 PNP 三极管用来产生两路流控电流源的例子。

图(b)是它的另一种画法。如果使集电极 C_1 的面积等于集电极 C_2 和 C_3 之和,则 $I_R = I_{o1} + I_{o2}$,选取适当的 C_2 和 C_3 的面积的比例,可改变 I_{o1} 和 I_{o2} 的相对比例。

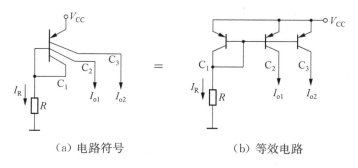

（a）电路符号　　　　　　（b）等效电路

附图 **5.7**　多集电极横向 **PNP** 三极管组成两路流控电流源

附 5.1.5　其他元件

1. 二极管

利用制造 NPN 三极管的工艺可以制出二极管,使用最普遍的是如附图 5.8 所示的发射结二极管,它的反向击穿电压约 7 V,10 mA 电流时的正向压降约 0.85 V。

附图 **5.8**　发射结二极管

2. 电阻器

集成化的电阻器件主要是由半导体扩散工艺制作的,它是在 N 型外延层上用扩散的方法制出条形的 P 型层或 N^+ 型层的体电阻。附图 5.9 画出了两种电阻的结构图,前者称为基区电阻,后者称为发射区电阻,它们的特性列于附表 5.2。

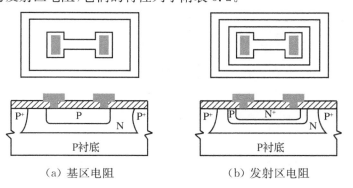

（a）基区电阻　　　　　　（b）发射区电阻

附图 **5.9**　集成电路中电阻的结构

附表 **5.2**　扩散电阻的特性

电阻类别	电阻值范围	阻值误差	温度系数
基区电阻	100 Ω～20 kΩ	±20%	(+0.05～0.2)%/℃
发射区电阻	20～100 Ω	±20%	0.01%/℃

附录 5.2　常用集成运放参数

型号	总电源电压 min/V	总电源电压 max/V	电源电流/mA	U_{IO} typ/mV	U_{IO} max/mV	$\dfrac{dU_{IO}}{dT}$ typ/(μV/°C)	$\dfrac{dU_{IO}}{dT}$ max/(μV/°C)	I_{IO} typ/nA	I_{IO} max/nA	I_B typ/nA	I_B max/nA	SR typ/(V/μs)	f_T typ/MHz	K_{CMR} min/dB	K_{CMR} typ/dB	PSRR min/dB	PSRR typ/dB	A_d min(×1000)	A_d typ(×1000)	最大输出电流/mA	最大差模输入电压/V		备注
741C	10	36	2.8	2	6	15	—	20	300	80	800	0.5	1.2	70	90	76	90	20	200	20	30	①②③⑤	Gen. Purp. Industry st'd
OP-01E	10	44	3	1	2	3	10	1	5	20	50	18	2.5	8	100	80	100	50	100	6	30	①⑤	Fast (feedforward), precision
OP-02E[2]	10	44	2	0.3	0.5	2	8	0.5	2	18	30	0.5	1.3	90	110	90	110	100	250	6	30	①②⑤	Precision, low current
OP-11E[3]	10	44	6	0.3	0.5	2	10	8	20	180	300	1.0	2	110	120	90	110	100	650	6	30	③	Precision, quad
349	10	36	4.5	1	6	—	—	4	50	30	200	2	4	70	90	77	96	25	160	15	36	③	Decomp. 348(quad 741)
AD542L	10	36	1.5	—	0.5	—	5	0.002	—	—	0.025	3	1	80	—	80	—	300	—	10	20	①④⑤	Precision FET
AD741L	10	44	2.8	0.2	0.5	2	5	2	5	30	50	0.5	1	90	110	96	106	50	200	15	30	①⑤	Precision 741
748C	10	36	3.3	2	6	—	—	20	200	80	500	0.5	1.2	70	90	76	90	50	200	15	30	①⑤⑥	Uncomp. 741(301 pinout)
μA777	10	44	2.8	0.7	5	4	30	0.7	20	25	100	0.5	1	70	95	76	96	20	250	20	30	①⑤⑥	Low—bias 741
1458S	—	36	12	—	5	—	—	30	200	200	500	20	1	70	90	76	100	50	100	10	30	②⑤	Fast-slew 1458(dual 741)
1471S	8	44	3.5	1	5	3	—	30	200	200	500	12	1	70	90	76	100	25	200	10	30	①⑤	Fast-slew 741
ULN2171	6	40	3.1	0.7	5	—	—	8	20	30	50	1.5	—	80	100	80	100	25	100	—	30	①⑤	Low bias
4131	7	36	1.9	1.5	5	5	20	3	20	70	150	2	4	70	100	70	100	25	160	10	30	①⑤	Fast 741
HA4741	4	40	7	1	5	5	—	30	50	60	300	1.6	3.5	74	96	80	96	25	50	10	30	③	Quad fast 741
LF13741	10	36	4	5	15	10	—	0.01	0.05	0.05	0.2	0.5	1	70	96	77	96	25	100	15	30	①④⑤	FET follower 741
4136C		36	11	0.5	6	—	—	5	200	40	500	1.0	3	70	90	76	90	20	300	20	30	③	Gen. purp. med. speed. quad
1456	10	36	3	5	10	5	—	5	10	15	30	3.5	1	70	84	74	84	70	100	5	40	①⑤	
RC4156	6	40	7	1	5	5	—	30	50	60	300	1.6	3.5	80	—	80	—	25	100	20	30	③	Fast 348(quad 741)
RC4157	6	40	7	1	5	5	—	30	50	60	300	8	19	80	—	80	—	25	100	20	30	③	Decomp. 4156
4558C		36	5.6	2	6	—	—	20	200	80	500	1.0	2.5	70	84	74	84	20	200	15	30	②	Fast 1458(4559=low noise)
HA4605	10	40	6.5	0.5	3.5	2	—	30	100	130	300	4	8	80	—	80	—	75	250	10	7	③	Faster 348
HA4625	10	40	6.5	0.5	3.5	2	—	30	100	130	300	20	70	80	—	80	—	75	250	10	7	③	Decomp. 4605

（续表）

型号	总电源电压 /V min	总电源电压 /V max	电源电流 /mA	U_{IO} /mV typ	U_{IO} /mV max	$\dfrac{dU_{IO}}{dT}$ /(μV/°C) typ	$\dfrac{dU_{IO}}{dT}$ /(μV/°C) max	I_{IO} /nA typ	I_{IO} /nA max	I_B /nA typ	I_B /nA max	SR /(V/μs) typ	f_T /MHz typ	K_{CMR} /dB min	K_{CMR} /dB typ	$PSRR$ /dB min	$PSRR$ /dB typ	A_d (×1000) min	A_d (×1000) typ	最大输出电流 /mA	最大差模输入电压 /V		备注
301A	10	44	2.5	2	7.5	6	30	3	50	70	250	0.5	1	70	96	70	96	25	160	10	30	①②⑤⑥	Gen. purp. uncomp
AD301AL	10	44	3	0.3	0.5	2	5	3	5	15	30	0.5	1	—	100	—	100	—	300	10	30	①⑤⑥	Precision low bias
307	10	44	2.5	2	7.5	6	30	3	50	70	250	0.5	1	70	96	70	96	15	—	10	30	①	Compensated 301
NE5534	6	44	0.5	0.5	4	—	—	20	300	500	1 500	6	10	70	100	80	100	25	100	20	0.5	①②⑤⑥	Low noise, fast, good for audio
324	3	32	2	2	7	7	—	5	50	45	250	0.5	1	65	100	65	100	25	100	20	30	(①②)③	Gen. purp. quad. sing. supp.
324A	3	32	2	2	3	7	30	5	30	45	100	0.5	1	65	100	65	100	25	100	20	30	(①②)③	Improved 324
LM324	3	32	0.7	3	5	7	—	2	30	20	250	0.3	1	70	80	65	100	50	100	60	32	③	
LM358	3	32	1.5	2	7	7	—	5	50	45	250	0.3	1	60	70	65	100	25	100	40	32	②	
μA799	3	36	2	2	5	10	—	10	25	50	100	0.6	1	70	90	76	90	50	200	20	30	①②⑤	Sim to 324, but low distortion
μA739	8	36	1	1	6	—	—	50	10 000	300	2 000	1	6	70	95	—	85	6.5	20	1.5	5	②⑥	Low-noise audio op-amp
μA749	8	36	1	1	3	3	—	50	400	300	750	2	6	70	86	74	86	20	50	1.5	5	②⑥	Improved 739
MC1303	10	30	1.5	1.5	10	—	—	200	400	1 000	10k	1	—	70	—	76	100	6	10	10	40	②⑥	Similar to 739
RC4739	8	36	2	2	6	2	5	5	200	40	500	1	3	70	100	76	100	15	200	7	30	②	739 with push-pull output
μA725	6	44	2	0.5	1	—	—	2	20	40	100	0.005	0.08	110	120	100	116	250	3 000	15	5	①⑤⑥	Orig. Precision op-amp
OP-05E	6	44	4	0.2	0.5	0.7	2	1.2	3.8	1.2	4	0.17	0.6	110	123	94	107	200	500	10	30	①②⑤	
OP-07A	6	44	4	0.01	0.025	0.2	0.6	0.3	2	0.7	2	0.17	0.6	110	126	100	110	300	500	10	30	①⑤	Precision premium op-amp
OP-07C	6	44	5	0.06	0.15	0.5	1.8	0.8	6	1.8	7	0.17	0.6	100	120	90	104	120	400	10	30	①⑤	
OP-07E	6	44	4	0.03	0.08	0.3	1.3	0.5	3.8	1.2	4	0.17	0.6	106	123	94	107	200	500	10	30	①⑤	
OP17	8	44	4	0.4	4.5	3	10	1.3	14.4	2.5	18	60	30	85	97	140	150	30	100	15	10	①④	Precisionand higher speed
OP27A	6	44	3	0.01	0.025	0.2	0.6	7	35	10	40	2.8	8	108	122	126	144	1000	1800	—	12	①⑤	Precisionand higher speed
OP37A	6	44	3	0.01	0.025	0.2	—	10	50	10	40	17	63	108	122	126	144	1000	1800	—	12	①⑤	Precisionand higher speed
AD504L	10	36	3	0.2	0.5	0.2	2	—	10	—	80	0.12	0.3	110	120	—	100	1 000	8 000	15	30	①⑤⑥	
AD510L	10	36	3	—	0.025	—	—	—	2.5	—	10	0.1	0.3	110	—	100	—	1 000	—	10	30	①⑤	Low offset

（续表）

型号	总电源电压 min/V	总电源电压 max/V	电源电流/mA	U_{IO}/mV typ	U_{IO}/mV max	$\dfrac{dU_{IO}}{dT}$/(μV/℃) typ	$\dfrac{dU_{IO}}{dT}$/(μV/℃) max	I_{IO}/nA typ	I_{IO}/nA max	I_B/nA typ	I_B/nA max	SR/(V/μs) typ	f_T/MHz typ	K_{CMR}/dB min	K_{CMR}/dB typ	PSRR/dB min	PSRR/dB typ	A_d(×1000) min	A_d(×1000) typ(×1000)	最大输出电流/mA	最大差模输入电压/V		备注
AD517J	10	36	4	—	0.15	—	3	—	1	—	5	0.1	0.25	94	—	88	—	1 000	—	10	30	①⑤	
AD517L	10	36	3	—	0.025	—	0.5	—	0.25	—	1	0.1	0.25	110	—	96	—	1 000	—	10	30	①⑤	Precision premium op-amp
3510CM	6	40	3.5	—	0.06	—	0.5	—	10	—	15	0.8	0.4	110	—	110	130	1 000	10M	10	40	①⑤⑥	Precision
LM308	10	36	0.8	2	7.5	6	30	0.2	1	1.5	7	0.15	0.3	80	100	80	96	25	300	5	0.5	①②⑥	Orig. Lowcurr. (superbeata)
OP-08E	10	10	0.5	0.07	0.15	0.5	2.5	0.002	0.2	0.8	2	0.12	0.8	104	120	104	120	80	300	5	0.5	①⑥	Precision 308
LM11	5	10	0.6	0.1	0.3	1	3	0.5pA	10pA	25pA	50pA	0.3	0.5	110	130	100	118	100	300	2	0.5	①⑤⑥	Lowest Io bipolar op-amp. precision
OP-12E	10	10	0.5	0.07	0.15	0.5	2.5	0.05	0.2	0.8	2	0.12	0.8	104	120	104	120	80	300	5	0.5	①	Precision 312
LH0044A	4	10	3	0.008	0.025	0.1	0.5	1.5	2.5	8.5	15	0.06	0.4	120	145	120	145	1 000	20M	4	1	①⑥	Precision
LM308A	10	36	0.8	0.3	0.5	0.6	1	0.2	1	1.5	7	0.15	0.3	96	110	96	110	80	300	5	0.5	①⑥	Precision 308
LM312	10	40	0.8	2	7.5	6	30	0.2	1	1.5	7	0.15	0.3	8	110	96	96	25	300	5	0.5	①⑤⑥	Compensated 308
LM316A	6	40	0.5	—	3	—	—	—	50pA	—	150pA	0.15	0.3	80	—	80	—	30	—	5	0.4		Precision
355	10	36	4	3	10	5	—	3 pA	20 pA	30 pA	200pA	5	2.5	80	100	80	100	25	100	20	30	①④⑤	Popular gen. purp. BIFET
OP-15E	10	44	4	0.2	0.5	2	5	7 pA	10pA	15pA	50pA	17	6	86	100	86	100	100	240	15	40	①④⑤	Precision fast 355
OP-16E	10	44	7	0.2	0.5	2	5	7 pA	20pA	15pA	50pA	25	8	86	100	86	100	100	240	20	40	①④⑤	Precision fast 356(op-17 = decomp)
355A	10	36	4	1	2	3	5	3 pA	10pA	30pA	150pA	5	2.5	85	100	85	100	50	100	20	30	①④⑤	Precision 355
LFT355	10	44	4	—	0.5	3	5	3 pA	10pA	30pA	50pA	5	2.5	95	—	85	100	50	200	20	30	①④⑤	Precision 355
356	10	36	10	3	10	5	—	3 pA	40pA	30pA	200pA	12	4.5	80	100	80	100	25	100	20	30	①④⑤	Fast 355
356A	10	36	10	1	2	3	5	3pA	20pA	30pA	100pA	12	4.5	85	100	85	100	50	100	20	30	①④⑤	Precision 356
LFT356	10	44	7	—	0.5	3	5	3pA	20pA	30pA	100pA	12	4.5	95	—	85	100	50	200	20	30	①④⑤	Precision 356
357	10	36	10	3	10	5	—	7pA	40pA	30pA	200pA	50	20	80	100	80	100	25	100	20	30	①④⑤	Decompensated 356
357A	10	36	10	1	2	3	5	7pA	20pA	30pA	100pA	50	20	85	100	85	100	50	100	20	30	①④⑤	Precision 356
TL081A		36	2.8	5	15	10	—	5pA	30pA	30pA	400pA	13	3	70	76	70	76	25	200	10	30	①（②③）④⑤	Inexpensivegen. purp. BiFET

（续表）

型号	总电源电压 min/V	总电源电压 max/V	电源电流/mA	U_{IO} typ/mV	U_{IO} max/mV	dU_{IO}/dT typ/(μV/℃)	dU_{IO}/dT max/(μV/℃)	I_{IO} typ/nA	I_{IO} max/nA	I_B typ/nA	I_B max/nA	SR typ/(V/μs)	f_T typ/MHz	K_{CMR} min/dB	K_{CMR} typ/dB	PSRR min/dB	PSRR typ/dB	A_d min (×1000)	A_d typ (×1000)	最大输出电流/mA	最大差模输入电压/V	电源引脚	备注
TL081B		36	2.8	2	3	1	—	5pA	10pA	30pA	200pA	13	3	80	86	80	86	50	200	10	30	①(②③)④⑤	
TL081C		36	0.25	3	14	10	—	5pA	50pA	30pA	400pA	13.5	1	70	76	70	95	3	10	5	30	①(②③)④⑤	Low power
TL082		36	2.8	3	6	18	—	5pA	100 PA	30pA	200pA	13	3	80	86	80	86	25	200	10	30	②④⑤	Lower noise, Rail to rail
TL084		36	2.8	3	6	18	—	5pA	100pA	30pA	200pA	13	4	80	86	80	86	25	200	10	30	③④⑤	Lower noise, Rail to rail
TL071C		36	2.5	3	10	10	—	5pA	50pA	30pA	200pA	13	3	70	76	70	76	25	200	10	30	①(②③)④⑤	Lower noise
TL072		36	2.5	3	13	10	—	5pA	100pA	30pA	200pA	13	3	70	86	70	86	25	200	40	15	②④⑤	Lower noise
TL074		36	2.5	3	13	10	—	5pA	100pA	30pA	200pA	13	4	70	86	70	86	25	200	40	15	③④⑤	Lower noise
LF351		36	3.4	5	10	10	—	25pA	100pA	50pA	200pA	13	4	70	100	70	100	25	100	10	30	①(②③)④⑤	Similar to TL071
LF351A	10	36	2.8	1	2	10	—	25pA	50pA	50pA	100pA	13	4	80	100	80	100	50	100	10	30	①(②③)④⑤	—
AD544L	10	36	2.5	1	0.5	—	5	5pA	—	—	50pA	13	2	80	—	80	—	50	100	15	20	①(②③)④⑤	Precision low noise
μA771A	10	36	3		2	10	—	40pA	50pA	50pA	—	13	3	80	90	80	—	50	100	10	30	①(②③)④⑤	Similar to TL071
CA3160A	5	16	15	2	5	10	—	0.5pA	2pA	5pA	30pA	10	4	80	90	76	94	50	320	12	8	①④⑤⑥	MOS in/out (3130=uncomp)
CA3140A	4	44	6	2	5	6	—	0.5pA	0.02	0.01	40pA	7	3.7	70	90	76	80	20	100	+10,-1	8	①(②)④⑤	Gen purp. MOSFET op-amp
ICL7600	4	18	5	0.002	0.005	0.01	0.1	0.5 pA	0.02	0.3	3	0.5	0.3	—	88	—	110	30	160	+5,-10	18	①④	CAZ(lowest offset,low freq)
ICL7612B	3	18			5	5	—	0.5pA	0.03	0.001	50pA	1.6	1.4	60	87	70	77	10	100	5	18	①④	Programmable
ICL7641B	1	18	2.5		5	5	—	0.5pA	0.03	0.001	50pA	1.6	1.4	60	87	70	77	10	100	5	18	(①②)③④	CMOS,gen.purp, low voltage
ICH8500A	16	36	2.5		50	—	—	0.01 pA	—	10 pA	—	0.5	0.5	60	75	—	80	—	100	5	0.5	①④⑤	Lowest input current
MC14573-1	3	18	1.5		10	20	—	—	0.02	—	1	8	—	—	80	—	70	—	50	1.3	18	③④	CMOS FET, low bias
LH0022	11	40	2.8	2	4	5	10	0.2pA	2pA	5pA	10pA	3	1	80	90	80	90	100	200	10	30	①④⑤	LH0042=low-cost version

（续表）

型号	总电源电压/V min/V	max/V	电源电流/mA	U_{IO}/mV typ	max	$\dfrac{dU_{IO}}{dT}$/(μV/℃) typ	max	I_{IO}/nA typ	max	I_B/nA typ	max	SR/(V/μs) typ	f_T/MHz typ	K_{CMR}/dB min	typ	PSRR/dB min	typ	A_u(×1000) min	typ	最大输出电流/mA	最大差模输入电压/V		备注
LH0052	11	40	3.8	0.1	0.5	2	5	0.01pA	0.5pA	0.5pA	2.5pA	3	1	74	90	74	90	100	200	10	30	①④⑤	Precision
AI506L	10	44	7	0.4	1	5	10	—	2pA	—	2pA	6	1	80	90	80	86	50	120	15	4	①④⑤	
AI615J	10	36	1.5	0.4	3	—	50	—	0.3pA	—	0.3pA	1	0.4	66	94	68	86	40	—	10	20	①④⑤	
AI615L	10	36	1.5	0.4	1	—	25	—	0.8pA	—	0.08pA	1	0.4	70	94	74	86	50	—	10	20	①④⑤	Lowest current Precision
AI645L	10	36	1.5	—	0.5	—	5	—	—	—	1pA	1	0.7	76	80	—	74	40	—	10	20	①④⑤	Precision
3521L	10	40	4	—	0.25	1	—	2pA	—	—	10pA	0.6	1.5	—	90	—	92	50	—	10	40	①④⑤	Precision
3527CM	10	40	4	0.1	0.25	—	2	0.3pA	—	2pA	5pA	0.9	1	—	76	—	80	100	300	20	40	①④⑤	Precision
3528BM	10	40	1.5	0.1	0.25	2	5	0.04pA	—	—	0.15pA	0.7	0.7	80	86	80	92	100	—	10	40	①④⑤	Precision low current
OPA544T	20	70	12	1	5	10	—	—	—	—	100pA	8	1.4	90	106	80	100	103	140	4A	(V+)−4V (V−)+3.8V	①④⑤	Continuous OutputCurrent:2A. Rail to Rail
OPA549T	8	60	26	1	5	20	—	5	50	100	500	9	0.9	80	95	80	92	100	316	8A	(V−)−2.3V(V+)+0.2V	①⑤	Continuous Current Output : 8A. Rail to Rail
LM343	10	68	5	2	8	—	—	1	10	8	40	2.5	1	70	90	74	100	70	180	10	68	①⑤	Uncompensated 343
LM344	10	68	5	2	8	—	—	1	10	8	40	30	10	70	90	74	100	70	180	10	68	①④⑤	
1436	10	80	5	5	10	—	—	5	10	15	40	2	1	80	110	80	96	70	500	10	80	①⑤	
HA2645	20	80	4.5	2	6	15	—	12	30	15	30	5	4	74	100	74	90	100	200	10	37	①⑤⑥	
SG143	8	80	4	2	6	—	—	1	3	8	35	2.5	1	70	90	80	100	100	180	20	26	①⑤	
SG343	8	80	5	2	8	15	—	1	10	8	55	2.5	1	80	90	74	100	70	180	20	26	①⑤	
3583	100	300	4.5	2	3	—	—	12	30	150	0.1	30	5	—	1100	—	84	50	900	75	300	①④⑤	Fast high voltage FET
LM318	10	40	10	4	10	15	—	30	200	150	500	70	15	70	60	65	80	20	—	10	0.5	①④⑥	Popular
LH0024c	10	36	15	5	8	25	—	4μA	15μA	18μA	40μA	400	70	50	60	—	60	3	4	10	5	①⑤⑥	
LH0032C	10	36	22	5	15	25	—	0.01	0.05	0.025	0.2	500	70	70	60	50	60	1	2.5	15	30	①④⑤⑥	FET
AI518J	10	40	10	4	10	10	—	30	200	120	500	70	12	70	100	65	80	25	100	15	5	①④⑤⑥	

(续表)

型号	总电源电压/V		电源电流/mA	U_{IO}/mV		$\dfrac{dU_{IO}}{dT}$/(μV/℃)		I_{IO}/nA		I_B/nA		SR/(V/μs)	f_T/MHz	K_{CMR}/dB		PSRR/dB		A_u(×1000)		最大输出电流/mA	最大差模输入电压/V		备注
	min	max		typ	max	typ	max	typ	max	typ	max	typ	typ	min	typ	min	typ	min	typ				
AD528J	10	40	7	1	3	25	50	—	0.005	0.01	0.03		10	70	90	70	90	25	100	15	20	①④⑤⑥	FET;compensated
AD8051	3	10	4.4	1.7	10	10	—	0.1	0.75	1.4μA	2.5μA	145	110	72	88	70	80	86	98	45	12	①⑤	Rail to Rail
AD8052	3	10	4.4	1.7	10	10	—	0.1	0.75	1.4μA	2.5μA	145	110	72	88	70	80	86	98	45	12	②⑤	Rail to Rail
AD8054	3	10	2.75	1.7	12	15	—	0.2	1.2	2μA	4.5μA	170	150	70	86	68	80	82	98	30	12	③⑤	Rail to Rail
NE530		36	3	2	5	6	—	15	40	65	150	35	3	70	90	76	90	50	200	10	30	①②⑤	Fast dual (5535)
NE538	10	36	2.8	2	5	6	—	15	40	65	150	60	3	70	90	76	90	50	200	10	30	①②⑤	Fast dual (5538)
NE531	12	44	10	2	6	—	—	50	200	400	1500	35	1	70	100	76	100	20	60	—	15	①⑤⑥	Fastdual(5535)
NE535	10	36	2.8	2	5	6	—	15	40	65	150	15	1	80	90	76	90	50	200	10	30	①②⑤	Fast settling (2035 buffer)
1435	24	32	30	2	5	5	25	—	—	10μA	20μA	300	1000	80	90	—	75	10	20	35	2	①⑤⑥	Fast settling (5535)
HA2505	20	40	6	4	8	20	—	20	50	125	250	30	12	74	90	74	90	15	25	10	15	①⑤⑥	2507=mini-DIP
HA2515	20	40	6	5	10	30	—	20	50	125	250	60	12	74	90	74	90	7.5	15	10	15	①⑤⑥	2517=mini-DIP
HA2525	20	40	6	5	10	30	—	20	50	125	250	35	20	74	90	74	90	7.5	15	10	15	①⑤⑥	Popular(2527=mini-DIP)
HA2535	20	40	6	3	5	5	—	5	20	15	200	5	70	80	100	80	100	100	2000	10	0.5	①⑥	Fast
HA2605	10	45	4	3	5	10	—	5	25	50	200	7	12	74	90	74	90	80	150	10	12	①⑤⑥	2607=mini-DIP
HA2625	10	45	4	3	5	10	—	5	25	50	200	35	100	74	100	74	100	80	150	10	12	①⑤⑥	Popular(2627=mini-DIP)
HA2655	4	40	4	2	5	8	—	2	60	50	200	5	8	74	100	74	100	20	40	10	30	⑤	
CA3100	13	36	11	1	5	—	—	50	400	700	2000	25	30	76	90	60	70	0.8	1.1	15	12	①⑤⑥	
HA5105	20	40	8	0.5	1.5	15	—	0.5pA	0.05	0.05	0.1	8	18	80	86	80	94	50	100	15	40	①④⑤⑥	Fast FET monolithic,precision
HA5115	20	40	8	0.5	1.5	15	—	5 pA	0.05	0.05	0.1	40	50	80	86	80	94	50	100	40	40	①④⑤⑥	
HA5155	20	40	7	—	1	10	—			—	0.05	60	50	86	86	86	—	50	—	40	40	①④⑤⑥	Decomp 5155
HA5165	20	40	7	—	1	10	—	1μA	4μA	5μA	15μA	100	100	86	86	86	—	50	—	40	40	①④⑤⑥	Fast settling
HA5195	20	35	25	3	6	20	—	1μA	4μA	10μA	20μA	200	150	74	85	70	90	10	30	25	6	①	Vide small output swing
NE5539	6	24	15	2.5	5	5	—			50	200	800	1200	70		66	74	0.32	0.25	40	10	①⑥	Popular,fast
8017		36	88	2	7	10	10	50	—	10	20	130	10	93	102	70	—	25	1000	15	30	①⑥	
LM10	1	45	0.4	0.3	2	2	—	0.3	0.7	250	1000	0.12	0.1	—	—	90	96	120	400	20	40	①⑤	"1 volt op-amp," precision,volt ref
1439	20	36	6	2	7.5	3	—	20	100	5	40	4.2	1	80	100	75	90	20	100	10	36	①⑤⑥	
HA2705	11	40	0.2	1	—	5	—	2.5	15	0.15	1	20	1	80	106	80	100	200	300	10	18	①⑤	Fast, Low power
HA2905	20	42	5	0.02	0.08	0.2	—	0.05	0.5	0.6	10	2.5	3	120	160	120	160	1 k	50 k	7	15	①	Chopper. noisy
72088		36	10	0.07	1.15	—	—	0.2	0.6			25	3	—	80	—	70	1 k	10 k	15	15	①	Chopper. noisy poor CMRR and PSRR

注：①单运放　②双运放　③四运放　④FET　⑤外部调零　⑥外部频率补偿。

本章小结

1. 集成运放是在线性集成电路设计理念下用集成工艺制作的多级放大器。通常集成运放采用包含差动输入级、共射中间级和共集互补输出级的三级直接耦合级联形式,各级放大电路的偏置则主要由镜像电流源、比例电流源和微电流源电路提供。

2. 差动输入级是运放中最重要的部分,其质量对运放的性能指标影响极大。差动输入级有多种电路形式,它们都具有对称的电路结构,并具有对差模信号放大能力强、对共模信号抑制能力强的共同特点。

3. 表征集成运放器件性能的参数有许多,其中 U_{IO}、$\dfrac{dU_{IO}}{dT}$、I_B、I_{IO}、A_{do}、K_{CMR}、f_T 和 SR 等几种参数尤其重要,它们往往是决定集成运放器件选择的主要依据。

4. 特殊功能的运放是在某些参数上具有特别优良指标的运放。本书中所列举的运放器件都是一些应用极为普遍的运放型号。

5. 在实际应用中当单个运放的性能指标难以满足具体设计要求时,可考虑采用复合结构运放以综合不同运放器件性能参数之所长,获取在整体性能上超越单个运放器件的等效运放。复合结构运放是高性能电路设计的一种有效方法。

思考题与习题

题 5-1　差动放大器如题图 5-1 所示,T_1、T_2 的 $\beta=100$。

① 求 T_1、T_2 的静态工作点;

② 画出差模和共模分量的等效电路;

③ 求差模和共模的输入阻抗;

④ 求差模和共模的电压放大倍数;

⑤ 写出输出电压与 U_{s1} 和 U_{s2} 的关系式。

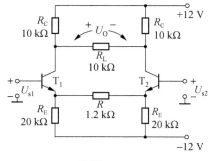

题图 5-1

题 5-2　题图 5-2 中的普通差动放大器(图(a))和复合管差动放大器(图(b))具有相同的 I_o。各管的 β 亦相同，$r_{bb'}$ 可以忽略不计，求(a)、(b)两电路的差模输入电阻 R_{id} 和差模互导增益 A_g。

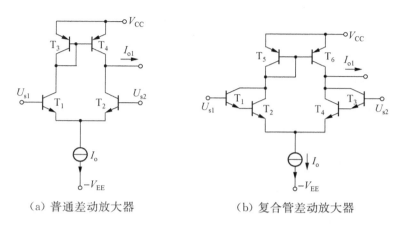

(a) 普通差动放大器　　　　　(b) 复合管差动放大器

题图 5-2

题 5-3　判断题图 5-3 中哪些是恒流源电路? 哪些是恒压源电路? 并估算 R_L 上的电压或电流。

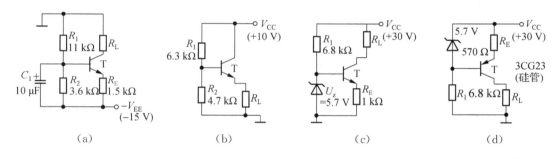

(a)　　　　　(b)　　　　　(c)　　　　　(d)

题图 5-3

题 5-4　题图 5-4 电流源电路中，T_1、T_2 管的 β 相等。分析当 β 分别为 4,30,100 时 I_o 与 I_{REF} 的相对误差。

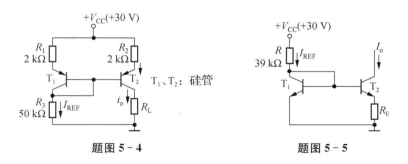

题图 5-4　　　　　　　题图 5-5

题 5-5　设计一个如题图 5-5 所示的微电流源电路。已知 T_1、T_2 管的 $\beta_1 = \beta_2 = \beta = 60$，

要求 $I_o=10\ \mu A$。求 $R_E=?$

题 5-6 典型集成运放电流偏置电路如题图 5 - 6 所示。已知 T_1、T_2、T_3 的 β 大，且 $I_{C1}=100\ \mu A$。问：R $=?,I_{C3}=?$

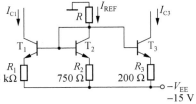

题图 **5 - 6**

题 5-7 题图 5 - 7 是一个用差动放大器组成的振幅调制电路，设备管的 β 均为 100。

① 求各管的静态工作点；

② 设 $e_1=10\sin 2\pi 10\ 000t$ mV，$e_2=2\sin 2\pi 100t$ V，画出输出电压的波形。

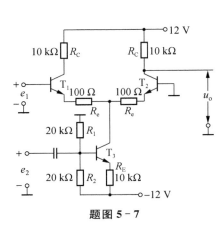

题图 **5 - 7**

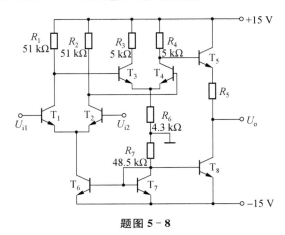

题图 **5 - 8**

题 5-8 ① 画出题图 5-8 电路的简化原理电路；

② 设备管的 $\beta=100$，求静态时使 $U_o=0$ V 的 R_5 值；

③ 求差模电压放大倍数 A_u；

④ 求差模输入电阻和输出电阻。

题 5-9 放大电路如题图 5 - 9 所示，其中 T_1 与 T_2，T_3 与 T_4，T_5 与 T_6 的参数两两相同。试回答：

① $T_1 \sim T_8$ 各管在电路中各起什么作用？

② T_1 和 T_2 的静态漏极电流大约为多大？写出其表达式；

③ 求差模电压放大倍数（设各管的漏极微变电阻为 r_{DS}）。

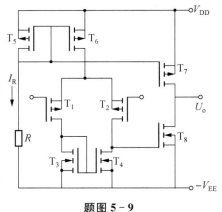

题图 **5 - 9**

题 5-10 根据题图 5 - 10 所示电路，回答下列问题：

① 若 T_3 管的集电极 C_3 经 R_F 反馈连接到 B_2 点，判断 B_3 分别连接到 C_1、C_2 时各构成什么类型的反馈电路。

② 在上述连接并构成深度负反馈条件下，若要求 $A_{uf}=10$，求 R_F 的值。

③ 若希望同时减小放大器的输入及输出阻抗,应如何连接电路?

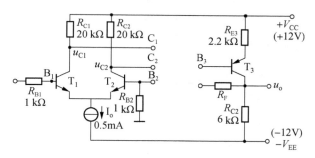

题图 5-10

题 5-11 题图 5-11 所示放大电路中,设运放 A 的电压增益为 100,其他参数均视同理想运放。各三极管均为硅管,其 $|U_{BE}|=0.6$ V,$\beta=100$,$r_{CE} \to \infty$。在图示参数下:

① 为使电路的静态输出电压为零,R_W 的取值应为多大?

② 判断该电路的同相及反相输入端。

③ 试求电路的电压总增益 $A_u=u_o/(u_{i1}-u_{i2})$。

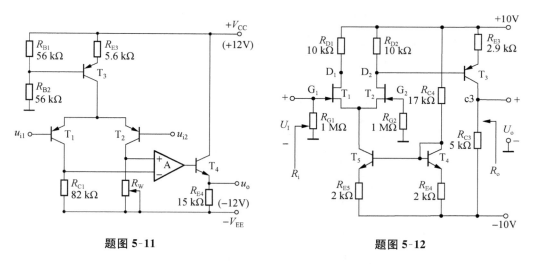

题图 5-11   题图 5-12

题 5-12 一个两级放大电路如题图 5-12 所示,以恒流源式场效应管差动放大电路作前级,PNP 管放大电路作后级。已知 T_1、T_2 参数相同,$g_m=2$ mS,r_{GS}、$r_{DS} \to \infty$;$T_3 \sim T_5$ 的参数为 $\beta_3=\beta_4=\beta_5=100$,$r_{bb'3}=r_{bb'4}=r_{bb'5}=300$ Ω,$U_{BE3}=-0.2$ V,$U_{BE4}=U_{BE5}=0.6$ V。求:

① $U_I=0$ 时的 U_O 及各管工作电流(设 $I_{B3} \ll I_{D2}$);

② 放大电路的 A_u、R_i 和 R_o。

题 5-13 图示电路中,假设 A 为理想运放,三极管的 $U_{BE}=0.6$ V,$\beta=50$。

① 求放大电路的直流工作点(即令 $u_i=u_o=0$)。

② 要使图中的电路为负反馈,标出运放 A 的同相端与反相端。

③ 判断引入负反馈的类型,并求闭环电压放大倍数。

④ 假设反馈电阻 R_F 的一端断开与基极 B_2 的连接并连接到基极 B_1 处,重新求解①～③。

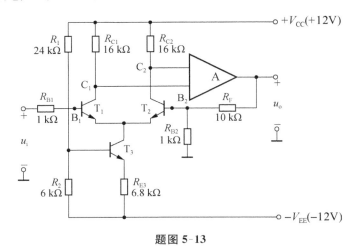

题图 **5-13**

题 5-14 由 JFET 对管组成的差动放大电路如题图 5-14 所示。已知其中 JFET 对管的 $U_P = -2$ V，$I_{DSS} = 1$ mA，$r_d \gg R_d$；BJT 管 T_3 的 $U_{BE} = 0.6$ V，$\beta = 80$，$r_{CE} = 200$ kΩ。

① 求 T_1 和 T_2 的静态工作点。

② 求电路的差模电压放大倍数 $A_{ud} = u_o / (u_{i1} - u_{i2})$。

③ 求若电路改为由 T_2 单端输出(带负载)时的 K_{CMR}。

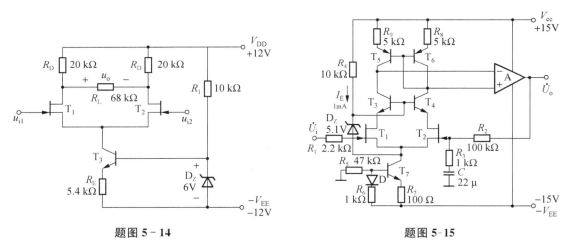

题图 **5-14**   题图 **5-15**

题 5-15 采用差动对管提高输入阻抗及开环增益的放大电路如题图 5-15 所示,设各三极管的 β 均为 50,JFET 的 $I_{DSS} = 2$ mA，$U_P = -2$ V。

① $T_1 \sim T_7$ 各管在电路中各起什么作用?

② 求 $T_1 \sim T_7$ 各管的静态工作点参数。

③ 估算整个放大电路的电压放大倍数。

题 5-16 已知题图 5-16 电路中各三极管均为硅管,$U_{BE} = 0.6$ V，$\beta = 80$，$r_{ce} = 50$ kΩ。

试求：

① 各管的静态电流 I_C（各管 I_B 可忽略不计）及静态输出电压 U_O。

② 电路的差模电压放大倍数 $A_{us}=u_o/u_s$。

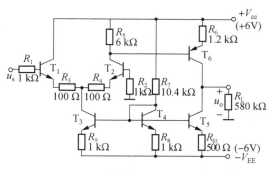

题图 5-16

题 5-17　由 μA741 组成的运算电路，输出为幅值 10 V 的正弦电压，试求受转换速率 SR 限制的不失真输出波形的最大信号频率。

题 5-18　已知一运放的电路如图 5.3.6 所示，其 $A_{do}=105$ dB，$f_T=1.2$ MHz，从 -3 dB 带宽 f_h 到单位增益带宽 f_T 间特性以 -20 dB/十倍频的速率衰减。

① 求 f_h；

② 若频率补偿电容 C 增大 1 倍，求 A_{do}、f_T 和 f_h；

③ 若 I_o 减小到一半，求 A_{do}、f_T 和 f_h。

题 5-19　设用全补偿运放 μA741（$A_{do}=105$ dB，$f_1=7.5$ Hz，$SR=0.5$ V/μs）组成一个闭环增益为 50 dB 的同相放大器，试画出 0.1 V 阶跃输入电压时的输出波形，并求出输出响应的上限频率 f_H。

题 5-20　一个同相或反相放大电路在 25 ℃ 时通过调零电路使输出失调误差电压为零。设该运放的 $\dfrac{dU_{IO}}{dT}$ 和 $\dfrac{dI_{IO}}{dT}$ 已知。求此电路在 0～50 ℃ 温度范围内工作时在输入端产生的最大误差电压。

第6章 运算电路的精度及稳定性分析

集成运放在负反馈条件下构成的各类运算电路中,由于器件参数的非理想会对运算电路的信号处理精度及工作稳定性产生不利影响。本章首先讨论集成运放的静态模型及参数对运算电路静态特性的影响以及减小静态误差的对策。接着讨论集成运放的动态模型及参数对运算电路动态特性的影响,通过导出各种运算电路增益的统一表达式,定量分析、比较运算电路中实际增益与理想增益的差别,由此判断增益的精度。最后就集成运放的频带宽度、转换速率等动态参数对运算电路的工作稳定性及频域、时域响应特性的影响等进行深入讨论,并介绍相关的各种稳定性补偿措施。学习掌握本章内容,懂得在实际应用中如何洞察电路设计中潜在的缺陷及隐患并采取相应的技术措施和对策,对提高工程技术人员的电子电路分析、设计及应用能力都有较大助益。

6.1 运算电路的静态误差分析

在上一章中我们已经对集成运放的具体参数有了初步的了解,这些参数可分为静态参数、动态参数和极限参数等几大类。相对于理想运放而言,某些参数上的缺陷会使运算电路的输出响应产生偏差。其中器件的安全工作范围主要由极限参数限定;电路的增益及响应特性则主要与动态参数相关;电路的静态误差及偏置稳定性则主要与静态参数相关。本节主要讨论运放静态参数对电路性能的影响。

6.1.1 输出误差电压及误差电流

考虑了集成运放静态参数影响的等效电路模型如图 6.1.1 所示。其中输入偏置电流 I_B 和输入失调电压 U_{IO}、输入失调电流 I_{IO} 在运放输入级产生的静态误差,会在运算电路的输出产生相应的输出误差。这些误差电压及电流与输出端的有用信号混杂在一起,直接影响了电路的运算精度。

由于 I_B 和 U_{IO}、I_{IO} 所产生的误差分量与信号大小无关,这种误差称为"相加性误差",它的大小可以在不考虑输入信号的情况下单独求出。对以电压输出为目的的电压负反馈运算电路,我们关心的是它的输出误差电压 U_{ro};而对以电流输出为目的的电流负反馈运算电路,我们关心的则是输出误差电流 I_{ro}。

1. 输出误差电压 U_{ro}

图 6.1.1 中 R_1 和 R_2 是反馈网络直流通路的电阻。R_3 是同相输入端外电路的直流电阻，它可以是人为的外接电阻，也可以是信号源的直流内阻。

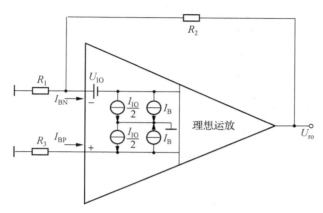

图 6.1.1　求 U_{ro} 的等效电路

U_{ro} 等于 U_{IO}、I_{B} 和 I_{IO} 单独作用时在输出端产生的误差电压之和，即

$$U_{\text{ro}}=U_{\text{IO}}\left(1+\frac{R_2}{R_1}\right)-I_{\text{BP}}R_3\left(1+\frac{R_2}{R_1}\right)+I_{\text{BN}}R_2 \tag{6.1}$$

等式右边的第 1 项是由输入失调电压 U_{IO} 所产生的输出误差电压部分，由于 R_1、R_2 是由运算电路要求的增益决定的，因此，只能通过选 U_{IO} 较小的运放，或对 U_{IO} 进行补偿的方法来减小它。等式右边的第 2 项和第 3 项是输入偏置电流 I_{B} 和输入失调电流 I_{IO} 所产生的输出误差电压部分。在运放的两个输入端偏置电流 I_{BP} 和 I_{BN} 不相等的情况下，欲使此部分误差电压为零，必须使

$$-I_{\text{BP}}R_3\left(1+\frac{R_2}{R_1}\right)+I_{\text{BN}}R_2=0$$

即 R_3 必须满足

$$R_3=\frac{I_{\text{BN}}}{I_{\text{BP}}}(R_1 /\!/ R_2) \tag{6.2}$$

然而，比值 $\dfrac{I_{\text{BN}}}{I_{\text{BP}}}$ 具有生产分散性，电路设计人员并不知道 I_{BN} 和 I_{BP} 的确切值，但已知

$$I_{\text{BN}}=I_{\text{B}}+\frac{1}{2}I_{\text{IO}}$$

$$I_{\text{BP}}=I_{\text{B}}-\frac{1}{2}I_{\text{IO}}$$

对于大多数运放而言，I_{IO} 的数值只有 I_{B} 的 $\dfrac{1}{10}\sim\dfrac{1}{4}$，若取

$$R_3=R_1 /\!/ R_2 \tag{6.3}$$

则可将 I_{BN} 和 I_{BP} 中的主要部分 I_B 所产生的输出误差电压消除掉。在这种情况下,式(6.1)可简化为

$$U_{ro} = U_{IO}\left(1 + \frac{R_2}{R_1}\right) + I_{IO} \cdot R_2 \tag{6.4}$$

【例题 6.1.1】 一个用 μA741 构成的增益为 -10 dB 的反相放大器,已知 μA741 的 $U_{IO} = 2$ mV,$I_B = 80$ nA,$I_{IO} = 20$ nA,求下列情况下的 U_{IO} 及 I_B、I_{IO} 产生的输出误差电压:

情况 1 $R_1 = 10$ kΩ $R_2 = 100$ kΩ $R_3 = 0$

情况 2 $R_1 = 10$ kΩ $R_2 = 100$ kΩ $R_3 = R_1 // R_2 = 10$ kΩ // 100 kΩ

情况 3 $R_1 = 100$ kΩ $R_2 = 1$ MΩ $R_3 = 0$

情况 4 $R_1 = 100$ kΩ $R_2 = 1$ MΩ $R_3 = R_1 // R_2 = 100$ kΩ // 1 MΩ

【解】 输入失调电压 U_{IO} 产生的输出误差电压部分只与 R_2/R_1 比值有关,因此,对上述四种情况,其值均为

$$U_{ro1} = U_{IO}(1 + R_2/R_1) = 2 \times 11 \text{ mV} = 22 \text{ mV}$$

设 I_B 产生的输出误差电压为 U_{ro2},I_{IO} 产生的为 U_{ro3},则根据式(6.1)可得

$$U_{ro2} = I_B\left(R_2 - R_3\frac{R_1 + R_2}{R_1}\right)$$

$$U_{ro3} = \frac{1}{2}I_{IO}\left(R_2 + R_3\frac{R_1 + R_2}{R_1}\right)$$

由以上两式求出四种情况下的 U_{ro2} 和 U_{ro3} 值连同 U_{ro1}、总误差电压 U_{ro} 值,列表如下:

情况	U_{ro1}/mV	U_{ro2}/mV	U_{ro3}/mV	U_{ro}/mV
1	22	8	1	31
2	22	0	2	24
3	22	80	10	112
4	22	0	20	42

从上面例题中,可以得到如下的结论:

(1) 当反馈网络采用低阻值电阻时,U_{ro} 的主要部分是 U_{IO} 产生的输出误差电压 U_{ro1}。

(2) 当反馈网络采用高阻值电阻时,I_B 和 I_{IO} 产生的输出误差电压 U_{ro2} 和 U_{ro3} 可能占主导地位。

(3) 任何情况下,选取 $R_3 = R_1 // R_2$ 对减小 U_{ro} 都是有意义的。

*2. 输出误差电流 I_{ro}

图 6.1.2 是求电流负反馈电路的输出误差电流的通用等效电路。电路中的 R_L 是负载,R、R_1 和 R_2 构成反馈网络。

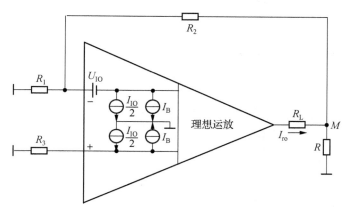

图 6.1.2　求 I_{ro} 的等效电路

I_{ro} 等于 U_{IO}、I_B、I_{IO} 单独作用时在输出端产生的误差电流之和。

$$I_{\text{ro}} = \frac{U_{\text{IO}}\left(1+\dfrac{R_2}{R_1}\right) - I_{\text{BP}}R_3\left(1+\dfrac{R_2}{R_1}\right) + I_{\text{BN}}R_2}{R /\!/ (R_1+R_2)} \tag{6.5}$$

上式的分子是 M 点上的误差电压,它与式(6.1)是相同的。因为 M 点的电压只与 U_{IO}、I_B、R_1 和 R_2 有关,而与 R_L 及 R 无关。流过 R_L 的输出误差电流 I_{ro} 就等于在 M 点上的电压作用下流过 $R /\!/ (R_1+R_2)$ 的电流。

我们能够将输出误差电压分析中得到的一些结论引用到输出误差电流的分析中,即:

(1) 选 $R_3 = R_1 /\!/ R_2$ 可使 I_B 产生的误差电流等于零。

(2) 在 $R_3 = R_1 /\!/ R_2$ 的条件下,I_{IO} 所产生的误差电流分量为 $I_{\text{IO}} \cdot R_2 / [R /\!/ (R_1+R_2)]$。

(3) U_{IO} 引起的输出误差电流为 $U_{\text{IO}}(1+R_2/R_1)/[R /\!/ (R_1+R_2)]$,为了减少此部分的误差,只有选 U_{IO} 小的运放。

6.1.2　输入误差电压及误差电流

6.1.1 节讨论的输出误差电压 U_{ro} 和输出误差电流 I_{ro} 具有容易测量的优点。但如果将输出误差量除以运算电路的理想增益 A_I 得出折算到输入端的误差量,就能更直观地和输入信号的大小相比较,以便估计电路的信号噪声比 S/N(由 U_{IO}、I_B 和 I_{IO} 所产生的误差电压和电流,可看作是一种噪声),对四种不同的运算电路有:

(1) 以输入电压控制输出电压的运算电路

$$U_{\text{ri}} = \frac{U_{\text{ro}}}{A_I} = \frac{U_{\text{ro}}}{A_u} \tag{6.6}$$

(2) 以输入电压控制输出电流的运算电路

$$U_{\text{ri}} = \frac{I_{\text{ro}}}{A_I} = \frac{I_{\text{ro}}}{A_g} \tag{6.7}$$

(3) 以输入电流控制输出电压的运算电路

$$I_{\mathrm{ri}}=\frac{U_{\mathrm{ro}}}{A_{\mathrm{I}}}=\frac{U_{\mathrm{ro}}}{A_r} \tag{6.8}$$

（4）以输入电流控制输出电流的运算电路

$$I_{\mathrm{ri}}=\frac{I_{\mathrm{ro}}}{A_{\mathrm{I}}}=\frac{I_{\mathrm{ro}}}{A_i} \tag{6.9}$$

在本章末的附录 6.1 中列出了几种常用运算电路的输入和输出误差电压或电流。

【例题 6.1.2】 一个由通用运放 μA741 构成的同相放大器用于测量一个满量程（FS）值为 16.771 mV 的热电偶电势，见例图 6.1.2。已知 μA741 的 $U_{\mathrm{IO}}=2$ mV，$I_{\mathrm{B}}=80$ nA，$I_{\mathrm{IO}}=20$ nA。求这个电路满量程时的精度是多少？

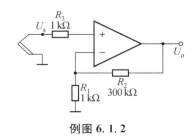

例图 6.1.2

【解】 例图 6.1.2 的电路是以输入电压控制输出电压的运算电路，且符合 $R_3\approx R_1 /\!/ R_2$ 的条件。故由附录 6.1 之 A 查得

$$U_{\mathrm{ri}}=U_{\mathrm{IO}}+I_{\mathrm{IO}}(R_1 /\!/ R_2)$$
$$\approx 2\ \mathrm{mV}+20\times10^{-9}\times1\times10^3=2.02\ \mathrm{mV}$$

电路满量程（FS）的精度为

$$x=\frac{U_{\mathrm{ri}}}{U_{\mathrm{s}}(\mathrm{FS})}=\frac{2.02}{16.771}\times100\%\approx12\%$$

这样一个低于 10% 的精度数值，对于一个测温放大器来讲实在是太低了。这主要是因为 U_{IO} 对输入信号满量程值的占比太大。如果采用 OP-07，其 $U_{\mathrm{IO}}=60\ \mu$V，$I_{\mathrm{IO}}=0.8$ nA，则 $x=0.36\%$。若要求更高的精度，必须选用 U_{IO} 更小的运放，例如 ICL7650。

另一方面，同一个用 μA741 组成的放大器，但满量程输入信号增大到 2 V（此时 $R_1=3.3\ \mathrm{k\Omega}$、$R_2=10\ \mathrm{k\Omega}$、$R_3=2.4\ \mathrm{k\Omega}$）可求出 $x=0.1\%$。

上面分析说明，运算电路的输入信号越小，对运放的 U_{IO}、I_{B}、I_{IO} 等参数要求越苛刻。

*6.1.3 运算电路的调零

运算电路的调零就是采取某些措施以消除或减小 U_{IO}、I_{B} 和 I_{IO} 在输入端产生的误差电压或电流。

通过 6.1.1 和 6.1.2 节的讨论，我们已经明确：

（1）选 $R_3=R_1 /\!/ R_2$ 可以消除 I_{B} 所产生的误差分量。

（2）对大多数电路，U_{IO} 是产生误差的主要因素。

（3）对电压输入的运算电路，如果电路中采用高阻值电阻，I_{IO} 产生的输入端误差将变得十分突出。

（4）对电流输入的运算电路，I_{IO} 所产生的输入误差电流就等于 I_{IO}，在微电流测量时，I_{IO} 是一个主要障碍。

下面讨论 U_{IO} 和 I_{IO} 的补偿方法。

1. 失调电压 U_{IO} 的补偿

单运放芯片都有专供失调补偿（即调零）的管脚,使用者可按生产厂家手册中规定的方法外接一个电位器进行失调电压补偿。图 6.1.3 表示了两种基本电路的接法。为了避免 I_{IO} 对失调电压补偿的影响,调整时应将同相和反相输入端暂时短接起来,然后调节电位器使输出电压为零。

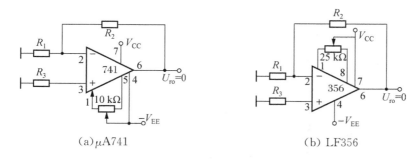

(a) μA741   (b) LF356

图 6.1.3   两种基本的 U_{IO} 内补偿接法

这种补偿方法称为失调的内补偿,它的最大优点是不仅补偿了失调电压 U_{IO},也把大部分的失调电压漂移消除了［见式(5.33)］,这对高精度低漂移运算电路是十分必要的。

四运放和大部分双运放没有专供调零的管脚,这时可采用外部补偿的方法。图 6.1.4 画出了同相和反相放大器的失调补偿电路,在图示的元件数值下,可提供 ±10 mV 的补偿量。对反相放大器,补偿网络不影响放大器的增益,而同相放大器的失调补偿网络对增益稍有影响。为了减小这种影响,应选 $R \ll R_1$。

外部补偿能一次将 U_{IO} 和 I_{IO} 引起的误差全部消除,但它消除不了失调电压和失调电流的漂移所产生的误差,因此,这种方法只适合于对温漂要求不高的场合。

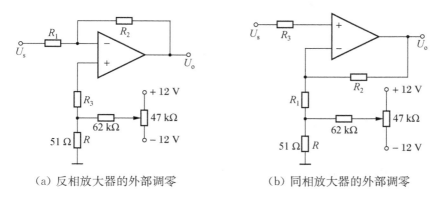

（a）反相放大器的外部调零   （b）同相放大器的外部调零

图 6.1.4   外部补偿电路

2. 失调电流 I_{IO} 的补偿

为消除失调电流 I_{IO} 的影响可通过从器件外部提供偏置电流的方法来补偿,但因为有了廉价的低输入偏置电流的场效应管运放(如356和3130等),使得双极型运放偏流补偿的实用价值降低了。特别在设计高精度高阻值的运算电路时,采用失调电流补偿应十分谨慎,处理得不好,会得到相反的效果。经验告诉我们,在这种情况,选用低偏置电流的运放是解决问题的上策。因此失调电流补偿不像失调电压补偿应用得那么普遍,在精度要求不高的低阻值运算电路(R_1、R_2、R_3的数值为几千欧到几十千欧)中,只要满足$R_3 = R_1 /\!/ R_2$的关系就不必再对I_{IO}补偿。

3. 自调零电路

图6.1.5给出了两种积分跟踪式自调零电路,分别用于对运放反相及同相放大电路的输出进行自动调零。

图6.1.5(a)中A_2构成的反相积分器的输入端直接与反相放大器A_1的输出端相连接,当A_1输出端静态直流电压偏离零点时,A_2构成的反相积分器的输出电压经R_4和R_3分压后作用于A_1的同相输入端,对A_1输出端直流电压进行自动跟踪调零。由于积分器输出响应的滞后效应(取决于积分时间常数),其输出并不追踪A_1输出电压的瞬间变化,仅对输出端直流及缓慢变化的零点漂移电压进行补偿,因此不会影响放大器对信号的增益。

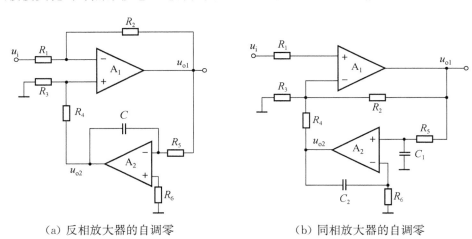

(a) 反相放大器的自调零　　　　　　　　(b) 同相放大器的自调零

图 6.1.5　积分跟踪式自调零电路

图6.1.5(b)所示电路可对同相输入放大器进行跟踪调零。令$s = \mathrm{j}\omega$,据图可以得出

$$\frac{1}{1+sR_5C_1}u_{\text{o1}} = \frac{sR_6C_2}{1+sR_6C_2}u_{\text{o2}}$$

在满足$R_5C_1 = R_6C_2$,即两组时间常数的乘积相等的条件下

$$u_{\text{o2}} = \frac{1}{sR_6C_2}u_{\text{o1}} = \frac{1}{R_6C_2}\int_0^t u_{\text{o1}}\,\mathrm{d}t$$

以上分析可知A_2构成的是同相积分器电路,其作用是对同相放大器A_1的输出直流电压自动进行跟踪调零,原理与图6.1.5(a)相同,不再赘述。

6.2　运算电路增益的精度分析

在第 1 章中,运放电路的理想增益 A_1 是在运放的差模电压放大倍数 A_d 和共模抑制比 K_{CMR} 均为无穷大的假设条件下求得的,我们还给出了由理想运放构成的各种形式反馈电路的理想增益 A_1(见表 1.2.1)。然而,实际运放的 A_d 和 K_{CMR} 均为有限值,且都是频率的函数,尤其是在高频运行时,A_d 和 K_{CMR} 还会下降到相当小的数值。一般在以微处理器为核心的电子系统中,要求前置信号处理电路的精度[①]应能够与 A/D 转换器的转换精度相匹配。例如采用 10 bit 以上的 A/D 转换器时,要求的前级信号处理精度将远超千分之一(参见本书第 8 章表 8.5)。这种情况下对实际运放构成的各种运算电路进行分析时,就必须要考虑到在集成运放 A_d、K_{CMR} 以及 Z_{id}、Z_o 等动态参数影响下所产生的增益误差。我们把与信号增益相关的这类误差也称为"相乘性误差",相乘性误差影响了运算电路的增益精度,使实际增益偏离了理想运放条件下所求得的理想增益 A_1。

在下面的分析和讨论中,我们采用第 5 章中图 5.3.4 所示的运放等效电路,并将各电量用交流相量的形式表示,如图 6.2.1。图中任何一个相量 $\dot{X}$,都可用其模量 X 和幅角 φ_x 表示为 $\dot{X} = X \underline{/\varphi_x}$。这个等效电路中只包括了与信号量有关的参数,而忽略了次要的参数(例如运放的共模输入阻抗 Z_{CM})。

下面我们用由反馈系统开环特性求系统闭环特性的方法,对由实际运放构成的负反馈系统进行分析。

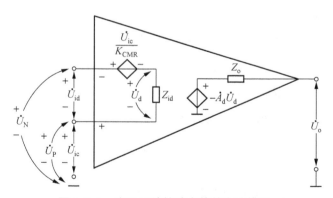

图 6.2.1　实际运放的动态等效电路模型

6.2.1　电压反馈系数的定义

图 6.2.2 是包含一个运放、一个信号源和一个负载的负反馈系统,图中的反馈网络可以

---

① 通常情况下,前级信号处理精度应高于 A/D 转换器的 1/2LSB 所对应的分辨率。

由无源元件、有源元件及电抗元件构成。

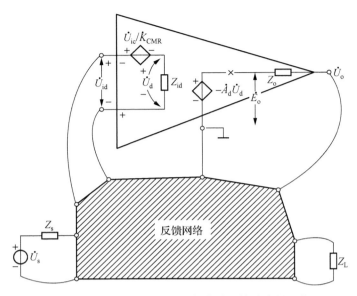

图 6.2.2　包含运放、信号源和负载的反馈放大器结构图

为了求得系统的开环特性,要首先去除掉图 6.2.2 电路中的信号源(对电压源 $\dot{U}_s$ 应使之短路,对电流源 $\dot{I}_s$ 应使之开路,但两种情况都须保留其内阻 Z_s)。然后在图 6.2.2 的闭环系统中选择一个断开点,并在断开点的一侧(开环系统的起点),施加一个信号 $\dot{E}_o$,求出 $\dot{E}$ 沿开环系统经起点到终点(断开点的另一侧)的传输增益,即开环增益。原则上断开点的选择是任意的,但最好选在一个理想受控源的输出端。这样,后者的特性不会因断开回路而受影响。在图 6.2.2 中,受控源 $-\dot{A}_d\dot{U}_d$ 的输出端标有"×"号的地方,就是符合上述要求的点。

采取这种选择的另一个原因是,从断开点的右侧的电压 $\dot{E}_o$(作为系统开环后的输入电压)经运放的输出→反馈网络→运放的输入端→受控源 $-\dot{A}_d\dot{U}_d$ 的总增益 $-\dot{A}_d\dot{U}_d/\dot{E}_o$,很自然地分成了运放的增益 $\dot{A}_d$ 和反馈网络的电压增益 $\dot{F}_u$ 两个部分,即

$$\frac{-\dot{A}_d \cdot \dot{U}_d}{\dot{E}_o} = -\dot{A}_d \cdot \frac{\dot{U}_d}{\dot{E}_o} = -\dot{A}_d \cdot \dot{F}_u \tag{6.10}$$

式中的第一个因子 $-\dot{A}_d$ 是运放单独的特性,而第二个因子 $\dot{F}_u$ 则主要取决于反馈网络。我们称 $\dot{F}_u$ 为电压反馈系数,其定义是

$$\dot{F}_u = \frac{\dot{U}_d}{\dot{E}_o} \tag{6.11}$$

因反馈网络通常是无源的,它的增益通常小于 1。

在实际运放构成的运算电路中乘积 $\dot{A}_d \cdot \dot{F}_u$ 称为环路增益,其中电压反馈系数 $\dot{F}_u$ 具有重要意义,它直接决定了运放的闭环增益,并影响反馈系统的输入阻抗、输出阻抗、反馈系统

的稳定性及动态特性。

6.2.2 电压反馈系数的计算

下面通过几个例子说明计算 $\dot{F}_u$ 的方法。

1. 电压串联负反馈运算电路——电压放大器

图 6.2.3 画出了求同相输入的运算电路——同相电压放大器的反馈系数 $\dot{F}_u$ 的电路。在图 6.2.3(b)中,由于 $\dot{U}_s$ 被短路,则运放同相输入端就直接接地,所以共模输入电压分量 $\dot{U}_{ic}=0$,$\dot{U}_{ic}/K_{CMR}=0$。由图可求得

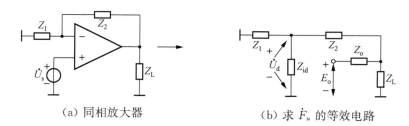

(a) 同相放大器　　　　　　　　(b) 求 $\dot{F}_u$ 的等效电路

图 6.2.3　求同相放大器 F_u 的电路

$$\dot{F}_u=\frac{\dot{U}_d}{\dot{E}_o}=\frac{[Z_2+(Z_1/\!/Z_{id})]/\!/Z_L}{Z_o+[Z_2+(Z_1/\!/Z_{id})]/\!/Z_L}\cdot\frac{Z_1/\!/Z_{id}}{Z_2+(Z_1/\!/Z_{id})} \tag{6.12}$$

对于 $Z_o=0$,$Z_{id}\to\infty$ 的理想情况,式(6.12)可简化为

$$\dot{F}_u=\frac{Z_1}{Z_1+Z_2} \tag{6.13}$$

由此可见,式(6.13)所表示的 $\dot{F}_u$ 完全决定于反馈网络,且其倒数等于理想闭环增益 $\dot{A}_I$。

2. 电流并联负反馈运算电路——电流放大器

图 6.2.4 表示了求电流放大器 $\dot{F}_u$ 的电路。在图 6.2.4(b)中,由于运放的同相输入端是直接接地的,所以 $U_{ic}=0$,$U_{ic}/K_{CMR}=0$。

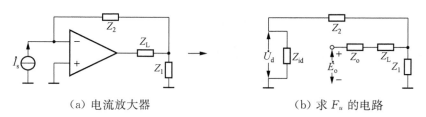

(a) 电流放大器　　　　　　　　(b) 求 F_u 的电路

图 6.2.4　求电流放大器 $\dot{F}_u$ 的电路

去除掉图 6.2.4(a)中的信号源,即把电流源 $\dot{I}_s$ 开路。由图(b)可得

$$\dot{F}_u=\frac{\dot{U}_d}{\dot{E}_o}=\frac{Z_1/\!/(Z_2+Z_{id})}{Z_o+Z_L+Z_1/\!/(Z_2+Z_{id})}\cdot\frac{Z_{id}}{Z_2+Z_{id}} \tag{6.14}$$

对于 $Z_o=0$，$Z_{id}\rightarrow\infty$ 的理想情况，$\dot{F}_u$ 可简化为

$$\dot{F}_u=\frac{Z_1}{Z_1+Z_L} \tag{6.15}$$

以此类推，利用上述方法可以求出电压并联和电流串联负反馈电路的 $\dot{F}_u$ 值，也可求出由这四种基本反馈而衍生出来的其他运算电路的 $\dot{F}_u$ 值。

必须注意的一点是，不论负反馈的类型是什么，这里的 $\dot{F}_u$ 均是指电压反馈系数，它与第 1 章中定义的反馈系数 $\dot{F}$ 是有区别的，第 1 章中定义的 $\dot{F}$ 对于不同的反馈类型有不同的量纲。例如对电流串联负反馈，$\dot{F}=\dot{U}_f/\dot{I}_o=\dot{F}_r$，式中 $\dot{U}_f$ 是反馈电压，$\dot{I}_o$ 是输出电流，$\dot{F}$ 具有电阻的量纲，记为 $\dot{F}_r$。

6.2.3 运算电路的闭环增益

本节讨论由实际运放组成的负反馈系统的闭环增益的一般表达式，它是深入分析实际运算电路的理论基础。

1. 闭环增益表达式的导出

设图 6.2.2 所示的反馈系统的输入量为 $\dot{X}_s$，输出量为 $\dot{X}_o$，$\dot{X}_s$ 和 $\dot{X}_o$ 都可泛指电压或电流，视反馈的性质而定。

在图 6.2.2 的电路中，我们暂时把运放输出端的电压源 $\dot{E}_o$ 看作独立电压源，同时把运放输入端的受控电压源 U_{ic}/K_{CMR} 隐含在运放的输入电路中。由于考虑的是线性电路，则 $\dot{X}_s$ 和 $\dot{E}_o$ 对 $\dot{X}_o$ 的响应可由线性方程给出

$$\dot{X}_o=a\dot{X}_s+b\dot{E}_o \tag{6.16}$$

a 和 b 是两个系数，是 $\dot{X}_s$ 和 $\dot{E}_o$ 分别独立作用时相对于 $\dot{X}_o$ 的增益。

同样可以写出 $\dot{X}_s$ 和 $\dot{E}_o$ 对 $\dot{U}_d$ 的线性方程

$$\dot{U}_d=c\dot{X}_s+\dot{F}_u\dot{E}_o \tag{6.17}$$

c 也是一个系数，是 $\dot{X}_s$ 单独作用时相对于 $\dot{U}_d$ 的增益，$\dot{F}_u$ 是 6.2.2 节中讨论的电压反馈系数。

对运放来说，有

$$\dot{E}_o=-\dot{A}_d\cdot\dot{U}_d \tag{6.18}$$

将式(6.17)代入式(6.18)，消去 $\dot{U}_d$ 整理后得

$$\dot{E}_o=-c\frac{\dot{A}_d}{1+\dot{A}_d\dot{F}_u}\dot{X}_s \tag{6.19}$$

将式(6.19)代入式(6.16)中，消去 $\dot{E}_o$，整理后得到反馈系统的闭环增益为

$$\dot{A}=\frac{\dot{X}_{o}}{\dot{X}_{s}}=a-bc\,\frac{\dot{A}_{d}}{1+\dot{A}_{d}\dot{F}_{u}} \tag{6.20}$$

式中的三个系数 a、b、c 是未知的,可通过下面的运算步骤将它们消去。

令当 $\dot{A}_{d}\to\infty$ 时的闭环增益 $\dot{A}$ 为 $\dot{A}_{\infty}$,则得

$$\dot{A}_{\infty}=\frac{\dot{X}_{o}}{\dot{X}_{s}}\bigg|_{\dot{A}_{d}\to\infty}=a-\frac{bc}{\dot{F}_{u}} \tag{6.21}$$

令当 $\dot{A}_{d}=0$ 时的闭环增益 $\dot{A}$ 为 $\dot{A}_{0}$,则得

$$\dot{A}_{0}=\frac{\dot{X}_{o}}{\dot{X}_{s}}\bigg|_{\dot{A}_{d}=0}=a \tag{6.22}$$

将式(6.21)、(6.22)代入式(6.20)中,经整理后得

$$\dot{A}=\left(\dot{A}_{\infty}+\frac{\dot{A}_{0}}{\dot{A}_{d}\dot{F}_{u}}\right)\frac{\dot{A}_{d}\dot{F}_{u}}{1+\dot{A}_{d}\dot{F}_{u}} \tag{6.23}$$

上式是负反馈系统闭环增益的最后形式。它对四种负反馈基本形式以及由它们衍生出来的线性运算电路都是适用的,而且并不局限于电路反馈形式所稳定的某个特定的增益(例如电压串联负反馈只稳定电压放大倍数),它对运算电路的任何增益都是适用的。但要注意,式中的 $\dot{A}$、$\dot{A}_{\infty}$ 和 $\dot{A}_{0}$ 应具有相同的量纲,而且不论电路反馈形式和要求计算的增益形式如何,式(6.23)中的 $\dot{A}_{d}$ 和 $\dot{F}_{u}$ 都是指运放的开环差模电压放大倍数和反馈系统的电压反馈系数。

2. $\dot{A}_{\infty}$ 的分析计算

1) 并联反馈电路

由于并联反馈电路中运放的同相输入端接地,因此 $\dot{U}_{ic}=0$,运放等效电路中的 $\dot{U}_{ic}/\dot{K}_{CMR}=0$。这样,$\dot{A}_{d}\to\infty$ 时的闭环增益 $\dot{A}_{\infty}$ 便等于理想闭环增益 $\dot{A}_{I}$,即

$$\dot{A}_{\infty}=\dot{A}_{I} \tag{6.24}$$

2) 串联反馈电路

对于串联反馈电路,$\dot{U}_{ic}=\dot{U}_{s}$,$\dot{U}_{s}/K_{CMR}\neq0$,因此闭环增益必然与 K_{CMR} 有关。然而,由于 $\dot{A}_{d}\to\infty$,$\dot{U}_{d}$ 必然趋近于零,Z_{id} 就不起作用,所以 $\dot{A}_{\infty}$ 的计算也十分方便。

以电压串联负反馈电路为例,计算电压串联负反馈电路的 $\dot{A}_{\infty}$ 的等效电路如图 6.2.5(b)所示。

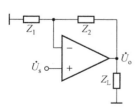

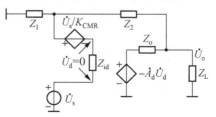

　　(a) 电压串联负反馈电路　　　　　　(b) 求 A_{∞} 的等效电路

图 6.2.5　求电压串联负反馈电路的 A_{∞} 的等效电路

在图 6.2.5(b)的电路中,由于$\dot{U}_d \to 0$,故有

$$\dot{U}_o \frac{Z_1}{Z_1+Z_2} = \dot{U}_s \left(1+\frac{1}{K_{CMR}}\right)$$

或

$$\dot{A}_\infty = \frac{\dot{U}_o}{\dot{U}_s}\bigg|_{\dot{A}_d \to \infty} = \left(1+\frac{1}{K_{CMR}}\right) \cdot \frac{Z_1+Z_2}{Z_1} = \left(1+\frac{1}{K_{CMR}}\right)\dot{A}_1 \qquad (6.25)$$

即$\dot{A}_\infty$是理想增益$\dot{A}_1$的 $(1+1/K_{CMR})$ 倍。

同样方法可以求出电流串联负反馈电路(本章附录 6.2 的电路 B)的$\dot{A}_\infty$为

$$\dot{A}_\infty = \frac{\dot{I}_o}{\dot{U}_s}\bigg|_{\dot{A}_d \to \infty} = \left(1+\frac{1}{K_{CMR}}\right)\frac{1}{Z} = \left(1+\frac{1}{K_{CMR}}\right)\dot{A}_1$$

这个公式读者可以自行证明。

3. $\dot{A}_0$ 及闭环增益表达式的简化

$\dot{A}_0$是反馈系统当$\dot{A}_d = 0$时的闭环增益。$\dot{A}_d = 0$ 意味着信号通过放大器到达输出端的路径被阻断了。这时,输出端的信号是通过反馈网络的正向传输产生的,即

$$\dot{X}_o = \dot{A}_0 \dot{X}_s \bigg|_{\dot{A}_d = 0}$$

因此,$\dot{A}_0$ 称为反馈系统的正馈增益。

下面求几个电路的$\dot{A}_0$,目的是为了证明闭环增益公式(式 6.23)中的 $\dot{A}_0/(\dot{A}_d \dot{F}_u)$与$\dot{A}_\infty$相比是完全可以忽略不计的,从而得到闭环增益的简洁形式。

1) 串联负反馈

我们用电压串联负反馈——同相输入运算电路的例子来进行讨论。

求同相输入运算电路的 A_0 的等效电路示于图 6.2.6(a)。它是根据 $A_d=0$(即 $E_o=0$)的条件画出的。图 6.2.6(b)是将 $\dot{U}_s$ 和 $\dot{U}_s/K_{CMR}$合在一起的另一种画法。

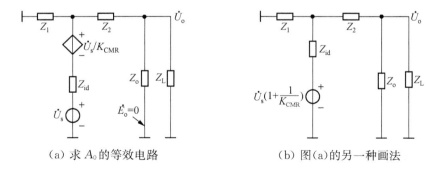

(a) 求 A_0 的等效电路　　　　　(b) 图(a)的另一种画法

图 6.2.6　求同相放大器 A_0 的电路

由图 6.2.6(b)可以求得

$$\dot{A}_0=\frac{\dot{U}_o}{\dot{U}_s}\bigg|_{\dot{A}_d=0}=\left(1+\frac{1}{\dot{K}_{CMR}}\right)\frac{Z_1/\!/(Z_2+Z_o/\!/Z_L)}{Z_{id}+Z_1/\!/(Z_2+Z_o/\!/Z_L)}\cdot\frac{Z_o/\!/Z_L}{Z_2+Z_o/\!/Z_L} \tag{6.26}$$

为了比较式(6.23)括号中 $\dot{A}_0/(\dot{A}_d\dot{F}_u)$ 和 $\dot{A}_\infty$ 两项的相对大小,我们计算这两项的比值 $\dot{A}_0/(\dot{A}_d\dot{F}_u\dot{A}_\infty)$。将计算同相输入运算电路的 $\dot{A}_0$、$\dot{F}_u$ 和 $\dot{A}_\infty$ 的公式(式(6.26)、(6.13)和 (6.25))代入,经运算整理后得到

$$\frac{\dot{A}_0}{\dot{A}_d\dot{F}_u\dot{A}_\infty}=\frac{Z_o}{Z_{id}\dot{A}_d}\cdot\frac{Z_1}{Z_1+Z_2} \tag{6.27}$$

下面计算一个实际同相放大器的 $\dfrac{\dot{A}_0}{\dot{A}_d\dot{F}_u\dot{A}_\infty}$ 值。

【例题 6.2.1】　设同相放大器中,$Z_1=10$ kΩ,$Z_2=100$ kΩ,运放的 $Z_{id}=2$ MΩ,$Z_o=$ 75 Ω,$A_d=5\times10^4$,求 $\dfrac{\dot{A}_0}{\dot{A}_d\dot{F}_u\dot{A}_\infty}$ 值。

【解】　将已知数值代入式(6.27)得

$$\frac{A_0}{A_dF_uA_\infty}=\frac{75}{2\times10^6\times5\times10^4}\cdot\frac{10\text{ kΩ}}{10\text{ kΩ}+100\text{ kΩ}}=6.8\times10^{-11}$$

从上面计算的例题中可知,即使在高精度的运算中,$\dot{A}_0/(\dot{A}_d\dot{F}_u)$ 项与 $\dot{A}_\infty$ 项相比也完全可以忽略。这是因为在求串联反馈电路的 $\dot{A}_0$ 时,$\dot{U}_s$ 到输出的信号传输中首先要经过阻值很大的 Z_{id} 的衰减,致使 $\dot{A}_0$ 变得很小。因此可知在所有的串联负反馈运算电路中,正馈的影响都可忽略不计。

　　2) 并联负反馈

我们以电压并联负反馈——I/U 转换器为例来进行讨论。I/U 转换器及其求 $\dot{A}_0$ 的等效电路示于图 6.2.7(a)和(b)。

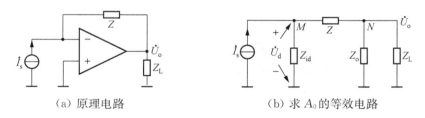

（a）原理电路　　　　　　　　　　　（b）求 A_0 的等效电路

图 6.2.7　I/U 转换器电路

由图 6.2.7(b)可得

$$\dot{U}_o=\dot{I}_s[Z_{id}/\!/(Z+Z_o/\!/Z_L)]\cdot\frac{Z_o/\!/Z_L}{Z+Z_o/\!/Z_L}$$

故有

$$\dot{A}_0=\frac{\dot{U}_o}{\dot{I}_s}\bigg|_{\dot{A}_d=0}=[Z_{id}/\!/(Z+Z_o/\!/Z_L)]\cdot\frac{Z_o/\!/Z_L}{Z+Z_o/\!/Z_L}$$

而 I/U 转换器的

$$\dot{A}_\infty = \dot{A}_I = \frac{\dot{U}_o}{\dot{I}_s}\bigg|_{\dot{A}_d \to \infty} = -Z$$

$\dot{F}_u$ 的表达式可根据 6.2.2 节的方法求得(读者自行证明)

$$\dot{F}_u = \frac{Z_L /\!/ (Z + Z_{id})}{Z_o + Z_L /\!/ (Z + Z_{id})} \cdot \frac{Z_{id}}{Z + Z_{id}}$$

由上面求得的 $\dot{A}_0$、$\dot{A}_\infty$ 和 $\dot{F}_u$ 的公式,经过繁琐的整理,可得到 $\dot{A}_0 / (\dot{A}_d \dot{F}_u \dot{A}_\infty)$ 的简洁的表达式,即

$$\frac{\dot{A}_0}{\dot{A}_d \dot{F}_u \dot{A}_\infty} = -\frac{Z_o}{\dot{A}_d Z} \tag{6.28}$$

【例题 6.2.2】 一个 I/U 转换器中,$Z = 10 \text{ k}\Omega$,运放的参数为:$Z_o = 75 \ \Omega$,$Z_{id} = 2 \text{ M}\Omega$,$A_d = 5 \times 10^4$,求 $\dot{A}_0 / (\dot{A}_d \dot{F}_u \dot{A}_\infty)$ 的值。

【解】 将给出的 Z、Z_o 和 A_d 值代入式(6.28)中求得

$$\frac{\dot{A}_0}{\dot{A}_d \dot{F}_u \dot{A}_\infty} = -\frac{75}{5 \times 10^4 \times 10^4} = -1.5 \times 10^{-7}$$

上面的结果表明,在并联反馈电路中,由于运放中 Z_o 很小,正馈的影响仍然是相当小的。只有在一些特殊的电路中,例如高速并联运算电路中,反馈电阻 Z 取值较小,正馈的影响才有必要考虑。

通过上述的分析,得到一个重要的结论:除少数特殊的并联运算电路(例如高速并联运算电路)外,不论反馈是并联还是串联,其正馈的效应总是可忽略的。即式(6.23)中的 $\dot{A}_0 / (\dot{A}_d \dot{F}_u)$ 一项远远小于 $\dot{A}_\infty$ 项。这样,式(6.23)就可简化为

$$\dot{A} = \dot{A}_\infty \frac{\dot{A}_d \dot{F}_u}{1 + \dot{A}_d \dot{F}_u} \tag{6.29}$$

这便是计算实际运放构成的各类负反馈运算电路闭环增益的实用形式。由此可以计算出相对于理想运放运算电路,实际运放的动态参数对运算电路增益带来的误差的大小。

4. 关于闭环增益的几点结论

综上所述,得到分析计算实际运放所构成的运算电路的几点重要结论。

(1) 反馈电路的任何闭环增益的一般形式为

$$\dot{A} = \left(\dot{A}_\infty + \frac{\dot{A}_0}{\dot{A}_d \dot{F}_u}\right) \frac{\dot{A}_d \dot{F}_u}{1 + \dot{A}_d \dot{F}_u}$$

(2) $\dot{F}_u$ 是反馈系统的电压反馈系数,它是除去信号源后的 $\dot{U}_d$ 与断开点所加电压源 $\dot{E}$ 的比值。

(3) 除极少数的电路(例如高速并联运算电路)外,其他运算电路中均不需考虑正馈的

影响。这样就可得到反馈电路闭环增益的实用形式

$$\dot{A}=\dot{A}_\infty \frac{\dot{A}_\text{d}\dot{F}_u}{1+\dot{A}_\text{d}\dot{F}_u}$$

（4）对并联运算电路

$$\dot{A}_\infty=\dot{A}_\text{I}$$

（5）对串联运算电路

$$\dot{A}_\infty=\dot{A}_\text{I}\left(1+\frac{1}{\dot{K}_\text{CMR}}\right)$$

（6）对于基本运算电路的 $\dot{A}_\text{I}$、$\dot{A}_\infty$、$\dot{F}_u$（包括 $Z_\text{id}\rightarrow\infty$，$Z_\text{o}=0$ 情况下的理想 $\dot{F}_u$ 及实际 $\dot{F}_u$）以及 $\dot{A}_0/(\dot{A}_\text{d}\dot{F}_u)$ 的表达式都列在本章末的附录 6.2 中。

6.3　负反馈电路的稳定性分析

直到目前,我们对负反馈电路的稳定性没有给予任何注意,认为理所当然是稳定的,即由负反馈构成的运算电路,输出总是输入的单一的预定的响应。然而实际情况并非如此。由于受集成运放某些参数（动态参数）的限制,如 -3 dB 带宽 f_h、单位增益带宽 f_T、最大转换速率 SR 以及通带内极、零点分布的不规则等因素的影响,常常导致电路出现诸如"信号频率失真""输出波形振铃"及"自激振荡"等特殊问题。这些因素不仅影响到电路的动态响应特性,而且影响到电路工作的稳定性与可靠性。

6.3.1　负反馈电路的稳定性判断

1. 产生自激振荡的原因与条件

负反馈电路产生自激振荡的根本原因是 $\dot{A}\dot{F}$ 环路产生的附加相移。一个运算电路由于负反馈的作用在输入直流信号时,反馈信号和输入信号是相减的,因而减小了运算放大器的净输入信号,使反馈后电路的增益（如式（6.29）所示）下降。

然而,当输入信号的频率增高时 A_d、F_u、φ_A 和 φ_F 都会发生变化。通常运放开环增益的频率特性可用具有三个极点频率的表达式表示为

$$\dot{A}_\text{d}=\frac{A_\text{do}}{\left(1+\text{j}\dfrac{f}{f_\text{P1}}\right)\left(1+\text{j}\dfrac{f}{f_\text{P2}}\right)\left(1+\text{j}\dfrac{f}{f_\text{P3}}\right)} \tag{6.30}$$

式中 A_do 是运放的直流或低频时的开环电压放大倍数。f_P1、f_P2、f_P3 是运放的 3 个极点频率。其幅频和相频特性的波特图示于图 6.3.1。

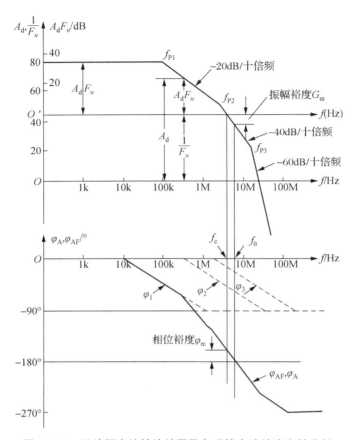

图 6.3.1 运放频率特性波特图及负反馈电路的稳定性分析

一个负反馈电路,当频率升高所产生的附加相移 $\varphi_{AF}=\varphi_A+\varphi_F$ 在某一频率 f_0 下达到了 $-180°$(即滞后 $180°$时),将导致反馈信号与输入信号间关系由原来的相减变为相加,于是原来的负反馈也将变成正反馈(见第 1 章 1.2.1 节关于正反馈的论述)。

根据式(6.29),在正反馈状态下:

如果环路增益的模量 $|\dot{A}_d\dot{F}_u|<1$,这时将仅仅使闭环增益提高,但输出仍是输入的单一响应,则系统仍然是稳定的。

如果系统的 $|\dot{A}_d\dot{F}_u|=1$,式(6.29)的分母将为零,则 A 将变为无穷大。这意味着,即使放大器的输入信号趋于零,也可以产生一个频率为 f_0 的有限输出值。这说明放大器此时已变成了一个振荡器,输出不再是输入的单一响应。这就是自激振荡。我们称这样的反馈系统是不稳定的。

如果系统的 $|\dot{A}_d\dot{F}_u|>1$,将会使自激振荡更加强烈,且因振荡幅度的持续增大使电路进入饱和状态,产生波形失真。

从上面的分析可见:判断负反馈系统是否稳定,可通过对环路增益 $\dot{A}_d\dot{F}_u$ 的幅值及附加相移φ_{AF}的大小来判断。

2. 自激振荡的判断方法

下面进一步用波特图说明一个具有 3 个极点频率的运放所组成的同相(或反相)放大器的稳定问题。

运放的幅频特性:

当 $0<f<f_{P1}$ 时,$A_d=A_{do}$。

当 $f_{P1}<f<f_{P2}$ 时,A_d 以 -20 dB/十倍频的速率下降。

当 $f_{P2}<f<f_{P3}$ 时,A_d 以 -40 dB/十倍频的速率下降。

当 $f>f_{P3}$ 时,A_d 以 -60 dB/十倍频的速率下降。

相频特性部分,$\varphi_A=\varphi_{P1}+\varphi_{P2}+\varphi_{P3}$,即在任何频率下,运放的总相移等于 3 个极点频率(f_{P1}、f_{P2}、f_{P3})分别造成的相移(φ_{P1}、φ_{P2}、φ_{P3})之和。而每一个极点的相移特性是:

$$f<0.1f_P,\varphi_P=0$$
$$f>10f_P,\varphi_P=-90°$$

$0.1f_P<f<10f_P$,φ_P 与对数频率成直线关系。其关系式为

$$\varphi_P=-45°\left(1+\lg\frac{f}{f_P}\right) \tag{6.31}$$

分别画出 φ_{P1}、φ_{P2} 和 φ_{P3} 与 f 的曲线,然后把它们的纵坐标数值相加,就得到 φ_A 与 f 的关系。

画出了 $\dot{A}_d$ 的幅频和相频特性之后,就可容易地画出 $\dot{A}_d\dot{F}_u$ 的幅频和相频特性。如果反馈系数 $\dot{F}_u$ 已确定(在同相或反相放大器中,反馈网络由纯电阻元件组成,所以 $\dot{F}_u$ 是与频率无关的实数 F_u,相角 $\varphi_F=0$),则可在同一幅频特性坐标平面上作出 $1/F_u$ 的水平直线,它与 $\dot{A}_d$ 曲线的交点处频率称为"切割频率 f_c",将 $1/F_u$ 的水平直线与纵坐标的交点记作 O'。如果把 O' 作为坐标的原点,则 $\dot{A}_d$ 的幅频特性曲线就成了环路增益 $\dot{A}_d\dot{F}_u$ 的幅频特性曲线。由此幅频特性可以看出,切割频率 f_c 是环路增益 $|\dot{A}_d\dot{F}_u|$ 下降到 1(即 0 dB)的频率。在研究反馈系统稳定性时,f_c 是一个十分重要的参量。

至于 $\dot{A}_d\dot{F}_u$ 的相频特性,由于 $\varphi_F=0$,所以 $\varphi_{AF}=\varphi_A+\varphi_F=\varphi_A$,即 $\dot{A}_d\dot{F}_u$ 的相频特性也就是 $\dot{A}_d$ 的相频特性。

我们注意到,在图示的 $1/F_u$ 值下,当 $\varphi_{AF}=-180°$(相应的频率为 f_0)时,幅频特性上的 $|\dot{A}_d\dot{F}_u|<0$ dB(即 $A_dF_u<1$)。根据前面的论述,此负反馈系统是稳定的。如果增大 F_u 值,$1/F_u$ 的水平直线下移,则 f_0 时的 A_dF_u 值更接近于 0 dB,产生自激振荡的可能性增大。我们将对应于 f_0 频率的 $|\dot{A}_d\dot{F}_u|$ 值(负分贝值)称为负反馈系统的振幅裕度并记作 G_m,作为判断稳定性的一种度量。即

$$G_m=\frac{1}{A_dF_u}\bigg|_{f=f_0} \text{(dB)} \tag{6.32}$$

(1) 当 $G_m>0$ dB 时,反馈系统是稳定的;

(2) 当 $G_m \leqslant 0$ dB 时,反馈系统是不稳定的。

判断稳定性的另一种方法是看环路增益的 $|\dot{A}_d \dot{F}_u| = 0$ dB(即 $f = f_c$)时,φ_{AF} 还差多少度才达到 $-180°$,根据这一点,我们定义负反馈系统稳定性的相位裕度 φ_m,有

$$\varphi_m = \varphi_A + \varphi_F + 180° \Big|_{f=f_c} \tag{6.33}$$

(1) 当 $\varphi_m > 0°$ 时,反馈系统是稳定的;

(2) 当 $\varphi_m \leqslant 0°$ 时,反馈系统是不稳定的。

G_m 和 φ_m 都可说明反馈系统的稳定程度,但 φ_m 用得更普遍一些。这是因为 $\varphi_{AF} = \varphi_A + \varphi_F$ 不一定能达到 $-180°$。例如极点频率数小于 3 个的反馈电路,φ_{AF} 就达不到 $-180°$,这时,f_0 或不存在,或出现在无穷大处。

工程设计上,一般要求 G_m 至少大于 10 dB 或 φ_m 至少大于 $45°$。稳定性优良的电路,φ_m 应在 $60°$ 以上。要求有一定的稳定裕度的原因是:

(1) 当稳定裕度小时,由于温度、电源电压、元件容差及器件置换等因素引起 A_d 和 F_u 变化,可能使原来稳定的反馈系统变为不稳定。

(2) 稳定裕度小的反馈系统,由于正反馈的作用,幅频特性在 f_c 附近出现谐振峰,使幅频特性不均匀,见图 6.3.2(a)。这样的放大电路在输入脉冲波形时,输出波形会出现超调或振铃现象(一种衰减的高频振荡),见图 6.3.2(b)。这部分内容将在 6.4.2 节详细讨论。

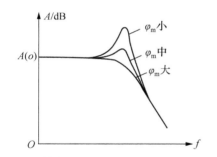

(a) φ_m 太小使闭环增益的幅频特性出现谐振峰点　　　　(b) φ_m 太小使方波输出响应产生超调或振铃现象

图 6.3.2　φ_m 对运算电路频域和时域特性的影响

对于不稳定的或 $\varphi_m < 45°$ 的负反馈电路,可以通过在运放的内部或外部的某些点上接入电容、电阻元件,改变负反馈系统环路增益 $\dot{A}_d \dot{F}_u$ 的频率特性,使不稳定的系统变为稳定,且使 φ_m 达到要求的数值。这叫做稳定性补偿,或简称频率补偿。

通过上面的叙述,可以总结出一些有用的概念,作为对反馈系统进行频率补偿的基本依据。

(1) 反馈系统的稳定性完全取决于环路增益 $\dot{A}_d \dot{F}_u$ 在切割频率 f_c 的 φ_m 大小。$A_d F_u$ 越大的反馈系统,越难稳定。

(2) $\dot{A}_d \dot{F}_u$ 只有一个极点的反馈系统,高频时的最大相移 $\varphi_{AF} = -90°$,系统总是稳定的,

无需加稳定性补偿。

（3）$\dot{A}_d\dot{F}_u$ 有两个极点的反馈系统,高频时的最大相移 $\varphi_{AF}=-180°$,$\varphi_m>0$,系统也是稳定的。但为了使 $\varphi_m>45°$,通常是需加稳定性补偿的。

（4）$\dot{A}_d\dot{F}_u$ 有 3 个极点的反馈系统,高频时的最大相移 $\varphi_{AF}=-270°$,必须加稳定性补偿。

（5）高于 $10f_c$ 的极点对 φ_m 无影响。

（6）低于 $0.1f_c$ 的极点使 f_c 处的 φ_{AF} 产生 $-90°$ 的相移。

（7）介于 $0.1f_c$ 和 $10f_c$ 之间的点,使 f_c 处的产生 $-45°(1+\lg f_c/f_P)$ 的相移。

（8）为了满足 $\varphi_m\geqslant45°$ 的条件,在设计稳定性补偿时,通常使低于 f_c 的极点数等于 1（设此极点频率为 f_{P1}）,使第二个极点的频率（设为 f_{P2}）等于或高于 f_c,而其余频率较高的极点都大于 $10f_c$。在 $f_{P1}<0.1f_c$,$f_{P2}=f_c$,$f_{P3}>10f_c$ 的情况下,$\varphi_m=45°$。

（9）在满足（8）的极点分布方式的条件下,f_{P1} 和 f_{P2} 的间距越大,保证电路能稳定工作（例如 $\varphi_m=45°$）的同时所允许的低频环路增益 $A_{do}F_u$ 值就越大。可以证明此 $A_{do}F_u$ 值为

$$A_{do}F_u\bigg|_{\varphi_m=45°}=20\lg\frac{f_{P2}}{f_{P1}}\text{(dB)} \tag{6.34}$$

因此,稳定性补偿就其实施方法来说,就是通过外接补偿的电容、电阻元件,改变 $\dot{A}_d\dot{F}_u$ 的频率特性,拉大 f_{P1} 和 f_{P2} 的间距,使在要求的 $A_{do}F_u$ 值下满足 $\varphi_m\geqslant45°$。

以上 9 条关于反馈系统稳定性原理的叙述,读者应逐条琢磨,深入理解。

【例题 6.3.1】　设反馈放大器有 3 个极点,它们与切割频率 f_c 的关系为 $f_{P1}=0.04f_c$,$f_{P2}=2.5f_c$,$f_{P3}=12f_c$,求该放大器闭环后的 φ_m。

【解】　极点 f_{P1} 低于 $0.1f_c$,故在 f_c 处产生的相移 $\varphi_{P1}=-90°$。

极点 f_{P2} 介于 $0.1f_c$ 和 $10f_c$ 之间,故在 f_c 处产生的相移按式（6.31）得

$$\varphi_{P2}=-45°\left(1+\lg\frac{1}{2.5}\right)=-27°$$

极点 f_{P3} 高于 $10f_c$,对 φ_m 无影响。根据式（6.33）得

$$\varphi_m=\varphi_{P1}+\varphi_{P2}+180°=-90°-27°+180°=63°$$

上面的例题给了我们一个重要的启示:在求解反馈系统稳定性时,只需根据环路增益 $\dot{A}_d\dot{F}_u$ 的幅频特性（即各个极点频率的大小）及切割频率 f_c 的大小,就可求得相位裕度 φ_m,进而确定系统的稳定程度。

6.3.2　负反馈电路的稳定性补偿方法

前面利用波特图分析了具有什么样频率特性的电路可能会产生自激振荡。从分析中可以看出,所加负反馈愈深（即 $|\dot{F}_u|$ 值愈大）,相应 $|\dot{A}_d\dot{F}_u|$ 愈大,电路就愈容易产生自激振荡。若为了使放大器稳定就要被动地减小 $|\dot{F}_u|$ 值,但是这样做又会因缺乏足够的反馈深度,对放

大电路性能的改善带来不利影响。能否在保持足够反馈深度的同时又能保证所需的稳定裕度呢? 这正是频率补偿所要达到的目的。

运算放大器开环电压增益$\dot{A}_d$频率特性是研究反馈稳定性最重要的数据资料。绝大多数运算放大器是一个包括差动输入级、共射组态的中间级和共集组态的互补式输出级的三级直接耦合放大器。它可用图 6.3.3(a)所示的简化电路模型来表示。

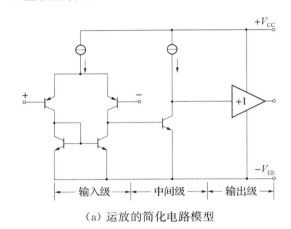

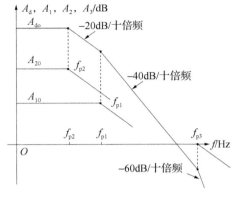

(a) 运放的简化电路模型　　　　　　　(b) 运放未补偿时的幅频特性

图 6.3.3　运放的简化电路模型及幅频特性

原理上级联的多级放大器中每个放大级都产生一个极点。中间级产生的极点频率 f_{P2} 最低,差动输入级产生的极点频率 f_{P1} 高于 f_{P2},而共集组态的输出级产生的极点频率 f_{P3} 远远高于 f_{P1} 和 f_{P2},其数值达数十兆赫以上,以至于在这个频率下,A_d 值已衰减到小于 1(即小于 0 dB),如图 6.3.3(b)所示。即使某些运放在 f_{P3} 时的增益 $A_d>1$,f_{P3} 也至少比补偿后运放特性的特征频率 f_T(补偿后 $A_d=0$ dB 的频率)高十倍以上。这样,极点 f_{P3} 并不影响闭环后的 φ_m。因此,甚至可把运放简化为只有 f_{P1} 和 f_{P2} 两个极点频率的器件,其特性为

$$\dot{A}_d = \frac{A_{do}}{\left(1+\mathrm{j}\dfrac{f}{f_{P1}}\right)\left(1+\mathrm{j}\dfrac{f}{f_{P2}}\right)} \tag{6.35}$$

我们利用图 6.3.3 所示的电路模型叙述稳定性补偿的一般原理。

1. 电容补偿(滞后补偿)

由于电容补偿使放大器的相位滞后,因此也称滞后补偿。它是在放大电路中时间常数最大的节点(即主极点节点)上并接电容,使它的时间常数更大(即使得主极点频率变低)的一种补偿方法。前面已经讲过,中间级产生的极点频率 f_{P2} 最低。我们称这个频率最低的极点为主极点。补偿前中间级的增益可由图 6.3.4(b)求出

$$\dot{A}_2 = \frac{-A_{2o}}{1+\mathrm{j}\dfrac{f}{f_{P2}}}$$

式中 A_{2o} 是中间级的直流增益,并可表示为

$$A_{2o} = g_{m2}(R_{o2} \, /\!/ \, R_{i3}) = g_{m2} \cdot R_2$$

$$f_{P2} = \frac{1}{2\pi R_2 C_2}$$

式中　g_{m2}——中间级的互导增益；R_{o2}——中间级的输出电阻；

　　　R_{i3}——输出级的输入电阻；C_2——中间级输出端的总电容。

电容补偿是在中间级的输出端（集电极到地点加接一个电容 C_f，见图 6.3.4(a)）使中间级输出端的电容由 C_2 增大到 $C_2' = C_2 + C_f$，从而使主极点频率由 f_{P2} 下降为 f_{P2}'。并有

$$f_{P2}' = \frac{1}{2\pi R_2 C_2'} = \frac{1}{2\pi R_2 (C_2 + C_f)} \tag{6.36}$$

而 f_{P1} 不变。

图 6.3.4(c)画出了运放在补偿前（$C_f = 0$）及不同补偿电容 C_f 值的幅频特性。C_f 越大，补偿后 f_{P2}' 越低，它与 f_{P1} 的间距越大，在保证一定的 φ_m 值（例如 45°）的条件下，允许的环路增益 $A_{do}F_u$ 值也越大。

图 6.3.4(c)中的曲线③，其特点是在补偿后的单位增益带宽 f_{P1} 范围内只存在一个极点，它在最大反馈系数 $F_u = 1$（电压跟随器的情况）时也能保证 $\varphi_m = 45°$。这样的补偿称为"全补偿"。

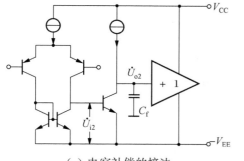 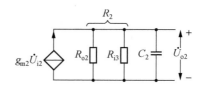

（a）电容补偿的接法　　　　　　　　　（b）中间级的等效电路

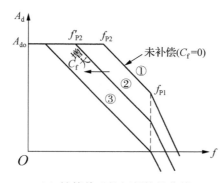

（c）补偿前后的幅频特性曲线

图 6.3.4　电容补偿

下面通过一个例子来说明 C_f 的求法。

【**例题 6.3.2**】 一同相放大器中,运放的 $\dot{A}_\mathrm{d}$ 具有式(6.35)所示的形式。其中 $A_{\mathrm{do}} = 80$ dB,$f_{\mathrm{P1}} = 1$ MHz,$f_{\mathrm{P2}} = 100$ kHz。反馈系数 $F_u = \dfrac{R_1}{R_1 + R_2} = 0.1$,$C_2 = 5$ pF。求保证 $\varphi_\mathrm{m} = 45°$ 时的 C_f 的值。

【**解**】 画出运放未补偿的 $\dot{A}_\mathrm{d}$ 的幅频特性,见例图 6.3.2。并画出 $1/F_u = 10$(即 20 dB)的水平直线。当要求 $\varphi_\mathrm{m} = 45°$ 时,则要求补偿后的曲线与 $1/F_u = 10$ 的水平直线的交点的频率 $f_\mathrm{c} = f_{\mathrm{P1}}$。作图补偿后的 f_{P2} 应前移到 $f'_{\mathrm{P2}} = 1$ kHz,即主极点频率减小为 1/100 倍。根据式(6.36)及 $C_\mathrm{f} + C_2 = 100C_2$。即 $C_\mathrm{f} = 99C_2 \approx 500$ pF。

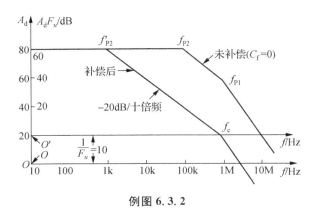

例图 6.3.2

从上面的分析看到,主极点补偿是通过降低中间级的极点频率 f_{P2} 的方法来拉大两个极点间的间距,以保证反馈的稳定。它使补偿后的运放的带宽大大缩小。这是为取得负反馈系统的稳定所付出的代价。

2. 极点-零点补偿

极点-零点补偿是在中间级的输出端(主极点产生的节点)并接一个 R_f 与 C_f 的串联电路而成的。如图 6.3.5(a)所示,中间级可近似用图 6.3.5(b)等效电路表示。我们在电路参数取值时使其满足条件 $R_2 \gg R_\mathrm{f}$,$C_\mathrm{f} \gg C_2$。

为求中间级的增益,我们将图 6.3.5(b)等效电路分频段进一步简化为图 6.3.5(c)和(d)两个等效电路。即在频率不太高的 $f \leqslant f_{\mathrm{P1}}$ 频段,认为 C_2 的容抗值远大于 R_2,故可忽略 C_2 在这一频段的影响。由此进一步得到简化的图 6.3.5(c)所示中间级等效电路 1;同理,在频率比较高的 $f > f_{\mathrm{P1}}$ 后的频段,忽略阻值较大的 R_2 和容抗较小的 C_f 的影响,进一步得到简化的图 6.3.5(d)所示中间级等效电路 2。在频率不太高的 $f \leqslant f_{\mathrm{P1}}$ 频段,根据图 6.3.5(c)所示等效电路 1 我们可以求出中间级的增益为

$$\dot{A}_2 = \frac{\dot{U}_{\mathrm{o2}}}{\dot{U}_{\mathrm{i2}}} = -g_\mathrm{m}\left[R_2 \mathbin{/\mkern-5mu/} \left(R_\mathrm{f} + \frac{1}{\mathrm{j}\omega C_\mathrm{f}}\right)\right]$$

$$= -\frac{g_\mathrm{m}R_2(1 + \mathrm{j}\omega C_\mathrm{f}R_\mathrm{f})}{1 + \mathrm{j}\omega(R_2 + R_\mathrm{f})C_\mathrm{f}}$$

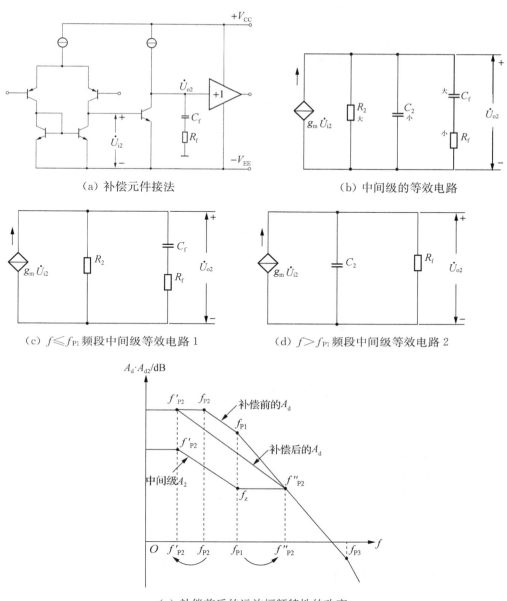

（a）补偿元件接法

（b）中间级的等效电路

（c）$f \leqslant f_{P1}$ 频段中间级等效电路 1

（d）$f > f_{P1}$ 频段中间级等效电路 2

（e）补偿前后的运放幅频特性的改变

图 6.3.5 极点-零点补偿

上式说明，在这一频段补偿后的中间级产生了一个零点和一个极点。其中产生的极点的频率为

$$f'_{P2} = \frac{1}{2\pi(R_2 + R_f)C_f} \tag{6.37}$$

低于原来的极点频率 $f_{P2} = 1/(2\pi R_2 C_2)$。补偿后产生的零点频率为

$$f_z = \frac{1}{2\pi R_f C_f} \tag{6.38}$$

在频率比较高的 $f > f_{P1}$ 后的频段,根据图 6.3.5(d)所示等效电路 2 我们同样可以求出这一频段的中间级的增益为

$$\dot{A}_2 = \frac{\dot{U}_{o2}}{\dot{U}_{i2}} = -\frac{g_m R_f}{1 + j\omega R_f C_2}$$

可见补偿后在这一频段新产生了一个频率高于 f_{P2} 的极点 f''_{P2},其频率为

$$f''_{P2} = \frac{1}{2\pi R_f C_2} \tag{6.39}$$

综合以上分析结果,可知在实施极点-零点补偿后中间级在整个频段内产生了两个极点 f'_{P2}、f''_{P2} 和一个零点 f_z,补偿后运放总增益的频率特性表示为

$$\dot{A}_d = \frac{A_{do}(1 + j\omega R_f C_f)}{(1 + j\omega C_f R_2)(1 + j\omega C_2 R_f)(1 + j\omega/\omega_{P1})}$$

$$= \frac{A_{do}\left(1 + j\dfrac{f}{f_z}\right)}{\left(1 + j\dfrac{f}{f'_{P2}}\right)\left(1 + j\dfrac{f}{f''_{P2}}\right)\left(1 + j\dfrac{f}{f_{P1}}\right)}$$

如果补偿元件 R_f 与 C_f 的选取使得

$$f_z = \frac{1}{2\pi R_f C_f} = f_{P1}$$

则可实现极点(f_{P1})与零点(f_z)对消,使 $\dot{A}_d$ 式变为

$$\dot{A}_d = \frac{A_{do}}{\left(1 + j\dfrac{f}{f'_{P2}}\right)\left(1 + j\dfrac{f}{f''_{P2}}\right)}$$

上式表明,补偿后运放特性仍只有两个极点,但 f'_{P2} 低于原 f_{P2},f''_{P2} 高于原 f_{P1}。因此 f'_{P2} 与 f''_{P2} 的间距显然比补偿前 f_{P2} 与 f_{P1} 的间距更大,如图 6.3.5(e)中所示。

【例题 6.3.3】 用极点-零点法对例题 6.3.2 中的同相放大器进行补偿,求保证 $\varphi_m = 45°$ 时的 C_f、R_f 及 f''_{P2} 值。

【解】 画出未补偿运放的幅频特性以及 $\frac{1}{F_u} = 10$ 的水平直线,两线相交的频率为 f_c,如例图 6.3.3 所示。如果要使补偿后的系统满足 $\varphi_m = 45°$,则必须使补偿后的 $f''_{P2} = f_c$。

由此可得

$$f_c = f''_{P2} = \frac{1}{2\pi R_f C_2}$$

并求得

$$R_f = \frac{1}{2\pi f_c C_2} = \frac{1}{2\pi \times 10^7 \times 5 \times 10^{-12}}$$

$$\approx 3.2 \text{ k}\Omega$$

根据极点-零点对消的要求,可得:

$$f_z = f_{P1} = \frac{1}{2\pi C_f R_f}$$

据此进一步求得：

$$C_f = \frac{1}{2\pi R_f f_{P1}} = \frac{1}{2\pi \times 3.2 \times 10^3 \times 10^6} = 50 \text{ pF}$$

f'_{P2} 的数值可由作图求得，见例图 6.3.3 中的补偿后的特性曲线，其值为 $f'_{P2} = 10 \text{ kHz}$。

从上面的例子可以看到，对于同一个负反馈电路，极点-零点补偿法与主极点补偿法相比可使补偿后的运放具有更宽的带宽（即 f'_{P2} 的大小，本例题计算结果提高了 10 倍），这是极点-零点补偿法的一个突出的优点。运放 LM301、LM308 就是采用这种方法补偿的。补偿电阻 $R_f = 56 \text{ k}\Omega$ 制作在运放内部，只需外接一个 100 pF 的补偿电容 C_f（接到管脚 8 与地之间），就可达到全补偿的目的。

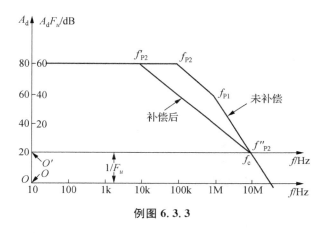

例图 6.3.3

3. 密勒补偿

密勒补偿也属于一种极点-零点补偿，它是应用最为广泛的一种补偿方法，几乎所有的内补偿运放（补偿元件制作在集成运放内部）、单片封装的二运放及四运放，都采用这种补偿方式。

密勒补偿是把补偿电容 C_f 跨接在中间级的输出和输入端上，见图 6.3.6(a)。C_f 的这种接法，不仅影响中间级的频率特性，而且影响输入级的频率特性。图 6.3.6(b)示出了输入级和中间级的等效电路。图中 R_1、C_1 和 R_2、C_2 分别是输入级和中间级输出端的总电阻和总电容。它们等于本级的输出电阻（或电容）与下一级的输入电阻（或电容）的并联值。

C_M 和 C_N 分别表示根据密勒定理将跨接的 C_f 折算到中间级的输入端和输出端的电容。

$$C_M = C_f(1 - \dot{A}_2)$$

$$C_N = C_f \frac{\dot{A}_2 - 1}{\dot{A}_2} \approx C_f$$

式中 $\dot{A}_2$ 是中间级的增益，它是频率的函数，其表达式为：

$$\dot{A}_2 = \frac{-A_{2o}}{1+\mathrm{j}\dfrac{f}{f'_{P2}}}$$

$$f'_{P2} = \frac{1}{2\pi R_2 (C_2 + C_f)} \qquad\qquad (6.40)$$

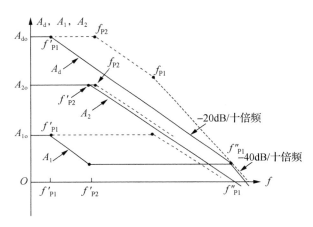

(a) 补偿电容 C_f 的接法 　　　　　　　　(b) 输入级、中间级的等效电路

(c) $\dot{A}_1$、$\dot{A}_2$ 和 $\dot{A}_d$ 的幅频特性

图 6.3.6　密勒补偿

图 6.3.6(c)示出了密勒补偿前、后 A_1、A_2 与 A_d 之间的关系。其中虚线表示补偿前、实线表示补偿后的曲线。从图(b)所示的中间级等效电路可见,增加密勒电容 $C_N \approx C_f$ 后,f'_{P2} 略低于原 f_{P2};但在输入级等效电路中增加的密勒电容 $C_M = (1-\dot{A}_2)C_f$ 数值较大,当 $f < f'_{P2}$ 时,$\dot{A}_2 = -A_{2o}$,电容 $C_M = (1+A_{2o})C_f \approx A_{2o}C_f$。故 $\dot{A}_1$ 的极点从原来的 f_{P1} 改变为 f'_{P1},其频率为

$$f'_{P1} = \frac{1}{2\pi R_1 (C_1 + C_M)} \approx \frac{1}{2\pi R_1 A_{2o} C_f}$$

当 f 升高至 f'_{P2} 中间级的增益开始下降,相应地使得

$$C_{M}=C_{f}\cdot\left(1+\frac{A_{2o}}{1+\mathrm{j}f/f'_{P2}}\right)$$

的容抗随频率升高而增大,于是输入级的增益不再随频率的升高而下降,而是出现一段水平的部分,这相当于输入级的增益中出现了一个零点,其频率为

$$f_{z1}=f'_{P2}$$

当频率继续升高,使得 A_{2} 接近于 1 时,则 $C_{M}\approx C_{f}$ 不再随频率变化而变化,则 $\dot{A}_{1}$ 又随频率增高而下降。这相当于 $\dot{A}_{1}$ 又出现了一个极点,其频率为

$$f''_{P1}=\frac{1}{2\pi R_{1}(C_{1}+C_{f})} \tag{6.41}$$

补偿后的总增益 $\dot{A}_{d}$ 中,输入级的零点 f_{z1} 自动地与中间级的极点 f'_{P2} 对消,最后存在的两个极点其频率为 f_{P1} 和 f''_{P1},这两个极点间间距比补偿前增大了,见图 6.3.6(c)。

μA741 就是采用这种补偿方法完成全补偿的。制作在运放内部的 $C_{f}=30$ pF,使补偿后的特性从 $f_{P1}=7$ Hz 到特征频率 $f_{T}=1$ MHz 间都以 -20 dB/十倍频的速率下降。

*6.3.3　几种特殊情况的稳定性补偿

凡采用内藏补偿元件的运放,如 μA741、LF356、LF353……以及所有的单片封装的二运放和四运放,稳定性补偿元件都制作在运放内部,使用时无需再外接其他补偿元件,就能保证最大电压反馈系数 $F_{u}=1$ 时的稳定工作。对于 $F_{u}<1$ 的情况,稳定更不成问题。

另一类运放须外接电容、电阻等补偿元件才能稳定地工作。如 LM301,LM308、μA725以及大多数的高速宽带运放。生产厂家在其产品使用手册中列出了不同闭环增益时的外接补偿元件的数值,对用户的使用来说也算是方便的。

本节介绍几种特殊情况的补偿,它对电路设计人员是一些很有实用价值的知识。

1. 容性负载的补偿

运放输出端接容性负载(图 6.3.7(a))会使稳定性恶化。这是由于输出电阻 R_{o} 与负载电容 C_{L} 产生了一个新的极点,其频率为:$f_{P3}=1/(2\pi R_{o}C_{L})$。如果 C_{L} 足够大,f_{P3} 就会接近甚至低于反馈系统的切割频率 f_{c}。这将使 φ_{m} 减小,甚至出现自激振荡。

如果在运放输出端和负载电容间串接一个电阻 R(图 6.3.7(b)),振荡就会停止,然而运放输出电压与负载无关的性能将消失。如果把反馈电阻 R_{2} 的一端移到 C_{L} 上(图 6.3.7(c)),会因 f_{P3} 更加降低,使振荡更强烈。但在这个电路的基础上,从运放的输出端到反相输入端跨接一个小电容 C(图 6.3.7(d)),就会使电路重新稳定下来。

图 6.3.7(d)电路的补偿原理可以解释为:当频率较低时,C 不起作用,R_{1}、R_{2} 的反馈支路保证了 C_{L} 两端的电压不随负载而变。高频时,由 R_{o}、R 和 C_{L} 产生的极点通过 R_{2} 使反相输入端产生一个相位滞后的反馈电流(它是产生不稳定的主要因素)。但另一方面通过电容 C 将运放输出端的电压反馈到反相输入端,提供一个相位超前的反馈电流。只要 C 选得适当,超前的信

号就会把滞后的信号抵消,使系统保持稳定。图 6.3.8 是两个典型的实用例子。

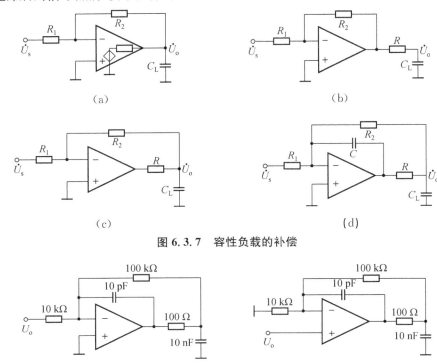

图 6.3.7 容性负载的补偿

图 6.3.8 容性负载补偿的两个实用例子

2. 带有电流、电压提升器的电路补偿

当利用图 6.3.9(a)所示的电流提升器以提高运放输出电流能力时,或利用附加一级电压提升器以提高运放输出电压幅度时(见图 6.3.9(b)),都会因提升器的接入而产生新的极点,使反馈稳定性恶化。

解决这类电路稳定性的方法同容性负载的补偿是相同的。从运放的输出端到反相输入端跨接一个数值适当的小电容 C（一般由实验决定）,就可使系统稳定。

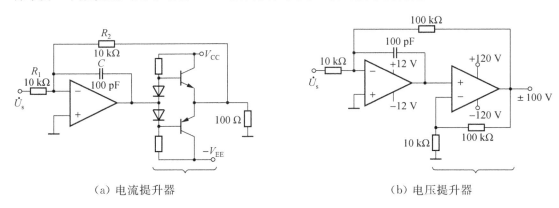

(a) 电流提升器   (b) 电压提升器

图 6.3.9 电流、电压提升器的补偿

3. 运放输入端电容的补偿

运放的反相输入端到地点存在着如图 6.3.10 所示的三个电容：

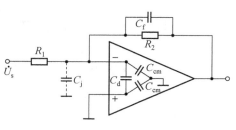

(1) 运放的差模输入电容 C_d，约 2～3 pF。

(2) 运放反相输入端到地点的共模输入电容 C_{cm}，约 1～4 pF。

(3) 运放反相输入端到地点的外部等效电容 C_j。

6.3.10　输入电容的补偿

3 个电容的总和为 C_x，即 $C_x = C_d + C_{cm} + C_j$。

由于 C_x 的存在，电压反馈系数 $\dot{F}_u$ 可表示为

$$\dot{F}_u = \frac{R_1}{R_1 + R_2} \cdot \frac{1}{1 + \mathrm{j}\dfrac{f}{f_P}}$$

$$f_P = \frac{1}{2\pi(R_1 /\!/ R_2)C_x}$$

即 $\dot{F}_u$ 中出现了一个频率为 f_P 的极点。不过一般情况下，C_x 的数值较小，所形成的极点 f_P 频率远高于切割频率 f_c，对电路稳定性的影响可以不予考虑。这时电路的闭环增益为

$$\dot{A}_u = \dot{A}_1 \frac{\dot{A}_d \dot{F}_u}{1 + \dot{A}_d \dot{F}_u}$$

其中 $\dot{A}_1 = -R_2/R_1$，$\dot{F}_u = R_1/(R_1 + R_2)$，代入上式并整理得到

$$\dot{A}_u = -\left(\frac{1}{\dot{F}_u} - 1\right)$$

某些情况下，若 C_x 数值较大，使形成的极点 $f_P < f_c$，则会影响到电路的稳定。为了消除这个极点，可在 R_2 两端并联一个补偿电容 C_f。可求得此时的

$$\dot{F}_u = \frac{R_1(1 + sR_2C_f)}{R_1(1 + sR_2C_f) + R_2(1 + sR_1C_x)}$$

令 $s = \mathrm{j}2\pi f$ 可得

$$\dot{A}_u = -\left(\frac{1}{\dot{F}_u} - 1\right) = -\frac{R_2}{R_1} \cdot \frac{1 + \mathrm{j}\dfrac{f}{f_z}}{1 + \mathrm{j}\dfrac{f}{f_P}}$$

其中：$f_z = 1/(2\pi R_1 C_x)$，$f_P = 1/(2\pi R_2 C_f)$。为了使零点与极点对消，令上式中 $f_z = f_P$，可求得电容 $C_f = C_x \dfrac{R_1}{R_2}$ 时，C_x 的效应将被消除，反馈网络 $\dot{F}_u$ 仍为一与频率无关的衰减器。

我们曾在 2.4.3 节介绍过的由 PD 构成的实用光电检测电路中，将光敏二极管接在运放输入端，这相当于将其结电容 C_j（大小正比于器件窗口受光面积）并接在运放输入端，因此必须在运放的反馈电阻两端并接一个小电容 C_f 进行相位补偿，依据的就是这个原理。例如图

2.4.7 以及图 5.5.3 所示光电检测电路,都是此类补偿的应用实例。

*6.4 典型运算电路的响应特性分析

在此前章节中我们已经对反馈网络由纯电阻元件组成的一阶运算电路作过深入分析。所谓一阶运算电路是指运放已经作过全补偿,在幅频特性 0 dB 线以上范围内仅存在一个极点。但在实际高频运算电路中对运放作全补偿的要求往往会放宽,即允许运放在幅频特性 0 dB 线以上存在两个极点。这种情况下由于二阶运算电路稳定裕度的相应减小,将导致其时域响应特性发生显著改变。此外当反馈网络中存在 RC 元件时,运算电路的频域特性不仅与运放本身的频率特性相关,还将与反馈网络的频率特性密切相关。本节重点讨论这两部分相关内容。

6.4.1 实用积分、微分电路的响应特性分析

1. 实用积分电路的时域与频域特性分析

实用积分电路如图 6.4.1(a)所示。当 $R_F \to \infty$ 时就与 1.3.1 节中介绍的基本积分电路相同。基本积分电路中,输入信号在运放反相端产生的信号电流 $I_i = u_i/R_1$,经积分电容产生的输出电压为

$$u_o = -\frac{1}{R_1 C_1} \int_0^t u_i \mathrm{d}t$$

输出误差电压为

$$U_{\text{oerr}} \approx (U_{\text{IO}} + I_{\text{IO}} R_F) + (U_{\text{IO}} + I_{\text{IO}} R_1) \frac{t}{R_1 C_1}$$

为减小 U_{IO} 和 I_{IO} 的影响,首先应选用低失调、低漂移运放器件。此外在积分时间常数 $R_1 C_1$ 已经确定的情况下,减小 R_1、增大 C_1 有利于减小 I_{IO} 的影响。但容量过大的电容器会因漏电流等指标不理想导致积分线性度降低。输入信号电流 I_i 较小时,运放的选用则应以低输入偏置电流型为主,如 LF356 等。

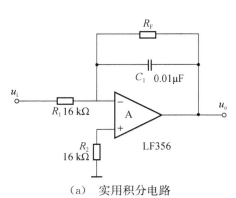

(a) 实用积分电路

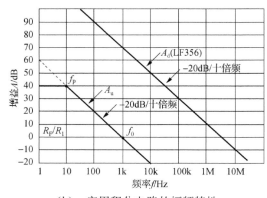

(b) 实用积分电路的幅频特性

图 6.4.1 实用积分电路及其幅频特性

另一方面,当输入信号中存在直流分量时往往容易导致基本积分电路输出饱和。这是因为积分输出电压的变化率为

$$\frac{\mathrm{d}u_{\mathrm{o}}}{\mathrm{d}t} = -\frac{I_{\mathrm{i}}}{C_1} = -\frac{u_{\mathrm{i}}}{R_1 C_1}$$

设 $R_1 = 100\ \mathrm{k\Omega}, C_1 = 1\ \mu\mathrm{F}, u_{\mathrm{i}} = 1\ \mathrm{V}$,则

$$\frac{\mathrm{d}u_{\mathrm{o}}}{\mathrm{d}t} = -\frac{u_{\mathrm{i}}}{R_1 C_1} = -\frac{1\ \mathrm{V}}{10^5\ \Omega \times 10^{-6}\ \mathrm{F}} = -10\ \mathrm{V/s}$$

即信号加上 1 s 后运放输出就会趋于饱和。因此实用积分电路需要在积分电容 C_1 两端并联电阻 R_{F} 以防止输出饱和。我们可以求出并联 R_{F} 后电路的增益为

$$A_u(s) = \frac{-\dfrac{R_{\mathrm{F}}}{sC_1}}{R_1\left(R_{\mathrm{F}} + \dfrac{1}{sC_1}\right)} = -\frac{R_{\mathrm{F}}}{R_1}\frac{1}{1 + sR_{\mathrm{F}}C_1}$$

令 $s = \mathrm{j}\omega = \mathrm{j}2\pi f$ 则有

$$A_u(\mathrm{j}f) = -\frac{R_{\mathrm{F}}}{R_1}\frac{1}{1 + \mathrm{j}\dfrac{f}{f_{\mathrm{P}}}}$$

其中 f_{P} 是极点频率

$$f_{\mathrm{P}} = \frac{1}{2\pi R_{\mathrm{F}}C_1}$$

其幅频特性如图 6.4.1(b)。由图可知:

(1) 积分器的有效工作频段为 $f_{\mathrm{P}} \sim f_0$,图中可见 f_0 是 $A_u(\mathrm{j}f)$ 与 0 dB 线的交点频率,可令 $A_u(\mathrm{j}f)$ 的模量等于 1 求得。其表达式为

$$f_0 = \frac{1}{2\pi R_1 C_1}$$

它是由基本积分电路的积分时间常数决定的。积分电路的设计要点是确定 f_0 究竟定位于频率轴线的哪一点上,并据此由 $2\pi f_0 = 1/(R_1 C_1)$ 定出 $R_1 C_1$ 乘积的大小。

(2) $f < f_{\mathrm{P}}$ 时:

$$|A_u(\mathrm{j}f)| = \frac{R_{\mathrm{F}}}{R_1}$$

积分器的输出电压由 R_{F} 与 R_1 的比值决定,避免因输入端存在直流分量而导致积分器饱和。

(3) 全补偿后运放的开环增益幅频特性曲线与实用积分器电路的幅频特性曲线在形式上完全相同,因此实用积分器电路在工作频域范围内的环路增益将保持一定而与频率无关。这表明实用积分器电路堪称是对运放特性巧妙利用的一个范例。

2. 实用微分电路的时域与频域特性分析

实用微分电路原理图如图 6.4.2(a)所示。当图中 $R_1 = 0, C_{\mathrm{f}} = 0$ 时即为典型的基本微分

电路。其输出电压为

$$u_o = -R_2 C_1 \frac{\mathrm{d}u_i}{\mathrm{d}t}$$

基本微分电路的最大缺陷是对高频噪声十分敏感。在电路输入信号中存在高频噪声的情况下,尽管一般噪声幅度很小但由于频率很高会在运放输出端产生相当大的噪声电压,因此降低了基本微分电路的实用价值。

图 6.4.2(a)实用微分电路中加上了 R_1 和 C_f,电路的静态输出误差电压可表达为

$$U_{oerr} \approx U_{IO} + I_{IO} R_2$$

故选用低失调、低漂移运放将有利于减小电路的输出误差电压。

另一方面 R_1 和 C_f 的加入使电路原有的频率特性发生变化,据图可导出其增益的频域表达式为

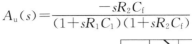

$$A_u(s) = \frac{-sR_2 C_f}{(1+sR_1 C_1)(1+sR_2 C_f)}$$

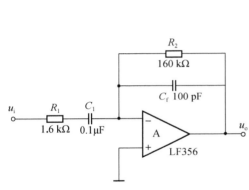

(a)实用微分电路原理图

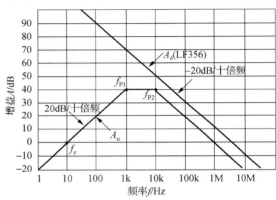

(b)实用微分电路幅频特性

图 6.4.2　实用微分电路及其幅频特性

令 $s = \mathrm{j}\omega = \mathrm{j}2\pi f$ 则有

$$A_u(\mathrm{j}f) = \frac{-\mathrm{j}\dfrac{f}{f_z}}{\left(1+\mathrm{j}\dfrac{f}{f_{P1}}\right)\left(1+\mathrm{j}\dfrac{f}{f_{P2}}\right)}$$

式中

$$f_z = 1/2\pi R_2 C_1 ; \quad f_{P1} = 1/2\pi R_1 C_1 ; \quad f_{P2} = 1/2\pi R_2 C_f$$

可见实用微分电路中除原有的零点 f_z 外,新增了两个极点 f_{P1}、f_{P2},其幅频特性波特图如图 6.4.2(b)所示。由图可知:

(1) 实用微分电路的有效工作频段为 $f_z \sim f_{P1}$,微分时间常数由 $R_2 C_1$ 决定。微分电路的设计要点是确定 f_z 究竟定位于频率轴线的哪一点,并据此由 $2\pi f_z = 1/(R_2 C_1)$ 定出 $R_2 C_1$ 乘积的大小。

（2）$f>f_{P1}$ 后,电路对输入信号呈现低通特性,有利于对输出端高频噪声的抑制。并类似于实用积分电路,其环路增益在频率高于 f_{P2} 后将保持一定。

6.4.2　二阶运算电路的响应特性分析

本节讨论更一般也是更实际的情况,即运放未能做全补偿,在 0 dB 线以上有 f_{P1} 和 f_{P2}（设 f_{P2} 为主极点频率,即 $f_{P2}<f_{P1}$）两个极点。反馈网络仍由电阻元件组成,构成负反馈运算电路时,其切割频率 f_c 满足：$10\,f_{P2}<f_c$,且 $0.1\,f_{P1}<f_c<10f_{P1}$。在这种情况下主极点 f_{P2} 对闭环系统产生 $-90°$ 的固定滞后相移,而频率为 f_{P1} 的次极点也对系统的相位裕度 φ_m 产生影响。这时,运放电路具有二阶特性,其传递函数可表示为

$$A_d(s)=\frac{A_{do}}{\left(1+\dfrac{s}{\omega_{P1}}\right)\left(1+\dfrac{s}{\omega_{P2}}\right)}$$

我们来讨论同相放大器和反相放大器情况,由于反馈电路由电阻元件组成,所以 F_u 为一与频率无关的常量。反馈系统的闭环增益可表示为

$$A(s)=A_I\frac{A_d(s)F_u}{1+A_d(s)F_u}$$

$$=A_I\frac{1}{1+\dfrac{s}{A_{do}F_u}\left(\dfrac{1}{\omega_{P1}}+\dfrac{1}{\omega_{P2}}\right)+\dfrac{s^2}{A_{do}F_u\omega_{P1}\omega_{P2}}}$$

$$=A_I\frac{1}{1+s\dfrac{2\zeta}{\omega_n}+s^2/\omega_n^2} \tag{6.42}$$

其中：ω_n 为自然谐振频率,且

$$\omega_n=\sqrt{A_{do}F_u\omega_{P1}\omega_{P2}} \tag{6.43}$$

ζ 为阻尼系数,且

$$\zeta=\frac{\omega_{P1}+\omega_{P2}}{2\omega_n} \tag{6.44}$$

将式（6.42）两边除以 A_I,得到归一化增益

$$\frac{A(s)}{A_I}=\frac{1}{1+s\dfrac{2\zeta}{\omega_n}+s^2/\omega_n^2} \tag{6.45}$$

1. 时域特性

利用拉氏变换可以得到单位阶跃输入的归一化输出响应

$$\frac{u_o(t)}{U_o}=1-\frac{e^{-\zeta\omega_n t}}{\sqrt{1-\zeta^2}}\cos(\omega_n' t-\varphi) \tag{6.46}$$

式中

$$\omega_n'=\omega_n\sqrt{1-\zeta^2} \tag{6.47}$$

$$\varphi = \arctan \frac{\zeta}{\sqrt{1-\zeta^2}} \tag{6.48}$$

U_o 为输出电压的稳态值。对于不同的 ζ 值的归一化 $\dfrac{u_o(t)}{U_o}$ 输出响应波形示于图 6.4.3。

由式(6.46)和图 6.4.3 可见:

(1)阶跃输入的输出响应是一个衰减的振荡波形,振荡角频率为 ω_n',衰减的快慢由阻尼系数 ζ 决定。

(2)$\zeta < 1$ 的波形均出现超调。ζ 越小超调越大,波形上升的时间越短,但衰减得越慢。

(3)超调的大小可用相对超调量 Y_P 来表示。它等于归一化输出波形中的最大峰值(第一个振荡周期出现的正峰)超过稳态量部分与稳态量的相对比值,式(6.46)中 ζ 为不同取值时,以百分数给出,如图 6.4.4 所示。即二阶运算网络的归一化阶跃响应

$$Y_P = (U_{op} - 1) \times 100\% \tag{6.49}$$

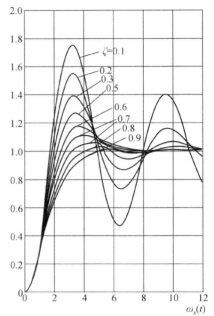

图 6.4.3　不同 ζ 的时域阶跃响应

对式(6.46)的变量 t 求微分,并令其等于零,就可求出 $u_o(t)$ 的最大值 U_{op} 出现在 $t_P = \pi/\omega_n'$ 处,其对应的超调量为

$$Y_P = e^{-\pi\zeta/\sqrt{1-\zeta^2}} \tag{6.50}$$

式(6.50)所表示的超调量 Y_P 与阻尼系数 ζ 的关系曲线示于图 6.4.5。

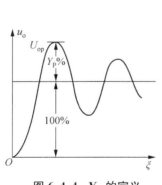

图 6.4.4　Y_P 的定义

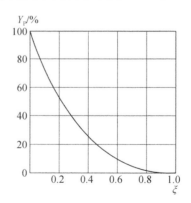

图 6.4.5　Y_P 与 ζ 的关系曲线

阻尼系数 ζ 与相位裕度 φ_m 间存在如下的关系:

$$\varphi_m = 90° - \arctan \frac{1}{2\zeta\sqrt{\sqrt{4\zeta^4+1}+2\zeta^2}} \tag{6.51}$$

上式表示的 ζ 与 φ_m 的关系示于图 6.4.6。

根据式(6.50)及式(6.51),或根据图6.4.5和图6.4.6,逐点找出 Y_P 和 φ_m 的数值,制成的 Y_P 与 φ_m 的关系曲线示于图6.4.7右边纵坐标上。

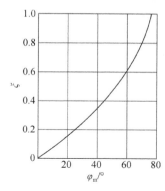

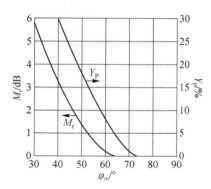

图 6.4.6 ζ 与 φ_m 的关系图　　图6.4.7 M_r 和 Y_P 与 φ_m 的关系曲线

2. 频域特性

令式(6.42)中的算子 $s=j2\pi f$,就得到二阶运算电路归一化的频域特性

$$\frac{A(jf)}{A_I}=\frac{1}{1+jf\dfrac{2\zeta}{f_n}+(jf)^2/f_n^2} \tag{6.52}$$

这是一个典型的二阶低通特性。其归一化增益的幅频特性为

$$\frac{A}{A_I}=\frac{1}{\sqrt{\left(1-\dfrac{f^2}{f_n^2}\right)^2+\dfrac{4\zeta^2 f^2}{f_n^2}}} \tag{6.53}$$

不同 ζ 值下的归一化幅频特性示于图 6.4.8。

将式(6.53)对 f 微分,并令 $\mathrm{d}\left(\dfrac{A}{A_I}\right)/\mathrm{d}f=0$,得到归一化幅频特性的谐振峰点

$$M_r=\frac{A}{A_I}\Big|_{\max}=\frac{1}{2\zeta\sqrt{1-\zeta^2}} \tag{6.54}$$

以及峰点处的频率

$$f_g=f_n\sqrt{1-2\zeta^2} \tag{6.55}$$

由式(6.54)和式(6.55)可知:

(1) 当 $\zeta<1/\sqrt{2}$ 时,幅频特性出现谐振峰。ζ 越小,峰点越高。

(2) ζ 越小,峰点频率 f_g 越接近于自然谐振频率 f_n。

根据式(6.51) ζ 与 φ_m 的关系,以及式(6.54) ζ 与

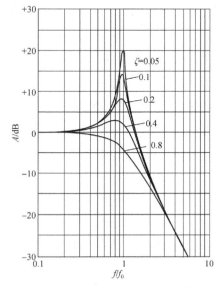

图 6.4.8 不同 ζ 下的归一化幅频特性

M_r 的关系,逐点找出 φ_m 与 M_r 的关系(M_r 用分贝表示),并制成曲线表示在图 6.4.7 左边纵坐标上。同时将 φ_m 与 M_r、Y_P、ζ 的关系列出如表 6.1 所示,以便于查用。

表 6.1 φ_m 与 M_r、Y_P、ζ 的关系

相位裕度 φ_m/°	谐振峰 M_r/dB	相对超调量 Y_P/%	阻尼系数 ζ
90	—	—	∞
85	—	—	1.687
80	—	—	1.182
75	—	0.0	0.949
70	—	1.4	0.803
65	0.0	4.7	0.697
60	0.3	3.8	0.612
55	0.8	13.3	0.541
50	1.5	18.1	0.478
45	2.3	23.3	0.420
40	3.3	28.9	0.367
35	4.4	35.0	0.317
30	5.7	41.6	0.269
25	7.3	48.9	0.222
20	9.2	56.9	0.176
15	11.7	65.9	0.132
10	15.2	75.9	0.087
5	21.2	87.2	0.044
0	∞	100	0

综上分析,可得出下面的结论:

(1) 反馈系统中的相位裕度 φ_m,不仅对系统的稳定性具有决定性的作用,而且还影响闭环后系统的时域特性和频域特性。

(2) 闭环反馈系统的时域特性和频域特性具有内在的联系。时域特性的相对超调量 Y_P 越大,频域特性的谐振峰 M_r 越高。

(3) 对于一个稳定性优良的运算电路,要求 M_r 和 Y_P 的值都要小。工程上认为可接受的 φ_m 是 45°。过大的 φ_m 将损失频带宽度及高速工作性能。

运算电路的时域和频域特性的研究,对一切精密的宽频带放大器、带有电容负载的缓冲器、实用积分与微分放大器、脉冲波放大器、高速数据采集系统中的放大器的设计,都具有重要的意义。

关于二阶运算电路时域特性的研究,还能提供检验反馈系统稳定性的简便易行的手段。由于在反馈稳定性分析中所用到的模型以及传递函数的任何解析式,都只是真实电路的一

种近似,它无法考虑到实际运算电路中全部隐蔽的电抗(例如各种寄生电容、电感等),因此,一个运算电路经过理论计算后,必须通过实验来检验其稳定性。检验时,不用直接测量环路的附加相移 φ_{AF} 从而进一步求出 φ_{m} 的方法,因为这超出了一般设备条件的实验室或试验部门的能力。可行的方法是给运算电路施加一个大小适度的方波信号,只要方波的宽度大于十倍的 π/ω'_{n},就可用它来代表阶跃函数,而不会对测量结果带来影响,然后用示波器观察输出响应,量出相对超调量 Y_{P} 的大小,就可推知 φ_{m} 及系统稳定的实际情况。

附录 6.1　基本运算电路的输入失调和输出失调

	运算电路	输入失调	输出失调
A		$U_{ri}=$ $U_{IO}+I_{IO}(R_1 /\!/ R_2)$	$U_{ro}=$ $U_{IO}\left(\dfrac{R_2}{R_1}+1\right)+I_{IO}R_2$
B		$U_{ri}=$ $U_{IO}+I_{IO}R_1$	$I_{ro}=$ $\dfrac{U_{IO}}{R_1}+I_{IO}$
C		$I_{ri}=$ $-\dfrac{U_{IO}}{R_1}-I_{IO}$	$U_{ro}=$ $U_{IO}+I_{IO}R_1$
D		$I_{ri}=$ $-\dfrac{U_{IO}}{R /\!/ R_s}-I_{IO}$	$U_{ro}=$ $U_{IO}\left(1+\dfrac{R}{R_s}\right)+I_{IO}R$
E		$I_{ri}=$ $-\dfrac{U_{IO}}{R_1+R_2}-I_{IO}$	$I_{ro}=$ $\dfrac{U_{IO}}{R_1}+I_{IO}\left(\dfrac{R_2}{R_1}+1\right)$

	运算电路	输入失调	输出失调
F	$R_{\mathrm{B}}=(R_1+R_2)/\!/R_{\mathrm{s}}$	$I_{\mathrm{ri}}=$ $-\dfrac{U_{\mathrm{IO}}}{(R_1+R_2)/\!/R_{\mathrm{s}}}-I_{\mathrm{IO}}$	$I_{\mathrm{ro}}=$ $\dfrac{U_{\mathrm{IO}}}{R_1}+\left(1+\dfrac{R_1+R_2}{R_{\mathrm{s}}}\right)$ $+I_{\mathrm{IO}}\left(\dfrac{R_2}{R_1}+1\right)$
G	$R_{\mathrm{B}}=R_1/\!/R_2$	$U_{\mathrm{ri}}=$ $-U_{\mathrm{IO}}\left(1+\dfrac{R_1}{R_2}\right)-I_{\mathrm{IO}}R_1$	$U_{\mathrm{ro}}=$ $U_{\mathrm{IO}}\left(1+\dfrac{R_2}{R_1}\right)+I_{\mathrm{IO}}R_2$
H	$R_{\mathrm{B}}=R_1/\!/(R_2+R)$	$U_{\mathrm{ri}}=$ $-U_{\mathrm{IO}}\left(1+\dfrac{R_1}{R_2+R}\right)-I_{\mathrm{IO}}R$	$I_{\mathrm{ro}}=$ $\dfrac{U_{\mathrm{IO}}}{R}\left(1+\dfrac{R_2+R}{R_1}\right)$ $+I_{\mathrm{IO}}\left(\dfrac{R_2}{R_1}+1\right)$
I	$R_{\mathrm{B}}=R_{\mathrm{s}}$	$U_{\mathrm{ri}}=$ $U_{\mathrm{IO}}+I_{\mathrm{IO}}R_{\mathrm{s}}$	$U_{\mathrm{ro}}=$ $U_{\mathrm{IO}}+I_{\mathrm{IO}}R_{\mathrm{s}}$
J	$R_{\mathrm{B}}=R_1+R_2/\!/R_3\approx R_1$	$I_{\mathrm{ri}}=$ $\dfrac{-U_{\mathrm{IO}}}{R_1+R_2/\!/R_3}-I_{\mathrm{IO}}$	$U_{\mathrm{ro}}=$ $U_{\mathrm{IO}}\left(\dfrac{R_2}{R_3}+1\right)+$ $I_{\mathrm{IO}}R_1\left(\dfrac{R_2}{R_1/\!/R_3}+1\right)$
K	$R_{\mathrm{B}}=R_{\mathrm{o}}/\!/R_1/\!/R_2/\!/\cdots/\!/R_m=R_{\mathrm{o}}/\!/R_{\mathrm{A}}$	$U_{\mathrm{ri}}=$ $-U_{\mathrm{IO}}\left(1+\dfrac{R_{\mathrm{A}}}{R_{\mathrm{o}}}\right)-I_{\mathrm{IO}}R_{\mathrm{A}}$	$U_{\mathrm{ro}}=$ $U_{\mathrm{IO}}\left(\dfrac{R_{\mathrm{o}}}{R_1/\!/\cdots/\!/R_m}+1\right)+$ $I_{\mathrm{IO}}R_{\mathrm{o}}$
L	$R_{\mathrm{B}}=R_1$	$U_{\mathrm{ri}}=$ $U_{\mathrm{IO}}+I_{\mathrm{IO}}R_1$	$U_{\mathrm{ro}}=(U_{\mathrm{IO}}+I_{\mathrm{IO}}R_1)+$ $(U_{\mathrm{IO}}+I_{\mathrm{IO}}R_1)\cdot\dfrac{t}{R_1C_2}$

附录 6.2　运放动态参数对基本运算电路闭环增益的影响

运算电路	$1/F_u$ 理想	$1/F_u$ 实际	A_I	A_∞	$A_o/A_d F_u$
A	$1+\dfrac{Z_2}{Z_1}$	$1+\dfrac{Z_1}{Z_1//Z_{id}}+\dfrac{Z_o}{Z_L}\left(1+\dfrac{Z_2+Z_1}{Z_1//Z_{id}}\right)$	$\dfrac{Z_2}{Z_1}+1$	$\left(\dfrac{Z_2}{Z_1}+1\right)\left(1+\dfrac{1}{K_{CMR}}\right)$	$\dfrac{Z_o}{A_d}\left(\dfrac{1}{Z_{id}}+\dfrac{1}{K_{CMR}Z_{id}}\right)$
B	$1+\dfrac{Z_L}{Z}$	$1+\dfrac{Z_L+Z_o}{Z//Z_{id}}$	$\dfrac{1}{Z}$	$\dfrac{1}{Z}\left(1+\dfrac{1}{K_{CMR}}\right)$	$-\dfrac{1}{A_d}\left(\dfrac{1}{Z_{id}}+\dfrac{1}{K_{CMR}Z_{id}}\right)$
C	$1+\dfrac{Z_L}{Z_1}$	$1+\dfrac{Z_2+Z_L}{Z_{id}}+\dfrac{Z_o}{Z_L}\left(1+\dfrac{Z_2+Z_1}{Z_{id}}\right)$	$-\left(\dfrac{Z_2}{Z_1}+1\right)$	$-\left(\dfrac{Z_2}{Z_1}+1\right)$	$-\dfrac{1}{A_d}$
D	1	$1+\dfrac{Z}{Z_{id}}+\dfrac{Z_o}{Z_L}\left(1+\dfrac{Z+Z_L}{Z_{id}}\right)$	$-Z$	$-Z$	$\dfrac{Z_o}{A_d}$

（续表）

	运算电路	1/F_u 理想	1/F_u 实际	A_l	A_∞	A_o/A_dF_u
E	运算电路（U_s，Z_1，Z_2，U_o，Z_L）	$1+\dfrac{Z_2}{Z_1}$	$1+\dfrac{Z_1}{Z_1//Z_{id}}+\dfrac{Z_o}{Z_L}\left(1+\dfrac{Z_1+Z_L}{Z_1//Z_{id}}\right)$	$-\dfrac{Z_2}{Z_1}$	$-Z$	$\dfrac{Z_o}{A_dZ_1}$
F	运算电路（U_s，Z_1，Z_2，I_o，Z_L，Z）	$\left(1+\dfrac{Z_2}{Z_1}\right)\left(1+\dfrac{Z_L}{Z//(Z_1+Z_2)}\right)$	$1+\dfrac{Z_2}{Z_1//Z_{id}}+\dfrac{Z_L+Z_o}{Z_L}\left(1+\dfrac{Z_1+Z}{Z_1//Z_{id}}\right)$	$-\dfrac{1}{Z_1}\left(\dfrac{Z_2}{Z}+1\right)$	$-\dfrac{1}{Z_1}\left(\dfrac{Z_2}{Z}+1\right)$	$-\dfrac{1}{A_dZ_1}$
G	运算电路（U_s，U_o，Z_L）	1	$1+\dfrac{Z_o}{Z_L//Z_{id}}$	1	$1+\dfrac{1}{K_{CMR}}$	$\dfrac{Z_o}{A_d}\left(\dfrac{1}{Z_{id}}+\dfrac{1}{K_{CMR}Z_{id}}\right)$

本章小结

1. 受 U_{IO}、I_B、I_{IO} 等静态参数的影响会在输出端产生相加性静态误差，要消除这些误差就需要调零（补偿）。对 U_{IO} 内补偿不仅可以消除 U_{IO} 产生的误差，还可以消除大部分的 $\dfrac{dU_{IO}}{dT}$ 产生的误差。为了消除 I_B 产生的误差，应使 $R_3 = R_2 /\!/ R_1$。在反馈网络为低阻的情况下，I_{IO} 产生的误差可以不必考虑。

失调电压的温漂 $\dfrac{dU_{IO}}{dT}$ 是一个比 U_{IO} 更重要的参数。人们可以用调零的方法将 U_{IO} 产生的输出误差完全消除，但不能完全消除 $\dfrac{dU_{IO}}{dT}$ 产生的误差，当温度变化，由于 $\dfrac{dU_{IO}}{dT}$ 将产生新的失调电压误差。

2. $\dot{A}_d$、$\dot{K}_{CMR}$、Z_{id}、Z_o 等运放动态参数会产生相乘性误差，使运算电路的增益发生改变。考虑动态参数影响的负反馈电路闭环增益的一般形式为

$$\dot{A} = \left(\dot{A}_\infty + \frac{\dot{A}_0}{\dot{A}_d \dot{F}_u} \right) \frac{\dot{A}_d \dot{F}_u}{1 + \dot{A}_d \dot{F}_u}$$

式中 $\dot{A}_0$ 是正馈增益，它是 $A_d = 0$ 时信号通过反馈网络正向馈送到输出端的增益。除极少数电路（如高速并联负反馈电路）外，正馈的效应都可忽略，即 $\dot{A}_\infty \gg \dot{A}_0 / (\dot{A}_0 \dot{F}_u)$ 由此得到闭环增益的实用形式为

$$\dot{A} = \dot{A}_\infty \frac{\dot{A}_d \dot{F}_u}{1 + \dot{A}_d \dot{F}_u}$$

对于并联反馈电路　　　　　　　　　$\dot{A}_\infty = \dot{A}_I$

对于串联反馈电路

$$\dot{A}_\infty = \dot{A}_I \left(1 + \frac{1}{\dot{K}_{CMR}} \right)$$

3. 负反馈系统的稳定性完全取决于在切割频率 f_c 时的相位裕度 φ_m 的大小。$\varphi_m > 0$ 系统稳定，$\varphi_m \leqslant 0$ 系统不稳定。一个稳定性优良的反馈系统，φ_m 为 $60°\sim70°$，可接受的 φ_m 值为 $45°$。如果已知运放的两个极点频率 f_{P1}、f_{P2} 以及切割频率 f_c，φ_m 可以方便地计算出来。

4. 一般的运放具有两个有意义的极点频率，补偿的目的就是拉大这两个极点频率的间距，以保证一定的低频环路增益 $A_{do} F_u$ 下，闭环的相位裕度 φ_m 大于某一规定的数值。

5. 负反馈系统稳定性补偿的方法可分为两类，一类作用于运放内部电路；另一类作用于反馈网络。作用于运放内部电路的补偿有电容补偿（滞后补偿）、极点-零点补偿（滞后-超前补偿）、密勒补偿等方法。电容补偿是通过压低主极点频率来拉开两个极点间的间距；极点-零点补偿是通过压低主极点并插入零点对消次极点的方法来拉开两个极点的间距；密勒

补偿则是主要作用于次极点的一种极点-零点补偿方法,通过自动产生与极点对消的零点来拉开两个极点间间距。作用于反馈网络的频率补偿主要针对运放输入或输出端容性电抗所产生的极点,目的是消除这类新增极点对系统稳定性造成的影响。

6. 对非纯电阻反馈网络的运算电路,频域分析是重要的分析方法之一,通过频域分析可为优化电路参数设计提供重要依据。

7. 运放器件的极点频率中,通常主极点为中间级电路产生转折频率 f_{P2},在具有 f_{P2} 和 f_{P1} 两个极点的二阶运算电路中,如果使切割频率 f_C 满足 $10 f_{P2} < f_c$ 且 $0.1 f_{P1} < f_c < 10 f_{P1}$ 的条件,则次极点 f_{P1} 对电路的相位裕度 φ_m 及输出响应特性产生的影响是可控的。

8. 稳定裕度优良的电路系统要求的相位裕度为:$\varphi_m \geq 60°$,可接受的最低相位裕度为:$\varphi_m = 60°$。一个相位裕度不足的负反馈电路系统在时域中表现为阶跃响应的超调,在频域中表现为切割频率(上限截止频率)处的频带峰起。超调量 Y_P 和谐振峰 M_r 与相位裕度 φ_m 的大小成反比,即 φ_m 直接决定时域特性中的超调量 Y_P 和频域特性的谐振峰 M_r,它们的大小可根据表 6.1 中的 φ_m 值直接查出。

9. 判断电路系统稳定性的实用工程方法是用示波器观察电路系统的输出阶跃响应,只要量出相对超调量 Y_P 的大小,就可推知 φ_m 及系统稳定的情况。

10. 精度、速度和稳定性分析是电子技术应用能力的三大支撑要素,三者之间既有区别又有内在的联系。时域中的高速与频域中的宽带是同一个问题在不同域内的表现,而带宽的过度增加又将使电路系统的稳定裕度降低。在运算电路的实际应用中应综合考虑信号处理的精度、速度及对电路输出响应及稳定裕度的要求,使电路设计及参数选取达到最优化。

思考题与习题

题 6-1 积分电路如题图 6-1 所示。推导由于 U_{IO}、I_B 及 I_{IO} 所引起的输出失调误差电压表达式。

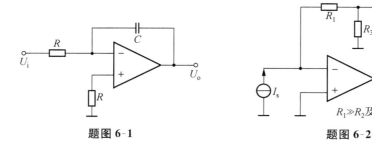

题图 6-1　　　　　　　　　题图 6-2

题 6-2 微电流测量电路如题图 6-2 所示。

① 求由于 U_{IO}、I_B 和 I_{IO} 产生的输出失调误差电压表达式;

② 要减小输出失调误差电压,电路要做哪些修正?

题 6-3　电路如题图 6-3 所示,其中的运放为 μA741,其 $U_{IO}=2$ mV,$I_B=80$ nA,$I_{IO}=20$ nA。

① 求输出端的输出误差电压 U_{ro} 的最大值。

② 如果要减小 U_{ro},电路应如何改造?

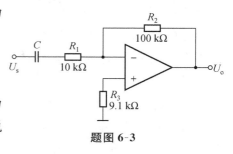

题图 6-3

题 6-4　试设计一个用 μA741 构成的电压增益为 40 dB 的同相放大器,电路应包含失调调零部分,并说明调整方法。

题 6-5　试推导附录 6.1 中 A、C、F 电路的输出及输入失调误差表达式。

题 6-6　试推导附录 6.1 中 E、H、K 电路的输出及输入失调误差表达式。

题 6-7　试推导附录 6.2 中的 B、E、F 电路的实际和理想运放条件下的电压反馈系数。

题 6-8　试推导附录 6.2 中的 B、E、F 电路的 $\dot{A}_\infty$ 表达式。

题 6-9　证明附录 6.2 中电路 B 的 $\dot{A}_\infty$ 为

$$\dot{A}_\infty=\left.\frac{\dot{I}_o}{\dot{U}_s}\right|_{\dot{A}_d\to\infty}=\left(1+\frac{1}{\dot{K}_{CMR}}\right)\frac{1}{Z}=\left(1+\frac{1}{\dot{K}_{CMR}}\right)\dot{A}_I$$

题 6-10　$4\sim20$ mA 电压/电流变换器电路及参数如题图 6-10 所示。

① 判断运放 A 处于什么工作状态(线性或非线性)?

② 在图中所示的元件参数下,求输出电流与输入电压 u_1 的关系。

③ 求对应 $I_O=4\sim20$ mA 的输入电压允许范围。

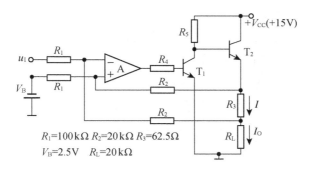

题图 6-10

题 6-11　题图 6-11 运放差动运算电路中,$R_1=R_3=10$ kΩ,$R_2=R_4=100$ kΩ。并设电路的静态误差可忽略不计。

① 设运放为理想器件时,求:$A_{u1}=u_o/(u_{s1}-u_{s2})$;

② 若采用 741 型运放($A_{do}=3\times10^4$,$K_{CMR}=80$ dB,$Z_{id}=50$ kΩ,$Z_o=200$ Ω),求:$A_{uf}=u_o/(u_{s1}-u_{s2})$;

③ 若运放采用 OP-07($A_{do}=3\times10^5$,$K_{CMR}=120$ dB,$Z_{id}=10$ MΩ,$R_o=200$ Ω),求:$A_{uf}=u_o/(u_{s1}-u_{s2})$;

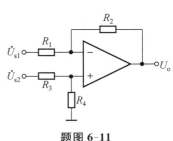

题图 6-11

④ 分别求出以上两种情况下电压增益的误差。

题 6-12 设运放具有两个极点 f_{P1}、f_{P2}，其中 f_{P2} 为主极点。求在保证 $\varphi_m = 45°$ 时所构成的负反馈电路的直流环路增益 $A_{do}F_u$ 的表达式。

题 6-13 在例题 6.3.2 的电路参数下，求用主极点补偿法达到全补偿时的 C_f 值及补偿后的主极点频率 f'_{P2}。

题 6-14 试证明：极点-零点补偿中，在极点与零点对消的条件下，当 $f > f''_{P2}$ 后，补偿前、后的运放总幅频特性互相重合，如图 6.3.5(e) 所示。

题 6-15 已知运放的特性为

$$\dot{A}_u = \frac{10^5}{\left(1+j\dfrac{f}{f_1}\right)\left(1+j\dfrac{f}{f_2}\right)\left(1+j\dfrac{f}{f_3}\right)}$$

其中 $f_1 = 100$ Hz，$f_2 = 100$ kHz，$f_3 = 1$ MHz，由它组成的负反馈电路的电压反馈系数 $F_u = 0.1$。

① 试判断电路是否会产生自激振荡；

② 如果要保证 $\varphi_m = 45°$ 并采用主极点补偿，求 f_1 的频率应前移多少？

题 6-16 在例题 6.3.2 的电路参数下，求用极点-零点补偿法达到全补偿的 C_f 和 R_f 值，以及补偿后的 f''_{P2} 和 f'_{P2}。

题 6-17 设用运放 μA748（一种外接补偿元件的 μA741 运放）组成的同相放大器，如果要求幅频特性的谐振峰 M_r 为 0.3 dB，此时的相位裕度 φ_m 应为多少？如果 C_1 是一个 5~45 pF 的微调电容，用什么简便的方法可以把 C_1 调到恰当的数值？

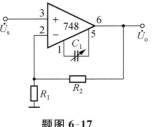

题图 6-17

题 6-18 一个快速数据采集系统由采样/保持器 S/H、多路模拟开关 M、放大器 A 和 12 位高速 A/D 转换器组成，如题图 6-18 所示。设运放为全补偿型 LFT356，$f_{P2} = f_T = 4$ MHz。作用到运放输入端的是阶跃电压信号。如果要使通道切换后运放输出信号的振荡幅度衰减到稳定值的 $\dfrac{1}{10^4}$，求变换起动信号至少要迟后于通道切换信号多少微秒？

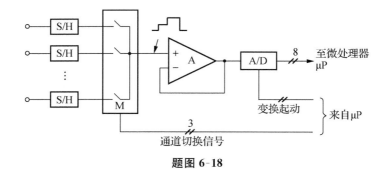

题图 6-18

第7章　波形产生与整形电路

本章首先介绍波形产生电路,包括正弦波及非正弦波产生电路两部分。在正弦波振荡器的基本组成和振荡条件基础上,重点介绍 RC、LC、石英晶体三种类型的正弦波振荡电路。然后介绍波形整形电路,包括施密特触发器、单稳态触发器电路两部分。最后介绍非正弦波产生电路,包括矩形波、三角波、锯齿波三种波形振荡电路。电压比较器、555 集成定时器是波形整形及非正弦波产生电路中常用的基本器件,本章也将对集成电压比较器及 555 集成定时器作专门介绍。

7.1　正弦波振荡器的基本概念

正弦波振荡电路常常作为信号源被广泛地应用于通信、测量、自动控制等系统中,其功能是产生单一频率的、稳定的正弦波信号。它是一种基本的模拟电子电路,按电路中的选频元件来分类,有 RC、LC、石英晶体等类型的正弦波振荡器。

7.1.1　正弦波振荡器的振荡条件

1. 振荡的平衡条件

正弦波振荡器实质上就是一个具有选频特性的正反馈放大器,所不同的是整个振荡器无需外加输入信号。放大电路的输入信号 $\dot{X}_i = 0$,如图 7.1.1(a)所示。振荡的过程就是信号沿反馈环路不断循环的过程,基本放大器网络的输入完全取自于反馈信号 $\dot{X}_f$,如图 7.1.1(b)所示。

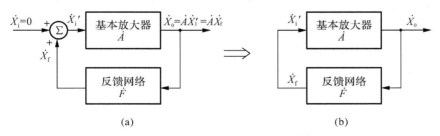

(a)　　　　　　　　　　　　　(b)

图 7.1.1　正弦波振荡器的框图

这里发生的振荡过程可分为两种情况,一是每循环一周,信号的振幅或相位就有所变化,没有稳定的正弦信号输出;另一种是每次循环信号的大小和相位都保持不变,从而可以在输出端得到一个幅度和相位都稳定的正弦信号。上述两种情况,前者称为振荡的非平衡状态,后者称为振荡的平衡状态。为了输出一个稳定的振荡信号,要求振荡器工作在平衡状态。而由图 7.1.1(b)可写出: $\dot{X}_\text{o}=\dot{A}\dot{X}_\text{i}'$,$\dot{X}_\text{f}=\dot{F}\dot{X}_\text{o}$,无输入信号情况下,$\dot{X}_\text{i}=\dot{X}_\text{f}$,因此只要满足:

$$\dot{A}\dot{F}=1 \tag{7.1}$$

即可满足电路的平衡状态条件。式(7.1)称之为振荡的平衡条件,在该式中,设 $\dot{A}=A\underline{/\varphi_\text{A}}$,$\dot{F}=F\underline{/\varphi_\text{F}}$,又可得 $\dot{A}\dot{F}=AF\underline{/\varphi_\text{A}+\varphi_\text{F}}=1$,即

$$|\dot{A}\dot{F}|=1 \tag{7.2}$$

$$\varphi_\text{A}+\varphi_\text{F}=\pm 2n\pi(n=0,1,2,\cdots) \tag{7.3}$$

式(7.2)称为正弦振荡的振幅平衡条件,而式(7.3)则称为正弦振荡的相位平衡条件,只有同时满足这两个条件,振荡才能持续进行。

2. 起振过程

为了使振荡器起振,必须有一个初始的激发信号,这个信号可来自放大器内部的噪声,或外部的干扰及振荡器接通电源的瞬间,从反馈环路内电压、电流的跳变中获得。因为噪声干扰或电压、电流跳变均包含许许多多不同频率的正弦谐波分量,其中必然有符合振荡平衡条件的信号存在,为振荡的建立提供初始信号。但这个信号的幅度通常是很小的,若不能对初始信号有效地进行增幅,就无法达到要求的振荡输出幅度。因此,起振初期,要求每次循环后信号的幅度都有所增大,这意味着开始时必须满足 $|\dot{A}\dot{F}|>1$ 的幅度条件,然后在振荡建立的过程中,随着振幅的增大,通过振荡器中的非线性元件的限制,使 $|\dot{A}|$ 或 $|\dot{F}|$ 的数值随着振荡幅度的增大而自动减小。因此,振荡器的初始起振条件必须是 $|\dot{A}\dot{F}|>1$,使振幅增大,当增大到一定数值后使 $|\dot{A}\dot{F}|$ 值逐步下降,最后达到 $|\dot{A}\dot{F}|=1$,此时振荡电路处于稳幅振荡状态。

为了保证振荡频率的单一性,振荡器还应具有选频功能,以便从各种谐波分量中筛选出一个满足相位平衡条件的单一频率分量的信号,这个频率就是振荡电路的振荡频率 f_0。这就要求在 $\dot{A}\dot{F}$ 环路中应包含一个具有选频特性的网络,简称选频网络,它可以设置在基本放大器 $\dot{A}$ 中,也可设置在反馈网络 $\dot{F}$ 中,通常由包含电抗元件的线性无源网络构成,其性能的优劣将直接影响振荡频率的稳定性。

3. 稳幅过程

由上述分析可知为了使振荡器能够起振,开始时必须满足 $|\dot{A}\dot{F}|>1$ 的幅度条件。为了说明从 $|\dot{A}\dot{F}|>1$ 过渡到 $|\dot{A}\dot{F}|=1$ 的稳幅过程,我们将基本放大器的传输特性和反馈网络的传输特性表示在同一坐标系中,如图 7.1.2 所示。由于放大器的放大倍数不是一个常数,

它会随信号的增大而减小,如振幅特性曲线所示,因此,当 U_f(即 U_f')较大时,放大管进入非线性工作状态,而反馈网络若由线性无源元件组成,其传输特性便是一条直线如图 7.1.2 中的反馈特性曲线所示。

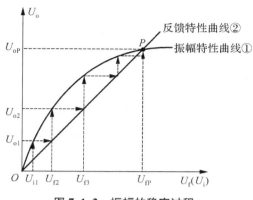

如果电源刚一接通所产生的微弱初始信号 U_{i1} 加至放大器的输入端,则我们可从曲线①上找出对应的输出为 U_{o1},而 U_{o1} 所引起的反馈信号输出(从曲线②查出)U_{f2} 又经放大器放大输出 U_{o2} ……最后,当输出电压增大到两条特性曲线的交

图 7.1.2　振幅的稳定过程

点 P 时,振荡器的输出便维持在 U_{oP} 上,此时 $U_{oP}=U_{fP}$,即 $|\dot A\dot F|=1$。因此,振荡器的稳幅过程是依赖放大器的非线性特性得以实现的,因此放大管不可避免地会工作到非线性区域,从而导致输出信号产生一定程度的非线性失真。为此,我们也可将反馈网络做成具有非线性特性,而让放大器工作在线性区,以减小输出波形的失真。类似功能的稳幅措施可参见 7.2.1 节。

7.1.2　正弦波振荡器的电路组成及分类

根据 7.1.1 节的讨论,一个正弦波振荡电路必须具有放大器和反馈网络,此外,电路中还应包含选频网络和稳幅环节。前者是为了获得单一频率的正弦波振荡信号,后者是为了能够稳定输出波形的振荡幅度。

正弦波振荡电路的选频网络多包含在反馈网络中,如果它是由电阻 R 和电容 C 组成,则称为 RC 正弦波振荡电路;若由电感 L 和电容 C 组成,则称为 LC 正弦波振荡电路;若由石英晶体元件组成,则称为石英晶体正弦波振荡电路。所构成的振荡器要能正常工作,首先必须确定放大器的静态工作点偏置是否能保证电路的正常工作;然后还要判断振荡器是否满足振荡的相位平衡条件,至于幅度平衡条件则比较容易满足,这是因为通过改变放大器的放大倍数 $|\dot A|$ 或反馈系数 $|\dot F|$,一般总能方便地实现 $|\dot A\dot F|\geqslant 1$ 的起振及振幅平衡条件。下面结合具体电路进行讨论。

7.2　正弦波振荡器电路

7.2.1　RC 文氏电桥振荡器

RC 正弦波振荡器是采用电阻 R 和电容 C 作为选频反馈网络构成的正弦波振荡电路,常见于产生 1 MHz 以下的低频正弦信号。其电路形式多种多样,文氏电桥振荡器是其中应

用较为广泛的一种 RC 振荡器。

文氏电桥振荡器原理电路如图 7.2.1 所示。基本放大器部分由运放和电阻 R_F、R_1 组成,是一个同相输入的电压放大器,其电压放大倍数 $\dot{A}_{uf}=1+R_F/R_1$;反馈网络由 R、C 串并联网络组成,输出电压 $\dot{U}_o$ 经 RC 串并联支路分压后,反馈到运放的同相输入端,该网络也同时兼起选频网络的作用。

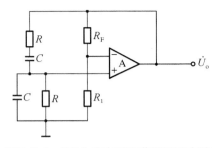

图 7.2.1 RC 文氏电桥振荡器原理电路

由图可见,R_F 和 R_1 及 RC 串联、并联支路分别构成四个桥臂,电桥式振荡器即由此得名。下面首先分析 RC 串并联选频网络的选频特性,然后再对整个电路进行分析。

1. RC 串并联网络的选频特性

把图 7.2.1 中的反馈网络单独抽出来,如图 7.2.2 所示,据图可以写出网络的传递函数为

$$\dot{F}=\frac{\dot{U}_f}{\dot{U}}=\frac{Z_2}{Z_1+Z_2}$$

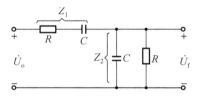

图 7.2.2 RC 串并联网络

其中:$Z_1=R+\dfrac{1}{j\omega C}$, $Z_2=\dfrac{R\cdot\dfrac{1}{j\omega C}}{R+\dfrac{1}{j\omega C}}=\dfrac{R}{1+j\omega RC}$。

所以

$$\dot{F}=\frac{\dfrac{R}{1+j\omega RC}}{R+\dfrac{1}{j\omega C}+\dfrac{R}{1+j\omega RC}}=\frac{j\omega RC}{(j\omega RC)^2+3j\omega RC+1}=\frac{1}{j\omega RC+3+\dfrac{1}{j\omega RC}}$$

如令 $\omega_0=\dfrac{1}{RC}$,则上式变为:

$$\dot{F}=\frac{1}{3+j\left(\dfrac{\omega}{\omega_0}-\dfrac{\omega_0}{\omega}\right)} \tag{7.4}$$

由此可得 RC 串并联网络幅频特性和相频特性分别为

$$F(\omega)=\frac{1}{\sqrt{3^2+\left(\dfrac{\omega}{\omega_0}-\dfrac{\omega_0}{\omega}\right)^2}} \tag{7.5}$$

$$\varphi_F(\omega)=-\arctan\frac{\left(\dfrac{\omega}{\omega_0}-\dfrac{\omega_0}{\omega}\right)}{3} \tag{7.6}$$

根据以上两式可画出 RC 串并联选频网络的幅频特性曲线和相频特性曲线,分别如图 7.2.3 (a)、(b)所示。

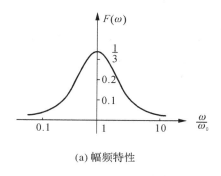

(a) 幅频特性

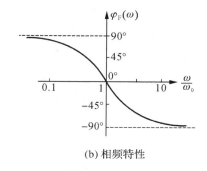

(b) 相频特性

图 7.2.3　*RC* 串并联网络的频率特性曲线

由图可知,当 $\omega = \omega_0$ 时,$F(\omega)$ 达到最大,而此时相频特性的相位移为零,即

$$F(\omega)_{\max} = F(\omega_0) = \frac{1}{3} \tag{7.7}$$

$$\varphi_F(\omega_0) = 0^\circ \tag{7.8}$$

也就是说,当 $\omega = \omega_0 = \dfrac{1}{RC}$ 时,输出电压的幅值最大,是输入电压的 $\dfrac{1}{3}$,并且输出和输入电压同相位。这是 *RC* 串并联网络的一个重要特点,文氏电桥振荡器正是利用这一特点构成的。

2. 相位平衡条件与起振条件

图 7.2.1 电路能否产生正弦波振荡,关键在于判别电路能否满足振荡的相位平衡条件,即 $\varphi_A + \varphi_F$ 是否等于 $\pm 2n\pi$。由以上分析已看到,当 $f = f_0 \left(f_0 = \dfrac{\omega_0}{2\pi} \right)$ 时,串并联网络的 $\varphi_F = 0^\circ$,而基本放大器部分是由典型的同相输入运放构成的,其输出与输入同相位,即 $\varphi_A(\omega) = 0^\circ$。因此,电路在频率为 f_0 时,$\varphi_A + \varphi_F = 0^\circ$,满足振荡器的相位平衡条件,而对于其他的任何频率则都不能满足振荡的相位平衡条件,所以电路的振荡频率为

$$f_0 = \frac{\omega_0}{2\pi} = \frac{1}{2\pi RC} \tag{7.9}$$

再从振幅平衡条件分析,在 $f = f_0$ 时,*RC* 串并联网络传递函数的模量达到最大,即 $|\dot{F}| = \dfrac{1}{3}$,为了满足(7.2)式所示振幅平衡条件,则要求电压放大倍数 $A_{uf} = 1 + \dfrac{R_F}{R_1} = 3$,这一点,通过调整 $\dfrac{R_F}{R_1}$ 的数值是容易实现的。而实际电路中,为了便于起振,要求 $|\dot{A}\dot{F}| > 1$,由此可求得振荡电路的起振条件为 $|\dot{A}| = A_{uf} > 3$,即振荡电路中负反馈支路的参数应满足 $R_F > 2R_1$ 的关系。

3. 稳幅措施

根据以上分析,只要达到 $|\dot{A}| > 3$,即可使起振条件 $|\dot{A}\dot{F}| > 1$ 得以满足,实现增幅振荡,但如果 $|\dot{A}|$ 的值过大,使放大器进入非线性工作状态,如前述,此时输出波形将产生明显的

失真。为了减小失真,增加输出电压幅度的稳定,可以在放大电路的负反馈回路里采用非线性元件来自动调整反馈的强弱以稳定输出电压。例如,在图 7.2.1 中采用具有负温度系数的热敏电阻作为 R_F,当输出电压 $|\dot{U}_o|$ 增大时,R_F 中流过的电流 $|\dot{I}_F|$ 也随之增加,引起温度上升,导致 R_F 阻值减小,使电压放大倍数下降,结果抑制了输出幅度的增长。根据同样原理,也可以在图 7.2.1 中采用具有正温度系数的热敏电阻代替 R_1,来达到输出幅度稳定的目的。

除了采用热敏电阻稳定输出电压外,也可利用二极管导通电阻的非线性或用 JFET 工作在可变电阻区时其漏、源间电阻受栅、源间电压 u_{GS} 控制的特点来实现稳幅。具体电路如图 7.2.4(a)、(b)所示。

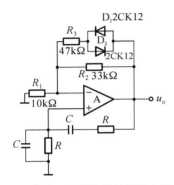
（a）采用二极管稳幅的振荡电路

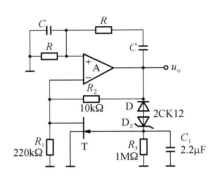
（b）采用压控电阻稳幅的振荡电路

图 7.2.4 *RC* 文氏电桥振荡器实用电路

图 7.2.4(a)电路中利用二极管导通电阻的非线性来控制负反馈的强弱,从而控制放大器的电压放大倍数 $\dot{A}_{uf}$,使之随输出电压 $\dot{U}_o$ 的幅度大小而变化,达到稳幅的目的。

图 7.2.4(b)电路中,运放电路的电压放大倍数主要由 JFET 的漏、源间电阻、R_1 及 R_2 决定。JFET 的栅压受 $\dot{U}_o$ 控制,$\dot{U}_o$ 振幅较小时,D 和 D_z 都不导通,这种情况下由于 $u_{GS}=0$,JFET 漏、源间电阻最小,便于电路起振。$\dot{U}_o$ 振幅大于 D_z 反向击穿电压时,D_z 及 D 将在 $\dot{U}_o$ 的负半周导通,使 u_{GS} 变负,$\dot{U}_o$ 振幅越大,相应的 u_{GS} 就越负,使 JFET 压控电阻随之增加,增强了电路中的负反馈,从而使电压放大倍数下降,达到稳幅的目的。调整电阻 R_1 的大小,可使正常工作时 JFET 压控电阻与 R_1 并联后的等效电阻处于整个可调节范围的中点附近。

图 7.2.4(a)、(b)两电路中,振荡频率均由 RC 串并联网络的参数决定,即

$$f_0=\frac{1}{2\pi RC}$$

RC 振荡器除上述振荡电路外,还有基于 RC 移相电路原理组成的移相式 RC 振荡器,能够同时产生正弦及余弦(即相位差为 90°)振荡波形的 RC 正交振荡器等,其分析方法类似,读者可结合习题(习题 7-4)或参考其他书籍自行分析,此处不再赘述。

7.2.2　*LC* 三点式振荡器

　　LC 振荡器的振荡频率通常在几十千赫到几十兆赫,主要用来产生高频振荡信号。*LC* 振荡器的选频网络由电感 *L* 和电容 *C* 构成,电路形式多样,本节主要介绍电容三点式和电感三点式振荡器电路。在开始讨论电路之前,首先回顾一下 *LC* 并联回路的基本特性。

　　1. *LC* 并联回路的频率特性

　　图 7.2.5 所示是一个 *LC* 并联电路,其中 *R* 表示实际电感元件的绕线电阻,数值很小。

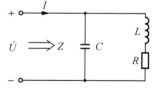

图 7.2.5　*LC* 并联电路

　　整个 *LC* 并联回路的导纳为

$$Y=\frac{R}{R^2+(\omega L)^2}+\mathrm{j}\left(\omega C-\frac{\omega L}{R^2+(\omega L)^2}\right) \tag{7.10}$$

当回路导纳的虚部等于零时,回路电流 $\dot{I}$ 与电压 $\dot{U}$ 同相,电路发生并联谐振。设并联谐振角频率为 ω_0,则由式(7.10)可得:

$$\omega_0 C-\frac{\omega_0 L}{R^2+(\omega_0 L)^2}=0$$

从而解出

$$\omega_0=\frac{1}{\sqrt{LC}}\sqrt{1-\frac{CR^2}{L}} \tag{7.11}$$

由于 *R* 很小,故有

$$\omega_0\approx\frac{1}{\sqrt{LC}} \tag{7.12}$$

　　当 *LC* 并联电路谐振时,其谐振回路的等效阻抗也可由式(7.10)求得

$$Z_0=\frac{R^2+(\omega_0 L)^2}{R}=R+Q\omega_0 L\approx Q\omega_0 L=\frac{L}{RC}=\frac{Q}{\omega_0 C} \tag{7.13}$$

上式表明,*LC* 并联谐振回路的阻抗是一个纯电阻,且阻值很大。式中 $Q=\omega_0 L/R$,称为谐振回路的品质因数,它是反映谐振回路损耗大小的一项指标,*R* 愈小,*Q* 值愈高,ω_0 处等效阻抗 Z_0 也愈大。一般 *Q* 值为数十至数百范围。

　　由于 *LC* 并联回路阻抗的一般表达式为

$$Z=\frac{-\mathrm{j}\frac{1}{\omega C}(R+\mathrm{j}\omega L)}{-\mathrm{j}\frac{1}{\omega C}+R+\mathrm{j}\omega L}\approx\frac{\left(-\mathrm{j}\frac{1}{\omega C}\right)\mathrm{j}\omega L}{R+\mathrm{j}\left(\omega L-\frac{1}{\omega C}\right)}=\frac{\frac{L}{RC}}{1+\mathrm{j}\frac{\omega L}{R}\left(1-\frac{1}{\omega^2 LC}\right)}$$

在谐振频率附近,即当 $\omega\approx\omega_0$ 时,上式可近似为

$$Z\approx\frac{Z_0}{1+\mathrm{j}Q\left(1-\frac{\omega_0^2}{\omega^2}\right)} \tag{7.14}$$

由此可以绘出不同 Q 值时 LC 并联谐振回路等效阻抗 Z 的频率响应曲线,如图 7.2.6 所示。从图(a)可见,Q 值越大,相应的幅频特性曲线越尖锐,表明除 ω_0 频率分量外,其余频率分量的信号将被迅速衰减。即 Q 值越大,回路的选频特性越好。由图(b)可见,Q 值越大相频特性曲线越陡,即斜率 $\dfrac{\mathrm{d}\varphi_Z}{\mathrm{d}\omega}$ 越大,这意味着在 ω_0 附近,频率的相对失谐量减小,频率的稳定性提高。

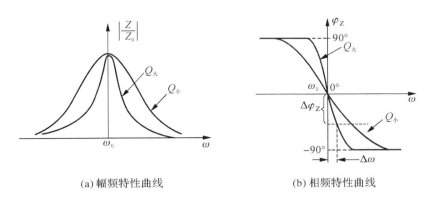

(a) 幅频特性曲线　　　　　　(b) 相频特性曲线

图 7.2.6　LC 并联谐振回路的频率响应曲线

再来看一下谐振时 LC 回路中电流的情况。

谐振时
$$\dot{U}=Z_0\,\dot{I}\approx Q\omega_0 L\,\dot{I}$$

则
$$\dot{I}_C=\mathrm{j}\omega_0 C\dot{U}\approx\mathrm{j}\omega_0 CQ\omega_0 L\,\dot{I}=\mathrm{j}Q\dot{I}$$

$$\dot{I}_L=\frac{1}{R+\mathrm{j}\omega_0 L}\dot{U}\approx\frac{1}{\mathrm{j}\omega_0 L}\dot{U}=\frac{1}{\mathrm{j}\omega_0 L}Q\omega_0 L\,\dot{I}=-\mathrm{j}Q\dot{I}$$

因此可知
$$|\dot{I}_C|\approx|\dot{I}_L|$$

当 $Q\gg1$ 时
$$|\dot{I}_C|\gg|\dot{I}|,\ |\dot{I}_L|\gg|\dot{I}|$$

上式说明,谐振时,品质因素较大的 LC 回路从外界汲取的电流极小,对外界的影响可以忽略。

2. 电容三点式振荡器

电容三点式振荡器电路如图 7.2.7 所示,基本放大器部分由分压式偏置电路构成,反馈网络(兼选频网络)由 C_1、C_2、L 构成,C_2 两端的电压(对地)即 $\dot{U}_f$。由于整个 LC 回路分别引出三个端子和放大器中三极管的三个电极 E、B、C 端子交流相接,故称为三点式振荡器。又因为反馈信号取自电容,所以也称作电容三点式或电容反馈式振荡器。

电路能否振荡,我们仍先从电路是否满足相位平衡条件来分析。当作为集电极负载的 LC 回路发生谐振时,集电极等效负载呈纯电阻性质,使三极管构成的共发射极放大器的输入与输出电压间产生 180° 相位差,记作 $\varphi_A(\omega_0)=180^\circ$。为了便于分析反馈网络相移的大小,我们忽略外接电阻对 LC 回路的影响,将反馈网络单独拿出来分析,如图 7.2.8 所示。

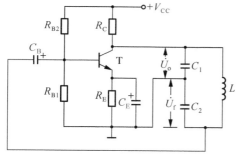

图 7.2.7　电容三点式振荡电路

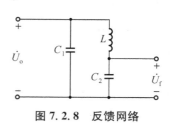

图 7.2.8　反馈网络

由图容易导出，在 $\omega = \omega_0 \approx \dfrac{1}{\sqrt{L\dfrac{C_1 C_2}{C_1 + C_2}}}$ 条件下：

$$\dot{F}(\omega_0) = \frac{\dot{U}_f}{\dot{U}_o} = \frac{\dfrac{1}{j\omega_0 C_2}}{j\omega_0 L + \dfrac{1}{j\omega_0 C_2}} = \frac{1}{1 - \omega_0^2 L C_2} = -\frac{C_1}{C_2} \tag{7.15}$$

上式表明，$\dot{U}_f$ 和 $\dot{U}_o$ 相位相反，即 $\varphi_F(\omega_0) = 180°$，由此可得，在 $\omega = \omega_0$ 处，$\varphi_A(\omega_0) + \varphi_F(\omega_0) = 360°$，能够满足振荡的相位平衡条件。

对于振幅平衡条件，可以导出基本放大器的放大倍数 $\dot{A} = -\dfrac{\beta R'}{r_{be}}$，式中 R' 为负载电阻 R_C、LC 回路的等效电阻及输入电阻折合到管子集电极和发射极间的并联等效电阻。又 $\dot{F} = -\dfrac{C_1}{C_2}$，根据起振条件 $|\dot{A}\dot{F}| > 1$，可得：

$$\beta > \frac{C_2}{C_1} \frac{r_{be}}{R'} \tag{7.16}$$

因此，只要把三极管的 β 适当选大些，或者改变 R_{B1}、R_{B2} 使静态电流 I_E 适当增大，都有利于起振。此外改变 C_1 与 C_2 的比值来调整反馈系数 $\dot{F}$，也能影响 $|\dot{A}\dot{F}|$ 的大小，但 C_1/C_2 的比值不能太大，通常选 C_1/C_2 的值为 $0.01 \sim 0.5$ 左右。

该电路的振荡频率近似为

$$f_0 \approx \frac{1}{2\pi \sqrt{L\dfrac{C_1 C_2}{C_1 + C_2}}} \tag{7.17}$$

由于电容三点式振荡器的反馈电压 $\dot{U}_f$ 取自电容 C_2，它对高次谐波分量具有滤波的作用，使反馈电压中的谐波分量被抑制，因此，振荡波形失真小，输出波形好。但由于该电路的振荡频率 f_0 与等效电容 C 有关 $\left(C = \dfrac{C_1 C_2}{C_1 + C_2} \right)$，要产生较高频率的振荡信号，即要求 $C_1 C_2$ 都要小，而当 $C_1 C_2$ 小到可与晶体管的极间电容及分布电容相比拟时，这些电容就会影响到 f_0

的稳定性,为了既有较高的振荡频率,又能保证频率稳定,可采取在 L 回路串联一小电容 C_0,使 $C_0 \ll C_1$,$C_0 \ll C_2$(如图 7.2.9 所示),则 $C_1 C_2$ 对振荡频率的影响减小,此时 f_0 可近似地表示为

$$f_0 \approx \frac{1}{2\pi\sqrt{LC_0}} \tag{7.18}$$

由于 f_0 基本上由 LC_0 参数确定,所以该电路的频率稳定度可达到 10^{-4} 左右。

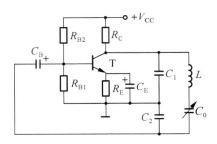

图 7.2.9　改进的电容三点式电路

3. 电感三点式振荡器

电感三点式振荡器电路,如图 7.2.10 所示。和电容三点式类似,都具有 LC 并联回路,差别只在于 LC 回路中电容和电感做了对偶互换,此外,集电极增加了一个耦合电容 C_C,以免 LC 回路影响放大器的静态偏置。电感三点式的工作原理与电容三点式类似,分析可知 $\varphi_A(\omega_0)=180°$ 及 $\varphi_F(\omega_0)=180°$,满足相位平衡条件,设两个电感间的互感系数为 M,则在图中所标记的同名端的情况下,振荡频率为

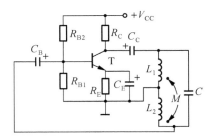

图 7.2.10　电感三点式振荡电路

$$f_0 \approx \frac{1}{2\pi\sqrt{(L_1+L_2+2M)C}} \tag{7.19}$$

该电路由于反馈电压取自电感 L_2,而电感对高次谐波的阻抗较高,因此输出波形中将会有较大的高次谐波分量,使输出波形变差。通常只在对波形要求不高的场合用来产生频率为数十兆赫左右的正弦波信号。

7.2.3　变压器反馈式振荡电路

变压器反馈式振荡电路如图 7.2.11 所示,放大器仍采用分压式偏置电路,变压器原方绕组的电感 L_1 与电容 C 构成一个 LC 并联回路,作为三极管的集电极负载。电路中的正反馈是通过 L_1 和 L_2 之间的变压器耦合来实现的。为了产生正弦波振荡,首先必须满足相位平衡条件。从放大器部分看,当 $L_1 C$ 并联回路处于谐振状态时其阻抗 Z_0 呈纯电阻性,此时其发射极组态的放大器输入与输出反相,即 $\varphi_A(\omega_0)=180°$。反馈网络部分,在图中所示的

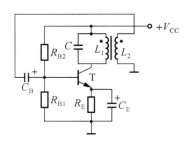

图 7.2.11　变压器反馈式振荡电路

同名端情况下,变压器原方信号耦合到副方时引进 $180°$ 的相位移,即 $\varphi_F=180°$。因此在 $\omega=\omega_0$ 时 $\varphi_A+\varphi_F=360°$,满足相位平衡条件。由此,电路的振荡频率也就是 LC 回路的谐振频

率,即

$$f_0 \approx \frac{1}{2\pi \sqrt{L_1 C}} \qquad (7.20)$$

为了满足振幅平衡条件,对放大器的 β 值也有一定的要求。在谐振频率处,放大器的电压放大倍数的模量

$$A = \frac{\beta Z_0}{r_{be}}$$

在忽略变压器副方回路影响的情况下,通过变压器副方绕组 L_2 反馈到放大器输入端的信号电压模量为

$$U_f = \omega_0 M I_{L1} = \omega_0 M \beta Q I_b$$

式中,M 是互感系数,I_{L1} 是变压器原方绕组中的电流,在 $L_1 C$ 回路谐振时,它是集电极电流的 Q 倍,由此可得反馈系数的模量为

$$|\dot{F}| = \left| \frac{\dot{U}_f}{\dot{U}_0} \right| = \frac{\omega_0 M \beta Q I_b}{\beta Z_0 I_b} = \frac{\omega_0 M Q}{Z_0}$$

由此可导出振荡电路的振幅平衡条件为

$$\beta = \frac{r_{be}}{\omega_0 M Q}$$

考虑到起振条件,实际振荡电路中应取

$$\beta > \frac{r_{be}}{\omega_0 M Q} \qquad (7.21)$$

7.2.4　石英晶体振荡电路

正弦波振荡电路的质量高低常用频率稳定度来衡量。频率稳定度一般用频率的相对变化量 $\Delta f / f_0$ 来表示,f_0 表示振荡频率,Δf 表示频率偏移量。在 LC 振荡电路中,即使采用各种稳频措施,其频率稳定度也难突破 10^{-5} 的数量级,而影响频率稳定度的主要因素是 LC 并联谐振回路的品质因数 Q,一般 LC 回路的 Q 值最高只能达到几百,而石英晶体元件的 Q 值一般为数万,高的可达数十万,因此在要求高频率稳定度的场合,可采用高 Q 值的石英晶体元件来代替 LC 回路,使振荡器频率稳定度达 10^{-8} 左右的数量级。因此石英晶体元件的应用十分广泛。

1. 石英晶体的压电效应和等效电路

石英晶体又称水晶,是一种二氧化硅(SiO_2)结晶体,其硬度大、弹性高、各向异性。将石英晶体按一定方向切割成片并经过研磨制成几何尺寸一定的石英晶片,再经真空镀膜形成两个极板,然后在极板上点上银膏并引出一对电极,烘干后封装在金属或玻璃外壳内,便制成石英晶体元件。其结构及电路符号如图 7.2.12 所示。

石英晶体元件的重要特点之一是具有压电效应。当在晶片压电轴的两个电极间加上电

压,晶片便会在相应的机械轴方向上产生变形。相反,在晶片机械轴方向上施加压力(或拉力),则晶片会在压电轴方向上产生电压。这种现象称为"压电效应"。当在晶片的两个电极间加上交变电压时,晶片便因反复的机械变形而产生机械振动,机械振动的固有频率由晶片的几何尺寸决定。这种机械振动反过来又会产生交变电压,当外加交变电压的频率与晶体的固有振动频率一致时,机械振动与交变电压的振幅会突然增加,比一般情况下的振幅大得多,这种现象称作压电谐振,石英晶体振荡器正是利用这种压电谐振特性来产生振荡信号的。

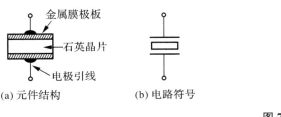

图 7.2.12　石英晶体元件

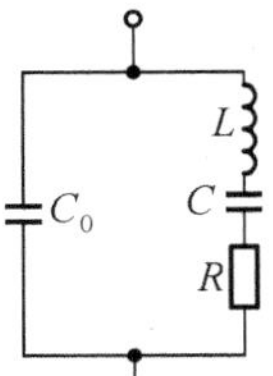

图 7.2.13　石英晶体
的等效电路

石英晶片机械振动的惯性可用电感 L 来等效,石英晶片的弹性可用电容 C 来等效,晶片振动时,因摩擦而造成的损耗则用电阻 R 来等效。此外,晶片不振动时,可以看成是一个平板电容器 C_0,由此得到石英晶体元件的等效电路如图 7.2.13 所示。石英晶体元件的参数值取决于晶片的几何尺寸,所以十分稳定。其参数的特点是:L 很大,C 很小,Q 值极高。例如谐振频率 $f_0 = 100$ kHz 的石英晶体元件,其典型的参数值为 $L = 300$ mH,$C = 8 \times 10^{-3}$ pF,$R = 270$ Ω,$C_0 = 2.4$ pF,$Q = 7 \times 10^5$。

根据石英晶体元件的等效电路可知,这个电路有两个谐振频率,一是 RLC 串联支路发生串联谐振时的频率

$$f_S = \frac{1}{2\pi\sqrt{LC}} \tag{7.22}$$

另一个是整个电路发生并联谐振时的频率,可求得:

$$f_P = \frac{1}{2\pi\sqrt{L\frac{CC_0}{C+C_0}}} = \frac{1}{2\pi\sqrt{LC}}\sqrt{1+\frac{C}{C_0}} = f_S\sqrt{1+\frac{C}{C_0}} \tag{7.23}$$

比较式(7.22)和(7.23)可知,由于 $C \ll C_0$,所以 f_S 和 f_P 十分接近,一般有

$$(f_P - f_S) \approx \left(\frac{1}{500} \sim \frac{1}{700}\right)f_S$$

图 7.2.14 示出了石英晶体元件的电抗特性曲线。由图可见,当晶体工作在 $f_S \sim f_P$ 之间时,石英晶片呈现很大的感抗,在其他频段石英晶体元件均呈容抗性质。

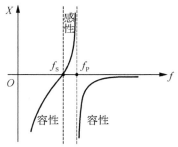

图 7.2.14　石英晶体元件的电抗特性曲线

2. 石英晶体振荡器电路

石英晶体振荡器电路的形式有多种,但其基本电路只有两类,即并联谐振型和串联谐振型。并联型振荡电路中,石英晶体元件工作在 $f_S \sim f_P$ 之间,其作用相当于一个高值电感,而串联型电路中,晶体工作在串联谐振频率 f_S 处,利用阻抗最小的特性来组成振荡电路。

（1）并联型石英晶体振荡器电路

图 7.2.15 是并联型石英晶体振荡电路,其电路原理与电容三点式振荡器相同,由于 $C \ll C_0 \ll \dfrac{C_1 C_2}{C_1 + C_2}$,所以 C_1、C_2 仅起反馈作用,电路的振荡频率主要取决于石英晶体本身。这个振荡频率在 $f_S \sim f_P$ 之间,若在石英晶体元件上串接一个电容 C_S,则选取不同的 C_S 值,可对振荡频率在 $f_S \sim f_P$ 之间进行微调,如图 7.2.15(a)中所示。

$$f_0 \approx \frac{1}{2\pi \sqrt{LC}} \cdot \sqrt{1+\frac{C}{C_0}}$$

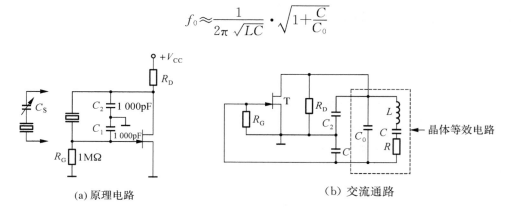

(a) 原理电路　　　　　　　(b) 交流通路

图 7.2.15　并联型石英晶体振荡器电路

（2）串联型石英晶体振荡器电路

串联型石英晶体振荡器电路如图 7.2.16 所示,T_1 为一共基放大器,T_2 为一共集放大器,在串联谐振频率时,晶体元件相当于一个数值很小的纯电阻,电路满足相位平衡条件,如果选择适当大的 β 管,使 AF 的值大于 1,电路将起振。

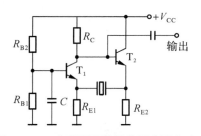

图 7.2.16　串联型石英晶体振荡器电路

采用石英晶体元件后,振荡器的频率稳定度将显著提高,但由于晶体的固有频率和温度有关,因此如果工作环境温度在很大的范围内变化时,则应选用高精度高稳定度的石英晶体元件,或采用温度补偿技术来稳定振荡频率。

7.3　波形整形电路

波形整形电路主要用来对那些变化缓慢或不规则的信号进行整形,使其变成边沿陡峭的信号,也可用于剔除输入信号中的干扰信号,还可实现将一种波形变换为另一种波形的功能。波形整形电路的形式有多种,这里主要讨论由电压比较器或 555 集成定时器构成的施密特触发器和单稳态触发器电路。

7.3.1　集成电压比较器

电压比较器是将一个电压信号与另一参考电压信号相比较,以鉴别其大小的电路。其鉴别结果用比较器输出的数字逻辑电平(高电平或低电平)来表示,因此电压比较器可看作是将模拟信号转换为数字信号的一种"接口"或"界面"电路。

1. 运放组成的基本电压比较器电路

从集成运放输入、输出电压间关系 $u_O = A_{od}(u_+ - u_{O-})$ 可知,由于运放具有很高的电压增益,因此工作在开环状态的运放具有电压比较器的功能。图 7.3.1(a)给出了一个最简单的过零电压比较器电路。其参考电压为 0,在将运放视作理想器件的情况下,其电压传输特性如图 7.3.1(b)所示,$u_1 > 0$,运放输出为正向饱和电压 U_{OPP};$u_1 < 0$,输出为负向饱和电压 $-U_{OPP}$。运放输出的高低电平反映了输入信号比 0 大或小的结果,也说明了比较器的基本工作原理。由集成运放组成的常用电压比较器电路如图7.3.2所示的两种基本形式。

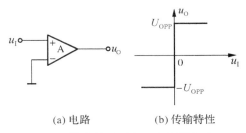

(a) 电路　　　　(b) 传输特性

图 7.3.1　最简单的过零电压比较器电路

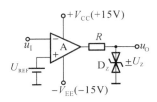

（a）串联型电压比较器

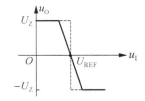

（b）串联型比较器的电压传输特性

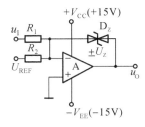

（c）并联型电压比较器

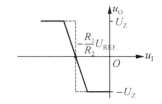

（d）并联型比较器的电压传输特性

图 7.3.2　两种常用类型的电压比较器电路及其传输特性

图 7.3.2(a)是串联型电压比较器,其中参考电压为 U_{REF},集成运放仍工作在开环状态,R 和 D_z 构成限幅电路,使反映比较结果的输出电压 u_O 被限幅在 $\pm U_z$ 电压上。当 $u_1 < U_{REF}$

时,比较器输出电压为 $+U_{\mathrm{Z}}$,反之输出电压为 $-U_{\mathrm{Z}}$。理想情况下的电压传输特性如图 7.3.2(b)中的虚线所示,考虑到实际运放的电压增益 A_{od} 是有限值,故实际电压传输特性如图中实线所示。

图 7.3.2(c)是并联型电压比较器。当电路中 $|u_{\mathrm{O}}|<|U_{\mathrm{Z}}|$ 时,稳压管支路截止,运放工作在开环比较状态。由于运放同相输入端接地,因此当反相输入端电压 u_{I} 经过零点时将引起输出电压的跳变,由此可求得引起 u_{O} 产生跳变的门限电压。由下式

$$\frac{u_{\mathrm{I}}}{R_{1}}+\frac{U_{\mathrm{REF}}}{R_{2}}=0$$

可求得
$$u_{\mathrm{I}}=-\frac{R_{1}}{R_{2}}U_{\mathrm{REF}} \tag{7.24}$$

输出 u_{O} 完成跳变后,运放将由开环比较状态过渡到闭环限幅状态,稳压管导通并引入电压负反馈,在运放的反相输入端形成“虚地”,使运放输出电压限幅在 $+U_{\mathrm{Z}}$ 或 $-U_{\mathrm{Z}}$。其电压传输特性如图 7.3.2(d)所示。

2. 专用集成电压比较器

通用运放作为比较器应用时,仅适合于对输出翻转速度要求不太高的场合,而对如 A/D 变换,数字通信的接收器等对速度有较高要求的应用场合,则采用专用的集成比较器。一般集成比较器的响应速度较高,并可直接输出 TTL 逻辑电平与数字电路相接。以常用的 LM311 集成比较器为例,其响应时间为 200 ns,而通用型外补偿运放 LM301A 在不加补偿电容时的响应时间为 6 μs,741 型等内补偿型运放则更慢。下面,我们以常用的 LM311 为例来讨论集成电压比较器的原理及应用。

图 7.3.3 是 LM311 的简化电路原理图。由图可见,整个输入级由 $T_{1}\sim T_{6}$ 管组成,其中,T_{1}、T_{2} 是射极跟随器,T_{5}、T_{6} 组成的电流源为 T_{1}、T_{2} 提供偏置电流,T_{3}、T_{4} 组成双端输出的差动放大器与中间级连接。中间级由 T_{7}、T_{8} 组成,T_{9} 仅在引脚⑥控制下才能导通,常态下 T_{9} 截止,其影响不必考虑,由此 T_{7}、T_{8} 也构成差动放大形式。输出级由 T_{10}、T_{11}、T_{12} 组成,其中 T_{10} 的基、射极分别接到中间级差放的两个输出端,将双端输出转换为单端输出,驱动 T_{11} 管工作。T_{11} 采用集电极开路的输出形式,这种结构允许几个 LM311 的输出端直接连接在一起。T_{12} 常态下

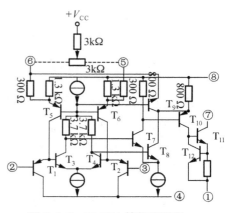

图 7.3.3　LM311 简化原理图

截止,当输出级过流时,T_{12} 导通对 T_{11} 的基极产生分流,从而实现过流保护作用。

原理图中引脚②为同相输入端,③是反相输入端,引脚①和⑦单独引出,使 LM311 的应用更为灵活,同时也使 T_{11} 的电源电压可独立设置,以便于与后续电路的电平配合。引脚⑤、

⑥为平衡调零端,必要时可外接平衡电阻,一般可悬空不用。当⑤、⑥两端直接与正电源端⑧短接时,将使输入级电流增大,可进一步提高比较器的工作速度。此外,引脚⑥与 T_9 配合可起到"使能控制端"的作用。

LM311 比较器的应用比较灵活。其电源电压可用 ±15 V,也可在 5 V 单电源下工作。图 7.3.4(a)是 LM311 比较器用单电源(+5 V)供电的应用示例。可见 311 可与数字电路共用电源,其输出电平可直接驱动数字电路工作。值得一提的是在这种单电源偏置下,为保证输入级正常工作,所设定的比较器参考电压 U_{REF} 应大于零。图 7.3.4(b)是 LM311 的另一种输出方式,即⑦脚接 $+V_{CC}$,①脚作为输出端,此时 T_{11} 相当于具有限流作用的射极输出器,可得到较大的输出电流,即使外接功率管也能直接驱动。不过由于输出取自①脚,因此输入—输出间相位关系应与⑦脚输出时相反。专用集成电压比较器的型号和种类比较多,LM311 属于中速比较器的一种。

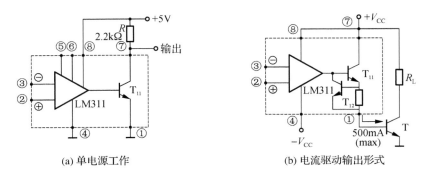

(a) 单电源工作　　　　　　　　(b) 电流驱动输出形式

图 7.3.4　LM311 的电路接法

集成比较器是以电压比较为目的而设计的专门电路,因此其性能仅需满足比较器电路的基本要求,相对而言价格也比较便宜。

*7.3.2　555 集成定时器

555 定时器是一种多功能的线性集成电路,它能产生准确的和非常稳定的时延或振荡信号。在它的外部配上适当的阻容元件,就可方便地构成施密特触发器和单稳态触发器等整形电路以及矩形波振荡器等脉冲产生电路。

1. 电路组成

常用的 555 定时器为双列直插塑料封装形式,如图 7.3.5(a)所示,其电路框图如 7.3.5(b)所示。它有两个相同的电压比较器 A_1 和 A_2,且均有一输入端接到三个 5 kΩ 电阻 R 组成的分压器上,若在⑧脚加电源 V_{CC} 并让⑤脚悬空,此时 A_1 的参考电压为 $\frac{2}{3}V_{CC}$,A_2 的参考电压为 $\frac{1}{3}V_{CC}$,两比较器的输出分别接基本 RS 触发器的输入端;触发器输出经逻辑门反相,以隔离负载对定时器的影响,同时提高带负载的能力。为了满足外电路充、放电的需要,放电晶体管 T 为集电极开路输出。

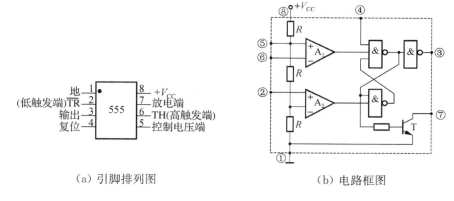

（a）引脚排列图　　　　　　　（b）电路框图

图 7.3.5　555 集成定时器

2. 基本功能

555 定时器的功能主要由两个比较器 A_1 和 A_2 决定。在直接复位端 $\overline{R}$（④脚）接高电平的条件下，A_1 反相输入端 TH（称高触发端），A_2 同相输入端 $\overline{TR}$（称低触发端），只要分别大于各自的参考电压 $\frac{2}{3}V_{CC}$ 和 $\frac{1}{3}V_{CC}$，则定时器输出（③脚）被置 0（低电平）；当 TH、$\overline{TR}$ 输入电压分别小于 $\frac{2}{3}V_{CC}$ 和 $\frac{1}{3}V_{CC}$ 时，输出被置 1（高电平）；若 TH 小于 $\frac{2}{3}V_{CC}$，$\overline{TR}$ 大于 $\frac{1}{3}V_{CC}$，则输出保持原态。控制电压端（⑤脚）也可外接控制电压，以此改变 A_1、A_2 的参考电压，若不用它时，可将⑤脚对地串接一小电容（0.01 μF 左右），以滤除高频干扰。直接复位端 $\overline{R}$ 如接低电平，定时器输出均被置 0。放电管 T 在输出为 0 时允许饱和导通。555 定时器的上述功能可概括为表 7.1 所示。

表 7.1　555 定时器功能表

输入			输出	
$\overline{R}$	TH	$\overline{TR}$	T（放大管状态）	u_o（Q 输出）
0	$\times$	$\times$	导通	0
1	$<\frac{2}{3}V_{CC}$	$<\frac{1}{3}V_{CC}$	截止	1
1	$>\frac{2}{3}V_{CC}$	$>\frac{1}{3}V_{CC}$	导通	0
1	$<\frac{2}{3}V_{CC}$	$>\frac{1}{3}V_{CC}$	不变	不变

常用的 555 定时器有双极型和 CMOS 型两类，其电路功能框图均如上面所述。电源电压范围为 +5 V～+18 V，驱动电流大，能提供与 TTL 电路相兼容的逻辑电平，可根据需要

进行选择。

7.3.3 施密特触发器电路

触发器是一种具有记忆作用的部件。它有两个基本性质:一是在一定的条件下,触发器的输出可以维持在两种稳定状态(高电平或低电平)之一而保持不变;二是在一定的外加信号的作用下,触发器可以从一种稳定状态转变到另一种稳定状态。施密特触发器就是一种用电平方式触发,并对于正向和负向增长的输入信号,具有不同的阈值电平从而使传输特性具有迟滞特性的触发器。构成施密特触发器的电路形式很多,下面分别介绍用电压比较器及 555 定时器组成的施密特触发器电路。

1. 用电压比较器构成的施密特触发器电路

用电压比较器构成的施密特触发器电路如图 7.3.6(a)所示,由 R 和 D_Z 组成输出限幅电路,R 是限流电阻。R_1、R_2 引入电压串联正反馈,对输出 u_O 的跳变起加速作用,并使比较器具有迟滞特性,因此又称为迟滞比较器。电路的具体分析如下:

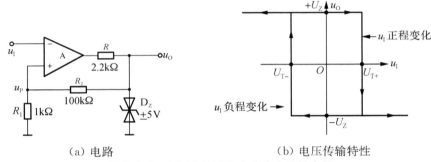

(a) 电路   (b) 电压传输特性

图 7.3.6 电压比较器构成的施密特触发器

设 $u_O = +U_Z = +5$ V,相应的 u_P 记作 U_{T+}

$$U_{T+} = +U_Z \frac{R_1}{R_1+R_2} = \frac{5 \text{ V} \times 1 \text{ k}\Omega}{100 \text{ k}\Omega + 1 \text{ k}\Omega} \approx 50 \text{ mV} \tag{7.25}$$

当 u_I 从小于 U_{T+} 增加到 U_{T+} 时,比较器进入线性放大区,u_O 开始负跳变,此时 u_I 再略有增加,则 u_O 将迅速从 $+U_Z$ 跳变到 $-U_Z$,此后,继续增大 u_I 时,u_O 将保持 $-U_Z$ 不变,这个过程如图 7.3.6(b)中 u_I 正程变化曲线所示。而 $u_O = -U_Z = -5$ V 时,相应的 u_P 记作 U_{T-}

$$U_{T-} = -U_Z \frac{R_1}{R_1+R_2} = \frac{-5 \text{ V} \times 1 \text{ k}\Omega}{100 \text{ k}\Omega + 1 \text{ k}\Omega} \approx -50 \text{ mV} \tag{7.26}$$

当 u_I 逐渐减小,从大于 U_{T-} 减小到 U_{T-} 时,比较器进入线性放大区,此时 u_I 再略有减小,就使 u_O 从 $-U_Z$ 跳变到 $+U_Z$,此后即使 u_I 继续减小,u_O 也将保持在 $+U_Z$ 不再变化,此过程如图 7.3.6(b)中 u_I 负程变化曲线所示。

从以上分析可知,比较器有两个翻转电压(也称阈值电平),并且有类似于迟滞回线的传输特性(由此也称之为迟滞比较器),这将有利于抑制信号中的噪声和干扰,避免触发器的输出产生误翻转。通常,我们把 U_{T+} 和 U_{T-} 之差称为回差电压,记作 ΔU_T。由式(7.25)和式(7.26)可导出

$$\Delta U_T = U_{T+} - U_{T-} = \frac{2R_1}{R_1+R_2}U_Z \tag{7.27}$$

在图 7.3.6(a)所示参数下,$\Delta U_T = 100$ mV,改变电阻的阻值,可方便地调整回差电压的大小。电路设计时,使回差电压的数值比预计噪声、干扰的最大幅度略大一点即可。图 7.3.7 所示是同相输入的触发器,读者可自行分析其传输特性。

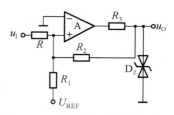

图 7.3.7　同相输入的施密特触发器电路

* 2. 用 555 定时器构成的施密特触发器电路

将 555 定时器高触发端 TH 和低触发端 $\overline{TR}$ 连接起来,即可构成施密特触发器,电路如图 7.3.8(a)所示。当输入②、⑥脚的信号 u_I 为如图 7.3.8(b)所示的波形,只要 $u_I \leqslant \frac{1}{3}V_{CC}$,基本 RS 触发器输出为低电平,由此 u_O 输出高电平,当 u_I 继续变化到 $\frac{V_{CC}}{3} < u_I < \frac{2}{3}V_{CC}$,$u_O$ 亦保持高电平不变,只有当 $u_I = \frac{2}{3}V_{CC}$ 时,RS 触发器翻转,输出由低变高,u_O 随之变为低电平,此后 u_I 继续增大,u_O 保持低电平不变;当 u_I 幅度下降到 $\frac{2}{3}V_{CC}$ 以及 $\frac{1}{3}V_{CC} < u_I < \frac{2}{3}V_{CC}$ 范围,u_O 均维持低电平不变,直到 $u_I = \frac{1}{3}V_{CC}$ 时,触发器翻转,输出 u_O 由低返回到高电平,u_I 继续下降,即 $u_I < \frac{1}{3}V_{CC}$,u_O 仍保持高电平不变。其输入、输出波形如图 7.3.8(b)所示。

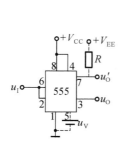

(a) 用555定时器构成的
施密特触发器电路

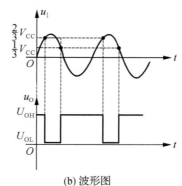

(b) 波形图

图 7.3.8　555 施密特触发器电路及波形

和电压比较器构成的施密特触发器电路相对应的两个翻转电压 U_{T+}、U_{T-} 分别为 $\frac{2}{3}V_{CC}$ 和 $\frac{1}{3}V_{CC}$,由此回差电压

$$\Delta U_T = \frac{2}{3}V_{CC} - \frac{1}{3}V_{CC} = \frac{1}{3}V_{CC}$$

其迟滞特性同于图 7.3.6(b) 所示。如果在电压控制端(⑤脚)接上外加电压 u_V,则可通过改变 u_V 的大小来调节 U_{T+}、U_{T-} 和 ΔU_T。实际使用时,在⑦脚接上拉电阻 R 和电源 V_{EE}(如图 7.3.8(a) 中虚线所示) u'_O 输出随 V_{EE} 的不同而改变,以配合不同负载的需要。

由以上讨论可看到,经施密特触发器电路后,将正弦波信号变换成矩形波波形,若输入是三角波,其变换情况类同,除波形变换外,经施密特触发器电路还可将不规则的输入信号波形整形为矩形波,如图 7.3.9 所示,也可用来鉴别和剔除不满足一定幅度的输入信号脉冲,如图 7.3.10 所示。由于施密特触发器的最主要特点是抗干扰能力强,因此,当输入信号中有噪声干扰而影响其幅度大小时,可通过调整回差电压 U_{T+} 和 U_{T-},就可有效地提高电路的抗干扰能力,避免电路产生误动作。

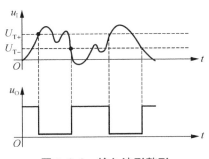

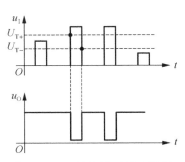

图 7.3.9　输入波形整形　　　　　图 7.3.10　输入波形幅度鉴别

施密特触发器的应用十分广泛,以上仅讨论了一些常用的功能。一般来说,用比较器构成的施密特触发器电路比用定时器构成的其性能更优良,输出响应速度也更快。实际使用时,可根据需要选择合适的电路结构。

·7.3.4　单稳态触发器电路

单稳态触发器是只具有一种稳定状态的触发器。在外加触发信号的作用下,它能够由稳态转变成暂稳态,维持一段时间后,暂稳态结束,触发器自动返回到稳定状态,故名"单稳态"。暂稳态的时间长短决定于电路的参数,与外加触发信号无关。在电子技术中,单稳态触发器广泛应用于定时、延时、波形整形等电路中。

由 555 定时器构成的单稳电路如图 7.3.11(a) 所示,RC 为单稳态触发器的定时元件。电路接通后,在输入 u_1 为高电平的条件下,设触发器处于稳定状态,即输出为低电平。晶体管 T(555 内的)导通,外接电容 $u_C = 0$。当 u_1 的负触发脉冲信号加到②脚时,晶体管 T 截止,比较器 A_2 的输入端得到低于 $\frac{1}{3} V_{CC}$ 的电信号,A_2 翻转,其输出从高变为低电平,RS 触发器翻转,其输出由低变高,即输出 u_O 为高电平,此时,电路进入暂稳态,电源 V_{CC} 通过电阻 R 开始对电容 C 充电,u_C 电压按指数规律上升,当 u_C 上升至 $\frac{2}{3} V_{CC}$ 时,比较器 A_1 输出由高变低,RS 触发器翻转,其输出由高变低,输出 u_O 由高变低,暂稳态结束。放电管 T 导通,电容

C 放电,电路返回到稳态直到下一个触发低电平信号到来,重复上述过程。图 7.3.11(b)表示了输入信号、电容电压和输出信号波形。由图可见,电容电压从零向 $\frac{2}{3}V_{CC}$ 充电的时间即为输出高电平的持续时间,也是暂稳态持续时间,根据 RC 一阶电路动态电压三要素分析法

$$u_C(t)=u_C(\infty)+[u_C(0_+)-u_C(\infty)]e^{-t/\tau} \tag{7.28}$$

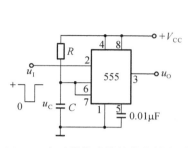 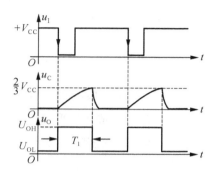

(a) 555 定时器构成的单稳态触发器　　　　　(b) 输入和输出波形

图 7.3.11　555 单稳态触发器电路及波形

代入 $u_C(0_+)=0, u_C(\infty)=V_{CC}$ 及 $u_C(T_1)=\frac{2}{3}V_{CC}$,可求得:

$$T_1=R \cdot C \ln3=1.1\,RC \tag{7.29}$$

该式说明,T_1 的大小只与定时元件 RC 的值有关,调节 RC 的参数值,即可改变输出脉冲的宽度,若 $R=10$ kΩ,输出 $T_1=10$ ms,则 $C\approx1$ μF。

暂稳态结束后,电容的放电时间常数为晶体管 T 的饱和电阻和电容的乘积,由于 T 的饱和电阻很小,因此电容迅速放电完毕,体现在 u_C 的下降沿很陡。

上述电路要求输入触发脉冲的宽度必须小于暂稳态的持续时间 T_1,否则会影响电路的正常工作。因此当 u_1 宽度大于 T_1 时,应在输入端加 RC 微分电路。

由于单稳态触发器进入暂稳态后,其持续的时间仅由外接元件 RC 决定,利用这一特点,选择适当的 RC 定时参数,以产生一定宽度 T_1 的矩形波去控制某一个电路,达到定时控制的目的。也可利用输出 u_O 的下降沿比输入 u_1 的下降沿滞后的特点,构成一个延时时间为 T_1 的延时电路。当输入失真的矩形波时,还可利用单稳态触发器输出波形与输入波形无关的特点,达到波形整形的目的。即可将失真的矩形波变成边沿光滑陡峭的矩形波,如图 7.3.12 所示。

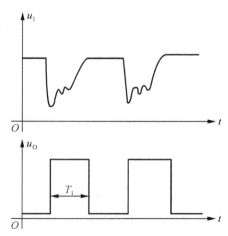

图 7.3.12　单稳态触发器波形整形作用

7.4 非正弦振荡电路

非正弦振荡电路主要用来产生矩形波和三角波。在7.3节中已介绍通过施密特触发器或单稳态触发器的整形输出,可得到矩形波波形,现在讨论在无外加输入信号的情况下,由电路本身产生非正弦信号。

7.4.1 矩形波振荡电路

1. 由电压比较器构成的矩形波振荡电路

由电压比较器构成的矩形波振荡电路如图7.4.1所示,它是在迟滞比较器(施密特触发器)的基础上加上 R_T、C_T 定时电路所组成。

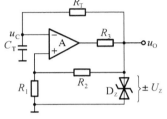

图 7.4.1 电压比较器构成的矩形波振荡电路

(1) 工作原理

当接通电源时,运放输出级工作在饱和限幅状态,输出电压 u_O 等于 $+U_z$ 或 $-U_z$ 纯属偶然。

为了便于分析,假设 $u_O = +U_z$,在此条件下,可写出运放同相输入端电压 u_P 的数值并记为 U_+,即:

$$u_P = U_z \frac{R_1}{R_1+R_2} = U_+ \tag{7.30}$$

由于 u_O 为正电压,于是将经 R_T 对电容 C_T 进行充电,使 C_T 两端电压按指数规律上升。忽略运放反相输入端电流,可写出充电时间常数 $\tau_1 \approx R_T \cdot C_T$。

当电容电压 u_C 升高并经过同相端参考电压 U_+ 时,比较器发生翻转,输出 u_O 产生负跳变,使 $u_O = -U_z$。受输出电压的影响,此时 u_P 也将产生负跳变,其值记作 U_-,即

$$u_P = -U_z \frac{R_1}{R_1+R_2} = U_- \tag{7.31}$$

在 u_O 跳变瞬间,由于电容 C_T 两端电压不能突变,u_C 将保持原有数值,此后 C_T 经 R_T 放电并反向充电,u_C 按指数规律下降,时间常数 $\tau_2 = \tau_1 \approx R_T \cdot C_T$。当 u_C 下降并经过同相端参考电压 U_- 时,比较器又一次发生翻转,回到 $u_O = +U_z$ 状态,至此电路完成一个周期的振荡,并在此后周而复始地重复这一过程,产生出稳定的振荡波形。振荡过程中输出电压 u_O 和电容两端电压 u_C 的波形如图

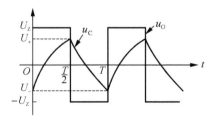

图 7.4.2 u_O、u_C 输出波形

7.4.2所示,由于电容充放电时间常数相同,故输出电压 u_O 为方波。

（2）振荡频率

上述电路的振荡频率与电容 C_T 的充放电过程密切相关，而 u_C 的变化规律仍由式 (7.28)描述，代入 $u_C(0_+)=U_-$，$u_C(\infty)=+U_Z$，$\tau=\tau_1\approx R_T\cdot C_T$，可得

$$u_C(t)=U_Z+\left(-U_Z\frac{R_1}{R_1+R_2}-U_Z\right)\mathrm{e}^{-\frac{t}{R_T\cdot C_T}} \tag{7.32}$$

从图 7.4.2 波形可知，当 $t=\dfrac{T}{2}$ 时，应有 $u_C\left(\dfrac{T}{2}\right)=U_+$，于是可得

$$U_Z\frac{R_1}{R_1+R_2}=U_Z\left(1-\frac{2R_1+R_2}{R_1+R_2}\mathrm{e}^{-\frac{T}{2R_T\cdot C_T}}\right)$$

由此解出：

$$T=-2R_TC_T\ln\frac{R_2}{2R_1+R_2}=2R_TC_T\ln\left(1+2\frac{R_1}{R_2}\right) \tag{7.33}$$

振荡频率为

$$f=\frac{1}{T}=\frac{1}{2R_TC_T\ln\left(1+2\dfrac{R_1}{R_2}\right)} \tag{7.34}$$

改变充放电回路的时间常数 C_TR_T 以及迟滞比较器的电阻 R_1 和 R_2，就可调节矩形波的振荡频率。一般用改变电容来进行频率粗调，改变电阻进行频率细调。稳压管 U_Z 的大小决定矩形波的输出幅度。

通常将矩形波输出高电平的持续时间与振荡周期的比定义为占空比，而图 7.4.2 中输出电压 u_O 的波形是正负半周对称，因此占空比等于 50%。

如果希望产生占空比能够调节的矩形波，则可以通过改变图 7.4.1 中充放电的时间常数来实现，具体电路如图 7.4.3 所示。其充电回路为：

$$u_O\to R_W'\to D_1\to R_T\to C_T\to 地$$

放电回路为：

$$地\to C_T\to R_T\to D_2\to R_W''\to u_O$$

改变 R_W 滑动端的位置就可方便地调节矩形波的占空比。上述矩形波电路的频率取值范围，在高端主要受运放上升速率 SR 的限制，低端则主要受运放偏置电流和噪声的限制，一般为几赫至几百千赫，允许输出波形失真较大时可达 1 MHz 左右。电容 C_T 取值范围一般为 100 μF ～ 10 pF，振荡频率较低时，C_T 可采用电解电容或钽电容，考虑到电解电容极性制约，可将 C_T 的接地端改接负电源。面向低频振荡的运放有 μA741、LM301、LF356 等，振荡频率较高时，宜采用专用集成比较器。

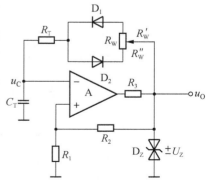

图7.4.3　占空比可调的矩形波振荡电路

图 7.4.4 是采用集成比较器 LM311 组成的单电源矩形波产生电路。其输出波形幅度

与所用电源电压相同。与以往电路不同之处在于加了电阻 R_3，其作用是将原来以零电平为基线的振荡波形移到以 $\frac{1}{2}V_{CC}$ 为基线。由于电路采用单电源供电，为与数字器件使用同一电源创造了条件。

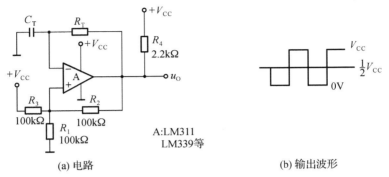

(a) 电路   (b) 输出波形

图 7.4.4　集成比较器组成的单电源矩形波发生器

2. 用 555 定时器构成的矩形波振荡电路

如图 7.4.5(a)所示，555 定时器被连接成一个矩形波产生电路。

(1) 工作原理

当输出是高电平时，电容 C 通过 R_1 和 R_2 电阻充电，充电时间常数 $\tau_1 = (R_1 + R_2)C$，u_C 上升到 $\frac{2}{3}V_{CC}$ 时，定时器内 A_1 比较器动作，使触发器翻转，输出 u_O 由高电平跳变为低电平，电容 C 停止充电；然后，电容 C 通过 R_2 和放电管 T 开始放电，忽略放电管的饱和电阻，放电时间常数 $\tau_2 \approx R_2 \cdot C$，电容电压 u_C 按指数规律下降，趋向 0 V，当 u_C 下降到 $\frac{1}{3}V_{CC}$ 时，A_2 比较器动作，使触发器再次翻转，输出 u_O 由低又跳变为高电平，电容中止放电，T 截止，C 又开始充电。此后电路重复上述过程持续振荡，其输出波形如图 7.4.5(b)所示。

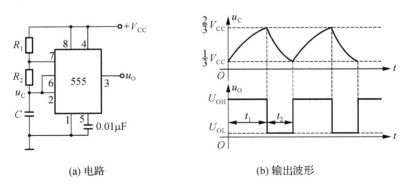

(a) 电路   (b) 输出波形

图 7.4.5　555 定时器构成的矩形波振荡电路

(2) 振荡频率

根据以上分析可知，u_C 从 $\frac{1}{3}V_{CC}$ 充电到 $\frac{2}{3}V_{CC}$ 的时间仍根据式(7.2.8)确定，代入 $t = t_1$，

$\tau=\tau_1$，$u_{\text{C}}(\infty)=V_{\text{CC}}$、$u_{\text{C}}(0_+)=\dfrac{1}{3}V_{\text{CC}}$，$u_{\text{C}}(t_1)=\dfrac{2}{3}V_{\text{CC}}$ 各值,可得:

$$t_1=0.69(R_1+R_2)C$$

同理,u_{C} 放电从 $\dfrac{2}{3}V_{\text{CC}}$ 到 $\dfrac{1}{3}V_{\text{CC}}$ 的时间 t_2,仍通过代入 $t=t_2$,$\tau=\tau_2$、$u_{\text{C}}(\infty)=0$、$u_{\text{C}}(0_+)=\dfrac{2}{3}V_{\text{CC}}$,$u_{\text{C}}(t_2)=\dfrac{1}{3}V_{\text{CC}}$ 各值,可得:

$$t_2=0.69\,R_2C$$

因此信号的振荡周期 $T=t_1+t_2=0.69(R_1+2R_2)C$,由此振荡频率

$$f=\frac{1}{T}=\frac{1.45}{(R_1+2R_2)\cdot C} \tag{7.35}$$

改变 R_1、R_2 和 C 的数值,即可改变矩形波的频率。该波形的占空比为 $\dfrac{t_1}{t_1+t_2}=\dfrac{R_1+R_2}{R_1+2R_2}$,调节 R_1、R_2 参数即可调整波形的占空比。由于输出矩形波中除基波外,还包括许多高次谐波分量,因此该振荡器又被称为多谐振荡器。

7.4.2 三角波振荡电路

图 7.4.6(a)所示是三角波振荡电路。从电路形式可见,它是由比较器 A_1 和积分器 A_2 电路所组成。

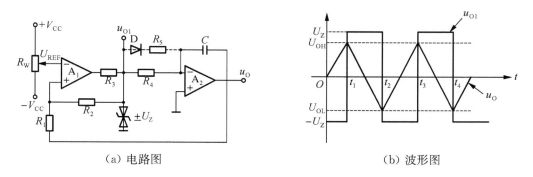

(a) 电路图   (b) 波形图

图 7.4.6 三角波振荡电路及波形

1. 工作原理

设电源接通时,A_1 的反相输入端参考电压 $U_{\text{REF}}=0$,$u_{\text{O1}}=-U_Z$,则 $-U_Z$ 经电阻 R_4 向电容 C 充电,由于 A_2 同相端接地使 R_4 两端电压为 U_Z,因此充电电流保持恒定,输出电压按线性规律增长。在此过程中,A_1 同相输入端电压 u_{P1} 为

$$u_{\text{P1}}=-U_Z\frac{R_1}{R_1+R_2}+u_{\text{O}}\frac{R_2}{R_1+R_2} \tag{7.36}$$

随着 u_{O} 的线性增长,u_{P1} 逐渐升高,当 u_{P1} 上升到 $u_{\text{P1}}=U_{\text{REF}}$ 时,迟滞比较器的输出将发生跳变,u_{O1} 从 $-U_Z$ 变为 $+U_Z$,积分器 A_2 的输出电压 u_{O} 将随着时间往负方向线性增长,此时,

$$u_{P1} = U_Z \frac{R_1}{R_1+R_2} + u_O \frac{R_2}{R_1+R_2}$$ (7.37)

随着 u_O 的线性下降，u_{P1} 随之减小，当 u_{P1} 再次经过零点时，比较器 A_1 又一次翻转，u_{O1} 从 $+U_Z$ 跳变到 $-U_Z$，然后重复以上过程，于是在 A_1 输出端产生矩形波，在 A_2 输出端产生三角波，波形如图 7.4.6(b) 所示。

2. 三角波的幅度与频率

由图 7.4.6(b) 可见，当 u_{O1} 发生跳变时，三角波输出 u_O 达到最大值。如果将 u_{O1} 正跳变时对应的 u_O 幅值用 U_{OH} 表示，负跳变时对应 u_O 幅值用 U_{OL} 表示，则分别令式(7.36)和式(7.37)中 $u_{P1} = 0$，即可求得 U_{OH} 和 U_{OL} 的大小，即

$$u_O = U_{OH} = +U_Z \frac{R_1}{R_2}$$

$$u_O = U_{OL} = -U_Z \frac{R_1}{R_2}$$

所以三角波的输出幅度为

$$\Delta U_{Om} = U_{OH} - U_{OL} = 2U_Z \frac{R_1}{R_2}$$ (7.38)

为求三角波的频率，我们先来确定三角波的周期 T。从波形图可见，三角波的周期 $T = 4t_1$，t_1 是输出电压 u_O 从零上升到 U_{OH} 所对应的时间，由此得出 $0 \sim t_1$ 时间内：

$$u_O = -\frac{1}{R_4 C} \int_0^t (-U_Z) \mathrm{d}t$$

$t = t_1$ 时，应有

$$U_{OH} = \frac{1}{R_4 C} \int_0^{t_1} U_Z \mathrm{d}t$$

而此时 $U_{OH} = U_Z \frac{R_1}{R_2}$ 再代入上式，即可解得

$$t_1 = \frac{R_1 R_4 C}{R_2}$$

因为

$$T = 4t_1 = \frac{4R_1 R_4 C}{R_2}$$ (7.39)

所以三角波的频率

$$f = \frac{1}{T} = \frac{R_2}{4R_1 R_4 C}$$ (7.40)

根据以上分析结果可知：

(1) 改变 R_1、R_2 的值将改变三角波的频率，同时也改变了三角波的幅度。

(2) 改变积分电路的时间常数 $\tau = R_4 C$，也将改变三角波的频率，但不影响三角波的幅度。

(3) 选用不同的稳压管，U_Z 的改变将影响方波和三角波的幅度，但不影响频率。

(4) 调节 R_W 改变参考电压 U_{REF} 的数值，将改变三角波基线(中点)的直流平均值。

如果要产生锯齿波信号,只需在图 7.4.6(a)电路中增加一条由二极管导向的电阻支路(如图 7.4.6(a)中虚线所示),并使电阻取值满足 $R_5 \ll R_4$,这样使积分电容充电和放电的时间常数不一样,从而在积分器输出端得到图 7.4.7 所示的锯齿波。

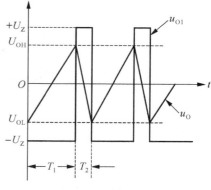

图 7.4.7　锯齿波波形

锯齿波的周期 $T = T_1 + T_2$,由锯齿波波形和电路图可写出:

$$U_{OH} = U_{OL} + \frac{1}{R_4 C} \int_0^{T_1} U_Z \mathrm{d}t$$

容易得到:
$$T_1 = \frac{2R_1 R_4 C}{R_2}$$

$$T_2 = \frac{2R_1 (R_4 /\!/ R_5) C}{R_2}$$

因 $T_2 \ll T_1$,故锯齿波频率可近似为

$$f \approx \frac{1}{T_1} = \frac{1}{2R_1 R_4 C} \tag{7.41}$$

用 555 定时器构成的锯齿波产生电路见本章习题 7-25,读者可自行分析其工作原理。

本章小结

1. 正弦波振荡器是由放大器、选频网络、反馈网络和稳幅环节四个部分组成。维持振荡器持续振荡(等幅振荡)的条件是 $\dot{A}\dot{F} = 1$。

2. 根据选频网络性质的不同,正弦波振荡器可分为 RC 振荡器、LC 振荡器、石英晶体振荡器等不同大类,每一大类又可具有若干种电路实现形式。一般 RC 振荡器适用于产生中、低频正弦波振荡信号;LC 振荡器适用于产生中、高频正弦波振荡信号;石英晶体振荡器的振荡频率由石英晶体元件本身决定并具有很高的频率稳定性。

3. 电压比较器是产生方波、三角波、锯齿波等非正弦信号的主要电路部件。集成运放作为电压比较器使用时必须对输出电压采取限幅措施,工作速度不如集成电压比较器高。集成电压比较器的输出电平通常设计成与数字逻辑电平兼容,因此可作为接口电路直接驱动数字电路工作。

4. 555 定时器也是内含电压比较器的一种功能器件。用它可构成脉冲产生与整形等各种形式的应用电路。555 定时器的工作电压范围为 5~18 V,输出驱动电流大,输出电平能直接驱动 TTL 电路工作。

5. 施密特触发器是一种具有迟滞回差特性的电压比较器,回差电压的大小可根据需要灵活设定。施密特触发器的主要特点是可以将输入缓慢变化的电压信号转换为边沿陡峭的输出电压波形,并具有较强的抗干扰能力。

6. 本章介绍的单稳态触发器电路,方波、三角波、锯齿波等非正弦信号产生电路均以电压比较器及定时元件为核心要素,或由 555 电路接上适当的定时元件构成。单稳态触发器广泛应用于定时、延时、波形整形等电路中。非正弦信号发生器没有选频网络,其振荡周期、频率、电压幅度等均可根据三要素分析法求出。

思考题与习题

题 7-1　电路如题图 7-1 所示,试用相位平衡条件判断下列电路是否可能产生正弦振荡,并说明理由。

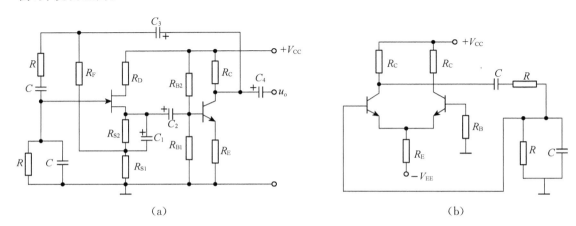

(a)　　　　　　　　　　　　　　　　(b)

题图 7-1

题 7-2　电路如题图 7-2 所示。

① 判断电路是否满足相位平衡条件?

② 分析电路参数能否满足起振条件?

③ 为使电路产生正弦振荡,应如何调整电路参数? 电路的振荡频率 $f_0 =$?

④ 如果要求改善输出波形、减小非线性失真,应如何调整参数?

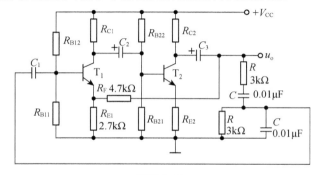

题图 7-2

题 7-3　如把题图 7-3(a)所示的文氏电桥振荡器中 Z_1 改由 R、L、C 串联支路组成,Z_2 改为电阻 R_3,电路即如题图 7-3(b)所示,试分析:

① 两种振荡器电路工作原理有何异同?

② 为保证图(b)电路起振,R_1/R_2 的比值应如何确定?

③ 写出两种振荡电路的振荡频率 f_0 的表达式。

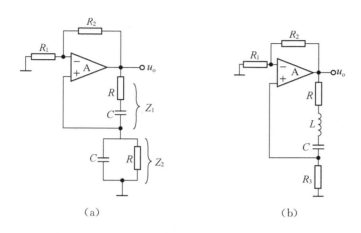

(a)　　　　　　　　　　　　(b)

题图 7-3

题 7-4　试用相位平衡条件判断题图 7-4 所示电路哪个可能振荡,哪个不能,说明理由。

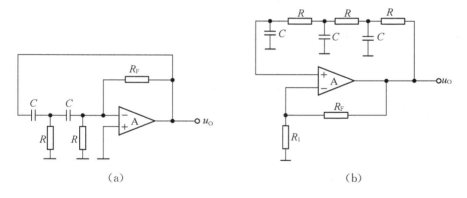

(a)　　　　　　　　　　　　(b)

题图 7-4

题 7-5　判断下列电路是否可能产生正弦波振荡,若不能,请予修改。并说明分别属于哪一类振荡电路。

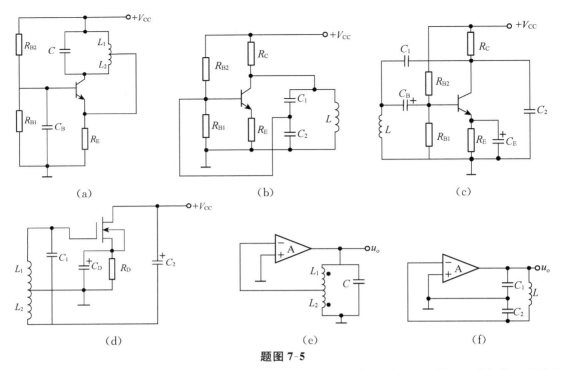

题图 7-5

题 7-6 欲使题图 7-6 所示电路产生正弦波振荡,试标出各变压器原、副方绕组的同名端。

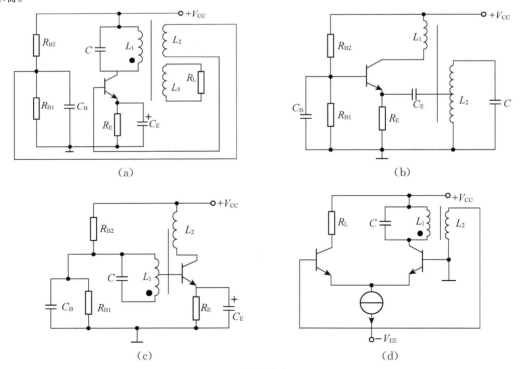

题图 7-6

题 7-7　题图 7-7 是收音机中常用的振荡器电路。

① 说明三个电容 C_1、C_2、C_3 在电路中分别起什么作用。

② 指出该振荡器所属的类型,标出振荡器线圈原、副方绕组的同名端。

③ 已知 $C_3 = 100$ pF,若要使振荡频率为 700 kHz,谐振回路的电感 L 应为多大?

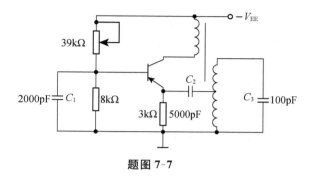

题图 7-7

题 7-8　在题图 7-8 中

① 将图中左右两部分正确地连接起来,使之能够产生正弦波振荡。

② 估算振荡频率 f_0。

③ 如果电容 C_0 短路,此时 $f_0 =$?

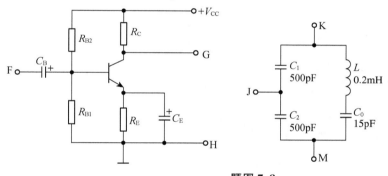

题图 7-8

题 7-9　判断下列电路中石英晶体起何作用,处于串联谐振还是并联谐振状态?

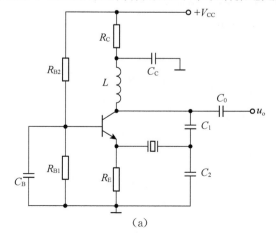

(a)

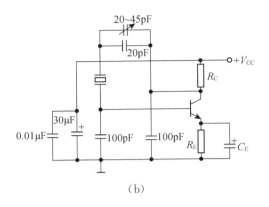 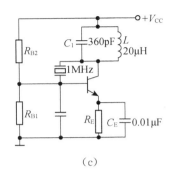

（b） （c）

题图 7-9

题 7-10 电容三点式和电感三点式两种振荡电路，哪一种输出的谐波成分小，输出波形好，为什么？

题 7-11 试比较 RC 振荡器、LC 振荡器及石英晶体振荡器三种电路各自的特点。并说明哪种电路频率稳定度最高，为什么？

题 7-12 在题图 7-12 所示电路中，试画出当 $u_1=10\sin\omega t$ 时，输出 u_O 的波形图，设 $U_Z=\pm 6$ V。

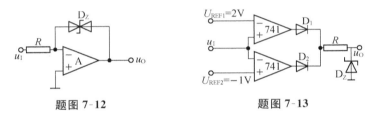

题图 7-12 题图 7-13

题 7-13 如题图 7-13 所示，设 D_Z 的稳定电压 $U_Z=4$ V，正向电压降 0.6 V，试分析电路的功能，并画出其传输特性。

题 7-14 如题图 7-14 所示电路，A_1、A_2 为理想运放，试求：

① 当 $u_1=1$ V 时，$u_O=$? $u_1=3$ V 时，$u_O=$?

② 当 $u_1=5\sin\omega t$（V）时，画出 u_{O1} 和 u_O 的波形。

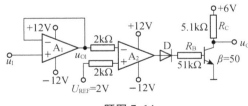

题图 7-14

题 7-15 电路如题图 7-15 所示，设 D_Z 的双向限幅值为 ± 6 V。

① 试画出该电路的传输特性。

② 如果输入信号 u_1 波形如图(b)所示,试画出输出电压 $u_O(t)$ 的波形。

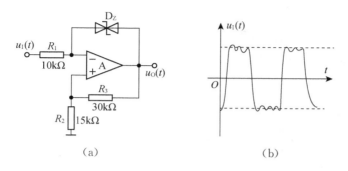

(a)   (b)

题图 7-15

题 7-16 电路如题图 7-16 所示,如果 5 脚所接的外加电压 $U_V = 5$ V,试求该电路的回差电压 $\Delta U_T = ?$

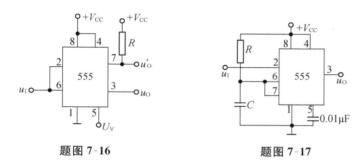

题图 7-16   题图 7-17

题 7-17 由 555 定时器构成的单稳态触发器如题图 7-17 所示。已知:$R = 10$ kΩ,$C = 1$ μF,求输出高电平持续的时间。

题 7-18 题图 7-18 所示电路为 555 定时器构成的矩形波振荡电路,其主要参数如图示。试求出它的振荡频率,并画出 u_O、u_C 的波形图。

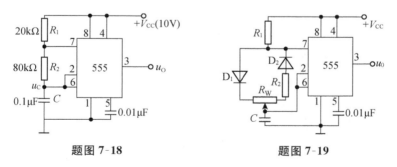

题图 7-18   题图 7-19

题 7-19 题图 7-19 所示为矩形波输出占空比可调的振荡器,试分析其输出占空比决定于哪些参数? 若要求占空比为 50%,则这些参数应如何选择? 该振荡器频率应如何计算?

题 7-20 题图 7-20 中,已知电阻 $R = 10$ kΩ,$R_1 = 12$ kΩ,$R_2 = 15$ kΩ,$R_3 = 2$ kΩ,电位器 $R_W = 100$ kΩ,$C = 0.01$ μF,D_Z 的稳压值 $U_Z = \pm 6$ V,

① 试画出当电位器的滑动端调在中间位置时,输出电压 u_O 和电容电压 u_C 的波形,并计算 u_O 的振荡频率 f;

② 当电位器的滑动端分别调至最上端和最下端时,电容的充电时间 T_1、放电时间 T_2、输出波形的振荡频率 f 及占空比各为多少?

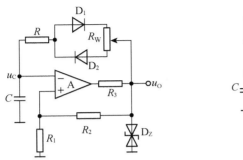 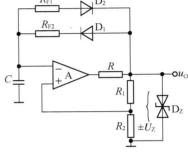

题图 7-20　　　　　　　　　　　　　　　　题图 7-21

题 7-21　试证明题图 7-21 所示矩形波振荡电路的振荡频率为:

$$f=\frac{1}{T}=\frac{1}{(R_{F1}+R_{F2})\cdot C\cdot\ln\left(1+\dfrac{2R_2}{R_1}\right)}$$

题 7-22　在题图 7-22 所示的三角波产生电路中,设稳压管的稳压值 $U_Z=\pm8\text{ V}$,电阻 $R_1=5.1\text{ k}\Omega,R_2=15\text{ k}\Omega,R_3=2\text{ k}\Omega,R_4=5.1\text{ k}\Omega,C=0.047\ \mu\text{F}$。试画出电压 u_{O1}、u_O 的波形图,并在图上标出电压的幅值以及振荡的周期值。

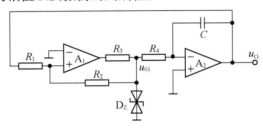

题图 7-22

题 7-23　在题图 7-23 所示方波-三角波发生器电路中,已知:$U_Z=6\text{ V}$,$R_W=10\text{ k}\Omega$,其余参数如图中所示。

① 求电路的最高振荡频率;

② 求方波和三角波的峰-峰值。

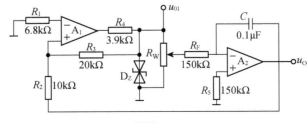

题图 7-23

题 7-24　题图 7-24 所示为一波形发生器电路,试说明它由哪些单元电路组成,各起什么作用,并定性画出 u_{O1}、u_{O2}、u_{O3} 各点的输出波形。

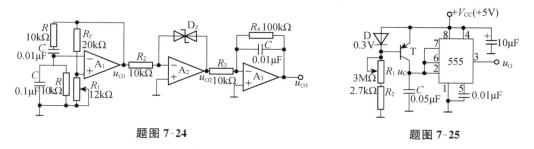

题图 7-24　　　　　　　　　　　题图 7-25

题 7-25　题图 7-25 所示为一个由 555 定时器构成的锯齿波发生器,其中 D、R_1、R_2 及晶体管 T 构成恒流源给电容 C 提供恒定的充电电流,在 555 内放电管截止的情况下,电容电压随时间线性增长。试分析电路原理并画出 u_O、u_C 波形图。

第 8 章　信号处理电路

本章讨论的信号处理电路主要包括由集成运放组成的有源滤波器电路,能够对模拟信号实现乘除运算功能的模拟乘法器电路,常用的几种典型的模/数转换器电路以及通信、检测等领域中常用的集成锁相环电路等。旨在为读者进一步拓宽电子电路设计及应用视野,同时也为了解、掌握各种常见的通用集成器件的原理及应用奠定必要的基础。

8.1　有源滤波器

滤波器的主要功能是滤除不需要的频率信号,保留所需频率信号。简单说,它是一种对信号具有频率选择性的电路。在自动控制、测量仪表、无线通信等系统中,它被广泛用于模拟信号处理、数据传送和干扰抑制等方面。

8.1.1　滤波器的基本概念

1. 滤波器的分类

常用的模拟滤波器有无源和有源两种结构。由有源器件和 RC 元件组成的滤波器称有源滤波器,由于集成运算放大器具有高输入阻抗和低输出阻抗的特点,因此在滤波器电路中得到广泛应用。一般滤波器电路中,根据其滤除信号频率分量的范围,又可分为能够滤除高频信号而允许低频信号通过的低通(Low Pass)滤波器;以及与低通特性相反的高通(High Pass)滤波器;仅在一段频率范围内信号能够通过的带通(Band Pass)滤波器及仅在某一段频率范围内信号被阻断的带阻(Band Elimination)滤波器。各种滤波器的理想幅频特性如图 8.1.1 中所示。所谓理想特性是指在通带内具有均匀而稳定的增益,而在通带之外具有

无

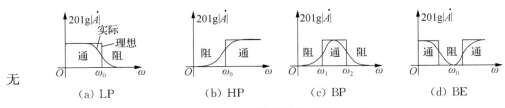

图 8.1.1　四种滤波器的特性曲线

·274·

穷大的衰减速率。实际上理想滤波特性是无法用集总参数元件实现的,只能通过各种技术手段逼近理想特性。图 8.1.1 中用曲线表示实际的幅频特性。

在电路理论中有关于一阶、二阶电路的概念,在这里滤波器也用一阶、二阶或更高阶的名称来定义。例如用一组由电阻、电容构成的 RC 时间常数与运放相结合就可构成一阶低通或高通有源滤波器,同理用两组 RC 时间常数加运放可构成二阶有源滤波器。二阶以上的滤波器称为高阶滤波器,其滤波特性也逐渐趋近于理想特性。一般高阶滤波器计算复杂,且对元件公差的灵敏度随滤波器的阶数增加而增高,所以设计高阶滤波器时,通常采用将低阶滤波器级联起来的方法加以实现。

2. 滤波器的传递函数

在复频域内描述滤波器的输出和输入间的关系可用传递函数 $A(s)$ 来表示。通常一阶滤波网络的传递函数具有如下一般形式:

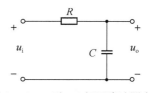

图 8.1.2　一阶 RC 低通滤波器电路

$$A(s)=\frac{a_1 s+a_0}{s+b_0} \qquad (8.1)$$

例如图 8.1.2 所示的无源一阶低通网络,其输入输出关系即可表示为:

$$A(s)=\frac{U_o(s)}{U_i(s)}=\frac{\dfrac{1}{sC}}{R+\dfrac{1}{sC}}=\frac{1}{1+sCR}=\frac{\dfrac{1}{CR}}{s+\dfrac{1}{CR}}$$

令 $\omega_0=\dfrac{1}{CR}$,则

$$A(s)=\frac{\omega_0}{s+\omega_0} \qquad (8.2)$$

此处 $a_1=0,a_0=b_0=\omega_0$。

如果将电路中 R、C 位置互换,又可得

$$A(s)=\frac{U_o(s)}{U_i(s)}=\frac{R}{R+\dfrac{1}{sC}}=\frac{s}{s+\dfrac{1}{CR}}=\frac{s}{s+\omega_0}$$

式中

$$\omega_0=1/CR \qquad (8.3)$$

对于实际频率来说,令 $s=j\omega$,则有

$$A(j\omega)=|A(j\omega)|e^{j\varphi(\omega)}$$

$|A(j\omega)|$ 是传递函数的模量,$\varphi(\omega)$ 是传递函数的相角,它们与 ω 间的关系分别称之为幅频特性和相频特性,对此还可用对数曲线来进行描述。如根据式(8.2),其对数频率特性如图 8.1.3 所示。从幅频特性曲线上可看到,该响应呈低通特性,其通带频率为 $0\sim\omega_0$(截止角频

率),在通带外远离 ω_0 处的衰减为-20 dB/十倍频。显然,在通带外的幅度衰减不够陡直,如果采用二阶滤波器,则通带外衰减特性会有明显改善。

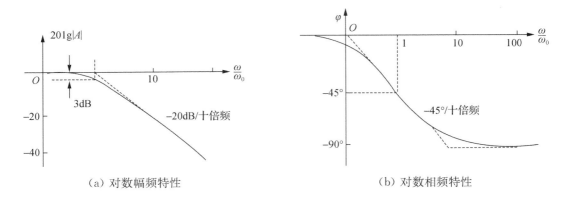

（a）对数幅频特性　　　　　　　　　　　（b）对数相频特性

图 8.1.3　一阶低通特性曲线

二阶滤波器的传递函数的一般形式为:

$$A(s)=\frac{a_2s^2+a_1s+a_0}{s^2+b_1s+b_0} \tag{8.4}$$

分子上的某一项或两项系数为零时,可分别对应二阶高通、低通或带通及带阻滤波器的传递函数,我们在第 1 章表 1.3 中已经给出。二阶滤波器通带外远离 ω_0 处的衰减速率是$\pm$40 dB/十倍频,根据进一步的分析还可知,四种滤波器频率特性通过选用不同的设计参数(Q或α)值,都可以使滤波器在 ω_0 附近的频率特性逼近要求的形状。且滤波器的阶数增加以后,通带外的衰减速率增大,滤波特性也就越接近于理想特性。

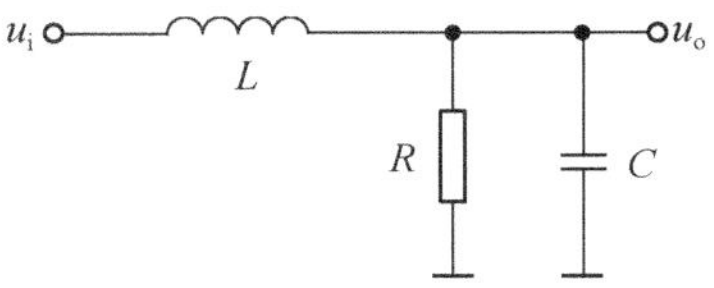

图 8.1.4　二阶低通滤波器电路

选择不同的设计参数(衰减系数 α 或品质因数 Q,$Q=1/\alpha$)值,可以使滤波器在 ω_0 附近的特性逼近要求的形状。二阶低通滤波器电路如图 8.1.4 所示电路。其传递函数为

$$A(s)=\frac{U_{\mathrm{o}}(s)}{U_{\mathrm{i}}(s)}=\frac{R /\!/ \dfrac{1}{sC}}{sL+R /\!/ \dfrac{1}{sC}}=\frac{\dfrac{1}{LC}}{s^2+\dfrac{1}{RC}s+\dfrac{1}{LC}}$$

令 $\omega_0=\dfrac{1}{\sqrt{LC}}$,$Q=\omega_0CR$,则上式又等于:

$$A(s)=\frac{\omega_0^2}{s^2+\dfrac{\omega_0}{Q}s+\omega_0^2} \tag{8.5}$$

定性分析可知,$\omega\to\infty$时,$\omega L\to\infty$,$\dfrac{1}{\omega C}\to0$;而 $\omega\to0$ 时,$\omega L\to0$,$\dfrac{1}{\omega C}\to\infty$,因此电路呈低通特性。由此可知,当 a_1、a_2 为零时,式(8.4)即对应低通滤波器的传递函数。令 $s=\mathrm{j}\omega$ 代入式(8.5)可求其幅频和相频特性,其对数幅频特性曲线如图 8.1.5 所示。通带外远离 ω_0 处的衰

减速率是－40 dB/十倍频,选择不同 α 值,可以使滤波器在 ω_0 附近的特性逼近要求的形状。用同样的分析方法,我们对不同的二阶滤波电路进行讨论,可分别得到其他的高通、带通、带阻滤波器的传递函数及其对数频率特性曲线。根据进一步的分析还可知,四种滤波器频率特性通过选用不同的设计参数(Q 或 α)值,可以使滤波器在 ω_0 附近的频率特性逼近要求的形状。且随着滤波器的阶数增高,通带外的衰减速率增大,滤波特性也越接近于理想特性。

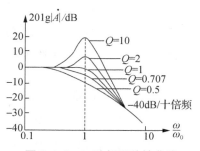

图 8.1.5　二阶低通特性曲线

3. 滤波器的频率响应特性

滤波器的频率响应特性对不同类型的电路是各不相同的,即使对同一类的电路其特性曲线也是千差万别。以低通为例,随着 α 取值的不同,其曲线在 ω_0 附近衰减速率均不同,如图 8.1.5 所示。因此需根据不同的设计要求来选择合适的参数,以得到所需的特性。在电路设计方面,有三种典型频率响应特性的滤波器最为常用,分别称为巴特沃兹型,契比雪夫型和贝塞尔型。这里以低通为例,介绍这三种类型滤波器的响应特性。图 8.1.6 给出了三种低通滤波器的幅频、相频、阶跃响应特性。

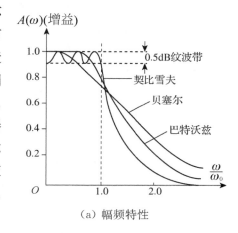

(a) 幅频特性

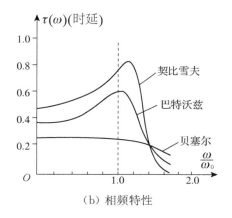

(b) 相频特性

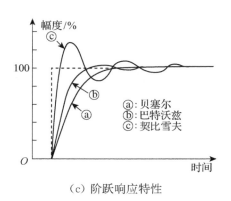

(c) 阶跃响应特性

图 8.1.6　三种低通滤波器的幅频、相频、阶跃响应特性

1) 巴特沃兹(Butterworth)型滤波器

巴特沃兹型滤波器也称为最大幅度平坦型滤波器,其幅频特性在通带内具有最大的平坦区,信号通过时产生的幅频失真小。通带的截止频率 ω_0 是由最大幅值的 $1/\sqrt{2}$(-3 dB 点)

来确定的。通带外的衰减速率由滤波器的阶数决定。巴特沃兹型滤波器的主要特点是 ω_0 附近的衰减速率与通带外的衰减速率是一致的。通带内的相频特性是非线性的,对阶跃激励的响应有过冲如图 8.1.6 中所示。在对滤波特性无特殊要求的场合一般都采用巴特沃兹型滤波器。

2）契比雪夫(Chebyshev)型滤波器

契比雪夫型滤波器也称为等纹波型滤波器,这种滤波器在通带内的幅频特性是不平坦的,具有等幅度的纹波(通常为 0.5～3 dB 范围)。其截止频率 ω_0 是由纹波带的结束点来确定的。截止频率 ω_0 附近的衰减速率约为同阶巴特沃兹型滤波器的 n 倍(n 为滤波器的阶数),但通带内相频特性的非线性程度较大,对阶跃激励的响应过冲也更大。

契比雪夫型滤波器通带内的纹波幅度与 ω_0 附近的衰减速率呈正相关关系,即通带内的纹波幅度较大则 ω_0 附近的衰减速率也更快。因此契比雪夫滤波器更适合于要求 ω_0 附近有较大衰减速率的场合。

3）贝塞尔(Bessel)型滤波器

上述两种滤波器在幅度衰减方面各有特点,而贝塞尔型滤波器则在相位随频率变化方面独具特色。其在通带内的相频特性是线性的,即对通带内的信号频率具有相等的时延。贝塞尔型滤波器也称为最大时延平坦型滤波器,意为其通带内的时延特性具有最大的平坦区域。

滤波器通带内的时延也称作信号延迟、群延迟或包络线延迟。当一个信号通过滤波器时,理想情况下其输出波形应与输入波形完全相同,仅仅有一个时间上的延迟。如图 8.1.7 所示。

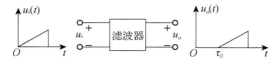

图 8.1.7 理想时延特性

此时应有

$$u_o(t) = u_i(t - \tau_0)$$

两边取拉氏变换

$$U_o(s) = U_i(s) e^{-s\tau_0}$$

$$A(s) = \frac{U_o(s)}{U_i(s)} = e^{-s\tau_0} \tag{8.6}$$

令 $s = j\omega$ 代入:

$$A(j\omega) = |A(j\omega)| e^{j\varphi(\omega)} = e^{-j\omega\tau_0}$$

其幅度和相移分别为

$$|A(j\omega)| = 1$$

$$\varphi(\omega) = -\omega\tau_0 \tag{8.7}$$

时延的定义为

$$\tau(\omega) = -\frac{\mathrm{d}\varphi(\omega)}{\mathrm{d}\omega} \tag{8.8}$$

对图 8.1.7 输入/输出关系来说,它的时延就是一常数 τ_0,或者说滤波器的相移 φ 与 ω 成正比。反之,若滤波器的时延随信号频率而变化,则会使输出波形发生畸变,且时延变化越大,波形畸变就越严重。

图 8.1.8 说明当通过滤波器的两个不同的频率分量具有不同的时延时所造成的波形失真。要使通过滤波器后的波形不失真,必须使滤波器对通带内不同频率分量信号具有相同的延迟时间,即要求滤波器在通带内相移(φ)与频率(ω)呈线性关系。贝塞尔型滤波器就是根据这一要求设计的,它的时延在通带内具有最大的平坦区,其通带是以 $\tau(\omega)$ 的 $-3\ \mathrm{dB}$ 点标定的。通带外 ω_0 附近幅频特性的衰减速率比巴特沃兹型滤波器更慢。贝塞尔型滤波器的主要特点是对信号过渡过程具有最佳的响应特性。当输入阶跃信号时,契比雪夫和巴特沃兹型滤波器的输出响应会产生超调,且随着滤波器阶数的增加超调量也相应增大,而贝塞尔型滤波器的输出响应则超调量极小,如图 8.1.6(c)中所示。

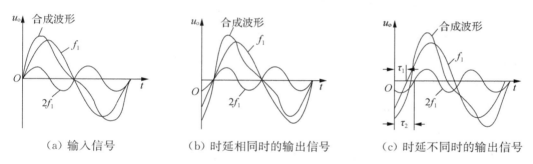

（a）输入信号　　　　　　（b）时延相同时的输出信号　　　　（c）时延不同时的输出信号

图 8.1.8　由于相频特性非线性引起的波形失真

鉴于上述三种滤波器的频率响应特性各不相同,在滤波器具体设计中应根据对频率响应特性的实际要求,有针对性地设计相应类型的滤波器。

8.1.2　一阶有源滤波电路

一阶低通有源滤波器就是在一阶 RC 无源低通滤波器的基础上,将其输出接上一级运放电路而构成,电路如图 8.1.9(a)所示。接上运算放大器后,可提高通带电压放大倍数和滤波器带负载的能力。电路的传递函数为:

$$A(s) = \frac{U_o(s)}{U_i(s)} = \frac{1+\dfrac{R_F}{R_1}}{1+sRC} = \frac{A_{uf}}{1+\dfrac{s}{\omega_0}} \tag{8.9}$$

其中 $A_{uf} = 1 + R_F/R_1$ 称为通带电压放大倍数;$\omega_0 = 1/(RC)$ 称为通带截止角频率。令 $s = \mathrm{j}\omega$

代入式(8.9)可得

$$A(\mathrm{j}\omega)=\frac{A_{uf}}{1+\mathrm{j}\dfrac{\omega}{\omega_0}}$$

据此可画出其对数幅频特性如图 8.1.9(b)所示。截止角频率等同于无源 RC 一阶低通滤波器。若将上述电路中的 RC 元件位置互换即可得到一阶有源高通滤波器,其原理相同不再赘述。

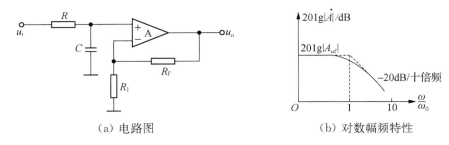

（a）电路图　　　　　　　　　　（b）对数幅频特性

图 8.1.9　一阶低通滤波电路及其幅频特性

8.1.3　二阶有源滤波电路

二阶滤波器的电路形式很多,但分析方法类似。本节以电压控制电压源型(即 VCVS 型,其特点是由同相输入的运放电路与两组 RC 时间常数组成)滤波器为例做介绍。

1. 低通滤波器

二阶低通有源滤波器电路示于图 8.1.10。图中的运放构成了电压增益为 A 的同相放大器。当 $\omega\rightarrow 0$ 时,C_1 的容抗趋于无穷大,由输出通过 C_1 到节点 1 的反馈降为零,所以滤波器的增益 $T(0)=A$;当 $\omega\rightarrow\infty$ 时,C_2 的容抗为零,运放的输入和输出降为零,反馈也不存在,由此可知图 8.1.10 的电路具有低通特性。在中间频率的情况下,通过 C_1 引入了正反馈,适当提高了在这些频率下的增益。下面来分析它的特性。

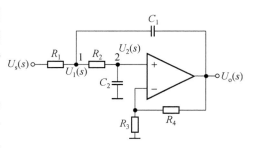

图 8.1.10　二阶低通有源滤波器

由节点 1 和 2 可列出方程:

$$\frac{U_s(s)-U_1(s)}{R_1}+\frac{U_o(s)-U_1(s)}{\dfrac{1}{sC_1}}+\frac{\dfrac{U_o(s)}{A}-U_1(s)}{R_2}=0 \qquad (8.10)$$

$$\frac{U_1(s)-\dfrac{U_o(s)}{A}}{R_2}+sC_2\frac{U_o(s)}{A}=0 \qquad (8.11)$$

消去式(8.10)和式(8.11)中的 $U_1(s)$,得传递函数为

$$T(s)=\cfrac{A\cfrac{1}{R_1R_2C_1C_2}}{s^2+\left(\cfrac{1}{R_1C_1}+\cfrac{1}{R_2C_1}+\cfrac{1-A}{R_2C_2}\right)s+\cfrac{1}{R_1R_2C_1C_2}} \tag{8.12}$$

令

$$\omega_0=\cfrac{1}{\sqrt{R_1R_2C_1C_2}} \tag{8.13}$$

$$\alpha=\cfrac{(R_1+R_2)C_2+R_1(1-A)C_1}{\sqrt{R_1R_2C_1C_2}} \tag{8.14}$$

得

$$T(s)=\cfrac{A\omega_0^2}{s^2+\alpha\omega_0 s+\omega_0^2} \tag{8.15}$$

上式除了分子中的系数 A 外,与归一化的低通滤波器的传递函数完全相同。

在电路设计时,只要能满足 α 和 ω_0 的要求。各元件参数的选择具有较大的自由度。常用的方法有以下两种:

[方法 1] 取 $R_1=R_2=R$,$C_1=C_2=C$,则得

$$\left.\begin{aligned}\omega_0&=\cfrac{1}{RC}\\ \alpha&=3-A \text{ 或 } A=3-\alpha\end{aligned}\right\} \tag{8.16}$$

当 A 接近于 3 时,$\alpha\rightarrow0$,系统不稳定。

[方法 2] 令 $R_2=R_1=R$,$A=1$,则得

$$C_1=\cfrac{2}{\omega_0 R\alpha}, \quad C_2=\cfrac{\alpha}{2\omega_0 R} \tag{8.17}$$

【例题 8.1.1】 设计一个截止频率 $f_0=1\ 000$ Hz、$\alpha=1.414\ 2$ 的二阶低通滤波器。

【解】 $\omega_0=2\pi f_0=2\pi\times1\ 000=6\ 283$ rad/s

按方法 1 设计,取 $R_1=R_2=R=10$ kΩ,

则 $C=0.015$ μF。

由式(8.16)得

$$A=3-\alpha=3-1.414\ 2=1.585\ 8$$

即例图 8.1.1 中 $1+R_b/R_a=1.585\ 8$

$$R_b/R_a=0.585\ 8$$

取 $R_a=20$ kΩ,则 $R_b=11.7$ kΩ,最后的电路中将 R_b 设计为标称电阻 10 kΩ 加可调电阻 2.2 kΩ,示于例图 8.1.1 中。

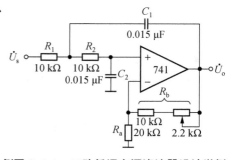

例图 8.1.1 二阶低通有源滤波器设计举例

2. 高通滤波器

将图 8.1.10 低通滤波器的电阻换成电容,电容换成电阻,就得到图 8.1.11 所示的二阶高通有源滤波器。用同样方法可以导出其传递函数为

$$T(s) = \frac{As^2}{s^2 + \left(\dfrac{1}{R_2 C_1} + \dfrac{1}{R_2 C_2} + \dfrac{1-A}{R_1 C_1}\right)s + \dfrac{1}{R_1 R_2 C_1 C_2}}$$

$$= \frac{As^2}{s^2 + \alpha\omega_0 s + \omega_0^2} \tag{8.18}$$

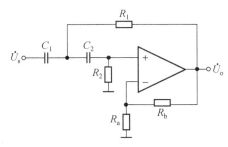

图 8.1.11 二阶高通有源滤波器

其中 ω_0 和 α 的表达式为

$$\left.\begin{aligned} \omega_0 &= \frac{1}{\sqrt{R_1 R_2 C_1 C_2}} \\ \alpha &= \frac{R_1(C_1 + C_2) + R_2 C_2 (1-A)}{\sqrt{R_1 R_2 C_1 C_2}} \end{aligned}\right\} \tag{8.19}$$

〔方法 1〕 令 $R_1 = R_2 = R, C_1 = C_2 = C$,则有

$$A = 3 - \alpha \tag{8.20}$$

〔方法 2〕 令 $C_1 = C_2 = C, A = 1$,则有

$$R_1 = \frac{\alpha}{2\omega_0 C}, \quad R_2 = \frac{2}{\alpha\omega_0 C} \tag{8.21}$$

【例题 8.1.2】 设计一个 $f_0 = 1\,000$ Hz, $\alpha = 1.274\,7$ 的二阶高通滤波器。

【解】 用方法 2,取 $C_1 = C_2 = C = 0.01\ \mu$F
则由式(8.21)得

$R_1 = \alpha/(2\omega_0 C) \approx 12.93$ kΩ,取标称值 $R_1 = 13$ kΩ

$R_2 = 2/(\alpha\omega_0 C) \approx 31.83$ kΩ,取标称值 $R_2 = 32$ kΩ。

最后的电路示于例图 8.1.2。

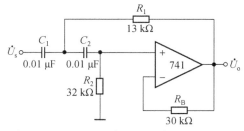

例图 8.1.2 二阶高通有源滤波器电路

3. 带通滤波器

带通滤波器的电路示于图 8.1.12。可以导出滤波器的传递函数为

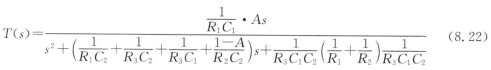

$$T(s)=\cfrac{\cfrac{1}{R_1C_1}\cdot As}{s^2+\left(\cfrac{1}{R_1C_2}+\cfrac{1}{R_3C_2}+\cfrac{1}{R_3C_1}+\cfrac{1-A}{R_2C_2}\right)s+\cfrac{1}{R_3C_1C_2}\left(\cfrac{1}{R_1}+\cfrac{1}{R_2}\right)\cfrac{1}{R_3C_1C_2}} \tag{8.22}$$

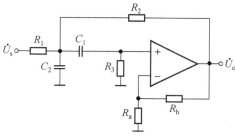

图 8.1.12　二阶带通有源滤波器电路

令

$$\omega_0=\sqrt{\frac{1}{C_1C_2R_3}\cdot\left(\frac{1}{R_1}+\frac{1}{R_2}\right)} \tag{8.23}$$

$$Q=\cfrac{\sqrt{1+\cfrac{R_1}{R_2}}}{\left[1+\cfrac{R_1}{R_2(1-A)}\right]\sqrt{\cfrac{R_2C_1}{R_1C_2}}+\sqrt{\cfrac{R_1C_1}{R_3C_2}}+\sqrt{\cfrac{R_2C_2}{R_3C_1}}} \tag{8.24}$$

通常电路的参数取 $R_1=R_2=R_3=R,C_1=C_2=C$,则上面三个公式可简化为

$$T(s)=\cfrac{\cfrac{A}{4-A}\cdot\cfrac{\omega_0}{Q}s}{s^2+\cfrac{\omega_0}{Q}s+\omega_0^2} \tag{8.25}$$

$$\omega_0=\frac{\sqrt{2}}{RC} \tag{8.26}$$

$$Q=\frac{\sqrt{2}}{4-A}\text{或}A=4-\frac{\sqrt{2}}{Q} \tag{8.27}$$

由式(8.27)可知,改变 A 可以改变 Q,但 ω_0 不变。当 $A=4$ 时,$Q\to\infty$,电路将不稳定。

【例题 8.1.3】　设计一个 $Q=10$,$f_0=1\,000$ Hz 的二阶带通有源滤波器。

【解】　由式 $\omega_0=2\pi f_0=2\pi\times1\,000=6\,283$ rad/s

取 $C=0.01\ \mu\mathrm{F}$,则

$$R=\frac{\sqrt{2}}{\omega_0C}=22.5\ \mathrm{k\Omega}\text{。取}R=22.6\ \mathrm{k\Omega}\text{。}$$

由式(8.27)得

$A=3.86$,取 $R_a=10$ kΩ,则 $R_b=28.6$ kΩ。最后的电路中将 R_b 设计为标称电阻 27 kΩ 加可调电阻 3.3 kΩ,示于例图 8.1.3 中。

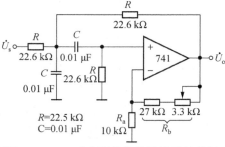

例图 8.1.3　二阶有源带通滤波器设计举例

4. 带阻滤波器

带阻滤波器用来把某一频带内的信号滤掉。图 8.1.13(a)所示的对称双 T 网络就具有这种特性。

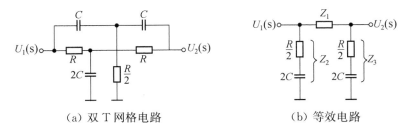

(a) 双 T 网格电路　　　　　　(b) 等效电路

图 8.1.3　双 T 带阻滤波器

将图 8.1.13(a)的电路进行星形—三角形变换后,得到图 8.1.13(b)所示的等效电路,网络的传递函数

$$T(s)=\frac{U_1(s)}{U_2(s)}=\frac{Z_3}{Z_1+Z_3} \tag{8.28}$$

其中

$$Z_1=\frac{2R(1+sRC)}{1+s^2R^2C^2} \tag{8.29}$$

$$Z_2=Z_3=\frac{1}{2}\left(R+\frac{1}{sC}\right) \tag{8.30}$$

将式(8.29)和式(8.30)代入式(8.28),整理后得

$$T(s)=\frac{s^2+\omega_0^2}{s^2+\frac{\omega_0}{Q}s+\omega_0^2} \tag{8.31}$$

其中

$$Q=0.25,\ \omega_0=\frac{1}{RC} \tag{8.32}$$

式(8.31)完全与归一化的带阻滤波器的传递函数相同。由于 Q 较低,带宽 $\Delta\omega$ 较大。如果要减小 $\Delta\omega$,必须提高 Q 值,这就需要采用有源器件。图 8.1.14 给出了二阶带阻有源滤波器的电路,它通过 $R/2$ 接到运放的输出端,引入了正反馈,改变 A 的大小可改变 Q 值。

图 8.1.14 电路的传递函数为:

$$T(s)=\frac{A(s^2+\omega_0^2)}{s^2+\frac{\omega_0}{Q}s+\omega_0^2} \tag{8.33}$$

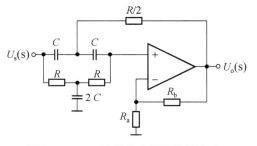

图 8.1.14　二阶带阻有源滤波器电路

其中

$$\left.\begin{array}{l} \omega_0 = \dfrac{1}{RC} \\[3mm] Q = \dfrac{1}{4-2A} \end{array}\right\} \tag{8.34}$$

当 $A \to 2$ 时,$Q \to \infty$,电路将不稳定。

8.1.4　高阶有源滤波器的工程设计

通常将二阶以上的滤波器称为高阶滤波器,其低通或高通传递函数的一般形式为:

$$A(s) = \frac{a_m s^m + a_{m-1} s^{m-1} + \cdots + a_0}{s^n + b_{n-1} s^{n-1} + \cdots + b_0} \tag{8.35}$$

式中 n 为滤波器的阶数,$m \leqslant n$,a_m,a_{m-1},$\cdots$,b_{n-1},b_{n-2},$\cdots$,b_0 是与滤波网络有关的参数。根据线性网络理论,对式(8.35)的分析可采取分子分母因式分解的方法,将其拆成若干一阶、二阶传递函数连乘积的形式,由此决定了实际的高阶滤波电路可由若干一阶、二阶滤波电路级联而成。

例如,当滤波器的阶数 $n=5$ 时,可采用两个二阶和一个一阶的电路级联,总的传递函数为两个二阶与一个一阶电路传递函数的乘积。

$$A(s) = \frac{U_o(s)}{U_i(s)} = \frac{U_1(s)}{U_i(s)} \cdot \frac{U_2(s)}{U_1(s)} \cdot \frac{U_o(s)}{U_2(s)} = A_1(s) \cdot A_2(s) \cdot A_3(s)$$

采用此电路方案的优点是低阶电路容易实现,且电路比较稳定,各低阶电路的输出阻抗很小,因而各低阶传递函数不会因为级联而受影响。但要使级联后合成的滤波器在幅频或相频特性方面满足特定的要求,则每一级滤波器的参数需按特定的规范设计。

表 8.1 至表 8.3 列出了对 2 阶至 6 阶的三种不同响应类型的低通滤波器的设计表格。7 阶至 10 阶的设计表格可参阅参考文献[9]、[16]。

表 8.1　巴特沃兹低通滤波器

阶数 n	级数 i	α_i	$\dfrac{\omega_{0i}}{\omega_0}$
2	1	1.414 2	1.000 0
3	1		1.000 0
	2	1.000 0	1.000 0
4	1	1.847 8	1.000 0
	2	0.765 4	1.000 0
5	1		1.000 0
	2	0.618 0	1.000 0
	3	0.618 0	1.000 0
6	1	1.931 9	1.000 0
	2	1.414 2	1.000 0
	3	0.517 6	1.000 0

表 8.2 契比雪夫低通滤波器

阶数 n	级数 i	通带内纹波 0.5 dB		通带内纹波 1 dB		通带内纹波 2 dB	
		α_i	$\frac{\omega_{0i}}{\omega_0}$	α_i	$\frac{\omega_{0i}}{\omega_0}$	α_i	$\frac{\omega_{0i}}{\omega_0}$
2	1	1.157 8	1.231 3	1.045 5	1.050 0	0.886 0	0.907 2
3	1		0.626 5		0.494 2		
	2	0.586 1	1.668 9	0.495 6	0.997 1	0.391 9	0.941 3
4	1	1.418 2	0.597 0	1.274 6	0.568 2	1.075 9	0.470 7
	2	0.340 1	0.031 3	0.281 0	0.993 2	0.217 7	0.963 7
5	1		0.362 3		0.289 5		0.218 3
	2	0.849 0	0.690 5	0.714 9	0.665 2	0.563 4	0.627 0
	3	0.220 0	1.017 7	0.180 0	0.994 1	0.138 3	0.975 8
6	1	1.442 7	0.396 2	1.314 3	0.353 1	1.109 1	0.316 1
	2	0.552 4	0.768 1	0.455 0	0.746 8	0.351 6	0.730 0
	3	0.153 5	1.011 4	0.124 9	0.995 4	0.095 6	0.982 8

表 8.3 贝塞尔低通滤波器

阶数 n	级数 i	α_i	$\frac{\omega_{0i}}{\omega_0}$
2	1	1.732 1	1.732 1
3	1		2.822 2
	2	1.447 1	2.541 5
4	1	1.915 9	3.023 3
	2	1.241 4	3.389 4
5	1		3.646 7
	2	1.774 5	3.777 9
	3	1.091 1	4.261 0
6	1	1.952 6	4.336 0
	2	1.636 1	4.566 5
	3	0.977 2	5.149 2

通常在设计阶数为 n 的高阶滤波器时,当 n 为偶数时总可以化成 $\frac{n}{2}$ 个二阶滤波器的级联,表中的衰减系数 $\alpha_i (\alpha_i = 1/Q_i)$ 是对于每个二阶滤波器而言的。例如 $n=6$ 时,应有 3 个二阶滤波器级联而成,故有 3 个 α_i 值。当 n 为奇数时,则可由一个一阶滤波器和 $\frac{n-1}{2}$ 个二阶滤

波器相级联。表中的 ω_0 是滤波器总特性的通带截止频率,而 ω_{0i} 是分解后的一阶或二阶滤波器的通带截止频率。

当表 8.1 及表 8.2 用于高通滤波器的设计时, $\dfrac{\omega_{0i}}{\omega_0}$ 的值应取表中数值的倒数。贝塞尔滤波器没有高通形式。

【例题 8.1.4】　设计一个通带为 1 000 Hz,通带内纹波为 0.5 dB 的 5 阶契比雪夫高通滤波器。

【解】　$\omega_0 = 2\pi f_0 = 2\pi \times 1\,000 = 6\,283$ rad/s。

采用由一个一阶和两个二阶有源滤波器级联而成的电路,如例图 8.1.4 所示。

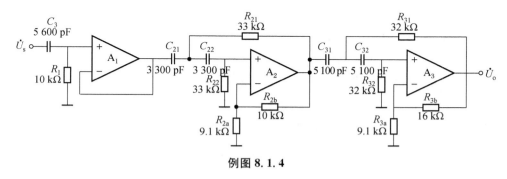

例图 8.1.4

图中运放采用单片四运放 LF347。查表 8.2 中 $n=5$ 的表格,并将表中的 $\dfrac{\omega_{0i}}{\omega_0}$ 取倒数,求出高通滤波器的 ω_{0i}/ω_0 值如下表。

5 阶契比雪夫高通滤波器(0.5 dB)

级数 i	α_i	$\dfrac{\omega_{0i}}{\omega_0}$
1		2.760 1
2	0.849 0	1.448 2
3	0.220 0	0.982 6

第一级参数:

$$\omega_{01} = \frac{1}{R_1 C_1} = 6\,283 \times 2.760\,1 = 17\,342 \text{ rad/s}$$

取 $C_1 = 5600$ pF,则 $R_1 = \dfrac{1}{5\,600 \times 10^{-12} \times 17\,342} = 10.29$ kΩ,取 $R_1 = 10$ kΩ。

第二级参数:

采用 8.1.3 节高通滤波器设计方法 1,令 $R_{21} = R_{22} = R_2$, $C_{21} = C_{22} = C_2$,并取 $C_2 = 3\,300$ pF。

则

$$R_2 = \frac{1}{\omega_{02} \cdot C_2}$$

而 $\omega_{02}=6\,283\times1.448\,2=9\,099$ rad/s,则 $R_2=\dfrac{1}{9\,099\times3\,300\times10^{-12}}=33.3$ kΩ,取 $R_2=$ 33 kΩ。

$$A_2=3-\alpha_2=3-0.849\,0=2.151$$

而 $\qquad\qquad A_2=1+\dfrac{R_{2b}}{R_{2a}}$,故得 $\dfrac{R_{2b}}{R_{2a}}=1.151$

取 $R_{2a}=9.1$ kΩ,求得 $R_{2b}=10$ kΩ。

第三级参数:

按与第二级相同的方法求得 $R_{31}=R_{32}=R_3=32$ kΩ, $C_{31}=C_{32}=C_3=5\,100$ pF, $R_{3a}=$ 9.1 kΩ, $R_{3b}=16$ kΩ,读者可自行验证。

三级滤波器的参数都标在例图 8.1.4 中。

8.2 集成 A/D 转换器

自然界中的各种物理量几乎都是连续变化的,经传感器采集后转化为相应的模拟信号。由于数字计算机或微处理器不能直接运算或处理模拟信号,将模拟信号变换为数字信号的 A/D 转换器(简称 ADC)应运而生。

实际应用中对 A/D 转换器的性能指标往往有着不同的要求。例如,数字电压表、数字测温仪等通常要求 A/D 转换器具有较高的转换精度,但对转换速率却没有过高的要求;数字示波器、图像处理器、PCM(脉冲编码调制)通信等应用场合则对 A/D 转换器的转换速率(工作速度)有很高要求。为了适应不同的需求,A/D 转换器的电路设计原理及相应的性能指标也有很大差异。

8.2.1 A/D 转换器的电路原理

尽管 A/D 转换器的电路形式多种多样,但常见的主要类型从电路原理上可分为比较型、计数型及△-∑调制型等几大类。本节主要讨论比较型及计数型两大类。计数型中双积分式 A/D 转换器一般用于 ms 级以上的低速转换领域;而在数百 ns～数百 μs 的中速转换领域,比较型中的逐次比较式 A/D 转换器以其突出的性价比赢得了广泛的市场;在 100 ns 以下的高速转换领域,则比较型中的并行比较式 A/D 转换器具有其他 A/D 转换器难以企及的速度优势。

1. 并行比较式 A/D 转换器

并行比较式 A/D 转换器的电路原理如图 8.2.1 所示。图示电路的功能是将输入的模拟信号电压转换为 8 位二进制数码并经锁存后输出。A/D 转换后的输出数值最大范围为 0～255(即 2^8-1),从 MSB～LSB 共 256 个二进制数码状态。

通常 A/D 转换器的模拟输入电压被限制在允许的满量程(FS)范围内(例如常见的有:单极性转换正或负 2.5V,5V,10V,双极性转换 ±2.5,±5 V,±10 V 等),A/D 转换的分辨率(能分辨的最小输入电压值)为 1 LSB(或 $\pm\frac{1}{2}$ LSB)对应的输入模拟电压值。

图 8.2.1 中基准电压 U_R 的取值等于 A/D 转换的 FS 值,经 (2^n+1) 个电阻(其中最上、最下两个电阻为 $R/2$,其余均为 R)分压得到 256 个电压参考值。分别接到 256 个电压比较器的反相端作为参考电压,与并行输入到比较器同相端的模拟输入电压作比较。

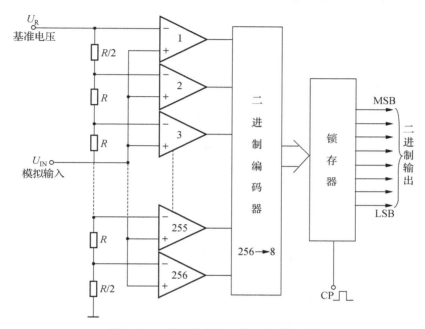

图 8.2.1   并行比较式 8 位 A/D 转换器

比较器输出的二值化比较结果由编码器编译成 8 位二进制码,经锁存器输出。这种并行比较式的 A/D 转换器的最大优点是转换速度快,但突出缺点是 A/D 转换器位数愈多,所需电压比较器的数量也愈多,制作成本、器件功耗及占用芯片面积也愈大。

一种改进的并行 2 步比较式 A/D 转换器原理如图 8.2.2 所示。以 4 位字长 A/D 转换为例。用分压电阻将基准电压 U_R 等分后,按 3 个大区段分压值 U_1、U_2、U_3 分别接到比较器 1~3 的反相端;再根据开关选通信号 K_1~K_4 选择四组三联开关 S_1~S_4 中的一组,将对应的三个小区段的电阻分压值连接到比较器 4~6 反相端作为参考电压,与并行接入到各比较器同相端的模拟输入信号作比较。其对输入信号的测量方式类似于用标有大、小刻度的试管去测量试剂。用试管测量试剂的过程是,先读取试剂液位在试管上的大刻度值,再参照大刻度所在区间的小刻度值读取试剂的精确值。与此过程相仿,电路中的具体比较方式分 2 步进行。第一步先进行大区段比较(对应 CP 高电平期间),并根据比较结果选通 S_1~S_4 中的一组三联开关;第二步进行小区段比较,并最终确定所有的二进制为状态编码。图 8.2.2

中经 16 个电阻分压得到的电压参考值对应二进制的 0000～1111 共 16 个编码状态,如表 8.4 所示。假设输入模拟电压 U_{IN} 值处在 $U_3 \sim U_2$ 区段,即 $U_3 < U_{IN} < U_2$,经 CP 为高电平后的第一步大区段电压比较后,可确定大于 0111 的状态编码均为“0”,小于 0101 的状态编码均为“1”。第一步不能确定的三个状态是 0101、0110、0111,因此开关控制信号 K_3 将三联开关 S_3 接通,对应这三个状态所在位置的参考电压被送到比较器 4～6 反相端。在 CP 变为低电平后开始进行第二步比较,将输入电压与比较器 4～6 反相端的参考电压作比较,于是 16 个状态编码便全部得以确定。此结果经编码器[①]编译成对应的二进制数码并输出。至此便完成了一次对输入模拟电压的 A/D 转换。

表 8.4　二进制状态编码

二进制位	状态码
1111	0
1110	0
1101	0
1100	0
1011	0
1010	0
1001	0
1000	0
0111	×
0110	×
0101	×
0100	1
0011	1
0010	1
0001	1
0000	1

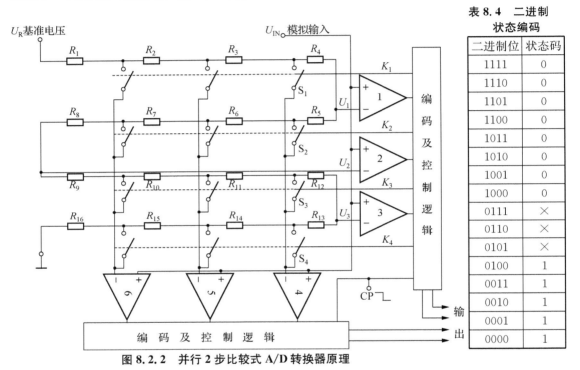

图 8.2.2　并行 2 步比较式 A/D 转换器原理

并行 2 步比较式 A/D 转换方式的主要优点是大大减少了比较器及开关电路的数量,尤其是在 A/D 转换位数较多的情况下,使得 A/D 转换器的性价比得到大幅提高。

2. 逐次比较式 A/D 转换器

逐次比较式 A/D 转换器也称为逐次逼近式 A/D 转换器,图 8.2.3 给出了一个 4 位逐次比较式 A/D 转换器的原理电路。

该电路共由三部分组成,分别是 A_1、A_2 构成的电流比较电路,电流开关电路及梯形电阻网络构成的 D/A 转换器以及逐次比较逻辑电路。

---

① 根据 A/D 转换器的输入模式(单、双极性)的不同,编译输出的数码除二进制 BCD 码外还会有其他不同形式,如 COB 码、CSB 码、CTC 码、格雷码等。

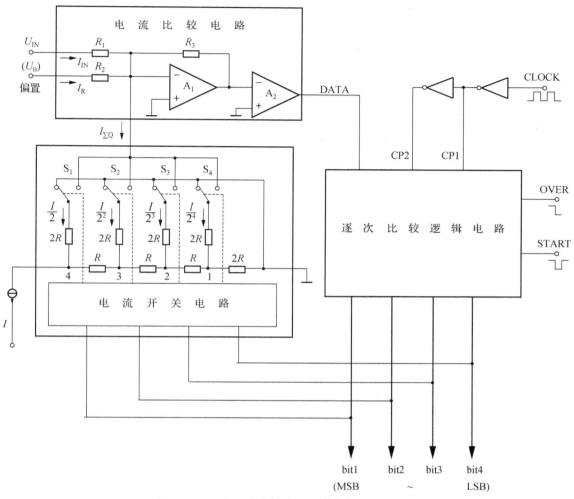

图 8.2.3 4 位逐次比较式 A/D 转换器工作原理

D/A 转换器部分由 $R-2R$ 梯形电阻网络和开关 $S_1 \sim S_4$ 构成。其中 $R-2R$ 梯形电阻网络的作用是将基准电流 I 按照 4 位二进制码的"权重"形成 4 路权电流。$R-2R$ 梯形电阻网络的特点是从 $1 \sim 4$ 每个节点向右看到的等效电阻都是 $2R$。这一特点决定了流入每个节点的电流都按 1/2 规律均分。例如节点 4 流出的电流为 I,则流入节点 4 的电流为两个 $I/2$;节点 3 流出的电流为 $I/2$,则流入节点 3 的电流为两个 $I/4$,以此类推。于是流过开关 $S_1 \sim S_4$ 的电流被按二进制码的权重梯次递减,分成了 $I/2$,$I/2^2$,$I/2^3$,$I/2^4$ 四路,每路电流的大小与开关所在之位二进制码的权重对应,因此称为"权电流"。

开关 $S_1 \sim S_4$ 的控制信号来自对应的二进制位(bit1 $\sim$ bit4),例如设 bit1 $\sim$ bit4 为"1000",则开关 S_1 将被拨向右侧,使对应的权电流 $I/2$ 被加载到电流总线上。

图 8.2.3 中 A_1、A_2 构成电流比较器,将 U_{IN} 形成的输入电流 I_{IN} 同总线上的权电流 $I_{\Sigma Q}$ 作比较,比较结果通过 A_2 输出电平的高、低来区别。偏置电压 U_B 的作用是作电流补偿。

当选择双极性输入(例如输入电压 U_{IN} 范围为 -5 V～$+5$ V)模式时,可在此处加偏置电压 U_B 并使之产生的补偿电流与 $U_{IN}=-5$ V 时的输入电流($-I_{IN}$)相等。在单极性输入模式时"偏置"端可接地或悬空。

逐次比较式 A/D 转换是一个逐次逼近的转换过程,与用天平称重的过程非常相似。这里所指的天平称重过程是先将所有砝码全部加上,然后从第一个最重的砝码开始试去除,去除后再与被称重的物体进行比较,若物体重于砝码则该砝码保留;再去除第二个次重砝码重复上述过程,决定第二个砝码是留下还是去除;依次比较直至最小的一个砝码。最终将所有被留下砝码的重量相加便可得到此物体称重的重量。

仿照这一思路,用比较器替代天平,D/A 转换器替代砝码群组,砝码的去除和保留等逐次比较操作由逐次比较逻辑来控制。其中,逐次比较逻辑首先将 bit1～bit4 全部置"1",将 bit1(MSB)～bit4(LSB)所对应的各位权电流加载到电流总线上与输入电流 I_{IN} 作比较,若输入电流 I_{IN} 大于权电流总和 $I_{\Sigma Q}$ 则发出"超量程"指示信号,表明输入电压已超出量程范围。反之则在 CP 脉冲作用下,通过控制对 bit1～bit4 逐位置"0",并在每次置"0"后将对应的权电流总和 $I_{\Sigma Q}$ 再次与输入电流 I_{IN} 作比较,并根据比较结果决定该位置"0"的操作是保留还是去除(恢复置"1")。经过 4 个 CP 脉冲后即可实现逐次比较式转换,得到 4 位 A/D 转换后的 MSB～LSB 二进制数码。

图 8.2.4 是一个 4 位逐次比较逻辑的工作时序波形图。其中 CP1、CP2 是由时钟信号 CLOCK 经反相后得到的两个节拍的工作脉冲。DATA 信号是经电流比较器比较后指示各次比较结果的逻辑电压。bit1～bit4 是 MSB～LSB 顺序的 4 位 A/D 转换结果。此外 START 及 OVER 分别为 A/D 的开始转换指令和转换结束标志(两者均为低电平有效)。为了明确时序关系,图中给出了若干条示意曲线。每条曲线上的

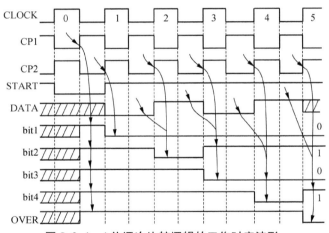

图 8.2.4　4 位逐次比较逻辑的工作时序波形

起始箭头(第一个)表示引起后续波形变化的起因,曲线上后续的箭头(第二个及其后的所有箭头)均表示由上述起因引起的变化结果。两条示意曲线合流的表示由两个起因共同作用引起的波形变化结果。逐次比较时序的逻辑控制电路是依据时序逻辑关系要求设计的,具体电路由环形计数器[①]构成,本书内容不包括逻辑设计,故此处不作详细介绍。

_____

① 有关环形计数器的具体电路,可参阅本书参考文献[22]。

　　逐次比较式 A/D 转换器的转换速率与时钟脉冲(CP)的频率和 A/D 转换的位数有关。完成一次转换需要的时间为 $(n+1)T_P$,其中 n 为二进制码的位数,T_P 为时钟脉冲的周期。时钟频率越高、转换位数越少则完成转换所需要的时间也越短。其中时钟脉冲频率的上限主要受 A/D 转换电路中开关速度的限制。一般电压开关电路由于要求开关器件(例如三极管)工作在饱和、截止状态,不可避免地会产生开关延迟时间。尤其是三极管饱和较深时,从导通到截止过程中基区堆积的载流子消散所需时间长,不仅使开关速度相应降低,还会使电路功耗相应增大。为了提高开关速度,逐次比较式 A/D 转换电路普遍采用类似于图 8.2.5 所示的差分式电流开关。

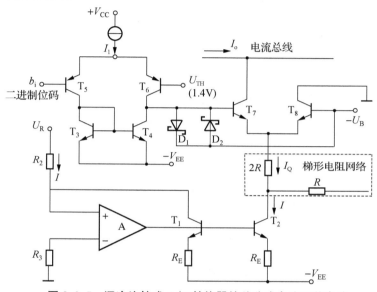

图 8.2.5　逐次比较式 A/D 转换器的差分式电流开关电路

　　图 8.2.5 是逐次比较式 A/D 转换器的差分式电流开关电路。图中的基准电压 U_R 和运放 A 及 T_1、T_2 向转换电路提供镜像基准电流 I,并通过梯形电阻网络生成流过每路开关的权电流 I_Q。T_7、T_8 构成差分式电流开关,在基极电流控制下决定权电流 I_Q 经 T_7 拨向电流总线或是经 T_8 拨向接地线。$T_3 \sim T_6$ 是开关控制电路,其中 U_{TH} 是为了配合控制码的逻辑电平而外加的阈值电压(TTL 逻辑条件下该阈值电压取 1.4 V)。当控制码 b_i(即二进制位码)为"1"时(对应逻辑电平 3.6 V)T_5 截止、T_6 导通,电流源电流 I_1 经 T_6 流向 T_7 管基极使 T_7 导通、T_8 截止,权电流 I_Q 被拨向电流总线。与此同时,肖特基二极管 D_1 与偏置电压 $-U_B$ 提供了另一条分流通路,防止 T_7 因基极驱动电流过大而发生饱和。当控制码 b_i 为"0"时(对应逻辑电平 0.3 V),T_5 导通、T_6 截止,电流 I_1 经 T_5 流向 T_3 并在 T_4 中产生镜像电流 $I_{C4}=I_1$,由于 T_6 截止,该电流反向"抽走"T_7 管基流加速 T_7 截止。与此同时,为了防止 T_4 管饱和,经肖特基二极管 D_2 及偏置电压 $-U_B$ 为 T_4 集电极续流。采用肖特基二极管的原因是其金属 PN 结导通时结旁不会有载流子堆积,所以开关延迟时间短、速度快。可见差分式电流开关工作过程中的所有开关管都不会出现饱和状态,所以开关速度得以大幅提高。

通过以上分析可知,逐次比较式 A/D 转换器由于采用了电流开关,使电路的动态功耗也得以显著降低,故具有速度较快、精度较高、温度稳定性较好、器件功耗较低的特点,因此目前已成为应用最广泛的一种 A/D 转换器。

3. 双积分式 A/D 转换器

双积分式 A/D 转换器属于计数型的 A/D 转换器,是积分式 A/D 转换器应用最广泛的一种。其基本设计思路是通过对模拟输入电压 U_{IN} 和基准电压 U_R 先后进行两次积分,将 U_{IN} 转换成对应的时长区间,然后在此时长区间内以固定频率的时钟脉冲进行计数。显然,U_{IN} 越大,相应的时长区间越长,计数值也就越大,由此实现对 U_{IN} 的 A/D 转换。

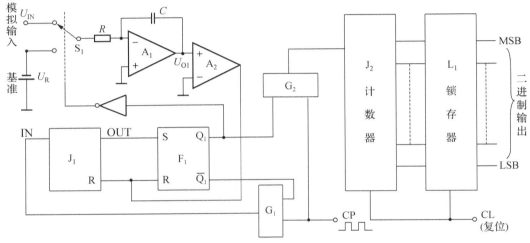

(a) 双积分式 A/D 转换器原理电路

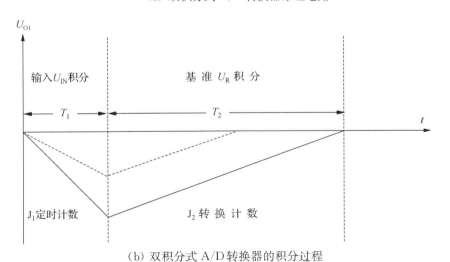

(b) 双积分式 A/D 转换器的积分过程

图 8.2.6　计数型双积分式 A/D 转换器原理电路及积分过程

双积分式 A/D 转换器的电路原理如图 8.2.6(a)所示,图中 A₁ 是积分器,用于对开关 S₁

选通的输入电压 U_{IN} 或基准电压 $-U_R$ 进行积分。A_2 是比较器,根据积分结果发出控制信号。F_1 是 RS 触发器,配合定时计数器 J_1 发出开关 S_1 的切换信号。G_1、G_2 是逻辑门,根据各自的门控电平分别向 J_1、J_2 计数器发送时钟计数脉冲 CP。J_2 的计数值作为 A/D 转换结果被锁存器 L_1 锁存后输出。电路的转换过程如下:设在 $t=0$ 起始状态 F_1、J_1 均被置"0",F_1 的 $\overline{Q_1}$ 为高电平,选通 G_1 门向定时计数器 J_1 发送计数脉冲。同时开关接通 U_{IN} 使积分器 A_1 开始第一次积分(负程积分),如图 8.2.6(b)所示。经过一段确定时间的积分后,计时器 J_1 的 OUT="1" 产生"溢出"信号将 F_1 置"1"。触发器 F_1 被置"1"后,一方面控制开关 S_1 从 U_{IN} 切换到 $-U_R$,使积分器 A_1 开始第二次积分(正程积分);另一方面 Q_1="1"使 G_2 门被选通、G_1 门被封闭,计数脉冲 CP 经 G_2 使计数器 J_2 开始计数。随着积分器 A_1 的第二次积分,其输出端电压 U_{O1} 以积分时间常数 RC 所确定的斜率回升,当 U_{O1} 回升至与横轴(零位线)产生交割时,比较器 A_2 发生翻转,其输出端产生的正跳变再次使 J_1 和 F_1 置"0",电路被复位到 $t=0$ 的起始状态。与此同时 J_2 的计数值被锁存并读出后清零。至此完成了一次双积分式 A/D 转换的全过程。

如图 8.2.6(b)所示,双积分 A/D 转换有两次积分过程。第一次对 U_{IN} 进行定时积分,将积分终了时的周期记作 T_1,则积分器输出电压为

$$U_{O1}=-\left(\frac{U_{IN}}{R}\cdot\frac{T_1}{C}\right) \tag{8.36}$$

经过 T_1 周期后,开始第二次对基准电压 $-U_R$ 积分,将积分终了时的周期记作 T_2,则对应的 U_{O1} 的变化幅度为

$$U_{O1}=-\left(\frac{-U_R}{R}\cdot\frac{T_2}{C}\right) \tag{8.37}$$

以上两式 U_{O1} 的模量相等,所以有

$$\frac{U_{IN}}{R}\cdot\frac{T_1}{C}=\frac{U_R}{R}\cdot\frac{T_2}{C} \tag{8.38}$$

即:

$$U_{IN}=(T_2/T_1)\cdot U_R \tag{8.39}$$

由上式可知:

(1) 基准电压 U_R 和计数周期 T_1 确定后,U_{IN} 越大则 T_2 周期越长,对应的计数器 J_2 的计数值也越大。

(2) 计数器 J_2 位数有限的情况下,允许的输入电压 U_{IN} 最大值(即满量程输入)与基准电压 U_R 的取值成正比。这为量程扩展提供了便利。

(3) 积分时间常数 RC 取值确定后,其参数误差会影响积分周期 T_1 及 T_2,但对两者比值没有影响。这降低了 A/D 转换器对 R、C 元件取值精度的要求。

以上可见双积分式 A/D 转换器与比较型 A/D 转换器的转换原理完全不同。一般比较型 A/D 转换器的转换原理是通过将 2^n 个量化级电压与输入信号电压进行比较,从而将输入信号电压直接转换成数字量,采用的是直接转换法。而双积分式 A/D 转换器采用的是间

接转换法,即先将输入信号转换成与之电压大小成正比的时间间隔,再利用时钟脉冲计数器将此时间间隔转换为数字量。

双积分式 A/D 转换器的主要特点是可以用相对而言比较简单的电路设计和参数精度不高的 R、C 元件获取精度很高的 A/D 转换结果。而且因为输入级采用了积分电路,可以抑制叠加在输入信号上的干扰信号。尤其是当选择 T_1 为交流电网电压周期的整数倍时,还可以对工频及其倍频等电网干扰信号有较强的抑制能力。此外,由于输出的数字量是计数器产生的,它可以是二进制数,也可以是 BCD 码,取决于计数器的计数规律。这使得输出量的编码方案可以更加灵活多样以适应不同的 A/D 转换需求。因此在对转换速度要求不高的场合双积分式 A/D 转换器得到了广泛应用。

8.2.2　A/D 转换器的主要技术指标

A/D 转换器的主要技术指标有以下几项:

1. 分辨率

分辨率代表 A/D 转换器所能分辨的输入电压最小值。通常用输出二进制码位数的多少来描述,即:

$$分辨率 = \frac{\Delta u_i}{u_{imax}} = \frac{1}{2^n - 1} \approx \frac{1}{2^n}$$

A/D 转换器的位数 n 越大则分辨率越高。二进制输出的最高位(MSB)代表的权重是 1/2 FS,次高位(MSB$-$1)的权重是 1/4 FS,$\cdots$,最低位(LSB)的权重是 $1/2^n$FS。A/D 转换器所能分辨的最小电压值由 LSB 决定。例如,设 FS 为 10 V,$n = 12$ bit,则对应的 1 LSB 分辨率为 10 V/$2^{12} = 2.4$ mV。应当注意的是,当 A/D 变换输入电压采用双极性模式时(例如 -5 V$\sim +5$ V),输出二进制码的最高位通常用作极性指示位,分辨率也相应降低一位。

2. 转换精度

转换精度与分辨率有关,但精度与分辨率是两个不同的概念。分辨率取决于 A/D 转换器的位数,而精度则与非线性误差、量化误差以及失调电压、增益变化、温度漂移等诸多因素相关。转换精度可以用三种指标来表述,即绝对精度、相对精度和动态精度。

绝对精度是相对于输入电压而言的,是指 A/D 转换后得到的数字量所代表的模拟电压值(权重值)与实际输入模拟电压值之差与满量程输入信号电压之比。

相对精度是相对于理想转换特性(理想直线)而言的,是指实际转换特性与理想转换特性间的误差大小。通常实际 A/D 转换器的转换特性是非线性的,如图 8.2.7 所示。图中示出了两种对 A/D 转换非线性特性曲线的拟合校正方法。图(a)是将端点误差拟合后与端点连线(理想特性)相比较,可知最大非线性误差(一般要求小于 1 LSB)出现在 MSB 发生改变的 1/2 FS 处(例如:对应 3 位二进制数从 011→100 时)。为使非线性误差在理想特性两侧均等分布,需要对 A/D 转换器作"失调(offset)/增益(gain)"调整,即用 A/D 芯片的 offset

引脚端(也称零点调整端)调整理想直线的零点位置,用 gain 引脚端调整转换器特性曲线的端点位置,如图(b)所示。通常要求调整后的最大非线性误差小于 $\pm\frac{1}{2}$ LSB。不设失调及增益专门调整端的 A/D 芯片则无需作此调整。

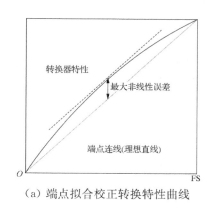
（a）端点拟合校正转换特性曲线

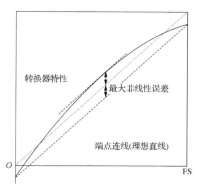
（b）最佳线性拟合校正转换特性曲线

图 8.2.7　A/D 转换器的非线性误差

动态精度是相对于信号采样频率而言的,是指输入信号采样频率的变化对转换精度的影响。其数值还与量化误差密切相关。量化误差的概念如图 8.2.8 所示。量化后的输出值与实际模拟输入值相比较,两者间的误差称为量化误差。图中可见其误差数值在 $\pm\frac{1}{2}$ LSB 范围内。动态精度的理想值(最高精度值)由满量程信号幅度与量化误差噪声(在频谱分布上类似于白噪声)的信噪比 S/N 来定义。理论上对应 n bit 量化的 S/N 比可表示为

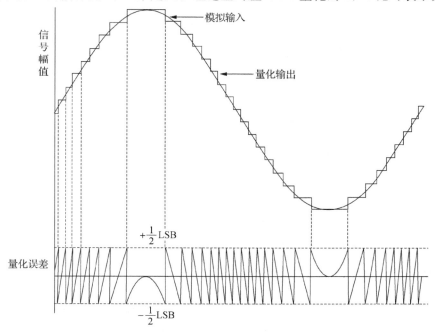

图 8.2.8　量化误差的概念

$$S/N = 6.02n + 1.76 \text{ dB}$$

值得注意的是,动态精度是与 A/D 转换时对输入信号的采样频率相关的。根据香农采样定理,采样频率应该是输入信号最高频谱分量的 2 倍。图 8.2.9 是一个 8 位并行比较式 A/D 转换器动态精度与信号采样频率关系的实测示例。可见动态精度随信号采样频率升高显著降低,这相当于 A/D 转换器有效位数的减少,是 A/D 转换器实际应用时必须考虑的因素之一。动态精度的理想值与 A/D 转换器位数及分辨率之间的关系如表 8.5 所示。

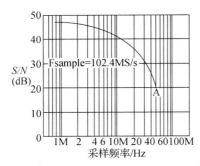

图 8.2.9 8 位 A/D 转换器动态精度示例

表 8.5 A/D 转换器位数、分辨率与动态精度的关系

bit 数/位	分辨率/1LSB	动态精度/dB
20	1/1048576	122.2
18	1/262144	110.1
16	1/65536	98.1
14	1/16384	86.0
12	1/4096	74.0
10	1/1024	62.0
8	1/256	49.9
6	1/64	37.9
4	1/16	25.8

3. 转换速度

转换速度用完成一次转换所需的时间来衡量。转换时间的定义是:从转换指令(启动脉冲)发出到输出端开始呈现实际数字量(MSB～LSB)为止所对应的时间。

4. 满量程输入(FS)允许范围

输入模拟量仅限于单极性(正极性或负极性电压)的模式称为单极性模式。A/D 转换器单极性模式的 FS 常用值为 0～2.5V,0～5V,0～10V。双极性模式的 FS 常用值为 ±2.5 V,±5 V,±10 V

5. 失调电压

与运放失调电压概念类似,指 A/D 转换器输出数码 MSB～LSB 为全 0 时,输入模拟电压偏离 0 点的数值。

6. 增益偏差

指实际 A/D 转换特性曲线上各点的切线斜率偏离理想直线(参考图 8.2.7)斜率的程度。增益偏差也是产生动态误差的原因之一。

其他参数指标可参见 A/D 器件手册,此处不再赘述。

*8.2.3 集成 A/D 转换器的应用举例

根据并行比较式、逐次比较式、双积分式 A/D 转换器的电路原理及各自特点,集成 A/D 转换器的芯片引脚功能及使用方法各不相同。本节给出了三种集成 A/D 转换器的应用实例。

1. 高速并行 A/D 转换器的应用示例

高速波形记忆、宽带视频信号处理、特征光谱信号采集等应用领域,通常对 A/D 转换电路的工作速度要求很高。图 8.2.10 给出了一个由 8 位 A/D 转换器 μPD6950C 组成的高速 A/D 变换电路实例。

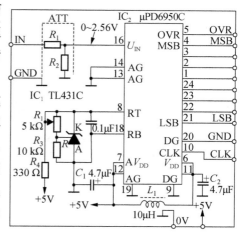

μPD6950C 是 CMOS 电路构成的并行比较式 A/D 转换器,内藏 256 个电压比较器,最高转换速率可达 15MS/s(Sampling Per Second),对模拟输入电压的一次读取时间仅需 30 ns。基准电压取值范围为 2.5 V~(V_{DD}−1)V,此例由集成器件 TL431C 提供 U_R＝2.5 V~3.75 V 可调节的基准电压。RT 和 RB 是内藏电阻分压器的两个端点,基准电压在电阻分压器中产生的电流为 1.6 mA~2.6 mA。允许输

图 8.2.10　并行比较式 8 位 A/D 变换电路

入电压范围为 0 V~U_R。为了适应实际应用中常见的 0 V~5 V、0 V~10 V 的电压范围,可在输入端(引脚 16)接电阻衰减网络作电压转换。为减少电源干扰,一般 A/D 转换器中的模拟电路与数字电路都要求独立设置供电回路。μPD6950C 可在 5 V 单一电源下工作,但模拟电路接地点 AG 要与数字电路接地点 DG 分开,各自形成独立的电流回路。MSB~LSB (8 位)是锁存器的数据输出,由于一般 A/D 转换器芯片内都不带缓冲器,所以应注意输出数据端带负载不能过重。当输入电压 U_{IN} 超出允许的上限值时,MSB~LSB 为全“1”,同时 OVR 端输出高电平“1”,作为溢出标志。

μPD6950C 的时钟(CLK)需外接,最高频率为 15MHz。应当注意的是由于该芯片内部设定的工作模式是前一个脉冲作 A/D 转换、后一个脉冲作数据锁存,所以虽然连续变换时不受影响,但单一变换时需一次发送 2 个时钟脉冲。

2. 逐次比较式 A/D 转换器应用示例

图 8.2.11 是 4 通道 12 位 A/D 变换电路实例。采用了 12 位逐次比较式 A/D 转换器芯片 ADC80AG12。该电路可以对 4 路−5V~＋5 V 范围内的模拟输入信号进行连续变换。

图中 4 路模拟输入信号经 74LS139 译码控制的模拟开关 DG201CJ 选通后,送到 S/H (采样—保持)电路 LF398H。A/D 变换指令“AD START”脉冲经 74LS123 单稳态触发器第一级延时后,触发(Q(13)下降沿)LF398H 开始采样,并将被采样的信号电平保持在 ADC 的输入端。再经第二级单稳延时后输出端 Q(5)的上升沿启动 A/D 转换。ADC 的引脚 11 (ZERO)、16(GAIN)接可变电阻用于调零及最佳线性拟合调整,由于 12 位 ADC 的 1LSB 分辨率为 2.44 mV,R_{W1}、R_{W2} 需采用精密多圈可调电位器。ADC80AG12 的转换时间约 25 μs,12 bit 转换结果由 D_0~D_{11} 输出。EOC(End Of Converting)信号常态为“0”,在引脚

18"AD START"信号发出后被置"1",A/D 转换结束后被置"0"。12bit A/D 变换结果在检测到 EOC 信号下降沿时读出。

电路安装上,应将模拟开关电路、S/H 电路及 ADC 电路的模拟地分别接到单独设置的模拟接地点上,然后再与数字地连接以避免数字电路的回路电流流经模拟电路。

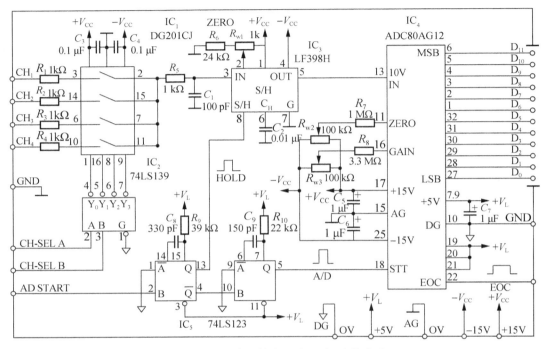

图 8.2.11 逐次比较式 12 位 A/D 变换电路

电路调整上,应先将模拟开关输入端接地,再连续发送"AD START"信号脉冲(其频率与实际采样频率相近为佳),先调节 R_{w1} 对 S/H 电路的输出端调零,然后根据锁存器读出数据通过调节 R_{w2} 及 R_{w3} 调整 ADC 的输出。

3. 双积分式 A/D 转换器应用实例

一般便携式小型仪器多用液晶显示屏(LCD)或七段数码管(LED)为显示面板,双积分式 A/D 转换器由于具有精度高、成本低的优势得到广泛应用。

图 8.2.12 中 ICL7106 是用于驱动 LCD 数码显示屏的低功耗 CMOS 双积分式 12 bit (实际用到 11 bit)A/D 转换器,输出 MSB~LSB 被译成十进制 BCD 码 $3\frac{1}{2}$ 位,分别驱动显示屏"个位""十位""百位"上 0~9 数码的七段显示,称为"全位","千位"上仅显示 0 或 1,与极性指示一起占用两个二进制位,称作"半位"。在图示参数下满量程显示范围为: ± 1.999 V。根据 A/D 输入模式的不同,电源电压可以是单极性(例如 9 V 电池)或双极性(例如 ± 5 V),分别接到 V+(引脚①)及 V−(引脚㉖)。Hi(36)和 Lo(35)是参考电压,由 D1(LM385−2.5V)两端基准电压经 R_w 分压获得。调节参考电压数值可使显示值与量程一

致。C_2、C_3、R_3（㉗～㉙）用于确定积分器时间常数，C_4 是基准电压用电容。时钟脉冲频率由 C_5、R_4（㊳～㊵）决定，图示参数下约为 40 kHz。对应的采样率为 400 MS/s。COM（㉜）是模拟地，POL（⑳）是负极性指示驱动位，BP（㉑）是显示屏的背电极（显示器公共电极驱动端）。

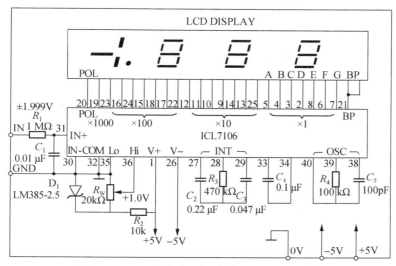

图 8.2.12　双积分式 A/D 变换 LCD 显示驱动

实际输入电压超出量程范围时可通过在输入端 IN＋（㉛）与 IN－（㉚）之间加接如图 8.2.13 所示电阻衰减网络，通过切换量程扩大测量范围。

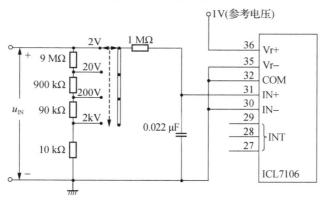

图 8.2.13　加接输入电阻衰减网络扩展量程

*8.3　集成模拟乘法器

模拟乘法器是实现输入信号相乘运算的一种功能电路，其电路符号如图 8.3.1 所示，输出电压 u_o 正比于两个输入电压的乘积，即：

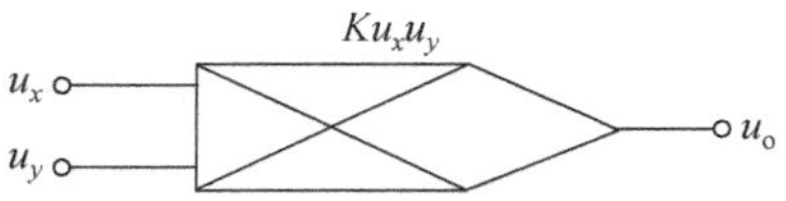

$$u_o = K u_x u_y$$

图 8.3.1　模拟乘法器电路符号

其中 K 是比例系数,量纲为 $1/\mathrm{V}$。

就信号的运算而言,模拟乘法器除了能够用于相乘运算外,还可用于相除、平方、开方运算及正弦、余弦、幂级数和多项式等函数的产生和运算。相乘也可以理解为一种信号的加权运算,因此乘法器还可以用于跟踪滤波、压控滤波、自动增益控制等方面。此外,由于时域中两信号相乘相当于频域中频谱的搬移,因此在通信、广播电视、仪器仪表等领域中,模拟乘法器也被广泛用于调制、解调、混频、倍频。

模拟乘法器的电路实现形式也是多种多样的,除第 4 章由运放及场效应对管组成的乘法器形式外,还有对数式、变跨导式、数模变换式、时分割式等,本节主要介绍对数式及变跨导式集成模拟乘法器的电路原理及应用。

8.3.1 对数式集成模拟乘法器

由于乘法运算可以转化为对数相加的方式来实现,因此,基于对数和反对数及加法运算电路可以构成模拟乘法器,这种乘法器的方块图如图 8.3.2 所示。

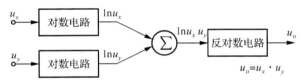

图 8.3.2 基于对数运算的乘法器方块图

典型的对数式集成模拟乘法器电路如图 8.3.3 所示。其中 A_1、A_2、A_3 分别与 T_1、T_2、T_4 管构成对数运算电路,T_3 与外接的 A_4 一起构成反对数运算电路,利用 PN 结上电压与电流间的关系呈对数规律变化的特点,将 A_1、A_3 的输出电压直接作用于 T_2、T_3 管的基极,可方便地实现对数求和运算。

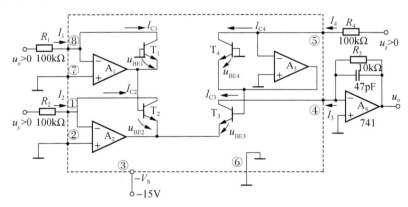

图 8.3.3 对数式集成模拟乘法器 RC4200

由图 8.3.3 可知,$T_1 \sim T_4$ 的 U_{BE} 之和等于零。故有:

$$U_T\left(\ln\frac{I_1}{I_{S1}}+\ln\frac{I_2}{I_{S2}}-\ln\frac{I_3}{I_{S3}}-\ln\frac{I_4}{I_{S4}}\right)=0 \tag{8.40}$$

即

$$\frac{I_1 \cdot I_2}{I_3 \cdot I_4} = \frac{I_{S1} \cdot I_{S2}}{I_{S3} \cdot I_{S4}} \tag{8.41}$$

由集成工艺制作的 $T_1 \sim T_4$ 管的发射结反向饱和电流 $I_{S1} \sim I_{S4}$ 具有较好的均一性,因此式(8.41)等号右边部分近似为1,于是有:

$$I_3 = \frac{I_1 \cdot I_2}{I_4} \tag{8.42}$$

将 $I_1 = u_x/R_1$,$I_2 = u_y/R_2$,$I_4 = u_z/R_4$ 及 $I_3 = u_o/R_3$ 代入上式,得

$$u_o = K \cdot \frac{u_x u_y}{u_z}, K = \frac{R_3 \cdot R_4}{R_1 \cdot R_2} \tag{8.43}$$

为保证输入电压有足够的动态范围,比例系数 K 多取值为 0.1,同时,为获得较好的对数运算精度,减小乘法器的运算误差,$R_1 \sim R_4$ 的实际取值一般应考虑能使 $I_1 \sim I_4$ 处于 1 $\mu A \sim$ 1 mA 范围内。RC4200 集成模拟乘法器的优点是既可作乘法运算(取 $u_z = 1$ V),也可作除法运算(取 u_x 或 $u_y = 1$ V)。不过为保证 $I_1 \sim I_4$ 均为正值,要求输入端电压 u_x、u_y、u_z 均大于零。即输入电压必须限制在第一象限内。

8.3.2 变跨导式集成模拟乘法器

变跨导式集成模拟乘法器的基本原理电路如图 8.3.4 所示,其中 T_1 和 T_2、T_3 与 T_4 具有相同特性。它与电流源偏置差动放大电路有着完全相同的电路结构,只是将偏置电流 I_0 由原来的固定偏置改为受另一输入电压 u_x 控制而已。由于 I_0 的变化将引起差分对管的跨导 g_m 变化,进而改变整个电路的增益,引起输出电压 u_o 的变化,故称作变跨导式模拟乘法器。该电路能实现两个输入电压 u_x 与 u_y 相乘。由差动放大电路的分析可知,当输入信号较小时(通常 $\leqslant U_T$),电路工作在线性状态,对输入电压 u_y 的放大倍数为:

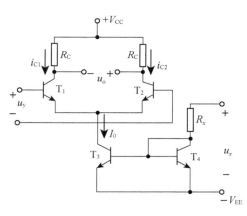

图 8.3.4 变跨导式集成模拟乘法器的基本原理电路

$$A_{ud} = \frac{\beta R_C}{r_{be}} \approx \frac{I_0 R_C}{2U_T} \tag{8.44}$$

即

$$u_o = (i_{C1} - i_{C2})R_C = \frac{I_0}{2U_T}R_C \cdot u_y \tag{8.45}$$

考虑 u_x 对 I_0 的影响,将 $I_0 \approx u_x/R_x$ 代入上式得:

$$u_o = \frac{R_C}{2U_T R_x}u_x u_y \tag{8.46}$$

可见 u_o 与两个输入电压 u_x、u_y 的乘积成比例,电路能够实现相乘功能。其中 u_y 可正可负,但 u_x 只能为正,且必须以 $-V_{EE}$ 为参考点,因而电路只能在两个象限内工作。

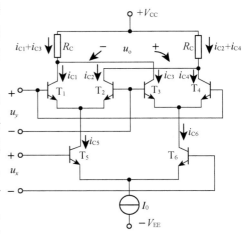

为了实现四象限相乘,可将 u_x 改为差分输入形式,同时引入双差分式吉尔伯特(Gilbert)单元电路作为乘法器的核心,得出图 8.3.5 所示四象限模拟乘法器电路。图中,T_1、T_2 及 T_3、T_4 是两组差分电路,以反极性方式相连接。两组差分电路的电流分别由 T_5、T_6 管提供。T_5、T_6 本身也构成差分对管,其输入控制电压 u_x 与 u_y 一样可正可负,以此实现了四象限工作。

图 8.3.5　四象限模拟乘法器电路

电路的输出电压可由下式导出:

$$u_o = [(i_{C1}+i_{C3})-(i_{C2}+i_{C4})]R_C$$
$$= [(i_{C1}-i_{C2})+(i_{C3}-i_{C4})]R_C \tag{8.47}$$

式中,各管的 i_C 电流可由 $i_C \approx i_E \approx I_s(e^{\frac{u_{BE}}{U_T}}-1) \approx I_s \cdot e^{\frac{u_{BE}}{U_T}}$ 表示,即 $i_{C1}=I_{s1}e^{\frac{u_{BE1}}{U_T}}$,$i_{C2}=I_{s2}e^{\frac{u_{BE2}}{U_T}}$,若 $I_{s1}=I_{s2}=I_s$,则 $\dfrac{i_{C1}}{i_{C2}}=e^{\frac{(u_{BE1}-u_{BE2})}{U_T}}=e^{\frac{u_y}{U_T}}$,而 $i_{C1}+i_{C2}=i_{C5}$,联立两式可得:

$$i_{C1}=\frac{e^{\frac{u_y}{U_T}}}{e^{\frac{u_y}{U_T}}+1}i_{C5}, \qquad i_{C2}=\frac{1}{e^{\frac{u_y}{U_T}}+1}i_{C5}$$

由此:

$$i_{C1}-i_{C2}=\frac{e^{\frac{u_y}{U_T}}-1}{e^{\frac{u_y}{U_T}}+1}i_{C5}=i_{C5}\,\mathrm{th}\,\frac{u_y}{2U_T} \tag{8.48}$$

类似可得:

$$i_{C4}-i_{C3}=i_{C6}\,\mathrm{th}\,\frac{u_y}{2U_T} \tag{8.49}$$

及

$$i_{C5}-i_{C6}=I_0\,\mathrm{th}\,\frac{u_x}{2U_T} \tag{8.50}$$

将式(8.48),式(8.49)代入式(8.47)有:

$$u_o=\left(i_{C5}\,\mathrm{th}\,\frac{u_y}{2U_T}-i_{C6}\,\mathrm{th}\,\frac{u_y}{2U_T}\right)R_C=(i_{C5}-i_{C6})\,\mathrm{th}\,\frac{u_y}{2U_T}\cdot R_C \tag{8.51}$$

再将式(8.50)代入式(8.51),得:

$$u_o=R_C I_0\,\mathrm{th}\,\frac{u_x}{2U_T}\cdot\mathrm{th}\,\frac{u_y}{2U_T} \tag{8.52}$$

当 $u_x \ll 2U_T$,$u_y \ll 2U_T$ 时:

$$u_o=R_C I_0\,\frac{u_x \cdot u_y}{4U_T^2} \tag{8.53}$$

因此,在小信号输入情况下,乘法器的输出/输入电压具有理想的相乘关系。

典型的集成模拟乘法器产品 1494、1596(如 MC1494L、MC1596 等)就是依照上述电路原理构成的,其内部电路如图 8.3.6 所示。图中 T_5、T_6 管的静态偏置电流由 $T_7 \sim T_9$ 管组成的电流源电路提供,在 T_5、T_6 管的基极、发射极回路中接入外接电阻 R_x,可有效扩展 T_5、T_6 差分对管的线性工作范围,使允许的输入电压动态范围扩大。如图 8.3.6 所示,设流过电阻 R_x 的电流为 i_x,则有:

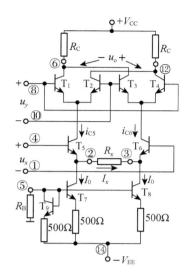

图 8.3.6　集成模拟乘法器 1596 内部电路

$$\left.\begin{array}{l} i_{C5} = I_0 + i_x \\ i_{C6} = I_0 - i_x \\ (i_{C5} - i_{C6}) = 2i_x \end{array}\right\} \tag{8.54}$$

$$u_x = u_{BE5} + i_x \cdot R_x - u_{BE6} = i_x R_x \tag{8.55}$$

一般 R_x 取值范围为几千欧至十几千欧。

采用类似的差分电路结构及电流变换电路,还可进一步扩大输入电压 u_y 的动态范围,原理同上不再赘述。

由式(8.54)和式(8.55)可得:

$$(i_{C5} - i_{C6}) = 2\frac{u_x}{R_x} \tag{8.56}$$

在输入小信号的情况下,将式(8.56)代入式(8.51),可得输出电压 u_o 与输入电压 u_x、u_y 的关系式为:

$$u_o = \frac{R_C \cdot u_x \cdot u_y}{R_x \cdot U_T} = K \cdot u_x \cdot u_y \tag{8.57}$$

其中

$$K = \frac{R_C}{R_x U_T}(1/V)$$

式中 R_C、R_x 均为外接电阻,合理选取其阻值,可获得所需的乘法器系数。实际使用时,通常需将集成模拟乘法器的输出电压 u_o 从双端输出转换成单端输出。适用的转换电路形式有多种,图 8.3.7 给出了其中一种,该电路具有结构简单、共模抑制能力强、适于集成的优点。电路由 3 组镜像电流源构成。两个输入端可以直接与集成模拟乘法器的两个输出端相连,使输出电流 i_1、i_2 分别取自模拟乘法器的两个输出电流。容易得出该电路的输出电压 $u_o = i_L \cdot R_L = (i_2 - i_1)R_L$,将该电路用于图 8.3.6 所示集成模拟乘法器时,可求得乘法器输出电压为:

$$u_o = K u_x \cdot u_y \tag{8.58}$$

其中:

$$K = \frac{R_L}{R_x U_T}$$

如欲改变乘法器系数 K 的极性,仅需对调①、②两个输入端的连接,即可方便地实现。

图 8.3.8 给出了一个通用的四象限模拟乘法器电路实例。主要由 MC1494L 单片集成变跨导模拟乘法器组成。可对 ± 10 V 范围内的输入电压进行运算处理。为使乘法器比例系数等于 10,电阻 R_5、R_6 分别取值 30 kΩ 和 62 kΩ,端口 14 是集电极电流输出型,外接运放 A_1 转换为电压输出。输出端失调电压由 A_1 的同相端进行调整。

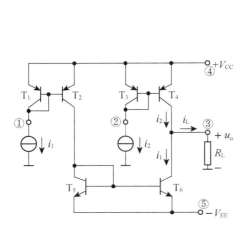

图 8.3.7 双端-单端输出转换电路

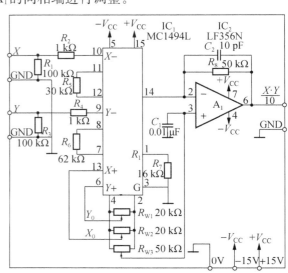

图 8.3.8 变跨导四象限通用模拟乘法器电路

8.3.3 集成模拟乘法器应用举例

在信号运算与处理领域,模拟乘法器有着广泛的应用。本节仅给出几个典型的基本应用举例。

在通信过程中,为了保证信号的有效传输,需将待传输的信号(称作调制信号)加载到某个高频信号(称作载波信号)上进行发送,这个加载的过程称作调制。具体而言,就是利用输入信号去改变载波信号的某个参数,如振幅、频率、相位等,使之按照输入信号的规律产生相应的变化。若对载波的振幅进行调制,得到的信号称为调幅信号,用 AM(Amplitude Modulation)表示;若是对载波的频率或相位进行调制,得到的信号则称为调频信号或调相信号,分别记作 FM(Frequency Modulation)或 PM(Phase Modulation)。解调则是调制的逆过程,即从接收到的调制信号中还原或恢复出原输入信号。用乘法器进行 AM 调制及解调均十分方便,如图 8.3.9(a)、(b)所示。

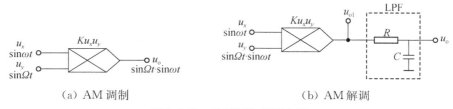

（a）AM 调制   （b）AM 解调

图 8.3.9 AM 调制、解调电路

设图 8.3.9(a)中加到乘法器输入端的输入信号(ω)和载波信号(Ω)分别为：

$$u_x = U_{m1} \sin\omega t$$

$$u_y = U_{m2} \sin\Omega t$$

则乘法器的输出信号为：

$$
\begin{aligned}
u_o &= K u_x \cdot u_y \\
&= K \cdot U_{m1} U_{m2} \sin\omega t \ \sin\Omega t \\
&= K U_m \sin\omega t \ \sin\Omega t
\end{aligned}
$$

(8.59)

这就是 AM(幅度调制)信号,其振幅 $KU_m \sin\omega t$(包络线)反映了输入信号的变化规律,如图 8.3.10 所示。

解调电路由乘法器和低通滤波器组成,如图 8.3.9(b)所示。设加到乘法器两输入端的信号分别为 AM 信号 $U_{m11} \sin\omega t \ \sin\Omega t$ 和载波信号 $U_{m22} \sin\Omega t$,此时乘法器的输出

$$
\begin{aligned}
u_{o1} &= K u_x \cdot u_y \\
&= K \cdot U_{m11} U_{m22} \ \sin\omega t \ \sin\Omega t \ \sin\Omega t \\
&= \frac{1}{2} K U_m (1 - \cos 2\Omega t) \ \sin\omega t \\
&= \frac{1}{2} K \ U_m \sin\omega t - \frac{1}{2} \ K U_m \ \sin\omega t \ \cos 2\Omega t
\end{aligned}
$$

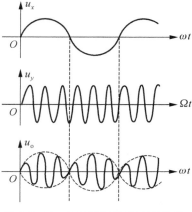

图 8.3.10　AM 调制信号波形关系

输出的第一项是解调后的所需信号,第二项是高频分量。经低通滤波器滤除高频分量后得

$$u_o = \frac{K U_m}{2} \sin\omega t$$

图 8.3.11 给出了一个开平方运算电路,模拟乘法器置于运放的反馈环路内,乘法器系数前取负号,以保证运放处于负反馈工作状态。于是

$$u_m = -K u_o^2 \tag{8.60}$$

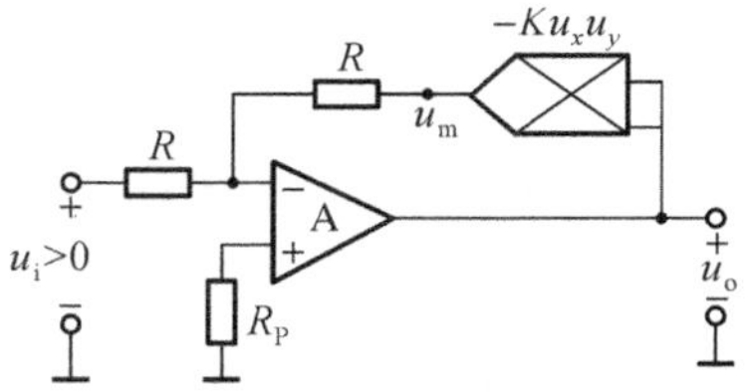

由于运放反相输入端为虚地点,故有

$$u_m = -u_i$$

由此解得

$$u_o = \sqrt{\frac{u_i}{K}} \tag{8.61}$$

图 8.3.11　开平方运算电路

可见,u_o 与 u_i 是平方根关系。

图 8.3.12 是利用开平方电路构成的有效值变换电路,可用于对各种复杂波形的电压有效值进行测量。分析可得

$$u_o = \sqrt{\frac{1}{T} \int_0^T u_i^2(t) \, dt} \tag{8.62}$$

上式与求 u_i 电压有效值的定义完全一致。式中的积分周期 T 可通过合理选取积分器的时间常数 $R_F C$ 来确定。

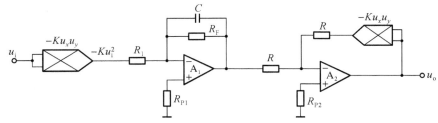

图 8.3.12　有效值变换电路

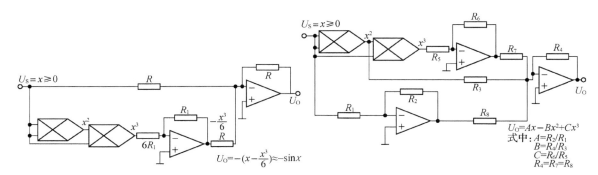

图 8.3.13　正弦函数 $\sin x$ 的近似计算　　　图 8.3.14　三次方多项式函数的计算

模拟乘法器与运放的组合还可实现各种函数的运算，图 8.3.13、图 8.3.14 所示电路是其中两例，容易分析其工作原理及输出与输入间的函数关系，读者可自行证明。

*8.4　集成锁相环

锁相环作为一种重要的功能电路在通信、导航、控制、仪器仪表等领域得到了广泛的应用。随着集成电路技术的迅猛发展，多种型号的集成锁相环产品相继问世，受益于锁相环集成芯片产品的多样化，集成锁相技术的应用日趋广泛。目前，已遍及遥测遥控、通信、导航、雷达、仪器仪表及家用电器等电子技术的各个领域。

8.4.1　锁相环的基本概念

所谓锁相，就是相位同步的自动控制。完成两个信号间相位同步的自动控制系统的环路叫做锁相环，也称 PLL（Phase Locked Loop）。最典型的锁相环由鉴相器（Phase Detector）、环路滤波器（Loop Filter）、压控振荡器（Voltage Controlled Oscillator）三部分组成，如图 8.4.1 所示。其中，鉴相器起相位比较作用，其输出电压 u_D 反映两个输入信号间相位差（与频率之差呈线性关系）的大小。该电压通过具有低通特性的环路滤波器后，建立起一个平均电压 u_C 作用于 VCO 的控制输入端。VCO 的振荡频率则由其控制电压 u_C 的大小来决定。当控制电压 $u_C = 0$ 时对应的振荡频率称为 VCO 的固有频率。

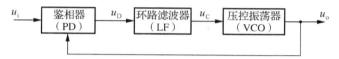

图 8.4.1　基本锁相环构成框图

整个环路根据负反馈的原理构成,鉴相器的输出电压总是朝着减小 VCO 振荡频率与输入信号频率之差的方向变化,直到 VCO 振荡频率与输入信号频率获得一致,当这种情况出现时,我们称 VCO 的频率锁定于输入信号的频率或简称锁定。环路由失锁状态进入锁定状态的过程称为捕捉过程,在捕捉过程中,VCO 振荡频率逐渐趋同于输入信号频率的现象,称作频率牵引。在频率牵引过程中,环路有能力自行锁定的最大输入信号频率范围称为捕捉带或简称捕捉带(用 f_c 表示),它是反映捕捉性能优劣的一个重要指标。另一方面,环路锁定后,VCO 的振荡频率自动跟踪输入信号频率的变化,并能维持锁定的最大频率变化范围称为环路的跟踪频带或简称同步带(用 f_L 表示),它是反映跟踪性能优劣的一个重要指标。

对应于图 8.4.1 锁相环框图的基本原理电路如图 8.4.2 所示。图中运算放大器 A_1、A_2 构成压控振荡器,实现 V/F 的变换。模拟乘法器被用来作为鉴相器,与由 R_9、C_2 及 A_3 构成的环路滤波器一起实现 F/V 的变换。两者按照负反馈调节原理构成闭合环路,使输出信号 u_o 在一定范围内跟踪输入信号 u_i 的频率变化,并保持相位同步。

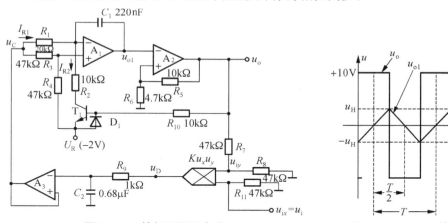

图 8.4.2　锁相环原理电路　　　　　图 8.4.3　u_o、u_{o1} 输出波形

我们先来分析压控振荡器。由图可知,A_2、R_5、R_6 构成迟滞比较器,其电压传输特性具有迟滞效应,回差电压的上、下限值由 u_o、R_5、R_6 决定。A_1 是反相积分器,积分电容 C_1 的充放电电流由开关管 T_1 及 $R_1 \sim R_4$ 决定,当 T_1 截止时,流过电阻 R_1 的电流 I_{R1} 构成对积分电容 C_1 的充电电流,使 u_{o1} 线性下降;当 T_1 导通时,流过电阻 R_2 的电流为 R_1 中电流的两倍,即 $I_{R2} = 2I_{R1}$,使积分电容 C_1 以等值电流 I_{R1} 放电,u_{o1} 线性上升。由于 C_1 充、放电电流相等,故 u_{o1} 为对称的三角波,并经迟滞比较器 A_2 变换成占空比为 50% 的方波信号输出,其波形见图 8.4.3。方波信号的频率受 A_1 输入端电压 u_C 的控制。

为便于讨论,设在初始状态下 A_2 输出电压达到正向饱和值 $u_o=10$ V,相应地,A_2 同相端电压

$$u_{p2}=u_o \frac{R_6}{R_5+R_6}=3.2 \text{ V}$$

记作上限电压 u_H,T_1 管处于导通状态,其导通电阻远小于 R_2 可忽略不计。同样可得 A_1 同相端电压

$$u_{p1}=u_C \frac{R_4}{R_3+R_4}+U_R \frac{R_3}{R_3+R_4} \tag{8.63}$$

由于 $R_3=R_4$,故有:

$$u_{p1}=\frac{1}{2}(u_C+U_R) \tag{8.64}$$

由此可知电容 C_1 的充、放电电流为

$$I_{R1}=\frac{u_C-u_{p1}}{R_1}=\frac{1}{2R_1}(u_C-U_R) \tag{8.65}$$

设三角波 u_{o1} 的周期为 T,则对应于从 $u_{o1}=0$ V 上升至 $u_{o1}=u_H$ 的时间应为 $T/4$,故有

$$\Delta u_{o1}=u_H=\frac{1}{C_1}\int_0^{\frac{T}{4}} \frac{1}{2R_1}(u_C-U_R)\mathrm{d}t$$

$$=\frac{T}{8R_1C_1}(u_C-U_R) \tag{8.66}$$

由此求得 VCO 的振荡频率 ω_v 与控制输入端电压 u_C 的关系为:

$$\omega_v=\frac{2\pi}{T}=2\pi \frac{u_C-U_R}{8R_1C_1u_H}=K_v u_C+\omega_0 \tag{8.67}$$

其中:$K_v=\frac{2\pi}{8u_H R_1 C_1}$,称作 VCO 的控制灵敏度,单位是 Hz/V;$\omega_0=-K_v U_R$ 代表控制电压 u_C $=0$ 时 VCO 固有振荡频率。在图示参数下,可求得:

$$\omega_0=\frac{-2\pi U_R}{8R_1C_1u_H}=\frac{4\pi}{8\times20\times10^3\times220\times10^{-12}\times3.2}=112\times10^3 \text{ rad/s}$$

ω_v 和 u_C 的关系也可由图 8.4.4 的特性曲线来描述。在锁相环中,VCO 振荡信号的相位将被传送到鉴相器,与输入信号进行相位比较,在已知 VCO 角频率为 ω_v 的情况下,可求得其总相位为:

$$\varphi_v=\int_0^t \omega_v \mathrm{d}t=\omega_0 t+\int_0^t K_v u_C \mathrm{d}t=\omega_0 t+\varphi_0(t) \quad (8.68)$$

其中

$$\varphi_0(t)=\int_0^t K_v u_C \mathrm{d}t \tag{8.69}$$

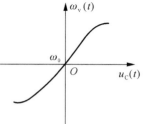

图 8.4.4 压控振荡器的特性曲线

该式是以 $\omega_0 t$ 为参考的瞬时相位。

我们再来分析由模拟乘法器构成的鉴相器及其鉴相特性。模拟乘法器可以完成两个输入信号相乘的功能,也可以用于检出两个输入信号之间的相位差,完成鉴相功能。在图

8.4.2 所示锁相环电路中,加到模拟乘法器输入端的两个信号分别是输入信号 $u_{ix}(t)$ 和经衰减后的 VCO 输出方波信号 $u_{iy}(t)$,设输入信号 $u_{ix}(t)$ 具有以下一般形式:

$$u_{ix}(t) = U_{mx}\sin(\omega_i t) \tag{8.70}$$

鉴相的目的是对两个信号进行相位比较,但这种比较只有在相同频率的前提下才有意义,因此我们将 $u_{ix}(t)$ 的相位改写成与 ω_0 有关的形式,即:

$$\omega_i t = \omega_0 t + (\omega_i - \omega_0)t = \omega_0 t + \varphi_i(t) \tag{8.71}$$

式中 $\varphi_i(t)$ 也是以 $\omega_0 t$ 为参考的瞬时相位,

$$\varphi_i(t) = (\omega_i - \omega_0)t = \Delta\omega_i t \tag{8.72}$$

这里 $\Delta\omega_i$ 是两个输入信号之间的起始频差。于是有:

$$u_{ix}(t) = U_{mx}\sin[\omega_0 t + \varphi_i(t)] \tag{8.73}$$

另一方面,将 $u_{iy}(t)$ 以偶函数形式给出:

$$u_{iy}(t) = \begin{cases} +U_{my}\cos\omega_v t, & t \geqslant 0 \\ -U_{my}\cos\omega_v t, & t < 0 \end{cases} \tag{8.74}$$

并进一步展开为傅氏级数形式:

$$
\begin{aligned}
u_{iy}(t) &= \sum_{n=1}^{\infty} A_n U_{my}\cos n\omega_v t \\
&= \sum_{n=1}^{\infty} A_n U_{my}\cos n(\omega_0 t + \varphi_0(t))
\end{aligned} \tag{8.75}
$$

式中 $A_n = \dfrac{\sin n\pi/2}{n\pi/4}$ 是展开式的系数。把 u_{ix} 和 u_{iy} 分别加到比例系数为 K 的模拟乘法器的两个输入端后,模拟乘法器的输出电压为[*]:

$$
\begin{aligned}
u_D(t) &= K[u_{ix}(t) \cdot u_{iy}(t)] \\
&= KU_{mx}U_{my}\sum_{n=1}^{\infty} A_n \sin(\omega_0 t + \varphi_i)\cos n(\omega_0 t + \varphi_0) \\
&= \frac{2K}{\pi}U_{mx}U_{my}[\sin(\varphi_i - \varphi_0) + \sin(2\omega_0 t + \varphi_i + \varphi_0)] \\
&\quad + KU_{mx}U_{my}\sum_{n=2}^{\infty} A_n \sin(\omega_0 t + \varphi_i)\cos n(\omega_0 t + \varphi_0)
\end{aligned} \tag{8.76}
$$

式中高频分量经低通滤波器滤除后,得到平均输出电压为:

$$u_D(t) = K_p\sin(\varphi_i - \varphi_0) = K_p\sin\varphi_\varepsilon \tag{8.77}$$

---

[*] 由式(8.69)、式(8.72)可知,$\varphi_0(t)$ 及 $\varphi_i(t)$ 虽然也是 t 的函数,但在 $\sin\omega_0 t$ 周期内其函数值的相对变化量很小,可近似视为常数。

其中
$$K_{\mathrm{p}} = \frac{2KU_{\mathrm{m}x}U_{\mathrm{m}y}}{\pi}$$

称为鉴相器的鉴相灵敏度,单位是 V/rad,φ_ε 表示输入信号间的相位误差。

式(8.77)表明,鉴相器的平均输出电压随输入信号间相位误差按正弦规律变化,呈现正弦鉴相特性。如图 8.4.5 所示。这一特性保证了在 $-\frac{\pi}{2} \sim +\frac{\pi}{2}$ 相位误差范围内,环路具有稳定的负反馈特征,系统能够有效跟踪输入信号的频率变化。

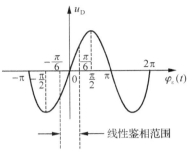

图8.4.5 模拟乘法器的正弦鉴相特性

8.4.2 集成锁相环电路分析

集成电路制造技术的迅猛发展,使诸多型号的单片集成锁相环器件相继问世,成为继集成运算放大器后又一类应用广泛的器件。集成锁相环有通用型和专用型两个系列,本节以广泛应用的通用型 BJT 集成锁相环 565 及 CMOS 集成锁相环 4046 为例,介绍集成锁相环的电路组成及器件参数。

1. 通用型 BJT 集成锁相环 565

565 集成锁相环是 560 系列(包括 560、561、562、564、565、567 等)集成锁相环中应用颇为广泛的一种通用集成器件,其主要功能均由模拟电路来实现。常用的 565 集成锁相环产品有 NE565、SE565、LM565 等,图 8.4.6 给出了 565 锁相环的电路框图及外引脚线排列图。

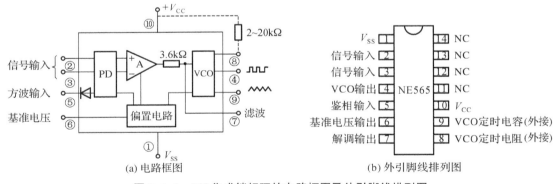

(a) 电路框图   (b) 外引脚线排列图

图 8.4.6 565 集成锁相环的电路框图及外引脚线排列图

图 8.4.6(a)所示 565 原理框图中,偏置电路提供各模块的偏置电流,同时通过引脚⑥给出可供片外利用的基准直流电压,其大小与引脚⑦的直流电位平均值近似相等。鉴相功能由模拟乘法器实现,其中引脚②、③端口为差动输入端,引脚⑤内设有二极管门,适合于逻辑电平的输入。鉴相电压经差动放大器转换成单端信号由引脚输出。

环路滤波器通过引脚⑦外接一阶低通滤波环节来实现。565 的 VCO 由压控开关电流积分电路和射极耦合施密特触发器电路构成,其简化原理电路如图 8.4.7 所示。其中 T_5、

T_6、T_7 是为提高电路工作速度而采用的抗饱和三极管,T_6、T_7、$R_1 \sim R_4$ 及 D_4 构成施密特触发器,其余部分构成压控电流开关电路。引脚⑧与电源电压间外接电阻 R_0,其取值范围为 $2 \sim 20$ kΩ,当取值一定时,R_0 中电流正比于其两端电压,直接受引脚⑦所加电压控制。T_1、T_2 及 T_3、T_4 构成两组镜像电流源电路,T_5 管起开关作用。当 T_5 关断时,T_1、T_2 管的集电极电流 I_{C1}、I_{C2} 汇合成电流 I_1 经二极管 D_3 向外接电容 C_0 充电,使 C_0 上电压线性增加,当 T_5 导通时,二极管 D_3 因反偏而截止,电流 I_1 经二极管 D_2 流向 T_3 管,并在 T_4 集电极产生 I_1 的镜像电流给电容 C_0 放电,使 C_0 上电压线性减小。由于充、放电电流相同,电容 C_0 上将产生出电压三角波,三角波的周期和幅度由 T_5 管的开关周期决定。这个三角波电压被直接加到后级施密特触发器的输入端,施密特触发器的迟滞特性使其电压传输特性具有迟滞回线的形式。图 8.4.7 中 T_6 和 T_7 管的发射极直接连接在一起形成正反馈耦合,当 T_6 导通时,T_7 截止,反之亦然。T_6 截止时,电阻 R_1 及 R_4 中电流分别通过 D_4、R_2 和 T_7 管流入电阻 R_3,产生射极电位 U_{EH},其值可由下式求得:

$$U_{EH} = \frac{R_4}{R_3 + R_4}\left(\frac{R_3}{R_4}(V_{CC} - U_{CE7}) + \frac{R_3}{R_2}U_{BE7} + V_{SS}\right) \tag{8.78}$$

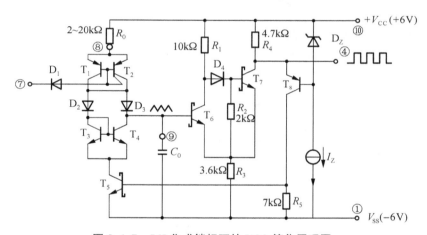

图 8.4.7　565 集成锁相环的 VCO 简化原理图

取 T_7 管的 $U_{CE7} = 0.5$ V,可求得 $U_{EH} = -0.53$ V,这一电平决定了施密特触发器的上限触发电平为 $U_H = U_{EH} + U_{BE6}$。只要基极电压低于 U_H,T_6 管将维持截止状态。若 T_6 基极电位上升到高于 U_H,则 T_6 将从截止转向导通,并由于正反馈效应使电路状态迅速转变为 T_6 导通、T_7 截止,对应这一状态转变,T_7 集电极电位由低变高,产生输出电压上跳沿。输出电压的正跳变经 T_8 管转换为集电极电流 I_{C8},并在电阻 R_5 上产生电压降使 T_5 管导通。于是电容 C_0 由充电转为放电,T_6 基极电位 U_{B6} 随 C_0 放电而下降,同时 U_{E6} 也随之降低。在 T_6 导通状态下,U_{E6} 的最小值 U_{EL} 可通过下式近似计算:

$$U_{EL} = \frac{R_1}{R_1 + R_3}\left(\frac{R_3}{R_1}(V_{CC} - U_{CE6}) + V_{SS}\right) \tag{8.79}$$

取 $U_{CE6} = 0.5$ V,在图示参数下,求出 $U_{EL} = -2.96$ V,于是施密特触发器的下限触发电平为

$U_L = U_{EL} + U_{BE6}$。当 T_6 基极电位下降到小于 U_L 时,施密特触发器将迅速翻转,回到 T_6 截止、T_7 导通状态,同时,在 T_7 集电极产生输出电压下跳沿。输出电压的负跳变使 T_8 管转为截止,从而关断 T_5 管,C_0 再次由放电转为充电,开始一个新的周期。

通过以上分析可知,NE565 的压控振荡器在引脚④产生一个占空比为 50% 的方波信号,在引脚⑨产生与方波同频率的三角波信号。信号的振荡频率与 C_0 充、放电电流的大小有关,因而受引脚⑦所加电压的控制。此外,改变引脚⑧外接电阻 R_0(2 kΩ~20 kΩ)的大小,可调整压控振荡器的固有频率。

565 集成锁相环的主要参数(以 NE565 为例)如下:

工作频率:	≤500 kHz(固有频率)
电源电压:	±6 V~±12 V
输入信号电压:	10 mV~3 V(峰-峰值)
输入阻抗:	10 kΩ(②、③输入端口)
输出三角波幅度:	2.4 V(电源电压±6 V 时)
输出方波幅度:	5.4 V(电源电压±6 V 时)
VCO 输出阻抗:	5.0 kΩ(④端)
VCO 控制灵敏度 K_v:	6600 Hz/V
鉴相灵敏度 K_p:	0.68 V/rad

565 集成锁相环的固有频率 f_0 可按下式计算:

$$f_0 \approx 0.3 \times \frac{1}{R_0 C_0} \tag{8.80}$$

其中 R_0、C_0 分别是引脚⑧、⑨的外接电阻和电容。内阻为 3.6 kΩ 的引脚⑦与引脚⑩间接入滤波电容 C_1 可构成低通滤波器。滤波电容的取值对环路性能有显著影响,当 C_1 确定后,环路的捕捉带带宽,可由下式计算:

$$f_c \approx \pm \sqrt{\frac{|f_L|}{2\pi RC}} \tag{8.81}$$

其中 RC 是低通滤波器的时间常数,f_L 是同步带带宽,可由下式计算:

$$f_L \approx \pm \frac{8 f_0}{V_{CC} - V_{SS}} \tag{8.82}$$

【例 8.4.1】 由 NE565 构成的锁相电路如例图 8.4.1(a)所示。求电路的固有频率、同步带及捕捉带带宽。

【解】 据式(8.80)~(8.82)可分别求得:

$$f_0 = \frac{0.3}{12 \times 10^3 \times 0.01 \times 10^{-6}} = 2.5 \text{ kHz}$$

$$f_L = \pm \frac{8 \times 2.5 \times 10^3}{20} = \pm 1 \text{ kHz}$$

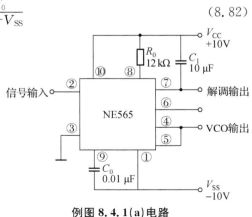

例图 8.4.1(a)电路

$$f_c = \pm \sqrt{\frac{10^3}{2\pi \times 3.6 \times 10^3 \times 10 \times 10^{-6}}} = \pm 66.49 \text{ Hz}$$

f_0、f_c、f_L 三者的关系如例图 8.4.1(b) 所示。

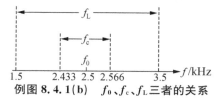

例图 8.4.1(b)　f_0、f_c、f_L 三者的关系

2. 通用型 CMOS 集成锁相环 4046

常用的 4046 锁相环有 CD4046、CC4046 等产品,它们都是由 CMOS 电路构成的多功能单片集成锁相环,具有功耗低、输入阻抗高、电源电压范围宽等优点。

4046 锁相环的组成方框图及外引脚线排列图如图 8.4.8 所示。与其他锁相环不同的是 4046 具有 2 个可供选用的鉴相器 PD I 和 PD II。PD I 可鉴别输入信号与比较信号的相位是否相同,适用于输入信号中噪声分量较多、信噪比较低的场合;PD II 是三态输出的鉴相器,可区别输入信号相对于比较信号在相位上的"超前""滞后"或"同相"。PD II 的噪声容限不如 PD I 高。输入信号只要符合 CMOS 逻辑电平要求,便可由引脚⑭直接接入,其逻辑"0"电平为 $(V_{DD} - V_{SS})$ 的 30% 以下,逻辑"1"电平为 $(V_{DD} - V_{SS})$ 的 70% 以上。在小信号输入时需采用交流耦合方式。输入信号经高输入阻抗放大器连接 PD I 和 PD II 的输入端,PD I 和 PD II 的另一输入端则连接引脚③,作为比较信号输入端接入来自引脚④的 VCO 输出信号。鉴相结果在引脚②和引脚⑬上同时送出,可在两者中择一使用。引脚①上将给出反映锁相环工作状态的指示信号,高电平表示环路已锁定。检测这一指示信号可随时掌握锁相环的工作状态,给实际应用带来方便。环路低通滤波器的功能可通过外接 R_3、C_3 实现,滤波后的电压经引脚⑨接在 VCO 的控制输入端上,同时还经由源极输出器组成的电压跟随器 A_2

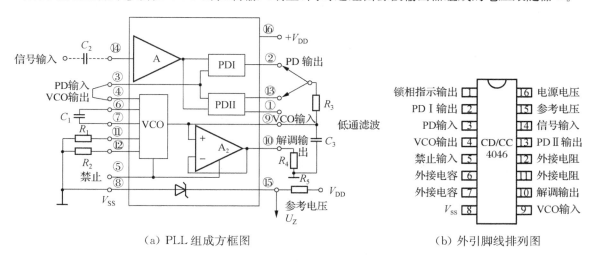

（a）PLL 组成方框图　　　　　　　（b）外引脚线排列图

图 8.4.8　4046PLL 的组成方框图及外引脚线排列图

从引脚⑩输出。R_1、R_2、C_1 是 VCO 要求的外接元件。引脚⑤是禁止输入端,加高电平时禁止 VCO 和 A_2 工作。4046 集成器件可由内部稳压管提供基准参考电压 U_Z(典型值为 5.4 V),但稳压管的限流电阻需经引脚⑮外接。

1)4046 锁相环的鉴相器电路

4046 集成锁相环的鉴相电路如图 8.4.9 所示,其中 PD I 由 CMOS 异或门组成,异或门的输出电压平均值与两个输入信号间的相位差成比例,利用这一特点,可实现鉴相功能。图 8.4.10 所示异或门输入、输出波形反映了输出电压与输入相位差的关系。

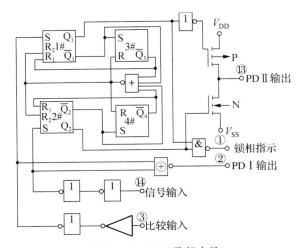

图 8.4.9　4046 鉴相电路

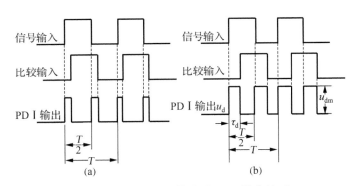

图 8.4.10　鉴别不同信号时 PD I 输出波形

图中设异或门输出(引脚②)电压 $u_d(t)$ 的振幅为 U_{dm},脉冲周期等于输入信号脉冲周期的一半,$u_d(t)$ 的脉宽 τ_d 直接与两个输入信号的相位差 φ_ε 成比例。由此可求得输出电压的平均值 u_d 为:

$$U_d = \begin{cases} \dfrac{1}{T/2}\displaystyle\int_0^{\varphi_\varepsilon} U_{dm}\,\mathrm{d}\omega t = \dfrac{U_{dm}}{\pi}\varphi_\varepsilon, & 0 \leqslant \varphi_\varepsilon < \pi \\[3mm] \dfrac{1}{T/2}\displaystyle\int_0^{2\pi-\varphi_\varepsilon} U_{dm}\,\mathrm{d}\omega t = \left(2 - \dfrac{\varphi_\varepsilon}{\pi}\right)U_{dm}, & \pi \leqslant \varphi_\varepsilon \leqslant 2\pi \end{cases} \tag{8.83}$$

据式(8.83)画出异或门鉴相器 PD I 的鉴相特性如图 8.4.11 所示,由鉴相特性的斜率所表征的鉴相灵敏度为:

$$K_p = \pm \frac{U_{dm}}{\pi} \text{ V/rad} \tag{8.84}$$

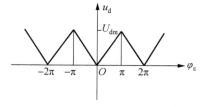

图 8.4.11　鉴相器 PD I 的鉴相特性

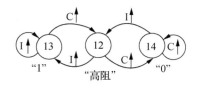

图 8.4.12　PD II 控制电路的状态转换关系

环路锁定时,PD I 的输出电压为 $0 \sim U_{dm}$ 间的某个定值,相应的输入信号间相位差 $|\varphi_{\varepsilon}|$ $\leqslant 180°$。此外,由于 PD I 的鉴相特性具有周期性,故存在着锁定于输入信号谐波上的可能性,这在某些场合将会限制 PD I 的应用。鉴相器 PD II 具有高电平、低电平、高阻抗三种输出状态,分别对应着输出级 PMOS 管导通、NMOS 管导通及两管同时截止三种工作状态。电路设计上排除了两管同时导通的可能。PD II 的输出状态由四个边沿触发器构成的异步时序逻辑电路控制转换,如图 8.4.9 中所示。采用时序逻辑电路的分析方法,不难得出"Q_4 $Q_3 Q_2 Q_1$"的状态转换关系如图 8.4.12。其中"I↑""C↑"分别表示输入信号和比较信号的上升边,代表状态转换条件。$Q_{4\sim1}$ 表示电路的工作状态,$Q_{4\sim1}$ 为"1100"(12)时,对应输出级两个 MOS 管均截止,输出为"高阻"状态,同理,工作状态"1101"(13)"1110"(14)分别对应 PMOS 管或 NMOS 管导通、输出处于高电平或低电平状态。工作状态间的转换取决于输入信号间的相位关系。

设电路初始为"高阻"状态,$Q_{4\sim1}$ 为"1100",分别讨论以下三种情况:

(1)输入信号相位超前

这种情况下,"I↑"先于"C↑"出现,1♯触发器将被"1",Q_1 由低变高,经反相器反相后,使 PMOS 管因栅压变低而导通,电路转换到"1110"状态,输出高电平。

(2)输入信号相位滞后

这种情况下"C↑"先于"I↑"出现,2♯触发器将被"1",Q_2 由低变高使 NMOS 管导通,电路转换到"1101"状态,输出低电平。

(3)两个输入信号同相位

这种情况下,"I↑"和"C↑"同时出现,首先将 1♯、2♯触发器置"1",电路进入"1111"暂态,使或非门输出由低电平向高电平跳变,这一跳变作用于四个触发器的复位端,使所有触发器全部复位,电路进入"0000"暂态。同时伴随着 1♯、2♯触发器的复位,在 $\overline{Q_1}$、$\overline{Q_2}$ 端产生的正跳变将使 3♯、4♯触发器再度置"1",电路重新回到"1100"的稳定工作状态。

由以上分析可知,鉴相器 PD II 能正确鉴别输入信号相位"超前""滞后"和"同相",分别以输出"高电平""低电平"和"高阻抗"给出鉴相结果。PDⅡ除了基本的鉴相功能外,还具有完善的自启动功能。当给电路加上电源电压时,3♯、4♯触发器将自动处于"1"状态。假设 3♯触发器加电时处于置"0"状态,则$\overline{Q_3}$的正跳变作用于 1♯触发器的 R_1端,经触发器延时后,$\overline{Q_1}$产生正跳变,这个正跳变将使3♯触发器回到置"1"状态。同理,4♯触发器加电后也必然处于"1"状态,在 4♯、3♯触发器为"11"的前提下,2♯、1♯触发器加电时只要处于非"11"状态,则电路均直接进入有效工作状态;若为"11",则

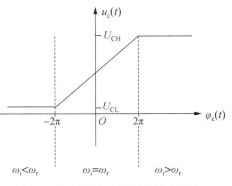

图 8.4.13 鉴相器 PDⅡ 的鉴相特性

如前所述,或非门输出将产生正跳变使其复位到"00"状态。由此可知电路具有自启动功能。

PDⅡ的鉴相特性如图 8.4.13 所示。横坐标表示输入信号与比较输入信号间的相位差,纵坐标表示鉴相器 PDⅡ输出电压在环路低通滤波器滤波电容上的平均值。这种鉴相特性保证了锁相频率的单一性,不会产生误锁现象。采用 PDⅡ构成锁相环时,其捕捉带与同步带将具有同等带宽。

2) 4046 锁相环的压控振荡器电路

4046 集成锁相环的压控振荡器由 CMOS 电路组成,其简化原理电路如图 8.4.14 所示,其中 T_{P4}、T_{N2} 和 T_{P5}、T_{N3} 是两组 CMOS 电子开关,它们的工作状态受各自栅极电压的控制。RS 触发器构成开关管控制电路。当 RS 触发器的 Q 端为"1",$\overline{Q}$ 端为"0"时,来自 T_{P2} 管的电流经 T_{P4}、T_{N3} 通路对定时电容 C_1 充电,使引脚⑥电压线性增长,当该电压达到 R 端触发电平

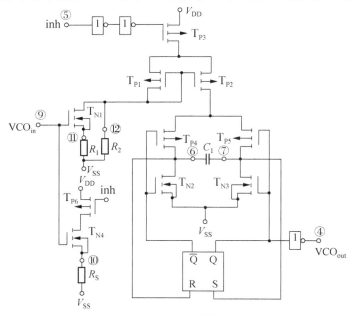

图 8.4.14 CMOS 压控振荡器简化原理电路

要求时,触发器将发生翻转,使 Q 端为"0",$\overline{\text{Q}}$ 端为"1",于是 T_{P4}、T_{N3} 转为截止,T_{P5}、T_{N2} 转为导通,定时电容 C_1 经 T_{P5}、T_{N2} 通路反向充电,相应的引脚⑦电位线性上升,当达到触发电平要求时,触发器再次翻转,如此反复形成振荡。振荡信号由触发器 Q 端取出,经与非门由引脚④输出。由于触发器 R 端和 S 端的触发电平相等,因而保证了压控振荡器的输出脉冲占空比为 50%。

图 8.4.14 中,T_{P1}、T_{P2} 及 T_{N1} 构成压控电流源。其中 T_{P1}、T_{P2} 是镜像电流源,T_{N1} 管与外接电阻 R_1 一起构成源极跟随器。只要 R_1 取值远大于 T_{N1} 管的导通电阻,则流过 T_{N1} 管的电流 i_1 将与压控振荡器输入电压呈线性关系,这个电流在 T_{P2} 中形成镜像电流 i_2,构成对定时电容 C_1 的充电电流。由此可知,压控振荡器振荡频率的高低将在 R_1、C_1 所确定的范围内受输入电压大小的控制,并与输入电流呈线性关系。外接电阻 R_2 给 T_{P1} 管提供了一路附加电流,用来在必要时实现对压控振荡器振荡频率的偏移补偿,因此 R_2 也称为补偿电阻。当输入控制电压小于 T_{N1} 管的开启电压时,压控振荡器的振荡频率由补偿电阻 R_2 决定。禁止输入端⑤用于选通压控振荡电路。inh 为"1"时,T_{P3} 管截止,使压控振荡器停振,整个电路的功耗将降至最低,同时引脚④输出为"0"。

4046 集成锁相环的主要参数(以 CD4046 为例)如下:

工作频率:　　　　　　　　$\leqslant 500$ kHz

电源电压:　　　　　　　　$5 \sim 15$ V(通常 V_{SS} 为 0 V)

输入信号幅度:　　　　　　$\geqslant 250$ mV

VCO 输入阻抗:　　　　　　$\geqslant 10^{12}$ Ω

输出驱动电流:　　　　　　$\geqslant 2.6$ mA

4046 锁相环的工作频率与外接元件 R_1、R_2、C_1 及压控振荡器的输入控制电压 u_C 有关。当 u_C 分别为 V_{SS} 及 V_{DD} 时,对应的最低及最高振荡频率可由以下经验公式计算:

$$\begin{cases} f_{\min} \approx \dfrac{1}{2\pi R_2 (C_1 + C_0)} \\ f_{\max} \approx \dfrac{1}{2\pi R_1 (C_1 + C_0)} + f_{\min} \end{cases} \tag{8.85}$$

其中 C_0 是寄生电容,约为 30 pF,R_1、R_2 的取值范围一般为 10 kΩ~1 MΩ,C_1 取值大于 50 pF($V_{DD} \geqslant 10$ V)~100 pF($V_{DD} \geqslant 5$ V)。构成锁相环应用电路时,为使锁相环工作在最佳状态,在外接元件参数选取时,既要考虑到使压控振荡器的中心频率 $f_0 = \dfrac{1}{2}(f_{\max} + f_{\min})$ 响应输入信号的中心频率,同时又要兼顾最高频率和最低频率。

4046 锁相环的捕捉带及同步带的带宽与所选用的鉴相器有关,当选用 PDⅡ作鉴相器时,捕捉带与同步带具有相同带宽,即:

$$f_c = f_L = \pm \frac{1}{2}(f_{\max} - f_{\min}) \tag{8.86}$$

当选用 PD I 作鉴相器时,同步带 f_L 仍由上式计算,但捕捉带 f_c 将小于同步带,其带宽可按式(8.81)计算。

【例8.4.2】 由 CD4046 组成的锁相环电路如例图 8.4.2 所示。求电路的中心频率 f_0 及同步带、捕捉带。

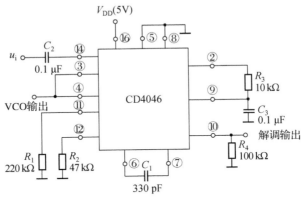

例图 8.4.2

【解】 据式(8.85)求得:

$$f_{min} \approx \frac{1}{2\pi R_2 (C_1 + C_0)} = \frac{1}{2\pi \times 47 \times 10^3 \times (330+30) \times 10^{-12}} \approx 9.4 \times 10^3 \text{ Hz}$$

$$f_{max} \approx \frac{1}{2\pi R_1 (C_1 + C_0)} + f_{min} = \frac{1}{2\pi \times 220 \times 10^3 \times (330+30) \times 10^{-12}} + 9.4 \times 10^3$$

$$\approx 2.0 \times 10^3 + 9.4 \times 10^3 = 11.4 \times 10^3 \text{ Hz}$$

由以上两式求得中心频率为:

$$f_0 = \frac{1}{2}(f_{max} + f_{min}) = \frac{1}{2}(11.4 + 9.4) \times 10^3 = 10.4 \times 10^3 \text{ Hz}$$

据式(8.86)求得同步带带宽为:

$$f_L = \pm \frac{1}{2}(f_{max} - f_{min}) = \pm 1 \times 10^3 \text{ Hz}$$

由于电路采用 PD I 作为鉴相器,据式(8.81)求得捕捉带带宽为:

$$f_c = \pm \sqrt{\frac{|f_L|}{2\pi R_3 C_3}} = \pm \sqrt{\frac{1 \times 10^3}{2\pi \times 10 \times 10^3 \times 0.1 \times 10^{-6}}} = \pm 399 \text{ Hz}$$

本章小结

1. 有源滤波器是一种能够滤除噪声、干扰等不需要的频率分量、保留所需频率信号分量的有源器件。按滤波功能可分为：低通、高通、带通、带阻四种主要类型；按通带外信号衰减速率可分为一阶、二阶及高阶滤波器，高阶滤波器是由一阶、二阶滤波器级联组成的。

2. 滤波器电路的性能特性取决于 Q、ω_0、A 三个主要参数，由它们决定了频率特性曲线的形状。按滤波器的滤波特性可分为巴特沃兹、契比雪夫、贝塞尔三种类型。巴特沃兹型具有通带内最大幅度平坦范围，滤波后的信号幅度失真最小；契比雪夫型通带外 ω_0 附近的衰减速率最大但通带内会出现纹波，适合于要求信号在通带外快速衰减的场合；贝塞尔型具有通带内最大的相位平坦范围，但通带外的信号衰减速率相对较小，适合于要求滤波后信号相位失真小的场合。

3. 本章介绍的 A/D 转换器类型主要有比较型、计数型两大类。比较型中逐次比较式、并行比较式是中、高速 A/D 转换器的主要电路形式，其中逐次比较式 A/D 转换器转换速度、转换精度及性价比适中，是应用最广泛的一种。并行比较式 A/D 转换器是高速型 A/D 转换器，适用于对转换速度要求很高的场合。积分式 A/D 转换器属于计数型 A/D 转换器。其中双积分式 A/D 转换器是最常用的一种，具有精度高、性价比高、但转换速率较低的特点，适用于对转换速率没有过高要求得场合。

4. 模拟乘法器的电路类型多种多样，其中变跨导式模拟乘法器是采用二重平衡差分放大器及电压-电流变换电路为主的通用集成乘法器电路，不但可实现完全的四象限乘法运算，还能够与运放结合实现多种其他运算功能，是一种多功能信号处理器件。

5. 集成锁相环电路内部包括鉴相器、环路滤波器和压控振荡器三个主要部分，其具有良好的相位跟踪锁定特性，可应用于调制与解调、频率综合、信号检测等多个方面。

思考题与习题

题 8-1　试根据下列要求，选择合适的滤波电路（低通、高通、带通、带阻）。

① 有用信号频率低于 500 Hz；

② 有用信号频率范围为 500 Hz 至 5 kHz；

③ 在有用信号中，抑制 50 Hz 的交流工频干扰；

④ 抑制频率低于 500 Hz 以下的信号。

题 8-2 试写出题图 8-2 所示各电路的传递函数,并说明各是什么类型的滤波器。

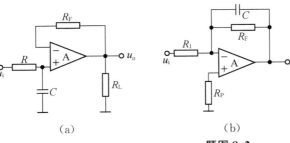

(a)　　　　　　　　　(b)　　　　　　　　　(c)

题图 8-2

题 8-3 题图 8-3 所示电路为二阶无限增益多路反馈低通滤波器。

① 试求其电压传递函数;

② 求截止角频率 ω_0 的表达式。

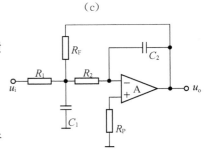

题图 8-3

题 8-4 试写出题图 8-4 所示各电路的传递函数,并说明各是什么类型的滤波器。

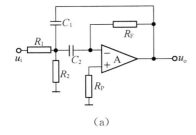　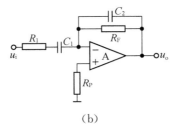　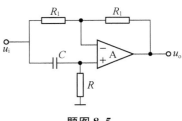

(a)　　　　　　　　　(b)　　　　　　　　　(c)

题图 8-4

题 8-5 题图 8-5 所示电路是一种仅对通过信号产生相移的一阶全通滤波器。

① 试证明电路的传递函数为

$$A(s) = \frac{U_0(s)}{U_i(s)} = \frac{1-sRC}{1+sRC}$$

② 说明当 ω 由 $0 \to \infty$ 时,相角 φ 的变化范围。

题图 8-5

题 8-6 题图 8-6(a)和(b)所示电路是几阶滤波电路?属于哪种类型?

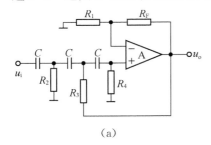　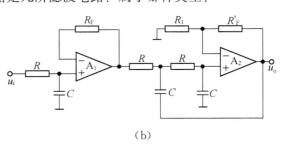

(a)　　　　　　　　　(b)

题图 8-6

题 8-7　在例图 8.1.2 所示的二阶高通有源滤波电路中,要求通带截止频率 $f_0 =$ 1 000 Hz,等效品质因数 $Q=0.707(Q=1/\alpha)$,试确定电路中电阻和电容元件的参数值。

题 8-8　采用 741 型运放设计一个电话增音器中的宽带带通二阶滤波器,它的 $f_L =$ 300 Hz,$f_H = 3\ 000$ Hz,要求幅频特性在通带内是平坦的。

题 8-9　设计一个 $f_H = 500$ Hz 的四阶巴特沃兹型低通滤波器。

题 8-10　设计一个 $f_0 = 50$ Hz,$Q=10$ 的双 T 陷波器。

题 8-11　试求 8 位、12 位、16 位 A/D 转换器的分辨率及量化误差各为多少。

题 8-12　试说明 A/D 转换器的绝对精度、相对精度、动态精度与分辨率之间的关系。

题 8-13　一个由 12 bit A/D 转换器及增益为 1 000 倍的前置电压放大器组成的电路系统,试问:

① 对前置放大器电压增益精度的最低要求应为多少?

② 若 A/D 转换器允许的输入电压范围为 0~5 V,在保证系统能够满足 12 bit A/D 转换所需处理精度前提下,前置放大器允许的输入信号电压最小值及最大值分别为多少?

题 8-14　已知双积分型 A/D 转换器中计数器 J_1、J_2 的时钟频率为 $f_c = 100$ kHz,计数器 J_1 的最大容量为 $N_1 = (300)_{10}$,基准电压为 $U_{REF} = -6$ V,试问当实际输出值 $N_2 = (369)_{10}$ 时输入电压 u_{IN} 为多大?

题 8-15　试阐述并行比较式 A/D 转换器、逐次比较式 A/D 转换器、双积分式 A/D 转换器各自的主要特点。

题 8-16　试推导题图 8-16 电路 u_o 与 u_{i1}、u_{i2} 的关系。

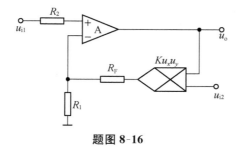

题图 8-16

题 8-17　电路如题图 8-17 所示,试求输出电压 u_o 的表达式。

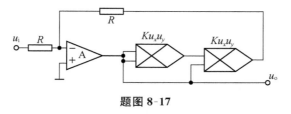

题图 8-17

题 8-18　试用模拟乘法器组成实现 $u_o = K\sqrt{u_x^2 + u_y^2}$ 的运算电路。

题 8-19　求题图 8-19 所示输出表达式。并根据推导结果分析该电路实现的功能。图

中 x 输入均是电压信号，y 输入均是电流采样信号。

$$x_1 = U\cos\omega t, x_2 = U\cos(\omega t - 120°), x_3 = U\cos(\omega t + 120°)$$

$$y_1 = I\cos(\omega t - \varphi), y_2 = I\cos(\omega t - 120° - \varphi), y_3 = I\cos(\omega t + 120° - \varphi)$$

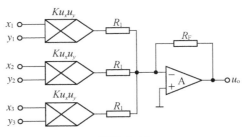

题图 8-19

第 9 章　集成功率电路

前面各章所述的放大电路均属于小信号放大电路,它们主要作用是增强电压或电流的幅度。事实上,许多电子部件(如各种换能器)都需要足够的功率驱动才能正常工作,例如收音机中的扬声器、无线通信中的发射天线、自动记录仪中的驱动电机等。因此除需要前述的小信号放大电路外,我们还需要能够输出足够功率的功率放大电路。除此以外,由于电子电路一般都在直流电源的偏置下才能正常工作,而将交流电网的电压转换成适合电子电路使用的直流电压是通过各种类型的直流稳压电路来实现的,它们亦属于提供直流能源的功率电路。因此本章也着重介绍几种应用十分广泛的直流稳压电路。

9.1　功率放大电路

一般放大器常由前置放大器和功率放大器所组成,如图 9.1.1 所示。前置放大器由小信号放大电路组成,其主要任务是不失真地提高输入信号电压或电流的幅度,以驱动后级的功率放大电路。而功率放大电路的任务则是保证信号不失真(或在允许范围内)的前提下,输出足够的功率,以驱动负载(换能器)。

图 9.1.1　放大器方框图

由于功率放大电路通常工作在大信号状态,所以它跟小信号放大电路相比,有其本身的特点:

(1) 要求输出足够大的功率

为了获得大的功率输出,要求功放管的电压和电流都有足够大的输出幅度,因此管子往往在接近极限运行状态下工作。

(2) 效率要高

功率放大器的输出功率是由电源供给的直流能量转换而来的,通常将这种转换的能力称为效率,定义为 η,

$$\eta = \frac{集电极输出功率}{电源供给的直流功率} = \frac{P_{\circ}}{P_{V}} \tag{9.1}$$

上式中的 P_V 为

$$P_V = P_o + P_T \tag{9.2}$$

其中 P_T 为耗散在功率管集电结上的功率,称为管耗。

（3）非线性失真要小

由于功放管处于大信号工作状态,其电压和电流的摆动幅度大,使放大器件运行在接近截止区和饱和区的极限状态,因而产生的非线性失真增大,而且输出功率越大,非线性失真就越严重,这就使输出功率和非线性失真成为功率放大的一对主要矛盾。

（4）必须考虑功放管的散热和保护问题

功放管工作在大信号极限运行状态,其 u_{CE} 最大值接近 $U_{(BR)CEO}$,电流 i_C 最大值接近 I_{CM},管耗最大值接近 P_{CM}。因此,在选择功率管时不仅要考虑其极限参数是否符合要求,还要考虑发生过电压和过电流情况时的保护措施,才能使电路具有足够的工作可靠性。此外,为提高功率管的 P_{CM} 还应考虑其散热问题。

（5）在分析方法上,通常采用图解法

在大信号情况下,小信号线性模型已不再适用,应采用图解法分析功率放大器。

综上所述,对功率放大电路的总体要求是:保证晶体管安全工作的前提下,能在允许的失真范围内提供尽可能大的输出功率,同时还要求电路自身的功率损耗小、工作效率高。

9.1.1 功率放大电路的指标分析

由式（9.1）和（9.2）可见,要提高功率放大电路的效率,必须降低管耗 P_T。而管耗是指管子在一个周期内消耗的平均功率,很显然,一个周期内管子导通的时间越短,相应的管耗就越小,效率也就越高。图 9.1.2 示出了三种不同类型功率放大电路的工作情况。在图 9.1.2(a)中,输入信号的整个周期内均有电流流过管子即管子在一周内都导通,通常将这种工作方式称为甲类放大。在图 9.1.2(b)中,管子在一个周期内有半个周期以上导通;图 9.1.2(c)中,管子在一个周期内只有半个周期导通,它们分别称为甲乙类和乙类放大。分析可知:上述三种功率放大电路中,乙类放大效率最

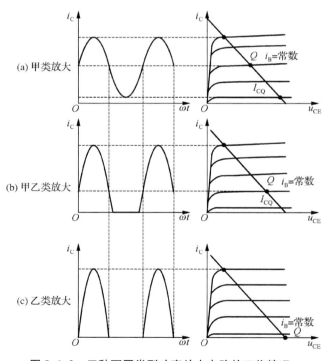

图 9.1.2　三种不同类型功率放大电路的工作情况

高,甲乙类其次,甲类最低。

【例题 9.1.1】　从功率放大角度分析可知,例图 9.1.1(a)所示射极跟随器电路处于甲类工作状态,设 $V_{CC}=6$ V,$R_L=8$ Ω,三极管的 $\beta=40$,I_{CEO}、$U_{CE(sat)}$ 忽略不计。试求在充分激励条件下,该电路的最大不失真输出功率和效率。

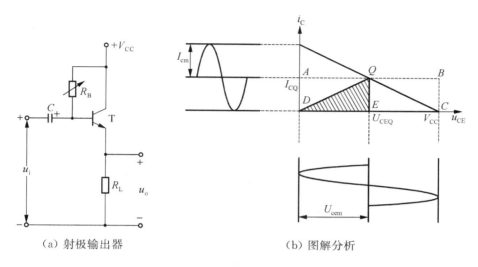

（a）射极输出器　　　　　（b）图解分析

例图 9.1.1　甲类放大电路输出功率分析

【解】　当静态工作点 Q 处于交流负载线中点时,该电路在充分激励下,可输出最大的不失真电压和电流如图 9.1.1(b)所示。下面分为静态和动态两个阶段来解析。

（1）静态分析

① 静态工作点

$$U_{CEQ}=V_{CC}/2=6/2=3 \text{ V}$$
$$I_{CQ}=(V_{CC}-U_{CEQ})/R_L=3/8=0.375 \text{ A}$$

② 电源供给功率

$$P_{VQ}=V_{CC} \cdot I_{CQ}=6\times0.375=2.25 \text{ W}$$

③ 三极管消耗功率

$$P_{TQ}=U_{CEQ} \cdot I_{CQ}=3\times0.375=1.125 \text{ W}$$

④ 负载 R_L 上消耗的直流功率

$$P_{RQ}=I_{CQ}^2 \cdot R_L=0.375^2\times8=1.125 \text{ W}$$

可以看出,P_{VQ}、P_{TQ}、P_{RQ} 分别为例图 9.1.1(b)中矩形 $ABCD$、$AQED$、$QBCE$ 的面积。

（2）动态分析

在充分激励条件下,$U_{cem}\approx V_{CC}/2$,$I_{cm}=U_{cem}/R_L\approx V_{CC}/2R_L$,由此可得:

① 交流输出功率

$$P_o=\frac{U_{cem}}{\sqrt{2}}\times\frac{I_{cm}}{\sqrt{2}}=\frac{1}{2}U_{cem}\times I_{cm}=\frac{1}{2}\times\frac{V_{CC}}{2}\times\frac{V_{CC}}{2R_L}=\frac{V_{CC}^2}{8R_L}=\frac{6^2}{8\times8}=0.56 \text{ W}$$

即为△QED 的面积。

② 管子消耗功率

$$P_{\mathrm{T}} = \frac{1}{2\pi}\int_0^{2\pi} u_{\mathrm{CE}} i_{\mathrm{C}}\mathrm{d}(\omega t) = \frac{1}{2\pi}\int_0^{2\pi}(U_{\mathrm{CEQ}} - U_{\mathrm{cem}}\sin\omega t)(I_{\mathrm{CQ}} + I_{\mathrm{cm}}\sin\omega t)\mathrm{d}(\omega t)$$

$$= U_{\mathrm{CEQ}}I_{\mathrm{CQ}} - \frac{1}{2}U_{\mathrm{cem}}I_{\mathrm{cm}} = P_{\mathrm{TQ}} - P_{\mathrm{o}} = 1.125 - 0.56 = 0.565 \text{ W}$$

即为 △AQD 的面积。

③ 电源供给功率

$$P_{\mathrm{V}} = \frac{1}{2\pi}\int_0^{2\pi} V_{\mathrm{CC}} i_{\mathrm{C}}\mathrm{d}(\omega t) = \frac{1}{2\pi}\int_0^{2\pi} V_{\mathrm{CC}}(I_{\mathrm{CQ}} + I_{\mathrm{cm}}\sin\omega t)\mathrm{d}(\omega t)$$

$$= V_{\mathrm{CC}}I_{\mathrm{CQ}} = P_{\mathrm{VQ}} = 2.25 \text{ W}$$

即为矩形 ABCD 的面积。

④ 效率

$$\eta = \frac{P_{\mathrm{o}}}{P_{\mathrm{V}}} = \frac{0.56}{2.25} = 25\%$$

从该例可以看出,由射极跟随器组成的甲类功放有以下特点:

(1) 在输入信号的整个周期内均有电流流过管子,即 $i_{\mathrm{C}} > 0$;

(2) 跟随器为负反馈电路,产生的信号失真小;

(3) 电源始终不断地输送功率,在没有信号输入时(即静态),这些功率全部消耗在管子和电阻上。当有信号输入时(即动态),其中一部分转化为有用的信号功率,信号愈大,输送给负载的功率愈多;

(4) 受电路的动态工作范围限制,输出功率较小;

(5) 效率较低。

以上特点也是一般甲类功放的特点。虽然甲乙类和乙类功放的效率较高,但由图 9.1.2 可见,它们的输出波形都出现了严重的失真,因此甲乙类和乙类放大必须妥善解决效率和失真的矛盾,这就需要在电路结构上采取措施。

9.1.2 互补对称功率放大电路

1. 乙类互补对称功率放大电路

1) 电路的引出

如果把例图 9.1.1(a) 中的电阻 R_{B} 和电容 C 去掉(如图 9.1.3(a) 所示),且忽略管子的导通电压,该电路就工作在乙类状态。当输入正弦波激励时,正半周期间三极管 T_1 导通,负半周期间 T_1 截止,从而在负载 R_{L} 上只得到正半周信号,产生了严重的波形失真。若把图 9.1.3(a) 中的 NPN 管换成 PNP 管如图 9.1.3(b) 所示,该电路也工作在乙类状态,但其工作情形却与前述电路相反(即其输出波形只有负半波,正半波由于三极管 T_2 截止而被削去),

同样也产生了严重的失真。如果在电路结构上采取措施把上述两个电路合并成一个电路，则图 9.1.3(a)与图 9.1.3(b)所示的两个电路是互补的，在负载上就可以得到一个完整的波形。按照上述设想构建的图 9.1.3(c)电路可较好地解决效率与失真的矛盾。图中 T_1、T_2 完全对称，正负电源数值相等。

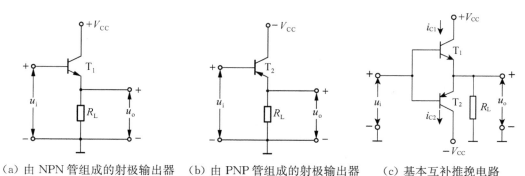

（a）由 NPN 管组成的射极输出器　（b）由 PNP 管组成的射极输出器　（c）基本互补推挽电路

图 9.1.3　两个射极输出器组成的基本互补对称推挽电路

下面来进一步分析图 9.1.3(c)所示电路的工作情况：当 $u_i = 0$ 时，T_1、T_2 截止，不工作，$u_o = 0$；当输入正弦信号，u_i 正半周时，T_2 截止，T_1 承担放大任务，有电流流过负载 R_L；u_i 负半周时，T_1 截止，T_2 承担放大任务，仍有电流流过负载 R_L。这样，图 9.1.3(c)所示互补电路在静态时管子不导通；而在有信号时，T_1、T_2 轮流导电，输出完整的正弦波。由于两个管子互补，轮流导通，故这种电路通常被称为互补对称推挽电路，也简称为 OCL（Output Capacitorless）电路，意为无输出电容器的电路。

2）乙类互补推挽电路主要参数估算

图 9.1.3(c)所示的互补推挽电路中，T_1、T_2 的静态工作点分别为 $Q_1(U_{CEQ1} = V_{CC}, I_{CQ1} = 0)$ 和 $Q_2(U_{CEQ2} = -V_{CC}, I_{CQ2} = 0)$。鉴于 T_1、T_2 特性完全对称，极性相反，且工作时轮流导通，为了分析方便，在图解法中把 T_2 的特性曲线倒置于 T_1 特性曲线的右下方得到 T_1、T_2 组合特性曲线如图 9.1.4 所示。因为 $U_{CEQ1} = -U_{CEQ2} = V_{CC}$，$I_{CQ1} = I_{CQ2} = 0$，则 T_1、T_2 的静态工作点 Q_1、Q_2 就重合于 Q。由于电路对称，因此 T_1、T_2 的交流负载线斜率相等，且它们的交流负载线均通过 Q 点。所以 T_1、T_2 的合成交流负载线在 T_1、T_2 合成特性曲线坐标系中为一条直线。

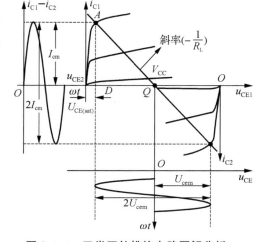

图 9.1.4　乙类互补推挽电路图解分析

设该电路输入信号 $u_i = U_{im}\sin\omega t$，输出信号的电压幅值为 U_{om}，输出信号的电流幅值为 I_{om}，三极管 T_1、T_2 的交流电压幅值和电流幅值分

别为 U_{cem}、I_{cm}。显然有 $U_{om}=U_{cem}\approx U_{im}$，$I_{om}=I_{cm}$。下面进行电路主要参数的估算。

（1）输出功率 P_o。

$$P_o = I_o U_o = \frac{I_{om}}{\sqrt{2}} \cdot \frac{U_{om}}{\sqrt{2}} = \frac{1}{2} I_{om} U_{om} = \frac{1}{2} I_{cm} U_{cem} = \frac{1}{2} \frac{U_{cem}^2}{R_L} \qquad (9.3)$$

式中 I_{cm}、U_{cem} 可分别用图 9.1.4 中的 AD、DQ 表示，因此三角形 ADQ 的面积即代表 P_o，故称 $\triangle ADQ$ 为功率三角形。由图可见，U_{cem} 的最大值为 $V_{CC}-U_{CES}$，如果忽略 U_{CES}，则 $U_{cem(max)} \approx V_{CC}$，因此最大不失真输出功率为：

$$P_{omax} = \frac{1}{2} \frac{U_{cem(max)}^2}{R_L} \approx \frac{V_{CC}^2}{2R_L} \qquad (9.4)$$

（2）直流电源供给功率 P_V

电路中，正负电源在一个周期内轮流供电，电路的对称性使正负电源供给功率相等，所以电源总供给功率为单个电源供给功率的两倍。由图 9.1.4 可得：

$$P_V = 2 \cdot \frac{1}{2\pi}\int_0^{2\pi} V_{CC} i_{C1} \,\mathrm{d}(\omega t) = \frac{1}{\pi}\int_0^{\pi} V_{CC} \cdot (I_{cm}\sin\omega t)\,\mathrm{d}(\omega t) = \frac{2}{\pi} I_{cm} V_{CC}$$

$$= \frac{2U_{cem}V_{CC}}{\pi R_L} \qquad (9.5)$$

如前所述，甲类放大器中的电源供给功率 P_V 与信号大小无关，而由上式可见，乙类放大器的电源供给功率 P_V 随信号的大小而变：静态时，其值为零；信号增大时，其值随之增大；当 U_{cem} 最大亦即 P_o 最大时，电源供给功率 P_V 也达到最大。把 $U_{cem}\approx V_{CC}$ 代入式（9.5）可得：

$$P_{Vmax} \approx \frac{2V_{CC}^2}{\pi R_L} \qquad (9.6)$$

（3）效率 η

$$\eta = \frac{P_o}{P_V} = \frac{1}{2}\frac{U_{cem}^2}{R_L} \Big/ \frac{2U_{cem}V_{CC}}{\pi R_L} = \frac{\pi U_{cem}}{4V_{CC}} \qquad (9.7)$$

上式说明，当 U_{cem} 最大亦即 P_o 最大时，效率也达到最大。把 $U_{cem}\approx V_{CC}$ 代入式（9.7）可得最大效率为：

$$\eta_{max} \approx \frac{\pi V_{CC}}{4V_{CC}} = \frac{\pi}{4} \approx 78.5\% \qquad (9.8)$$

上式是忽略了 U_{CES} 得到的，因此实际最大效率要比它小。

（4）管耗

由 T_1、T_2 在一个信号周期内轮流导通可知：两管的管耗相等即 $P_{T1}=P_{T2}$；总管耗 P_T 为两管的管耗之和，即 $P_T = P_{T1} + P_{T2} = 2P_{T1} = 2P_{T2}$。因此首先求单管的管耗。由假设 $u_i = U_{im}\sin\omega t$ 可得：$u_o = U_{om}\sin\omega t$，$u_{CE1} = -U_{cem}\sin\omega t$，所以有：

$$P_{T1} = \frac{1}{2\pi}\int_0^{2\pi} u_{CE1} i_{C1}\,\mathrm{d}(\omega t) = \frac{1}{2\pi}\int_0^{\pi} (V_{CC} - U_{cem}\sin\omega t) I_{cm}\sin\omega t\,\mathrm{d}(\omega t)$$

$$= \frac{1}{2\pi}\int_0^{\pi} (V_{CC} - U_{cem}\sin\omega t) \frac{U_{cem}}{R_L}\sin\omega t\,\mathrm{d}(\omega t) = \frac{1}{R_L}\left(\frac{V_{CC}U_{cem}}{\pi} - \frac{U_{cem}^2}{4}\right)$$

$$= \frac{1}{R_L} \left(\frac{V_{CC}U_{om}}{\pi} - \frac{U_{om}^2}{4} \right) \tag{9.9}$$

总管耗

$$P_T = 2P_{T1} = \frac{2}{R_L} \left(\frac{V_{CC}U_{om}}{\pi} - \frac{U_{om}^2}{4} \right) \tag{9.10}$$

甲类放大状态时,静态管耗最大。而由式(9.10)可知:乙类放大状态时,静态管耗却为零;当 U_{om} 由小增大时,由于 P_T 是 U_{om} 的二次函数,它们之间是非单调变化关系。若令 P_T 对 U_{om} 的导数等于零可求出 P_T 的极大值 P_{Tmax},即令:

$$\frac{dP_{T1}}{dU_{om}} = \frac{1}{R_L} \left(\frac{V_{CC}}{\pi} - \frac{U_{om}}{2} \right) = 0 \tag{9.11}$$

由此可得:当 $U_{om} = \frac{2V_{CC}}{\pi} \approx 0.64V_{CC}$ 时,P_T 达到最大。而当 U_{om} 由此值继续增大时,P_T 反而减小。总之,P_T 的最大值既不出现在静态时也不出现在最大输出功率时。

将 $U_{om} = \frac{2V_{CC}}{\pi}$ 代入式(9.10),可得最大管耗为:

$$P_{Tmax} = \frac{2}{R_L} \left(\frac{2V_{CC}^2}{\pi^2} - \frac{V_{CC}^2}{\pi^2} \right) = \frac{2V_{CC}^2}{\pi^2 R_L} \approx 0.2 \frac{V_{CC}^2}{R_L} \tag{9.12}$$

比较式(9.12)与式(9.4)可得最大管耗与最大输出功率的关系为:

$$P_{Tmax} \approx 0.4P_{omax} \tag{9.13}$$

由此可得,每管的最大管耗为:

$$P_{T1max} = P_{T2max} \approx 0.2P_{omax} \tag{9.14}$$

根据式(9.3)、式(9.5)和式(9.10),可绘出图 9.1.5 所示的 P_o、P_V 和 P_T 与 U_{om} 的归一化关系曲线,其中横坐标为 U_{om}/V_{CC},纵坐标为 P_o、P_V 和 P_T 对 P_{omax} 的归一化值。

由图可见:P_V 随着 U_{om} 的增大成比例线性上升;P_o 是 U_{om} 的二次函数(单调递增),当 $U_{om} = 0$ 时,P_o 也为零;而 P_T 也是 U_{om} 的二次函数,但它们之间不是单调递增或者单调递减关系。当输出信号幅值 $U_{om} \approx 0.64V_{CC}$ 时,管耗 P_T 达到最大值。

(5)功率管参数的选择

功率管的选择,通常是在功放电路的 V_{CC} 和 R_L 确定的情况下选择的。

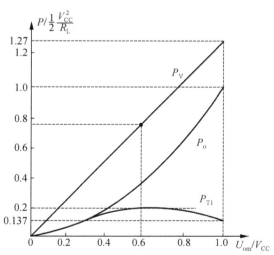

图 9.1.5　乙类互补推挽电路 P_o、P_V 和 P_T 与 U_{om} 的归一化关系曲线

① $U_{(BR)CEO}$ 的选择

在图9.1.3(c)中，T_1 导通时，T_2 截止，T_2 所承受的最大反压为 $-V_{CC}-U_{om(max)} \approx -2V_{CC}$。

同样 T_2 导通时，T_1 截止，T_1 所承受的最大反压为 $V_{CC}+U_{om(max)} \approx 2V_{CC}$。因此两管的 $U_{(BR)CEO}$ 须满足：

$$|U_{(BR)CEO}| > 2V_{CC} \tag{9.15}$$

② I_{CM} 的选择

由 $I_{CM} = U_{cem}/R_L$ 可知：I_{cm} 的最大值为 V_{CC}/R_L。因此两管的 I_{CM} 须满足：

$$I_{CM} > V_{CC}/R_L \tag{9.16}$$

③ P_{CM} 的选择由式(9.14)可知两管的 P_{CM} 均须满足：

$$P_{CM} > 0.2P_{omax} \tag{9.17}$$

式(9.15)～式(9.17)即为设计功放电路时选择功率管的依据。实际在选管子时，各量还应留有一定的余量。

2. 甲乙类互补对称功率放大电路

(1) 乙类互补对称电路的交越失真

前面讨论了由两个射极输出器组成的乙类互补对称电路(图9.1.3(c))，实际上这种电路并不能使输出波形很好地反映输入的变化。因为功放管的 i_c 必须在 $|u_{BE}|$ 大于某一个阈值(即阈值电压，NPN硅管约为 0.6 V，PNP锗管约为 0.2 V)时才能有显著变化，当输入信号 $|u_i|$ 低于这个数值时，T_1 和 T_2 管都截止，出现一段 i_{C1} 和 i_{C2} 几乎为零的所谓"死区"，负载 R_L 上无电流通过，如图9.1.6所示。这种现象称为"交越失真"，是乙类功放中特有的失真现象。

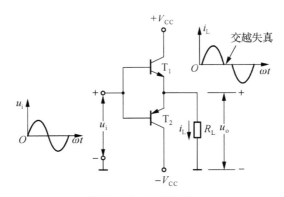

图 9.1.6 交越失真

(2) 甲乙类互补对称功率放大电路

为避免或减小交越失真，就必须给功放管外加偏置电压，以克服阈值电压的影响。如图9.1.7(a)所示，通常在 T_1、T_2 两基极间加上二极管(或二极管和电阻相结合)，使两基极间有一定的电压值,供给 T_1 和 T_2 两管一定的正偏电压,以保证两管在静态时都处于微导通状态。由于电路对称,两管静态时电流相等,因而负载 R_L 上无静态电流流过,两管发射极静态电压 $U_K=0$。

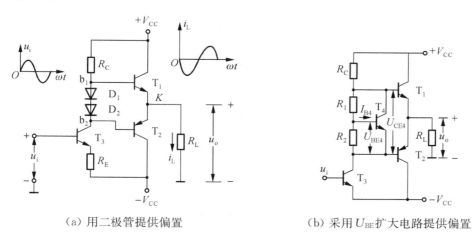

（a）用二极管提供偏置　　　　　　　（b）采用 U_{BE} 扩大电路提供偏置

图 9.1.7　甲乙类互补推挽电路

在输入交流信号 u_i 时,由于 D_1、D_2 的交流电阻很小,故其交流压降几乎可忽略不计,因而两管基极 b_1、b_2 之间可视为仅有直流压降且近似为一恒定值,亦即 $u_{BE1}+|u_{BE2}|$ 在信号作用期间将保持恒定。

当输入信号 u_i 进入正半周时,T_3 的反相作用使 b_1、b_2 的电位同时下降,这一结果有利于 T_2 导通而不利于 T_1 导通,于是使 i_{B2}、i_{E2} 增加,i_{B1}、i_{E1} 减小。与此同时,由于 i_{E2} 的增加 $|u_{BE2}|$ 也增加,而 u_{BE1} 及 i_{E1} 则相应减小。于是随着 u_i 正半周幅值的增大使 T_1 趋于截止,T_2 的发射极电流形成输出信号的负半周。

同理,当输入信号 u_i 进入负半周时,T_3 的反相作用使 b_1、b_2 的电位同时升高,这有利于 T_1 导通而不利于 T_2 导通,于是使 i_{B1} 增加,i_{B2} 减小,随着 u_i 负半周幅值的增大使 T_2 趋于截止,T_1 的发射极电流形成输出信号的正半周。

在上述过程中,因 T_1 和 T_2 工作在甲乙类状态,在信号的一个周期内 T_1 和 T_2 的导电时间都比半个周期要多一些(即有一定的交替时间),这将使两管的动态功耗有所增大。所以在设置偏压时,为了提高电路的工作效率应尽可能偏置在接近乙类状态,这样甲乙类互补推挽电路在参数估算时可近似按乙类来处理。

图 9.1.7(b)用由 R_1、R_2 及 T_4 组成的 U_{BE} 扩大电路来取代二极管,其工作原理如下:当 T_4 处于放大区时,其发射极电压 U_{BE4} 近似为一常数,若使 T_4 的基极电流 i_{B4} 远小于流过 R_1、R_2 的电流,则有 $U_{CE4}=(1+R_1/R_2)U_{BE4}$,调整电阻 R_1、R_2 的值即可满足偏置电压的需要。这个电路常常应用在集成功放中。

3. 单电源互补对称功率放大电路

上述 OCL 互补推挽电路是双电源供电的,在某些只能由单电源供电的场合,则可采用

图 9.1.8 所示的单电源互补推挽电路。该电路简称为 OTL(Output Transformer less),意为无输出变压器电路。图中由 T_1 组成前置放大级,它工作在甲类,R_1、R_2、R_E 为它的偏置电路;T_2 和 T_3 组成互补推挽电路输出级。在输入信号 $u_i=0$ 时,调节各电阻值使 I_{C1}、U_{B2} 和 U_{B3} 达到所需的数值大小,给 T_2 和 T_3 提供一个合适的偏置,并使 K 点电位 $U_K=U_C=V_{CC}/2$。

当有信号 u_i 时,由于 T_1 的倒相作用,在信号的负半周,T_2 导电,有电流流过负载 R_L,同时向 C 充电;在信号的正半周,T_3 导电,电容 C 通过负载 R_L 放电。设信号的下限频率为 f_L,电容 C 的大小满足 $C>(5\sim10)\dfrac{1}{2\pi f_L R_L}$,则可近似认为电容 C 对信号短路其两端的电压仅有直流电压,其值近似等于 $U_K=V_{CC}/2$。这样用电容 C 和一个电源 V_{CC} 就可代替图 9.1.7(a)中的正负两个电源的作用,其中 T_1 管的供电电压为 V_{CC} 和 $V_{CC}/2$ 之差,即等于 $V_{CC}/2$,T_2 管的供电电压就是 C 上的直流电压,也等于 $V_{CC}/2$。

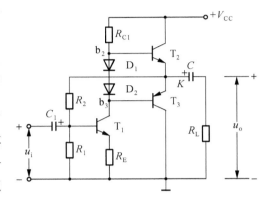

图 9.1.8　单电源互补推挽电路

在图 9.1.8 中,静态时要求 K 点电位 $U_K=U_C=V_{CC}/2$,为了稳定电路的静态工作点和改善放大器的动态性能,在电路中引入了由 R_1 和 R_2 组成的电压并联交直流负反馈网络。

9.1.3　集成功率放大器

集成功率放大电路的发展十分迅速,它的种类很多,下面仅以 STK4192Ⅱ型及 SHM1150Ⅱ型集成功率放大器为例作介绍。

1. STK4192Ⅱ型音频功率放大器

STK4192Ⅱ型音频功率放大器的内部电路如图 9.1.9 所示。芯片封装在$(40\times35\times2)$mm 的铝材料基板上,以利于散热。内含两路原理及参数完全相同的功率放大电路,以其中一路功放为例,工作原理如图 9.1.10 所示。

我们先讨论图 9.1.10 中所示的输出级电路。一般为了扩展输出功率,输出级需要采用一对特性对称的互补管,但由于工艺上的原因,导电类型不同的大功率管难以做到特性对称,因此在大功率输出电路中常采用复合管。图 9.1.10 中 $T_5\sim T_9$ 都是复合管。所谓复合管就是由两个三极管通过一定的方式连接形成的一个等效三极管,其中的两个三极管可以是相同导电类型的,也可以是不同导电类型的,如图 9.1.11 所示。

复合管的管型及其等效的电极属性可与普通单管类比来得到,即根据各电极电流的方向和各电极电流之间的关系来确定。下面以图 9.1.11(a)为例来加以说明。

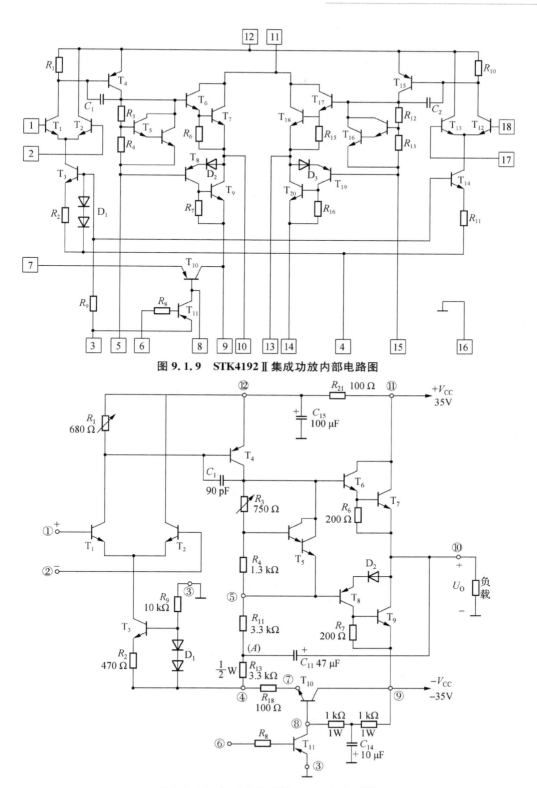

图 9.1.9　STK4192Ⅱ集成功放内部电路图

图 9.1.10　集成功放 STK4192Ⅱ 电路原理

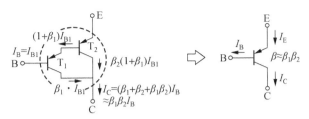

（a）两个 PNP 管构成的等效 PNP 复合管

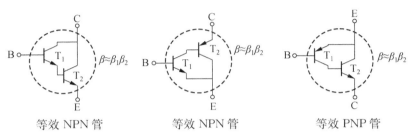

等效 NPN 管　　　　　等效 NPN 管　　　　　等效 PNP 管

（b）其他三种等效复合管的接法

图 9.1.11　复合管的几种接法

在图 9.1.11(a) 中，设 T_1、T_2 管的电流放大系数分别为 β_1、β_2，它们三个电极的电流分别为 I_{B1}、I_{C1}、I_{E1}，I_{B2}、I_{C2}、I_{E2}，则由图中 T_1、T_2 的连接关系可得：

$$\left.\begin{array}{l} I_{C1}=\beta_1 I_{B1} \\ I_{E1}=I_{B2}=(1+\beta_1)I_{B1} \\ I_{C2}=\beta_2 I_{B2}=\beta_2(1+\beta_1)I_{B1} \end{array}\right\} \tag{9.18}$$

$$I_C=I_{C1}+I_{C2}=\beta_1 I_{B1}+\beta_2(1+\beta_1)I_{B1}$$

即

$$I_C=[\beta_1+\beta_2(1+\beta_1)]I_B \tag{9.19}$$

由上式可得复合管的等效电流放大系数为：

$$\beta=\beta_1+\beta_2(1+\beta_1) \tag{9.20}$$

当 $\beta_1\gg1$，$\beta_2\gg1$ 时，有：

$$\beta\approx\beta_1\cdot\beta_2 \tag{9.21}$$

用类似的方法可以得出图 9.1.11(b) 所示的三个复合管的管型及其等效 β，它们的管型如图中所示，等效 β 则在 $\beta_1\gg1$，$\beta_2\gg1$ 的情况下，均为 $\beta\approx\beta_1\cdot\beta_2$。

图 9.1.10 电路中复合管 T_5 与电阻 R_3、R_4 一起构成 U_{BE} 扩大电路，为互补推挽输出级提供电压偏置，调节 R_3 可使输出级偏置在接近乙类的微导通状态以减小静态功耗。互补推挽输出级由 T_6、T_7 及 T_8、T_9 复合管电路构成，D_2 的引入是为了使上下两个复合管的 U_{BE} 模量近似相等。T_6 发射极所接电阻 R_6 主要是给 T_6 管的穿透电流 I_{CEO} 提供旁通支路，以提高复合管电流的温度稳定性。同样，T_8 集电极所接电阻 R_7 为 T_8 的穿透电流 I_{CEO} 提供了旁通支路。静态时电路的输出电压 $U_O=0$ V。

图 9.1.10 集成功放电路中的 T_1、T_2 及 T_3 构成电流源偏置的差动输入级，调节电阻 R_1

可改变 T_4 管的基极电流。T_4 管构成共射极组态的中间级放大电路,其集电极电阻是 R_{11} 和 R_{13}。电路中的电容 C_{11} 是一个外接的大电容,称为"自举电容"。静态时 C_{11} 两端电压为 U_{C11} $= U_{D2} + U_{EB8} + U_{R11}$,由于其充放电时间常数远大于信号周期,故动态时 U_{C11} 将保持基本不变。其作用是使动态时(A)点电位随输出电压 U_o 浮动,从而使输出级两个推挽管的基极电位也随之浮动,以扩大输出级电路的动态工作范围,提高输出电压幅度。同时自举电容 C_{11} 的引入也使电阻 R_{11} 两端电压在动态时保持不变,即动态时 R_{11} 中流过的电流保持恒定。这种类似于恒流源的效应增大了 T_4 管的集电极等效阻抗,使中间级的电压增益得到进一步提高。T_{10}、T_{11} 管是为防止芯片过热、输出端负载短路及上电时出现尖峰噪声干扰等提供的保护环节,其基本工作原理是通过外接的检测电路在引脚⑥和⑧接入控制电压使 T_{10} 管截止,切断输入级及中间级的电源通路,达到保护功放芯片电路及抑制尖峰干扰的目的。图 9.1.10 中元件参数值不加括号的都是表示需要通过引脚外接的元件。

由 STK4192Ⅱ型集成功放组成的基本应用电路如图 9.1.12 所示。图 9.1.12 中 R_1、R_2 支路引入交、直流电压串联负反馈,提高功放电路直流偏置的稳定性,使音频信号电压增益保持在 $A_u = (1 + R_2/R_1)$,并提高了功放电路的输入阻抗。与扬声器并联的 RC 支路的引入是为了中和扬声器的感性负载,防止电路产生自激。电源电压采用 ± 33 V,扬声器为 2×8 Ω 时,在图示参数下的输出功率可达 2×50 W。为了使功放音质可调,电路输入端加接了低通及高通滤波器,使左、右两声道输出分别以低、高音为主。调节滤波器的转折频率 f_0 可使低、高音的频率分量比例发生改变从而改变左右两个声道扬声器的音质。不过音质调整对滤波器的要求较高,不仅要使高通、低通两个滤波器的转折频率在调节时保持一致(都等于 f_0),而且要使滤波器的其他参数(例如品质因素 Q($Q=1/\alpha$)、通带增益(Gain)A_u 等)也保持不变。当两个滤波器转折频率分离(不重合在 f_0)或 Q 值等发生变化时,f_0 频率处会出现"峰起"或"凹陷"等现象,对音质产生不良影响。显然采用一般二阶有源滤波器时,由于滤波器的参数调节不独立(参数调整时相互影响),往往难以达到上述要求。

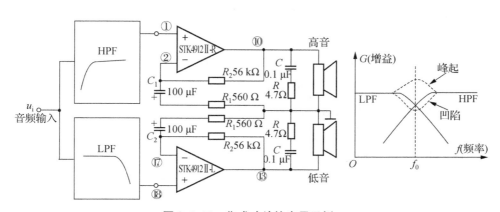

图 9.1.12　集成功放的应用示例

采用图 9.1.13 所示状态变量滤波器(参见第 1 章 1.3.3 节)是一个理想的解决方案。

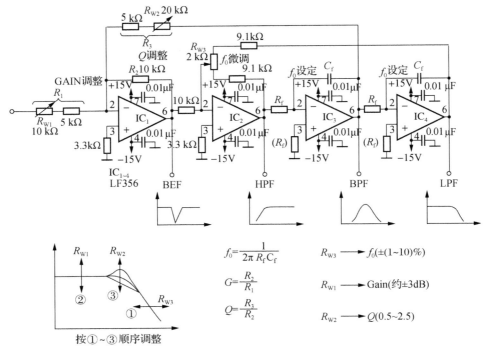

图 9.1.13 集成功放的双声道音频调节

由于状态变量滤波器的单输入多输出特点,在同一参数设置下可分别实现对输入信号的高通、低通、带通、带阻滤波特性,且参数调节相互独立。

图 9.1.13 中改变 R_1 可单独调节增益(G),改变 R_3 可单独调节品质因素 Q。积分时间常数 $R_f C_f$ 选定后,高通滤波器(HPF)及低通滤波器(LPF)的转折频率 f_0 随之确定,无需对两者作电路元件参数上的精确匹配。例如,当滤波特性曲线上出现"峰起"或"凹陷"现象时,仅需调节 R_3 一个参数即可去除。当需要对转折频率 f_0 作微调时也仅需调节 R_{w3} 一个参数即可实现,即通过改变电压增益对积分器的输入电压进行微调来实现。

*2. SHM1150Ⅱ 集成功率放大器原理及应用

SHM1150Ⅱ 是典型的 OCL 大功率混合集成电路,其电路原理如图 9.1.16(a)所示。该电路工作电压范围很广,在 $\pm12 \sim \pm50$ V 电压下均可正常工作,由于采用了 VMOS 功率场效应管构成互补对称输出级,电路最大输出功率可达 150 W。

1) VMOS 器件的构造与特点

VMOSFET[1] 也称为垂直导电型 MOS 场效应管,是通过将 V 形槽技术移植到 MOS 场效应管的栅源结构中研制出的一种新型功率器件。它集电子管、双极型晶体管的优点于一身,又克服了这两种器件的基本缺点,故能适用于要求高频、高速、高可靠性的大功率场合。

---

① Vertical MOSFET。

20 世纪 80 年代以来,VMOS 器件已逐步发展成为半导体功率器件的一大支柱,产品多达上千种,耐压能力达 1 000 V 以上,最大连续额定电流值高达 200 A,它代表了当代半导体功率器件的发展方向。

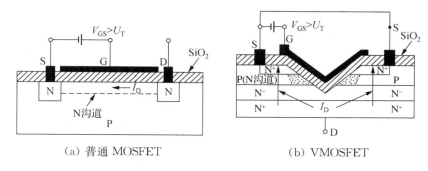

（a）普通 MOSFET　　　　　　　　（b）VMOSFET

图 9.1.14　传统工艺 MOSFET 与 VMOSFET 在构造上的区别

VMOS 管的电路符号与普通增强型 MOSFET 相同。从构造上看,VMOS 管属于绝缘栅增强型场效应管的一种,但又不同于传统的 MOS 场效应管。图 9.1.14(a)和(b)表示了传统 MOS 管与 VMOS 管在构造上的区别。

从图(a)可见,传统 MOSFET 中电流 I_D 沿沟道横向流动,由于沟道窄长,通常称为长沟道器件。这一沟道特征限制了器件电流容量的提高,因此不适用于大功率运行。与此相反,图(b)中 VMOS 器件的沟道与芯片表面垂直,漏极 D 从底层 N^+ 区引出,电流 I_D 按垂直于芯片表面的方向流动。由于沟道长度极短(约 1.5 μm 左右),并且可在同一芯片上制作上百个相互并联的沟道,加上漏极区域面积大易于散热,故允许流过的漏极电流 I_D 很大,使 VMOS 器件的电流容量大大提高。

与双极型功率三极管和长沟道 MOSFET 比较,VMOS 器件有许多突出的优点,主要表现在以下几个方面:

(1) 输入阻抗高

VMOS 管是采用绝缘栅结构的电压控制器件,输入阻抗极高,这意味着所需驱动电流极小,功率增益极高,因而能够用小功率的器件或 CMOS、TTL 电路来直接驱动 VMOS 管工作。

(2) 跨导特性良好

当栅源电压 U_{GS} 大于 VMOS 管的开启电压 U_T 后,U_{GS} 与 I_D 呈理想的线性关系,如图 9.1.15 所示。这意味着在相当大的电流范围内跨导 g_m 将保持恒定,且跨导值比双极型三极管高出一个数量级(例如额定电流为 2 A 的 VMOS 管,在 $I_D >$ 0.4 A 时,$g_m = 0.25$ A/V)。这一良好的跨导特性,使 VMOS 管在较大电压、电流范围内运行时产生的非线性失真远小于双极型三极管。

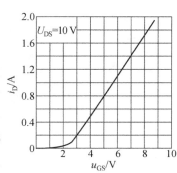

图 9.1.15　VMOS 管的转移特性

（3）噪声低、工作频率高

VMOS 管是单极型器件，噪声较低。载流子渡越沟道的时间仅需约 1 ns，几乎可以忽略不计。此外由于极间电容较小，使得 VMOS 管的开关速度和工作频率比双极型三极管高 1～2 个数量级。例如 2N6657VMOS 管开、关 1 A 的电流仅需 4 ns，而双极型三极管则需 100 ns 甚至更多时间。VMOS 管的开关工作频率可达 500 kHz 以上。

（4）热稳定性好

VMOS 管的跨导、开关时间有非常好的热稳定性。在 $-55\ ℃\sim 125\ ℃$ 范围内，g_m 的温度系数 γ 约为 $-0.2\%/℃$，而在同样温度范围内，双极型三极管的温度系数为 $1\%/℃$ 或更大。VMOS 管的开关时间基本上与温度无关，而双极型管在较高温度下开关时间及动态功耗将是室温下的 2～3 倍。

VMOS 管的导通电阻呈正温度系数（γ 约 $+0.7\%/℃$），导致 VMOS 管的电流具有负温度系数。这使得器件具有良好的电流自动均衡能力，在 VMOS 管并联使用时有效地防止了电流的局部集中和过热斑点的产生，防止出现电流"热奔"现象。这十分有利于多个器件的并联使用而无需像双极型管并联时必须外加均流电阻和保护电路。此外，由于 VMOS 管的饱和压降和开关时间远小于双极型管，因而动态功耗及温升小，所需的散热器面积也相应减小。

2）电路工作原理及应用

从图 9.1.16 可见，SHM1150 Ⅱ 集成功放由 $T_1 \sim T_3$ 构成典型的带恒流源的差动输入级。T_3、T_{11} 为电流源电路，它们是通过 R_4、T_{12}、R_3 和 R_5 建立的。这种电流源的特点是 $-V_{EE}$ 在较大范围内改变取值时，T_3 和 T_{11} 所形成的电流源基本保持不变。这是由于 T_3 和 T_{11} 的基极到 $-V_{EE}$ 的电压始终为 $2U_{BE}$，而 T_3 和 T_{11} 的集电极电流分别为 $\dfrac{U_{BE}}{R_3}$ 和 $\dfrac{U_{BE}}{R_5}$。T_4、R_8 组成电压跟随器，其作用是将 T_2 集电极信号转换到 T_5 输入回路，以充分利用差动输入级的放大作用。T_5 以 T_{11} 管作为有源负载构成高增益的中间放大级；T_7、T_8 为互补对称电路，用于驱

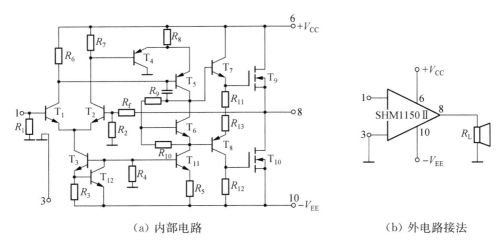

（a）内部电路　　　　　　　　　（b）外电路接法

图 9.1.16　SHM1150 Ⅱ 大功率混合集成功率放大电路

动 VMOS 管；T_6 组成 U_{BE} 扩大电路，使两个 VMOS 管 T_9 和 T_{10} 处于接近乙类工作的状态，既防止产生交越失真，又尽量降低输出级的静态功耗。两个参数对称的 VMOS 管组成互补对称形式的功率输出级，使输出功率得到极大提高。整个电路依靠 R_f 和 R_2 引入的电压串联负反馈来稳定增益，同时稳定静态工作点。

SHM1150Ⅱ是输入端和输出端都采用直接耦合形式的 OCL 电路，无需外接输出电容或其他任何元件。其突出特点是接上电源即可直接工作，应用十分方便。外电路接法如图 9.1.16(b)所示。

9.2 串联型直流稳压电路

串联型直流稳压电路是最常用的一种直流功率电路，用来作为直流电源向负载提供稳定的电压和直流功率。通常，来自电网的工频交流电压经过变压、整流、滤波、稳压后，即可得到所要求的直流稳定电压，如图 9.2.1 所示。

9.2.1 直流稳压电源的质量指标

图 9.2.1 中经过整流、滤波后的电压 U_I 虽已接近理想的直流电压，但并不稳定，当电网电压发生波动时，U_I 的数值也将随之变化，这将影响输出电压 U_o 的稳定性。此外，负载电流 I_o 和温度 T 的变化也将对 U_o 造成影响。我们把 U_o 表示为函数形式，即有

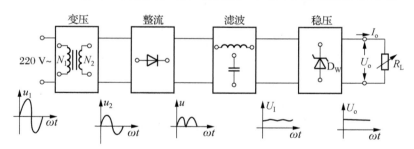

图 9.2.1 直流稳压电源的组成

$$U_o = f(U_I, I_o, T)$$

为了考察自变量变化时对 U_o 的影响程度，对上式求全微分：

$$dU_o = \frac{\partial U_o}{\partial U_I} dU_I + \frac{\partial U_o}{\partial I_o} dI_o + \frac{\partial U_o}{\partial T} dT$$

根据上式的物理含义，得出

$$\Delta U_o = K_U \Delta U_I + R_o \Delta I_o + S_T \Delta T \tag{9.22}$$

式中：

$$K_U = \frac{\Delta U_o}{\Delta U_I} \bigg|_{\substack{\Delta I_o = 0 \\ \Delta T = 0}} \tag{9.23}$$

定义为输入电压调整因数,它反映了输入电压 U_1 的波动对输出电压 U_o 的影响。实用上也常常用输入电压变化时引起输出电压的相对变化量来表示,并称为电压调整率[①],记作 S_U。

$$S_U = \frac{\Delta U_o / U_o}{\Delta U_I} \times 100\% \bigg|_{\substack{\Delta I_o = 0 \\ \Delta T = 0}} \qquad (9.24)$$

其典型值约为 $(0.03 \sim 0.002)\% / \mathrm{V}$。

式(9.22)中第二项 R_o 为输出电阻,主要反映负载变化时对 U_o 的影响。

$$R_o = \frac{\Delta U_o}{\Delta I_o} \times 100\% \bigg|_{\substack{\Delta U_I = 0 \\ \Delta T = 0}} \qquad (9.25)$$

手册中也常常采用负载调整率[②] S_I 来反映负载变化对输出电压的影响,其定义是输出电流变化时引起输出电压的相对变化量,即

$$S_I = \frac{\Delta U_o}{U_o} \times 100\% \bigg|_{\substack{\Delta T = 0 \\ \Delta I_o = 常数}} \qquad (9.26)$$

S_I 的典型值约为 $1\% \sim 0.1\%$。

式(9.22)中第三项 S_T 为输出电压的温度系数,定义为

$$S_T = \frac{\Delta U_o}{\Delta T} \bigg|_{\substack{\Delta U_I = 0 \\ \Delta I_o = 0}} \qquad (9.27)$$

典型值为几 $\mathrm{mV}/℃$;用相对变化量 $\Delta U_o / U_o$ 来表示时,常记作 $\mathrm{ppm}/℃$,其含义是温度变化 $1\,℃$,U_o 的相对变化量为百万分之一时记作 $1\,\mathrm{ppm}/℃$(即 $0.000\,1\%/℃ = 1\,\mathrm{ppm}/℃$)。

9.2.2　单相整流滤波电路

利用二极管的单向导电性,可把交流电压转变为含有一定直流电压分量的单向脉动电压。

1. 单相全波整流电路

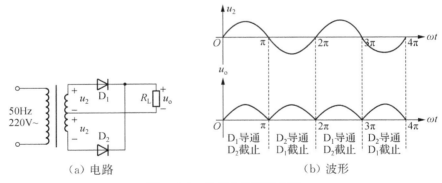

（a）电路　　　　　　　　（b）波形

图 9.2.2　单相全波整流电路

单相全波整流电路的原理电路示于图 9.2.2(a),设变压器次级电压为:$u_2=\sqrt{2}U_2\sin\omega t$, 则在 u_2 的正半周(即 $\omega t=0\sim\pi$),二极管 D_1 两端为正向电压,而 D_2 则为反向电压,所以 D_1 导通,D_2 截止。如果忽略二极管导通时的压降,则输出电压 $u_o=u_2$。当 u_2 为负半周(即 $\omega t=\pi\sim2\pi$ 时),D_1 受反向电压而截止,D_2 受正向电压而导通,输出电压 $u_o=-u_2$。这样,输出电压可表示为 $u_o=|u_2|=\sqrt{2}U_2\sin\omega t$,其波形示于图 9.2.2(b)。

输出波形中的直流分量:

$$U_o=\frac{1}{\pi}\int_0^\pi\sqrt{2}U_2\sin\omega t\,\mathrm{d}\omega t=\frac{2\sqrt{2}}{\pi}U_2\approx0.9U_2 \tag{9.28}$$

除了直流分量外,输出电压中还存在一些 $2n\omega t$ 的偶次谐波交流分量,作为一个整流电路来说,这些交流分量是我们不希望存在的。

2. 单相桥式整流电路

二极管单相桥式整流电路曾在 2.4.1 节做过介绍,如图 9.2.3(a)所示。设变压器次级的电压 $u_2=\sqrt{2}U_2\sin\omega t$,则在 u_2 的正半周(即 $\omega t=0\sim\pi$),D_1、D_3 受正向电压导通,D_2、D_4 受反向电压截止。而在 u_2 的负半周(即 $\omega t=\pi\sim2\pi$),D_1、D_3 受反向电压截止,D_2、D_4 受正向电压导通,$u_o=-u_2$。因此,图 9.2.3(b)的 u_o 波形,不论 u_2 的正、负半周,u_o 均为正电压。即得到同单相全波相同波形的输出电压。

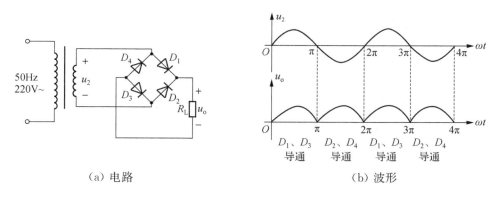

(a) 电路　　　　　　　　　　(b) 波形

图 9.2.3　单相桥式整流电路

3. 单相全波整流电容滤波电路

单相全波整流电容滤波电路是在图 9.2.2 所示的单相全波整流电路的负载 R_L 两端并接一个大容量的电容器 C 而成的,见图 9.2.4(a)。C 的接入会使输出电压 u_o 中的交流电压分量明显下降,同时又使其直流分量有所提高。这种电路在小功率直流电源中应用颇为普遍。现在分析它的工作原理。

电路稳态工作时的输出电压如图 9.2.4(b)所示。在 u_2 的每正、负半周中,D_1 和 D_2 仍然交替导电,但每半周的导电角度($\theta_1\sim\theta_2$ 间 D_1 导通,$\theta_3\sim\theta_4$ 间 D_2 导通)都小于 π。设在 $0\sim\pi$ 的半周中,在 $\theta_1\sim\theta_2$ 间 D_1 导通,则流过 D_1 的电流 i_D 由流过电阻 R_L 的电流 i_R 和流过电容 C

的电流 i_C 两部分组成：

$$i_D = i_R + i_C = \frac{\sqrt{2}U_2}{R_L}\sin\omega t + \sqrt{2}U_2\omega C\cos\omega t$$

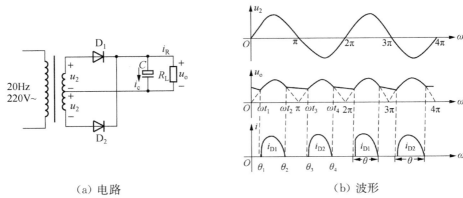

（a）电路   （b）波形

图 9.2.4　单相全波整流电容滤波电路

当 $\omega t = \omega t_2$ 时，$i_D = 0$，由于二极管的单向导电性，D_1 截止。此后，u_o 按 $\tau = R_L C$ 的指数函数衰减，直到下一个半周 $-u_2$ 变正且等于 u_o 时，D_2 开始导电。这样每半周 D_1 从 ωt_1 到 ωt_2 导电，D_2 从 ωt_3 到 ωt_4 导电，导电角为 θ。可以看出，$\omega C R_L$ 的乘积越大，θ 越小，输出电压 u_o 的直流分量越大。当不考虑变压器内阻及二极管压降和内阻时，$\omega C R_L$ 从零到无穷大变化时，u_o 则从 $\frac{2\sqrt{2}}{\pi}U_2$ 变化到 $\sqrt{2}U_2$，即从 $0.9U_2$ 变到 $1.41U_2$。在实际的低电压小功率的整流滤波电路中，$\omega C R_L$ 的取值通常为 $30\sim 50$，相当于 50 Hz 工频下，$C R_L$ 乘积约在 $0.1\sim 0.16$ 之间，此种情况下，输出电压中的直流分量约为 $1.2U_2$。

单相全波整流电容滤波电路中，当 u_2 为峰值电压的时刻，截止的一只二极管的两端出现最大反向电压，其值为 $2\sqrt{2}U_2$。这个电路中，流过每个二极管的直流电流等于流过负载中的直流电流的一半。

4. 单相桥式整流电容滤波电路

应用更为普遍的是单相桥式整流电容滤波电路，它是在图 9.2.3(a) 的单相桥式整流电路的 R_L 两端并接一个大的电解电容器构成的。电路的工作原理与全波整流电容滤波电路类同，读者可以自行分析，唯一不同的一点是该电路中的二极管承受的反向电压为全波整流电容滤波电路的一半，即为 $\sqrt{2}U_2$。

9.2.3　串联型稳压电路原理

1. 电路组成和工作原理

串联型稳压电路原理方框图如图 9.2.5 所示，电路组成包括采样电路、调整管、基准电压与误差放大电路。

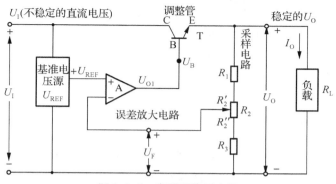

图 9.2.5　串联型稳压电路

（1）采样电路

采样电路由电阻 R_1、R_2 和 R_3 组成。取出 U_O 的一部分 U_F 送到误差放大电路的反相输入端。

（2）基准电压和误差放大电路

基准电压 U_{REF} 接到误差放大电路的同相输入端。采样电压 U_F 与基准电压 U_{REF} 进行比较后，再由放大电路将二者的差值进行放大。

误差放大电路 A 的作用是将基准电压与采样电压之差（$U_{REF}-U_F$）进行放大，然后再送到调整管的基极。如果误差放大电路的放大倍数比较大，则只要输出电压 U_O 产生一点微小的变化，即能引起调整管的基极电压 U_B 发生较大的变化，提高了稳压效果。因此，放大倍数愈大，则输出电压 U_O 的稳定性愈高。

（3）调整管

调整管 T 接在输入直流电压 U_I 和输出端负载电阻 R_L 之间。在基极电压 U_B 作用下，调整管的集-射电压 U_{CE} 将发生相应的变化，最终调整输出电压 $U_O=U_I-U_{CE}$，使之基本保持稳定。因调整管 T 与负载 R_L 串联，故称为串联型稳压电路。

现在分析串联型稳压电路的稳压原理。在图 9.2.5 中，假设由于 U_I 增大（或假定 I_O 减小）而导致输出电压 U_O 增大，则通过采样后反馈到误差放大电路反相输入端的电压 U_F 也按比例增大，但其同相输入端的电压 U_{REF} 保持不变，故放大电路 A 的差模输入电压 $U_{Id}=U_{REF}-U_F$ 将减小，于是放大电路 A 的输出电压 U_{O1} 减小，使调整管的基极电压 $U_B=U_{O1}$ 减小，从而引起调整管的 $U_{BE}=U_B-U_O$ 减小、I_C 减小、U_{CE} 增大，结果阻止输出电压 $U_O=U_I-U_{CE}$ 增大。

以上稳压过程可简明表示如下：

$$U_I \uparrow \text{ 或 } I_O \downarrow \rightarrow U_O \uparrow \rightarrow U_F \uparrow \rightarrow U_{Id} \downarrow \rightarrow U_B \downarrow \rightarrow I_C \downarrow \rightarrow U_{CE} \uparrow \rightarrow U_O \downarrow$$

由此看出，串联型稳压电路稳压的过程，实质上是通过电压负反馈使输出电压 U_O 保持基本稳定的过程，故这种稳压电路也称为串联反馈式稳压电路。

2. 输出电压的调节范围

串联型稳压电路的一个优点是允许输出电压在一定范围内进行调节。这种调节可以通过改变采样电阻中电位器的 R_2 滑动端位置来实现。

在图 9.2.5 中,误差放大器的 $u_+=U_{REF}$、$u_-=U_F$,故当 $U_F=U_{REF}$ 时,稳压电路达到稳定状态,假设输出电压为 U_O,则

$$U_F=\frac{R_2''+R_3}{R_1+R_2+R_3} \cdot U_O=U_{REF}$$

因而

$$U_O=\frac{R_1+R_2+R_3}{R_2''+R_3} \cdot U_{REF} \tag{9.29}$$

当 R_2 的滑动端调至最上端时,$R_2'=0$,$R_2''=R_2$,U_O 达到最小值,此时

$$U_{Omin}=\frac{R_1+R_2+R_3}{R_2+R_3} \cdot U_{REF} \tag{9.30}$$

而当 R_2 的滑动端调至最下端时,$R_2'=R_2$,$R_2''=0$,U_O 达到最大值,可得

$$U_{Omax}=\frac{R_1+R_2+R_3}{R_3} \cdot U_{REF} \tag{9.31}$$

3. 调整管的选择

调整管是串联型稳压电路的重要组成部分,它工作在放大区,主要起调整输出电压的作用。它不仅需要根据外界条件的变化,随时调整本身的管压降,以保持输出电压稳定,而且还要提供负载所要求的全部电流,因此管子的功耗比较大,通常采用大功率的三极管。为了保证调整管的安全,一般都需加保护电路。电路设计中选择调整管型号时,需对主要参数进行估算。

1)集电极最大允许电流 I_{CM}

流过调整管集电极的电流,除负载电流 I_O 以外,还有流入采样电阻的电流。假设流过采样电阻的电流为 I_R,则调整管集电极的最大允许电流为

$$I_{CM}\geqslant I_{Omax}+I_R \tag{9.32}$$

式中 I_{Omax} 是负载电流的最大值。

2)集电极和发射极之间的反向击穿电压 $U_{(BR)CEO}$

稳压电路正常工作时,调整管上的电压降约为几伏。若负载短路,则整流滤波电路的输出电压即稳压电路的输入电压 U_I 将全部加在调整管两端。电容滤波电路输出电压的最大值可能接近于变压器副边电压的峰值(即 $U_I\approx\sqrt{2}U_2$),再考虑电网可能有 $\pm10\%$ 的波动,应选择三极管的参数为

$$U_{(BR)CEO}\geqslant U_{Imax}'=1.1\times\sqrt{2}U_2 \tag{9.33}$$

式中 U_{Imax}' 是空载时整流滤波电路的最大输出电压。

3)集电极最大允许耗散功率 P_{CM}

调整管两端的电压 $U_{CE}=U_I-U_O$,则调整管的功耗为 $P_C=U_{CE} \cdot I_C=(U_I-U_O) \cdot I_C$。当电网电压达到最大值、输出电压达到最小值、负载电流也达到最大值时,调整管的功耗将最大。所以,应根据下式来选择调整管的参数 P_{CM}

$$P_{CM} \geq (U_{Imax} - U_{Omin}) \times I_{Cmax} \approx (1.1 \times 1.2 U_2 - U_{Omin}) \times I_{Cmax} \tag{9.34}$$

式中 U_{Imax} 是满载时整流滤波电路的最大输出电压,在电容滤波电路中可认为其输出电压近似为 $1.2U_2$。

调整管选定以后,为了保证调整管工作在放大区,管子两端的电压降不宜太小,通常使 $U_{CE} = (3 \sim 8)\text{V}$。由于 $U_{CE} = U_I - U_O$,则稳压电路的输入直流电压应为

$$U_I = U_{Omax} + (3 \sim 8)\text{V} \tag{9.35}$$

对于电容滤波桥式整流电路,输出电压 U_I 与变压器副边电压 U_2 之间关系近似为 $U_I \approx 1.2U_2$。考虑到电网电压可能有 10% 的波动,故要求变压器副边电压为

$$U_2 \approx 1.1 \times \frac{U_I}{1.2} \tag{9.36}$$

【例题 9.2.1】　电路如例图 9.2.1 所示。要求输出可调节的直流电压 $U_O = (10 \sim 15)\text{V}$,负载电流 $I_O = (0 \sim 100)\text{mA}$。已选定基准电压的稳压管为 2CW1,其稳定电压 $U_Z = 7\text{ V}$,最小电流 $I_{Zmin} = 5\text{ mA}$,最大电流 $I_{Zmax} = 33\text{ mA}$。初步确定调整管选用 3DD2C,其主要参数为: $I_{CM} = 0.5\text{ A}$,$U_{(BR)CEO} = 45\text{ V}$、$P_{CM} = 3\text{ W}$。

(1) 假设采样电路总的阻值选定为 $2\text{ k}\Omega$ 左右,则 R_1、R_2 和 R_3 三个电阻分别为多大?

(2) 估算电源变压器副边电压的有效值 U_2;

(3) 估算基准稳压管的限流电阻 R 的阻值;

(4) 验算稳压电路中的调整管是否安全。

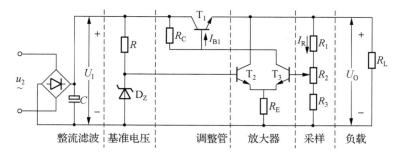

例图 9.2.1　串联稳压电路举例

【解】(1) 由式(9.31)可知(忽略 I_{B3} 影响时)

$$U_{Omax} \approx \frac{R_1 + R_2 + R_3}{R_3} U_Z$$

$$R_3 \approx \frac{R_1 + R_2 + R_3}{U_{Omax}} U_Z = \left(\frac{2}{15} \times 7\right)\text{k}\Omega = 0.93\text{ k}\Omega$$

取 $R_3 = 910\ \Omega$。由式(9.30)可知

$$U_{Omin} \approx \frac{R_1 + R_2 + R_3}{R_2 + R_3} U_Z$$

故

$$R_2 + R_3 \approx \frac{R_1 + R_2 + R_3}{U_{Omin}} \cdot U_Z = \left(\frac{2}{10} \times 7\right)\text{k}\Omega = 1.4\text{ k}\Omega$$

则
$$R_2 = (1.4 - 0.91)\,\text{k}\Omega = 0.49\,\text{k}\Omega$$

取 $R_2 = 510\,\Omega$（电位器）。则
$$R_1 = (2 - 0.91 - 0.51)\text{k}\Omega = 0.58\,\text{k}\Omega$$

取 $R_1 = 560\,\Omega$。

在确定了采样电阻 R_1、R_2 和 R_3 的阻值以后，再来验算输出电压的变化范围是否符合要求，此时

$$U_{\text{Omax}} \approx \left(\frac{0.56 + 0.51 + 0.91}{0.91} \times 7\right)\text{V} \approx 15.23\,\text{V}$$

$$U_{\text{Omin}} \approx \left(\frac{0.56 + 0.51 + 0.91}{0.51 + 0.91} \times 7\right)\text{V} \approx 9.76\,\text{V}$$

输出电压的实际变化范围为 $U_0 = (9.76 \sim 15.23)\text{V}$，符合给定的要求。

（2）稳压电路的直流输入电压可根据式（9.35）得出
$$U_1 = U_{\text{Omax}} + (3 \sim 8)\text{V} = 15\,\text{V} + (3 \sim 8)\,\text{V} = (18 \sim 23)\,\text{V}$$

取 $U_1 = 23\,\text{V}$，则变压器副边电压的有效值为
$$U_2 = 1.1 \times \frac{U_1}{1.2} = \left(1.1 \times \frac{23}{1.2}\right)\text{V} \approx 21\,\text{V}$$

（3）基准电压支路中电阻 R 的作用是保证稳压管 D_Z 工作在稳压区，为此通常取稳压管中的电流略大于其最小参考电流值 $I_{Z\text{min}}$。在例图 9.2.1 中，可认为
$$I_Z = \frac{U_1 - U_Z}{R}$$

故基准稳压管 D_Z 的限流电阻应为（应考虑电源电压波动 $\pm 10\%$）
$$R \leqslant \frac{U_{1\text{min}} - U_Z}{I_{Z\text{min}}} = \left(\frac{0.9 \times 23 - 7}{5}\right)\text{k}\Omega = 2.74\,\text{k}\Omega$$

另外，稳压管正常工作时的电流值不能超过 $I_{Z\text{max}}$，即有
$$R > \frac{U_{1\text{max}} - U_Z}{I_{Z\text{max}}} = \left(\frac{1.1 \times 23 - 7}{33}\right)\text{k}\Omega \approx 0.55\,\text{k}\Omega$$

选取 $R = 2\,\text{k}\Omega$。

（4）根据稳压电路的各项参数，可知调整管的主要技术指标应为
$$I_{\text{CM}} \geqslant I_{\text{Omax}} + I_R = \left(100 + \frac{15.23}{0.56 + 0.51 + 0.91}\right)\text{mA} \approx 108\,\text{mA}$$

$$U_{\text{(BR)CEO}} \geqslant 1.1 \times \sqrt{2}\, U_2 = (1.1 \times \sqrt{2} \times 21)\text{V} \approx 32.6\,\text{V}$$

$$P_{\text{CM}} \geqslant (1.1 \times 1.2 U_2 - U_{\text{Omin}}) \times I_{\text{Cmax}} = [(1.32 \times 21 - 9.76) \times 0.108]\text{W} \approx 1.94\,\text{W}$$

已知低频大功率三极管 3DD2C 的 $I_{\text{CM}} = 0.5\,\text{A}$、$U_{\text{(BR)CEO}} = 45\,\text{V}$、$P_{\text{CM}} = 3\,\text{W}$，可见调整管的参数符合安全要求，而且留有一定余地。

由以上分析可知，串联型稳压电路实际上是一个以基准电压 U_{REF} 为输入的典型的电压串联负反馈电路，它稳定的是 U_0 与 U_{REF} 间的电压增益。为了提高输出电压 U_0 的稳定性和

其他性能,主要宜在以下几个方面对上述基本稳压电路加以改进:

(1) 应在不产生自激振荡的前提下,尽量加深反馈深度,其方法是尽量提高误差放大器的开环增益,并减小输出电压中的纹波分量。

(2) 基准电压 U_{REF} 稳定性将直接关系到 U_O 的稳定性,而基准电压的稳定性容易受工作电流波动和温度变化的影响。因此应使基准电压部分有尽可能稳定的工作电流和尽可能小的温度系数,同时也应尽可能提高误差放大器的温度稳定性。

(3) 为了扩大输出电流,要求调整管具有较大的电流放大能力,可采用复合管作为调整管。

(4) 为了使电路工作安全、可靠,必须在过电压、过电流状况下使电路具有自我保护功能。

上述改进措施都将在以下所述的集成稳压电路中得到具体体现。

9.2.4　三端集成稳压电路原理

由于稳压器在电子设备中的重要作用,它的产品开发进展很快,很多公司都上市了输出电流较大、性能指标较高且使用方便、型号多样的集成稳压器。以 78XX、79XX 系列为代表的所谓三端集成稳压器就是在这一背景下诞生的。这种稳压器只有输入端、输出端、公共端三个引线端子,能够输出直至 1 A 的电流,且有健全的保护电路,因而使用方便,安全可靠。78XX、79XX 系列三端集成稳压器的输出电压分为若干档,分别由后两位数字表示。例如 7805(+5 V)、7808(+8 V)、7812(+12 V)等,79XX 系列输出为负电压,例如 7905(−5 V)、7909(−9 V)、7912(−12 V)等。这种系列中输出电流小于 1 A 的产品通常附带字母来表示其输出电流的能力,如 L 表示能够输出 0.1 A 电流,M 表示输出 0.5 A 电流。目前 78XX、79XX 系列产品已成为国际通用的系列,是产量仅次于集成运放的线性集成电路。

当对电源电压值有特殊要求时,上述两种系列的电压档次往往难以满足要求,于是产生了所谓第二代三端集成稳压器,即输出电压可调的三端集成稳压器。这种稳压器只要外接两个电阻就可以获得各种输出电压,稳压精度也很高。典型产品有 LM117/LM217/M317 系列、LM137/LM237/LM337 系列等,分别可输出 1.2～37 V 和−1.2～−37 V 连续可调电压。下面我们来讨论这几种系列中典型器件的基本工作原理。

1. 78XX 系列三端集成稳压器的基本原理

这里我们以 LM78XX 器件为例来讨论。LM78XX 原理电路如图 9.2.6 所示,它由启动电路、基准电压电路、采样及误差放大电路、调整与保护电路等部分组成。

1) 基准电压电路

基准电压电路是集成稳压器内的关键部分,它的任何漂移和不稳定都会反映到集成稳压器的输出端,直接影响稳压器的性能指标。因此基准电压电路必须十分稳定。图 9.2.6 的电路中,基准电压电路部分由 R_4、T_4、T_5、T_3、D_{Z2}、R_3、R_2、R_1、T_2、T_1 诸元件构成。我们暂

时假设 T_4 已经导通,并提供稳压管 D_{Z2} 所需的工作电流,从而得到一个稳定的电压 U_{Z2}。同时又为 T_3 提供基极电流,使 T_3 的发射极到"地"点之间得到一个较稳定的基准电压 U_{E3}。

图 9.2.6 电路中,基准电压 U_{REF} 通过对 U_{Z2} 的分压获得,可写出

$$U_{REF} = \frac{U_{Z2} - 3U_{BE}}{R_1 + R_2 + R_3} \times R_1 + 2U_{BE} \tag{9.37}$$

式中 U_{Z2} 及 R_1、R_2、R_3 具有正温度系数,设计时通过合理选取参数,使之与具有负温度系数的 U_{BE} 相互抵消,以保证 U_{REF} 基本不受温度变化的影响。另一方面,T_3 的集电极电流又通过 T_5 的一部分与 T_4、R_4 构成的微电流源为 T_4 提供了一个稳定的集电极电流,这样,输入电压 U_1 的变化对 U_{Z2} 和 U_{REF} 的影响减到了最小的程度。

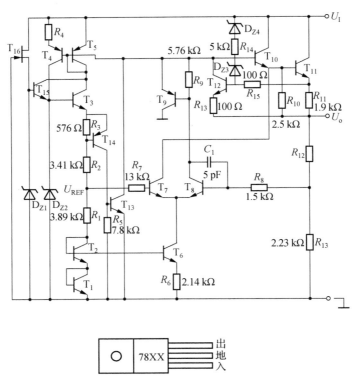

图 9.2.6 LM78XX 三端集成稳压器原理电路及外形图

2) 启动电路

上述基准电压电路,虽然可以使 T_4 产生一个稳定的集电极电流,减小输入电压 U_1 对 U_{Z2} 和 U_{REF} 影响,但这个电路在接通电源时不能自行启动。这是因为 T_4 的导通是以 T_3 导通为前提,而 T_3 的导通又以 T_4 导通为条件,即两管的导通互为依赖关系,因此,在接通电源时,T_3 和 T_4 都无法自行导电。为了使 T_3、T_4 能自行启动,另外增加了由 T_{16}、D_{Z1} 和 T_{15} 组成的启动电路,在接通电源时,T_{16} 导通,为 T_{15} 提供基流,T_5 的发射极电流又为 T_3 提供基流,从而使 T_4 导电,基准电压部分就可以启动。

启动完毕后,一方面建立了 U_{Z2},另一方面 D_{Z1} 也由于 T_{16} 导通而击穿,这两个稳压管的

击穿电压 U_{Z1} 与 U_{Z2} 相同,所以一旦启动后,T_{15} 便截止,将基准电压部分与启动电路切断联系。此时 T_{16} 的 $U_{GS} = -U_{Z1}$,使 T_{16} 的源极仅流过一个很小的电流。

3) 采样及误差放大电路

R_{12}、R_{13} 为采样电阻,T_6、T_7、T_8 组成差动形式的误差放大器,T_8 管以恒流源 T_5 作为有源负载,进一步提高了误差放大器的开环增益。T_9、R_9 的作用是辅助 T_8 提高电流放大能力。当差分管 T_8 的 I_{C8} 增大到其在 R_9 上的压降 $U_{R9} > 0.6$ V 时,使 T_9 导通进一步提高 T_8 的电流放大倍数,这样就可使 I_{C8} 的动态变化范围相应减小,以保证差动放大器能在线性区域正常工作。

4) 调整与保护电路

T_{10}、T_{11} 组成复合调整管,由于输入电压 U_I 和负载电流 I_L 都直接作用于调整管,因此必须考虑在过电压和过电流情况下的保护。限流保护电路由限流管 T_{12} 和 R_{11}、R_{15} 构成,发生过流时,限流电阻 R_{11} 上电压升高,使 T_{12} 管导通对 T_{10} 基极分流,阻止了 T_{10} 基极的额外驱动,达到限制输出电流的目的。

在单纯过流情况下,流过 R_{15} 的仅是 T_{12} 的基极电流,因此 T_{12} 基、射极间电压主要由限流电阻 R_{11} 两端电压决定。当过电压时,由于输入与输出电压的差值大于稳压管 D_{Z3}、D_{Z4} 的击穿电压,从稳压管 D_{Z3}、D_{Z4}、电阻 R_{14}、R_{15}、R_{11} 到输出端有一比例于差值电压的电流流过,该电流在 R_{15} 上产生一个附加电压降作用于 T_{12} 的基极回路,使 T_{12} 管在比先前更小的输出电流限流值时就导通。这种情况下等效于稳压器的限流值减小,从而保证过电压时调整管运行在安全工作区。

调整管的功耗以热能形式传递到芯片上,为了防止芯片因过热而损坏,除了在器件外形结构上使之便于散热外,器件内部芯片上也设有过热保护电路。R_3、T_{14}、T_{13} 就是完成这一功能的。电阻 R_3 两端电压设置为约 0.4 V,常温下 T_{14}、T_{13} 都处于截止状态。由于 T_{14} 管发射结导通电压具有负温度系数(-2 mV/℃),温度升高时所需的导通电压阈值将减小。当温升使 T_{14} 管的阈值下降到 0.4 V 后,T_{14} 将导通,驱动 T_{13} 将调整管基极电流全部分流,从而关断调整管,使输出电压降为零。

79XX 系列稳压器的功能和电路基本原理与 78XX 系列类似,其芯片的管脚图如图 9.2.7 所示。

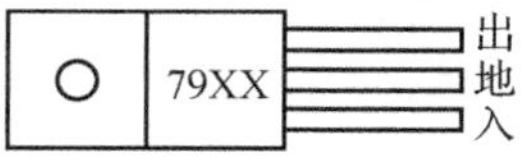

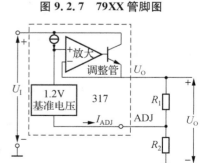

图 9.2.7　79XX 管脚图

2. 三端可调式集成稳压器基本原理

三端可调式集成稳压器 W317 和 W337 是一种悬浮式串联调整稳压器,它的三个接线端分别称为输入端、输出端和调整端。

以 W317 为例,其电路结构和外接元件如图 9.2.8 所示,它的内部电路诸如放大器、偏置电路、恒流源电路等的公共端改接到输出端,即它们都在输入与输出的差值电压

图 9.2.8　三端可调式稳压器结构图

下工作,器件本身无接地端,所消耗的电流都从输出端流出,内部的基准电压(约 1.2 V)相当于接在误差放大器的同相端和调整管之间,若将调整端接地,它就是一个输出电压为 1.2 V 的三端固定式稳压器。接上外部的调压电阻 R_1 和 R_2 后,其输出电压为

$$U_O = U_{REF} + \left(\frac{U_{REF}}{R_1} + I_{ADJ} \right) \times R_2 \tag{9.38}$$

W337 稳压器是与 W317 对应的输出负电压的三端可调式集成稳压器,它在工作原理与电路结构上和 W317 相似。

表 9.1 列出了上述几种三端集成稳压器的主要性能指标,以供参考。

表 9.1　稳压器的主要性能指标

型号	78XX	79XX	W317	W337
输入电压/V	~40(24) 35(5~18)	~−40(−24) ~−35(−5~−24)	~40 ($U_I - U_O$)	~−40 ($U_I - U_O$)
输出电压/V	5,6,8, 9,10 12,15, 18,24	−5,−6,−8, −9,−10 −12,−15, −18,−24	1.2~37	−1.2~−37
输出电流/mA	1 000	100	10~1 500	10~1 500
电压调整率/mV	1~15	3~18	0.01%/V	0.01%/V
负载调整率/mV	12~15	12~15	0.1%	0.1%
静态电流/mA	8	2~3	—	—
输出噪声压/μV	40~70	125~600	50	50
纹波抑制比/dB	53~62	60	65	80
压差/V	2	−2	3	−3
温度系数/(ppm/℃)	300	300	1%(0~75℃)	1%(0~75℃)
调整端电流/μA			50	65
最小负载电流/mA			3.5	3.5

注:纹波抑制比定义为输入纹波电压的峰-峰值对输出纹波电压峰-峰值之比,单位为 dB。

9.2.5　三端集成稳压器应用举例

掌握了三端集成稳压器的基本电路原理后,我们可以根据实际需要来灵活地应用这些器件。三端集成稳压器在实际应用时应当注意的问题主要有以下几点:

(1)必须使稳压器工作在允许的输入电压、输出电流范围内。三端稳压器正常工作时的

输入、输出端电压差值应至少大于 2～3 V。但输入、输出端电压差值过高或负载电流过大时,稳压器内部保护电路将会被触发,对稳压器输出进行限流,这将影响器件正常工作。

（2）三端稳压器属于线性功率器件,有较大的耗散功率,必须根据器件的功耗采取相应的散热措施,一般可将三端稳压器的外壳与散热器或仪器金属底板紧密安装在一起。不过应注意 79XX 系列稳压器的外壳与输入端相通（78XX 系列稳压器外壳与地相通）,安装时应防止与地线短路。

（3）三端稳压器工作在线性状态,是一个闭环负反馈系统,由于电路复杂,开环增益高,加上负载及分布参数的影响,容易产生高频自激。由于不希望引出第四条引脚来作为相位补偿端,因此通常需要在三端稳压器的输入端或输出端并接适当的电容来防止其自激并滤除高频噪声。这些电容在焊装时应紧靠稳压器（一般直接焊装在集成稳压器引脚上）,才能获得良好的效果。

下面介绍一些集成稳压器的基本用法。

1. 三端固定式集成稳压器应用举例

这里主要以 78XX 系列（79XX 系列）为例,给出一些典型应用电路。

1）输出固定电压

图 9.2.9(a)、(b)分别是输出固定正、负电压的应用电路。

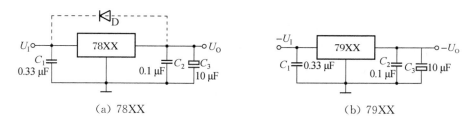

（a）78XX　　　　　　　　　（b）79XX

图 9.2.9　三端稳压电源的接法

图(a)中 C_1 主要用来抑制输入回路中变压器漏电抗及引线电感效应所产生的尖峰扰动及高频噪声。C_2 主要用来防止电路产生自激振荡及抑制输出高频噪声。C_3 是一个数值不大的电解电容,以进一步减小稳压电源输出端的电压纹波。通常情况下稳压器输出端应避免选用过大的电容,这是因为稳压器输入一旦短路时,C_3 两端电压将反向作用于调整管。由于调整管发射结的反向击穿电压在 7 V 以下,当 C_3 容量较大而存储的电压又高于 7 V 时,容易造成稳压器调整管的损坏。有些情况下为了改善输出电压的瞬态响应,需要在稳压器输出端并接大电容（例如 100 μF）时,宜同时对稳压器采取保护措施。例如在输入、输出间跨接一个二极管 D（如图(a)中虚线所示）,以便输入短路时,C_2 通过 D 来泄放电荷。

将整流滤波电路与上述 78XX 和 79XX 三端稳压器结合在一起,可方便地组成同时输出正、负电压的稳压电源,如图 9.2.10 所示。

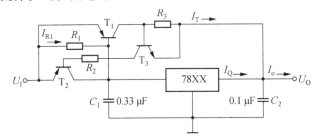

图 9.2.10 同时输出正、负电压的稳压电路

* 2) 扩展输出电流

当负载电流大于稳压器所能供出的电流时,可采用外接功率管的方法来扩展电流。图 9.2.11 是一种带过流保护的扩流电路。

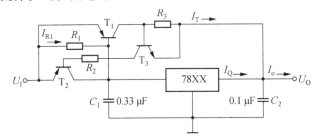

图 9.2.11 带过流保护的扩流电路

正常情况下,T_2 和 T_3 管都处于截止状态,流过三端稳压器的电流在电阻 R_1 上产生的压降使 T_1 发射结正偏导通,T_1 集电极电流 I_T 对输出电流进行扩展。若功率管 T_1 发生过流,则限流电阻 R_3 上的电压降使 T_3 管导通,其集电极电流使 T_2 管趋于饱和,从而降低功率管 T_1 基、射极间的电压 $|U_{BE}|$,限制了功率管中的电流,保护功率管不致因过流而损坏。

电阻 R_1 的阻值由外接功率管 T_1 的 U_{BE1} 值和三端稳压器的输出电流来决定,可按下式选取

$$R_1 = \frac{-U_{BE1}}{I_Q - \frac{1}{\beta_1} I_T} \qquad (9.39)$$

式中 I_Q 是三端稳压器的输出电流,它近似等于三端稳压器的输入电流;I_T 是流过外接功率管的电流。

限流电阻 R_3 的阻值可在功率管电流容量范围内,根据实际需要选取。例如功率管的 $I_{CM} = 5$ A,并以此作为过流保护值,则 R_3 可取值为

$$R_3 = \frac{U_{BE3}}{I_{CM}} = \frac{0.7}{5} = 0.14 \ \Omega$$

* 2. 三端可调式集成稳压器应用举例

三端可调式集成稳压器是依靠外接电阻来给定输出电压的,为保证输出电压的精确和稳定,电阻的精度应与要求的电压精度相适应。电阻应紧靠稳压器,以防止在输出较大电流

时由于连线电阻而产生误差。下面以 W317 为主介绍其典型用法。

1) 输出可调电压

图 9.2.12(a)、(b)分别是输出正、负可调电压的稳压电路,其中 W317、W337 的内部工作电流都要从输出端流出,该电流构成稳压器的最小负载电流。一般情况下,该电流小于 5 mA,考虑到输出端与调整端之间电压 U_{REF} 为 1.2 V,为保证空载情况下输出电压也能恒定,R_1 的取值不宜高于 240 Ω,否则由于稳压器内部工作电流不能从输出端流出,会使稳压器不能正常工作。

以图(a)为例,输出电压为

$$U_{\mathrm{O}} = U_{\mathrm{REF}} + \left(\frac{U_{\mathrm{REF}}}{R_1} + I_{\mathrm{ADJ}}\right) \times R_2$$
$$= 1.2(1 + R_2/R_1) + I_{\mathrm{ADJ}} \times R_2 \tag{9.40}$$

上式中 I_{ADJ} 很小,第二项可忽略不计,此时

$$U_{\mathrm{O}} = 1.2(1 + R_2/R_1) \tag{9.41}$$

调节 R_4 可以获得从 1.2 V 到 37 V 的输出电压。

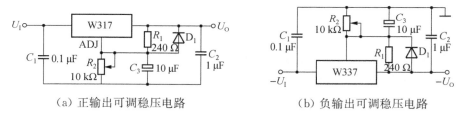

(a) 正输出可调稳压电路　　　　　(b) 负输出可调稳压电路

图 9.2.12　三端可调式稳压电源

稳压器输入、输出端并接电容 C_1、C_2 用于高频滤噪及防止自激。在 R_2 两端并接电容 C_3 可明显减小输出纹波电压。D_1 是保护二极管,防止输出端万一短路时电容 C_3 储存的电荷通过稳压器调整端泄放而损坏稳压器,输出电压较低(一般小于 7 V)。C_2 电容值较小(一般小于 1 μF)时,则可以不接 D_1。

图(b)W337 组成的负输出电压可调范围为 −1.2～−37 V,其原理与图(a)相同。

*2) 高输出电压稳压源

一般类型的集成稳压器受耐压限制,只适用于输出电压在 30 V 以下的场合。而对 W317(W337)而言,因其采用悬浮式稳压原理,可以实现高输出电压的稳压。图 9.2.13 是用 W317 做成的 100 V 稳压电源。

图 9.2.13 中 W317 承受的电压并不高,较高的电

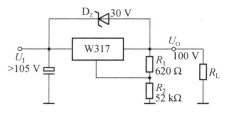

图 9.2.13　高输出电压稳压源电路

压降在 R_2 上。为防止电路启动时稳压器承受过高电压,接入了稳压管 D_Z。稳压管的稳压值必须小于 W317 能承受的电压值。

* 3) 并联扩流可调式稳压源

一般外接功率管扩展输出电流的方法会降低稳压器的精度,增大稳压电路输入、输出间压差。而W317类型的三端可调式稳压器可以采用独特的并联法扩大输出电流。扩流后还能保持原有稳压器的精度。图 9.2.14 是用两个 W317 组成的输出电流达 3 A 的可调式稳压电路。

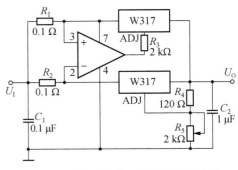

图 9.2.14　并联扩流可调式稳压源电路

集成运放(μA741)用来平衡两块稳压器的输出电流,在两个稳压器输入回路中各串接一个 0.1 Ω 的小电阻作电流采样用。例如,当上面的稳压器输出电流高于下面稳压器时,R_1 上压降增加,给运放同相输入端一个信号,使运放输出电压降低,通过对调整端的控制使上面稳压器输出电压下降,输出电流减小,恢复平衡状态;反之亦然。

输出电压可统一由电阻 R_4 和 R_5 调节。这种扩流原理可用于多个稳压器的并联,以输出更大电流。

* 4) 高精度稳压电源

当对稳压精度要求很高时,单个稳压器往往难以胜任。如果用两个 W317 接成图 9.2.15 所示具有跟踪预调整功能的稳压电路,可获得特别稳定的输出电压,稳压精度可与集成块内的基准电压精度相比拟。

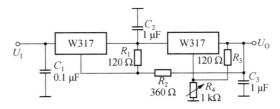

图 9.2.15　跟踪预调整高精度稳压电源

电路工作原理是利用第一级 W317 的调整端使第一级输出电压跟踪第二级输出电压的变化,进行预调整。由于第一级 W317 的调整端通过 R_2 接到第二级 W317 的输出端上,这就限定了第二级 W317 的输入、输出电压差,图示电路参数下,该电压差为

$$U_d = U_{REF} + (U_{REF}/R_1 + I_{ADJ}) \times R_2$$
$$= 1.2\ V + (1.2\ V/0.12\ k\Omega + 0.05\ mA) \times 0.36\ k\Omega = 4.8\ V$$

调节 R_4 改变输出电压时,第一级的跟踪作用使得该电压差保持不变,从而使第二级 W317 在固定电压差条件下工作,获得极高的稳压精度。

与 W317 对应,利用负压三端可调稳压器 W337 同样可组成各种形式的稳压电路,其基本原理和方法与 W317 完全相同,不再赘述。

三端可调稳压器的应用形式是多种多样的,只要掌握了它的基本规律,即维持输出端与调整端之间电压恒定的能力及调整端可控的特点,就不难设计出各种实际的应用电路。

*9.3　开关型直流稳压电路

9.3.1　开关型直流稳压电路的特点

与串联型稳压电路相比较,开关型直流稳压电路有以下特点:

(1) 效率高:串联型直流稳压电路的调整管串接在输入和输出端之间,输出电压的稳定是依靠调节调整管的管压降 U_{CE} 来实现的,由于调整管工作在线性放大区,其集电极损耗 ($P_T = U_{CE} \cdot I_O$) 较大使得电源效率($\eta = \dfrac{P_O}{P_I} \approx \dfrac{U_O \cdot I_O}{U_I \cdot I_O}$)较低,一般为 $40\% \sim 60\%$。开关型直流稳压电路的开关管工作在开关状态(截止、饱和状态),由于截止期间开关管中电流为零不消耗功率;饱和导通期间,虽然电流较大但开关管的饱和压降很小,两者乘积即耗散功率很小。所以开关型直流稳压电路的效率明显高于串联型直流稳压电路,通常可达 90% 左右。

(2) 可省去笨重的电源变压器(50 Hz 工频变压器),将电网电压直接整流、稳压产生所需的直流电压,从而使直流稳压电源的体积缩小,重量减轻。另外由于开关管的工作频率(通常在数十 kHz 以上)远高于工频,对滤波元件参数的要求也相应降低。

(3) 稳压范围宽:由于开关型直流稳压电路的输出电压主要是由脉冲波形的占空比来调节的,受输入电压幅度变化的影响较小,所以它的稳压范围很宽,并容许电网电压有较大的波动。

(4) 纹波和噪声较大:开关型直流稳压电路的调整元件工作于开关状态,会产生尖峰干扰和谐波干扰,其输出电压纹波系数较大。

(5) 电路结构复杂:与串联型稳压电路相比,开关型直流稳压电路的类型较多,电路结构比较复杂,对器件的工作速度及耐压要求也比较高。但现在已有许多用于开关型稳压电源的开关控制集成电路,特别是开关型集成变换器的出现,使开关型直流稳压器的外围电路大为简化。

由于优点突出,开关型直流稳压电源已成为宇航、计算机、通信等电子设备中直流电源的主流,在工程中得到广泛应用。

9.3.2　开关型直流稳压电路工作原理及典型电路

开关型直流稳压电路有多种分类方式,电路实现形式也多种多样。其中按启动功率管的方式来区分可分为自激型和它激型两大类。它激型由附加的振荡器产生开关脉冲来控制开关晶体管。自激型则从电源自身的输出回路获取所需的驱动激励信号,并以正反馈方式形成自激振荡来控制开关晶体管。两者的共同特点是利用磁性储能电路、开关控制电路、频率或脉宽调制方式来提供直流输出电压并提高电源的转换效率。

1. 自激型开关稳压电路

开关型直流稳压电路的原理如图 9.3.1(a)所示,电路输出端采用 LC 滤波器来平滑直流输出电压。图中输入电压 U_1 是前级整流滤波电路的输出电压,控制电路的输出电压 U_B 是占空比系数 δ 可调的脉冲驱动信号,控制调整管 T 以开关工作方式输出矩形波电压,并经 LC 滤波器平滑后形成直流输出电压。

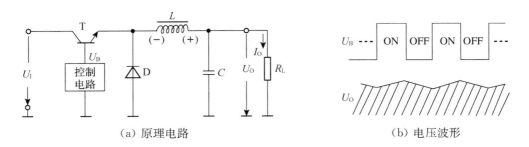

（a）原理电路　　　　　　　　　　（b）电压波形

图 9.3.1　开关型直流稳压电路原理图

当三极管 T 在 U_B 的驱动下饱和导通时,输入电压 U_1 经 T 加到二极管 D 的两端,此时二极管 D 因承受反向电压而截止。负载 R_L 中有电流 I_O 通过,电感 L 储存能量,同时向电容 C 充电使输出电压 U_O 增加。

当三极管 T 在 U_B 的驱动下由导通变为截止时,滤波电感 L 产生自感电势(极性如图中(＋)、(－)所示),使二极管 D 导通,则电感中存储的能量通过 D 向负载 R_L 释放,使负载 R_L 中继续有电流 I_O 通过,故将 D 称为续流二极管。

由此可见,虽然调整管 T 处于开关工作状态,但由于二极管 D 的续流作用和 L、C 的滤波作用,输出电压 U_O 是比较平滑的,如图 9.3.1(b)所示。

这里我们以纹波检测方式的小功率开关稳压电路为例,介绍自激型开关稳压电路的工作原理,如图 9.3.2 所示。图中开关管 T_1 的控制电路由 T_2、T_3 差动式放大器组成,它既被用作输出直流电压与基准电压的误差比较器,又兼作开关控制的波形振荡器。

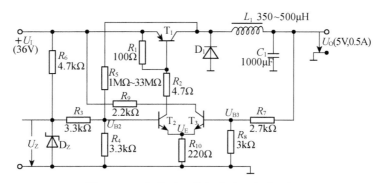

图 9.3.2　自激型开关直流稳压电路示例

在输入电压 U_{I} 被加上后,稳压管两端电压 U_{Z} 由 R_3、R_4 分压后(R_5 取值很大,此时对分压的影响可忽略不计)为 T_2 管基极提供基准电压 U_{B2},其值为

$$U_{\text{B2}}=\frac{R_4}{R_3+R_4}U_{\text{Z}}$$

相应的 T_2 管的发射极电压为 $U_{\text{E}}=U_{\text{B2}}-U_{\text{BE2}}$,使 T_3 管因发射结反偏而截止。T_2 管集电极电流为 T_1 提供基极电流使 T_1 开始导通,T_1 集电极电流 I_{C1} 的增大在电感 L_1 上激起的反电势经 R_5 使 T_2 的基极电压突跳增大,这一电压正反馈效果使 T_1 迅速进入饱和导通状态,其集电极电压为

$$U_{\text{C1}}=U_{\text{I}}-U_{\text{CES1}}$$

U_{C1} 建立后使 T_2 的基极电压在原有 U_{B2} 基础上增大了 ΔU_{B2},即

$$\Delta U_{\text{B2}}=\frac{R_4}{R_4+R_5}U_{\text{C1}}$$

另一方面,T_1 管的集电极电流流经 LC 元件及负载电阻,使得 LC 元件储能增加的同时输出电压 U_{O} 也开始逐渐增大。在 T_1 导通后 U_{O} 经电阻 R_7、R_8 分压产生的 T_3 管基极电压为

$$U_{\text{B3}}=\frac{R_8}{R_7+R_8}U_{\text{O}}$$

它也将随着 U_{O} 的增大而逐渐升高,当 U_{B3} 升高到使 $U_{\text{B3}}\geqslant U_{\text{B2}}+\Delta U_{\text{B2}}$ 时,T_3 管将开始导通。T_3 导通后使 U_{E} 跟随 U_{B3} 升高导致 T_2 管迅速趋于截止(同样因 R_5 支路引入的电压正反馈效果),同时 T_1 管也迅速趋于截止转为 OFF 状态。

T_1 截止后,一方面 LC 元件储存的磁场及电场能量通过二极管 D_1 的续流持续向负载释放,与此同时输出电压 U_{O} 开始逐渐下降;另一方面 ΔU_{B2} 因 T_1 管的截止而消失,使 T_2 管的基极电压重新降低到 U_{B2}。于是,当 U_{O} 下降到使 $U_{\text{B3}}\leqslant U_{\text{B2}}$ 时,电路又回到了初始的工作状态。

这一开关过程的持续循环使输出电压

$$U_{\text{O}}=\frac{R_7+R_8}{R_8}\left(U_{\text{B2}}+\frac{\Delta U_{\text{B2}}}{2}\right)$$

一般因 $U_{\text{B2}}\gg\Delta U_{\text{B2}}$,所以上式进一步简化为

$$U_{\text{O}}=\frac{R_7+R_8}{R_8}U_{\text{B2}}=\frac{R_7+R_8}{R_8}\frac{R_4}{R_3+R_4}U_{\text{Z}}$$

该电路工作时的开关频率受 L、C 及电阻 R_5 的取值影响,由于 L、C 的取值主要应考虑输出电压的平滑效果,故开关频率的调整应通过 R_5 的调整来实现。开关频率过高会使开关管的动态耗散功率增大,进而降低电源的转换效率;开关频率过低则会使输出电压中的纹波分量相应增大。应根据实际应用中对电源指标的要求作合理调整。

2. 它激型开关稳压电路

我们再以适合电子仪器使用的小功率(直流输出功率在 100 W 以下)单管反激式无工频

变压器开关电源为例介绍它激型开关直流稳压电路。

无工频变压器开关电源的组成框图如图 9.3.3 所示。220 V 的单相市电经电网滤波将其电网上的高频及尖峰脉冲干扰滤除后,直接由输入整流滤波器得到约 300 V 的直流电压,然后,在基于脉宽调制原理的控制电路的控制下由晶体管变换器变换成 20 kHz 以上的脉冲电压,经脉冲变压器降压后,由输出整流滤波电路得到所要求的低压直流电压。为了稳定输出电压,将输出电压送入控制电路与基准电压进行比较,产生不同占空比的脉宽调制波形,以改变输出电压的大小。电源通常还有过流电压等保护电路。辅助电源提供控制电路用的低压电源。

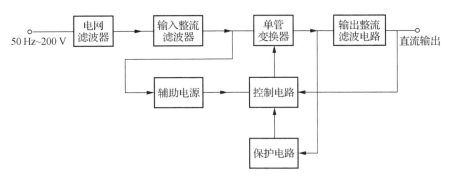

图 9.3.3　无工频变压器开关电源组成框图

1）变换器的工作原理

变换器是它激型开关电路最重要的部分,其原理电路如图 9.3.4(a) 所示,变压器 B 是由有一定气隙的软磁铁氧体材料制作的。变换器中的变压器初级和次级绕组的极性是这样安排的:当开关功率晶体管 T 导通时,次级绕组不导电,此时,能量储存在初级绕组的电感中;而当 T 截止时,次级绕组导电,将储存的能量传送给负载,变换器的这种导电方式称为反向激励。

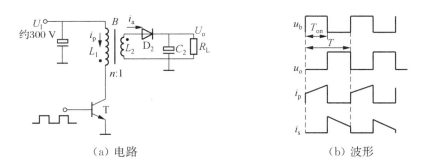

（a）电路　　　　　　　　　　（b）波形

图 9.3.4　单管反激式开关电路的原理电路及波形

当 T 导通时,初级绕组的电压与电流的关系为

$$U_I = L_1 \frac{\mathrm{d}i_p}{\mathrm{d}t}$$

式中 U_1 为输入直流电压，L_1 为初级绕组的电感，i_p 为流过初级绕组的电流。经过导通时间 T_{on} 后，初级电流的增量

$$\Delta I_{P1}=\frac{U_1 T_{on}}{L_1}=\frac{U_1 \delta T}{L_1} \tag{9.42}$$

式中的 T 为晶体管控制信号的周期，δ 为占空比系数，$\delta=\dfrac{T_{on}}{T}$。

在稳态情况下，根据交变磁势平衡的原理可知，导电周期（δT）初级电流正方向的增量与周期的其余时间 $T(1-\delta)$ 电流减少量之间的关系为

$$n\frac{\delta T U_1}{L_1}=\frac{T(1-\delta)U_s}{L_2} \tag{9.43}$$

其中：n 为初次级绕组的匝数比，L_2 为次级绕组的电感，U_s 为次级绕组上的电压。

考虑到 $L_1/L_2=n^2$，则得

$$\frac{\delta T U_1}{L_2}=\frac{n T(1-\delta)U_s}{L_2} \tag{9.44}$$

化简后得

$$U_s=\frac{U_1 \delta}{n(1-\delta)}$$

忽略 D_2 的正向压降，则输出电压 U_o 等于 U_s，即

$$U_o=U_s=\frac{U_1 \delta}{n(1-\delta)} \tag{9.45}$$

上式说明，输出电压的大小与 $\delta/(1-\delta)$ 成比例关系，即改变脉冲宽度的占空比系数，就可以控制输出电压的大小。它激型开关直流稳压电路就是根据这一原理，采用合适的开关管控制电路加以实现的。

2）控制电路——集成芯片 3842

UC3842 是一种性能良好，外接元件极少，价格低廉的单管开关电源控制芯片。它可驱动 VMOS 功率管，亦可驱动双极型功率管。它的内部电路的框图及由它组成的一个实际开关稳压电源示于图 9.3.5。当接通电源后，输入电压 U_1 通过 R_1 向 3842 的 7 脚提供电流，当 7 脚的电压 U_o' 小于 16 V 时，整个电路仅消耗 1 mA 电流；当电压达到 16 V 时，迟滞比较器翻转，输出变为高电平，此后整个电路开始工作，芯片需要的电流由 1 mA 增至 15 mA。由于所需电流的增大，U_o' 将随 U_1 下降，只要 $U_o'>10$ V（迟滞比较器的下限电压），迟滞比较器就不会变为低电平。此后的过程为：

① 基准电压发生器开始工作，输出 5 V 的电压 U_{R1}，供整个芯片的电源使用，同时产生一个 2.5 V 的基准电压 U_{R2}，供误差放大器用。

② 内部振荡器也开始工作，其振荡频率 f 约等于 $1.8 R_P C_P$，振荡器的输出是一个正的窄脉冲序列，正脉冲使 RS 触发器置位，芯片输出（6 脚）变为高电平，驱动功率开关管 FR105 导通，初级绕组电流即开始直线上升。

③ U'_o 经 R_b 和 R_a 分压后与 2.5 V 基准电压在误差放大器中进行比较,其输出电压经两个二极管降压后再衰减三倍,最后由 1 V 的稳压管限幅得到 U_{Rs}。电路正常工作时,U_{Rs} 的数值为 0~1 V,在此条件下,可以导出:

$$U'_o = U_{R2}\left(1 + \frac{R_a}{R_b} + \frac{R_a}{R_f}\right) - (3U_{Rs} + 1.4)\frac{R_a}{R_f} \tag{9.46}$$

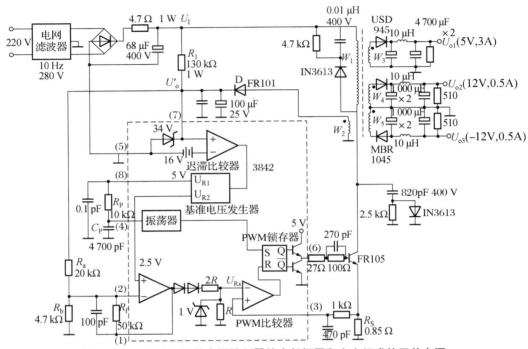

图 9.3.5　UC3842 开关电源控制器的内部框图和由它组成的开关电源

当功率晶体管的电流(可以认为就是变压器初级电流 i_P)在 R_S 上产生电压上升到 U_{Rs},PWM 比较器输出高电平,并触发 PWM 锁存器使其复位,芯片输出电压为低电平,功率晶体管关断,变压器的次级绕组的二极管导通,把能量传到输出,绕组 W_2 通过二极管 D 提供芯片所需要的 U'_o,这称为"自馈电"。U'_o 的大小也反映其他次级绕组的输出电压。当振荡器下一个正脉冲到来时,功率晶体管又开始导电,电路完成启动过程。

④ 在稳定状态工作时,如果 $U'_o \uparrow$,则 $U_{Rs} \downarrow$ 导致 $\delta \downarrow$,最终使得 $U'_o \downarrow$;反之亦然。可见这是一个负反馈过程。

由于 U_{Rs} 的电压被限在 1 V,所以 i_P 将被限制在 1 V/R_S,这实质上起到了电流限幅的保护作用。

并接在功率晶体管集电极上及变压器初级绕组 W_1 上的两组电阻、电容、二极管是为了吸收在功率晶体管关断时由于变压器初级绕组的电抗而引起的过电压,防止功率管因过压而击穿。

开关电源中,所有在高频脉冲电压工作的二极管都采用开关性能良好的快恢复二极管或肖特基二极管。开关电源输出端整流滤波电路所使用的滤波电容要使用高频电解电容。

*9.4　功率管的散热设计

功率电路中,发热部件的散热设计是关系到电路及装置可靠性的重要问题,尤其在开关电源电路中,发热部件的安装及布线对噪声的产生也会有显著的影响。因此,在散热设计上不仅要选择合适的散热器,还要对电路板上元器件的布局及安装作合理的安排。

我们知道功率电路在提供负载功率的同时,电路本身也要消耗一部分功率,即耗散功率。这部分功率主要消耗在功率管的集电结上,以热能的形式散发出去。功率管结温(或功率器件芯片温度)的高低与其散热状况的好坏密切相关。一般锗管允许的极限温度是 90 ℃到 110 ℃,硅管允许的极限温度是 175 ℃到 200 ℃,只要不超过极限温度,管芯就不会损坏。这意味着在达到同样结温(为了降低故障率,一般限制在极限温度以下)前提下,散热较好,则允许耗散在器件上的功率和输出功率就能相应增大;反之,散热较差,则功率管的耗散功率、输出功率都将受到限制。因此散热设计也是保证输出功率的重要问题之一。

1. 热阻及其估算

散热能力的强弱,可以用热阻的大小来衡量。热阻的定义是耗散单位功率时器件所产生的温升,其单位为℃/W。热阻越大,同样管耗下的管芯温度就越高。图 9.4.1 所示带有散热器的功率管的总热阻 θ_{T} 由以下几部分组成

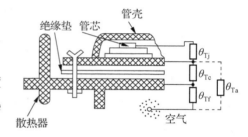

图 9.4.1　功率管的热阻

$$\theta_{\mathrm{T}} = \theta_{\mathrm{Tj}} + \theta_{\mathrm{Tc}} + \theta_{\mathrm{Tf}} \tag{9.47}$$

式中:θ_{Tj} 是功率管集电极(管芯)与管壳间的热阻,通常由手册给出;

θ_{Tc} 是从功率管的管壳底座到散热器间的热阻,其数值取决于两者间有无绝缘垫及接触面积、紧固程度等,其参考值示于表 9.2 中;

θ_{Tf} 是散热器的热阻,与散热器面积、厚度及放置方式有关,厂家生产的散热器通常标明热阻参数。

此外管壳与周围大气环境间的热阻 θ_{Ta} 通常较大,即一般满足 $\theta_{\mathrm{Ta}} \gg \theta_{\mathrm{Tc}} + \theta_{\mathrm{Tf}}$,因此其影响可予以忽略。

表 9.2　管壳与散热器间的热阻 $\boldsymbol{\theta}_{\mathrm{Tc}}$　　　　　　　　单位:℃/W

绝缘垫材料	管壳类型	
	TO - 3[①]	TO - ZZO[②]
无绝缘垫	0.1	0.2
云母垫(50 μm)	0.4	0.5
聚酯树脂(50 μm)	0.6	0.7
聚四氟乙烯	0.8	0.9

注:①金属外壳,多用于大功率管、大功率电压调整器,②环氧树脂塑封,多用于小功率管、三端集成稳压器。

2. 散热器的选取

图 9.4.2 给出了铝平板散热器散热面积与热阻间的关系曲线,其中散热面积是按单面(表面面积)计算的。

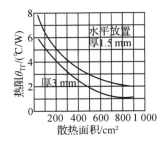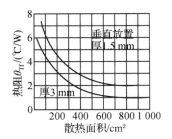

图 9.4.2 铝平板散热器散热面积与热阻的关系

根据热阻的定义,我们可以得出以下关系式

$$T_f - T_a = P_T \cdot \theta_T \tag{9.48}$$

式中:T_f 表示管芯上的温度,T_a 是环境温度,P_T 为器件的耗散功率。

利用上式可以确定实际所需的散热器面积。举例如下:

采用功率管 3DD61A 组成互补对称的功率扩展电路,环境温度 $T_a = 40 \ ℃$,要求最大输出功率 $P_{omax} = 100 \ W$,需要多大面积的散热器?

查手册得:3DD61A 的管芯至管壳的热阻 $\theta_{Tj} = 4 \ ℃/W$,芯片允许的最高温度 $T_{f(max)} = 175 \ ℃$,允许的最大管耗 $P_{CM} = 25 \ W$。

由式(9.14)求得 3DD61A 实际上达到的最大管耗为

$$P_T \approx 0.2 P_{omax} = 0.2 \times 100 \ W = 20 \ W$$

根据式(9.48),求得对应的热阻应为

$$\theta_T = \frac{T_{f(max)} - T_a}{P_T} = \frac{175 \ ℃ - 40 \ ℃}{20 \ W} = 6.75 \ ℃/W$$

代入式(9.47)得

$$\theta_{Tc} + \theta_{Tf} = \theta_T - \theta_{Tj} = 6.75 - 4 = 2.75 \ ℃/W$$

若管壳底座与散热器间不用绝缘垫但涂上热连接剂,并取其热阻为 $\theta_{Tc} \approx 0.2 \ ℃/W$,则可算出要求的散热器热阻为

$$\theta_{Tf} = 2.75 - 0.2 = 2.55 \ ℃/W$$

考虑采用厚 3 mm 的铝平板散热器并垂直安装,则由图 9.4.2 所示曲线可查出所需散热单面的表面积约为 $250 \ cm^2$。若采用市售的翅型散热器,则应选择厂家标示的热阻参数值小于 $2.55 \ ℃/W$ 的产品。

本 章 小 结

1. 功率电路是一种大信号电路,通常处于极限运行的状态。对功率放大电路的主要要求是能向负载提供足够大的输出功率,同时应有较小的非线性失真。

2. 分析功率电路的方法主要是图解法,电路的输出功率和效率是它们的重要指标。为了取得高的效率,低频功率放大器多工作于乙类或甲乙类状态。

3. 常用的电路有 OTL 和 OCL 两种形式。OTL 互补对称放大电路省去了输出变压器,但输出端需接一个大电容,电路工作时只需一路直流电源供电。OCL 互补对称放大电路省去了输出端的大电容,改善了放大电路的低频特性,并有利于实现集成化,但需用正、负两路直流电源供电才能工作。

4. 在 OTL 和 OCL 两种电路中为了增大不失真输出电压的摆幅,可在输出级和输出前级中采用"自举"的电路技术。"自举"不仅增大了输出信号的摆幅,而且还提高了输出前级的电压增益。

5. 集成功放具有许多突出的优点,尤其是以 VMOS 管为代表的大功率器件的应用,使集成功率放大器的性能有了很大提升,目前已经在工程中得到了广泛的应用。

6. 电子设备中的直流电源,通常是由交流电经整流、滤波和稳压以后得到的。对于直流电源的主要要求是:输出电压的幅值稳定、平滑,变换效率高。

7. 由二极管构成的桥式全波整流电路的优点为输出直流电压较高、输出波形的脉动成分相对较低、整流管承受的反向峰值电压不高,且电源变压器的利用率较高,因而应用较广。

8. 滤波电路主要由电容、电感等储能元件组成。电容滤波适用于小负载电流,而电感滤波适用于大负载电流。

9. 串联型直流稳压电路主要包括调整管、采样电路、基准电压与误差放大电路部分,稳压原理是基于电压负反馈来实现输出电压的自动调节。串联型直流稳压电源实际上是一个以基准电压为输入信号的电压串联负反馈电路。

10. 常用的串联集成稳压电路多采用 78XX,79XX 及 W317、W337 等三端集成稳压器件,这些器件的内部都有过压、过流和过热保护功能。集成稳压器具有体积小、可靠性高、温度特性好、使用方便等优点,因而得到了广泛应用。

11. 开关直流稳压电路有多种分类方式。其中可按照开关管的驱动激励方式分为自激型和它激型两大类,每一类又有多种电路实现形式。虽然为了改善开关动态特性会引入局部电压正反馈,但整个开关电源的电路系统仍然是电压负反馈系统,相较于串联型直流稳压电路而言只是改变了对调整管的控制方式以降低管耗。

12. 开关型直流稳压电路中,由于调整管工作在开关状态,使得管耗大大降低,因而显著提高了电源的转换效率。其中无工频变压器开关稳压电源具有重量轻、体积小、效率高的独特优点,它代表着直流稳压电源的发展方向。

13. 开关型集成稳压器外接元件少、使用方便。开关型稳压电源的主要缺点是输出电压中纹波和噪声成分相对较大。但其突出优点是适用范围宽,尤其是能适用于负载电流要求较大的场合,且对电网电压无过高要求。

思考题与习题

题 9-1　在题图 9-1 所示的电路中,晶体管 T 的 $\beta=50$,$U_{BE}=0.7$ V,$U_{CE(sat)}=0.5$ V,$I_{CEO}=0$,电容 C_1 对交流可视作短路。

① 计算电路可能达到的最大不失真输出功率 P_{Omax}。

② 此时 R_B 应调节到什么值?

③ 此时电路的效率 η 是多少?

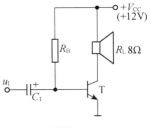

题图 9-1

题 9-2　在图 9.1.3(c)互补推挽功放电路中,已知 $V_{CC}=20$ V,$R_L=8$ Ω,u_i 为正弦电压。求:

① 输入信号 $U_i=10$ V(有效值)时,电路的输出功率、管耗、直流电源供给的功率和效率。

② 在 $U_{CE(sat)}\approx0$ 和 u_i 的幅度足够大的情况下,负载可能得到的最大输出功率和效率。

③ 每个管子的 P_{CM} 至少应为多少?

④ 每个管子的耐压 $|U_{(BR)CEO}|$ 至少应为多少?

题 9-3　乙类功率放大器的电路如题图 9-3(a)、(b)所示。分别计算这两个电路在理想情况下:①最大不失真输出功率;②电源供给的最大功率;③最大效率;④对输出管 T_1、T_2 三个极限参数有何要求(I_{CM},$U_{(BR)CEO}$,P_{CM})?

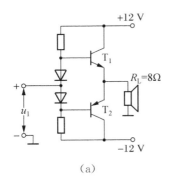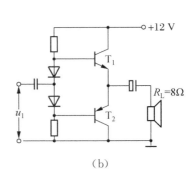

(a)　　　　　　　　　　　　(b)

题图 9-3

题 9-4　在题图 9-4 所示功率扩展电路中,已知 $T_1\sim T_4$ 的饱和压降 $|U_{CES}|=0.3$ V,$|U_{BE}|=0.7$ V,试问:

① 电路可能达到的最大不失真输出功率约为多大?

② 在最大输出功率情况下,要求 U_i 幅度为多大?

③ 对 T_3、T_4 管的 I_{CM}、P_{CM}、$U_{(BR)CEO}$ 有何要求?

④ 若 R_5 短路或开路,分别可能导致什么结果?

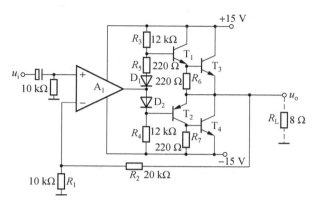

题图 9-4

题 9-5　题图 9-5 中 T_1、T_2 的电流放大系数分别为 β_1、β_2,输入电阻分别为 r_{be1}、r_{be2},各三极管(均为硅管)的 U_{BE} 温度系数为 -2.2 mV/℃。试判断其中哪些是连接正确的复合管?并写出:

① 复合管的等效三极管符号及 β 与 β_1、β_2 的近似关系;

② 复合管的基—射电压温度系数;

③ 复合管的输入电阻表达式。

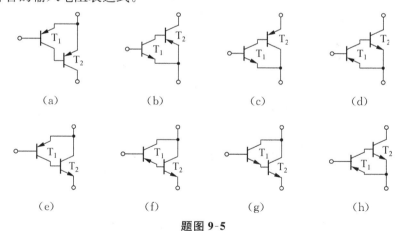

题图 9-5

题 9-6　OCL 功放电路如题图 9-6 所示,T_1、T_2 的特性完全对称。试回答:

① 静态时,输出电压 U_O 应是多少? 调整哪个电阻能满足这一要求?

② 动态时,若输出电压波形出现交越失真,应调整哪个电阻? 如何调整?

③ 设 $V_{CC}=10$ V,$R_1=R_3=2$ kΩ,晶体管的 $U_{BE}=0.7$ V,$\beta=50$,$P_{CM}=200$ mW,静态时 $U_O=0$,若 D_1、D_2 和 R_2 三个元件中任何一个开路,将会产生什么后果?

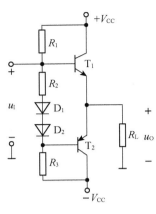

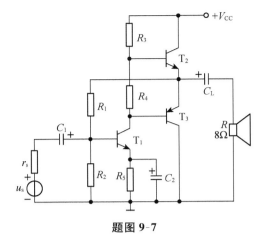

题图 9-6	题图 9-7

题 9-7 互补推挽式功放电路如题图 9-7 所示,设其最大不失真功率为 8.25 W,晶体管饱和压降及静态功耗可以忽略不计。

① V_{CC} 至少应取多大?

② T_2、T_3 管的 P_{CM} 至少应选多大?

③ 若输出波形出现交越失真,应调节哪个电阻?

④ 若输出波形出现一边有小的削峰失真,应调节哪个电阻来消除?

题 9-8 功放电路如题图 9-8 所示,输入电压为正弦波信号。已知当输入信号幅度达到最大时,T_3、T_4 管的最小压降 $U_{CEmin}=2$ V。

① 求 T_3、T_4 承受的最大电压 U_{CEmax};

② 求 T_3、T_4 流过的最大集电极电流 I_{Cmax};

③ 求 T_3、T_4 每个管子的最大管耗 P_{Tmax};

④ 若 R_3、R_4 上的电压及 T_3、T_4 的最小管压降 U_{CEmin} 忽略不计,则 T_3、T_4 管的参数 $U_{(BR)CEO}$、I_{CM}、P_{CM} 应如何选择?

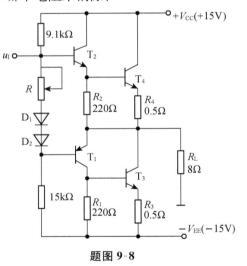

题图 9-8

题 9-9 电路如题图 9-9 所示。分析电路回答下列问题:

① T_4、R_5、R_6 在电路中起什么作用?

② 若要稳定电路的输出电压,应引入何种组态的反馈?在图上画出反馈支路。

③ 若要求当电路输入信号幅值 $U_{im}=140$ mV 时,负载 R_L 上有最大的不失真输出功率,则反馈支路中的元件应如何取值?设管子的饱和压降 $U_{CES}≈1$ V。

题 9-10 功率扩展电路及元件参数如题图 9-10 所示,设 T_1、T_2 的饱和压降 $U_{CES}≈1$ V。试回答:

① 指出电路中的反馈通路,并判断反馈为何种组态。

② 估算电路在深度反馈时的闭环电压放大倍数。

③ 当 u_1 的幅值 U_{im} 为多大时，R_L 上有最大不失真输出功率？并求该最大不失真功率。

④ T_1、T_2 管的参数 $U_{(BR)CEO}$、I_{CM}、P_{CM} 应如何选择？

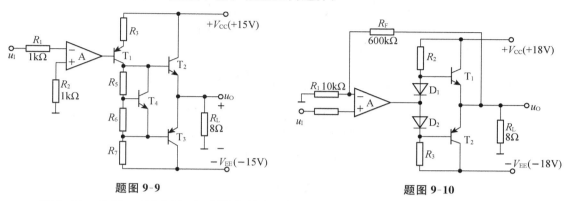

题图 9-9
题图 9-10

题 9-11　OCL 互补电路及元件参数如题图 9-11 所示，设 T_4、T_5 的饱和压降 $U_{CES} \approx$ 1 V。试回答：

① 指出电路中的级间反馈通路，并判断反馈为何种组态。

② 若 $R_F = 100$ kΩ，$R_{B2} = 2$ kΩ，估算电路在深度反馈时的闭环电压放大倍数。

③ 求电路的最大不失真输出功率。

④ 在条件同②的情况下，当负载 R_L 上获得最大不失真输出功率时，输入电压 u_1 的有效值约为多大？

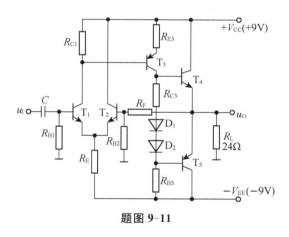

题图 9-11

题 9-12　OCL 功率放大器如题图 9-12 所示。

① 晶体管 $T_1 \sim T_{12}$ 各起什么作用？R^* 起什么作用？

② $\dot{U}_o$ 和 $\dot{U}_i$ 的相位关系是什么？电压放大倍数多大？

③ V_{CC} 和 V_{EE} 如果由 18 V 变到 15 V，各级静态工作电流有无大的变化？为什么？

④ 如果 V_{CC} 和 V_{EE} 为 15 V，T_{11} 和 T_{12} 的饱和压降考虑为 1.5 V，估算输出功率的最大值。

⑤ 这个电路有无自激振荡的可能,如有应如何处理(画在电路上,但不必计算)?

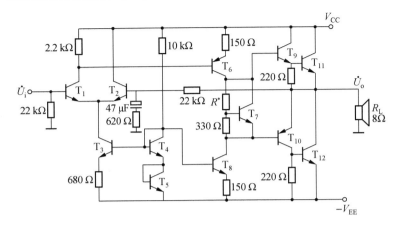

题图 9-12

题 9-13 由集成功率放大器 5G31 构建的 OTL 功放简化电路原理如题图 9-13 所示。

① 试分析并说明集成芯片各外接端点所接元件的作用。

② $\dot{U}_o$ 和 $\dot{U}_s$ 的相位关系是什么? 电压放大倍数多大?

③ 若芯片引脚 10 外加电源电压为 $V_{CC} = 30$ V,试问输出电容 C_o 的耐压值应选多大?

④ 在上述条件下估算电路的最大不失真输出功率和最大输出级管耗各为多少?

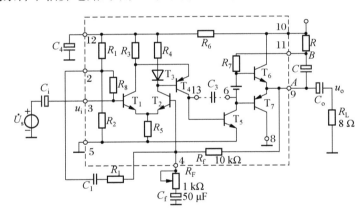

题图 9-13

题 9-14 整流电路如题图 9-14 所示,图中已标出变压器副边绕组电压有效值。

① 试估算负载 R_{L1}、R_{L2} 上直流电压平均值 $U_{O1(AV)}$、$U_{O2(AV)}$;

② 若 $R_{L1} = R_{L2} = 100$ Ω,试确定二极管 $D_1 \sim D_3$ 正向平均电流 I_F 和反向耐压 U_R 值。

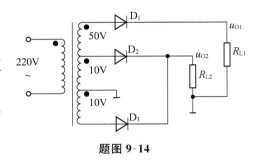

题图 9-14

题 9-15 电路如题图 9-15 所示,若 $U_{21}=U_{22}=20$ V。试回答下列问题:

① 标出 u_{O1} 和 u_{O2} 对地的极性,u_{O1} 和 u_{O2} 中的平均值各为多大?

② u_{O1} 和 u_{O2} 的波形是全波整流还是半波整流?

③ 若 $U_{21}=18$ V,$U_{22}=22$ V,画出 u_{O1} 和 u_{O2} 的波形,并计算出 u_{O1} 和 u_{O2} 的平均值。

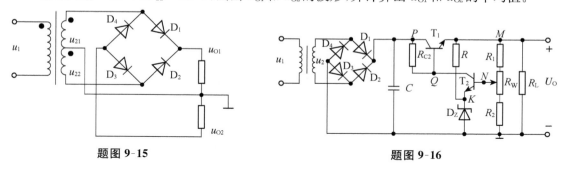

题图 9-15   题图 9-16

题 9-16 具有整流滤波和放大环节的稳压电路如题图 9-16 所示。

① 分析电路中各个元件的作用,从反馈放大电路的角度来看哪个是输入量? T_1、T_2 各起什么作用? 反馈是如何形成的?

② 若 $U_P=24$ V,稳压管 $U_Z=5.3$ V,晶体管 $U_{BE}\approx0.7$ V,$U_{CES}\approx2$ V,$R_1=R_2=R_W=300$ Ω,试计算 U_O 的可调范围;

③ 试计算变压器次级绕组的电压有效值大约是多少?

④ 若 R_1 改为 600 Ω,调节 R_W 时能输出的 U_O 最大值是多少?

题 9-17 根据串联型稳压电路原理,试确定题图 9-17 中 R_2 调至最上端时,下列三种情况下 U_o 的大小(表达式):① R_1 被短路;② R_3 开路;③ R_1 开路。

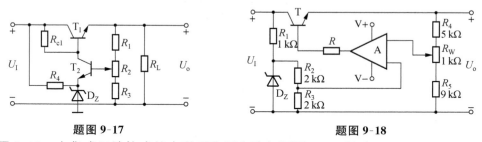

题图 9-17   题图 9-18

题 9-18 由集成运放构成的串联型稳压电路如题图 9-18 所示。

① 运放的正、负电源端应如何连接?

② 标出运放的同相和反相输入端。

③ 当稳压管的 $U_Z=6$ V,$U_1=12$ V 时,估算输出电压 U_o 的调节范围。

题 9-19 串联型稳压电路如题图 9-19 所示。

① 该电路中有几处错误,试指出并加以改正。

② 说明 T_5 管起何作用,对稳压电路性能有何影响?

③ 当稳压管的 $U_Z=4.5$ V,R_W 置中点位置时,计算 A、B、C、D、E、F 各点电位。

④ 求输出电压的调节范围。

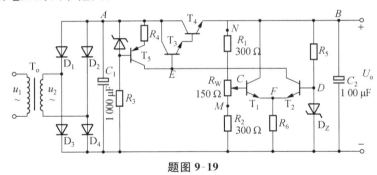

题图 9-19

题 9-20 在上题中的错误改正后,试问:

① 若电路中的 M 点断开,输出电压将为何值?

② 若电路中 N 点断开,输出电压又将为何值?

题 9-21 在题图 9-21 所示的电路中:

① 辅助电源 E_C 起何作用? 若将 E_C 短接,电路能否正常工作?

② 设 $U_{BE2} = 0.7$ V,估算输出电压的调节范围。

③ 如 T_1 的 $\beta_1 = 50$, $U_{BE1} = 0.7$ V,求能稳压的最大输出电流 I_{E1}。

④ 设 $U_1 = 24$ V,试论证 T_1 是否能符合调整电压的要求。 当 $I_{E1} = 50$ mA 时,T_1 的最大耗散功率 P_{cmax} 出现在 R_W 滑动端什么位置上,它的数值是多少?

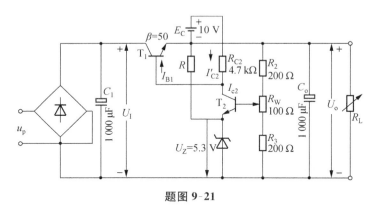

题图 9-21

题 9-22 三端稳压器 W7815 组成如题图 9-22 所示电路,已知 W7815 的 $I_{Omax} = 1.5$ A, $U_O = 15$ V, $U_{Imax} \leqslant 40$ V, $U_Z = +5$ V, $I_{Zmax} = 60$ mA, $I_{Zmin} = 10$ mA。

① 要使 $u_1 = 30$ V,求副边电压有效值 $u_2 = ?$;

② 试计算限流电阻 R 的取值范围;

③ 试计算输出电压 U_O 的调整范围;

④ 试计算三端稳压器上的最大功耗 P_{CM}。

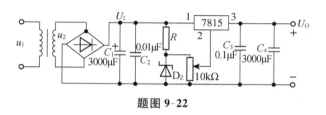

题图 9-22

题 9-23　在下面几种情况下应选什么型号的三端固定式输出集成稳压器。

① $U_O = +12\ V$，$R_{Lmin} = 15\ \Omega$；

② $U_O = +6\ V$，$I_{Omax} = 300\ mA$；

③ $U_O = -15\ V$，输出电流 I_O 的范围为 $10 \sim 20\ mA$。

题 9-24　稳压电路如题图 9-24 所示。

已知三端集成稳压器 7805 的静态电流 $I_3 = 8\ mA$，晶体管 T 的 $\beta = 50$，输入电压 $U_I = 16\ V$，求输出电压 U_O 是多少伏？

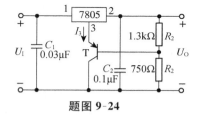

题图 9-24

题 9-25　指出题图 9-25 所示电路哪些能正常工作，哪些有错误。请在原图的基础上改正过来。

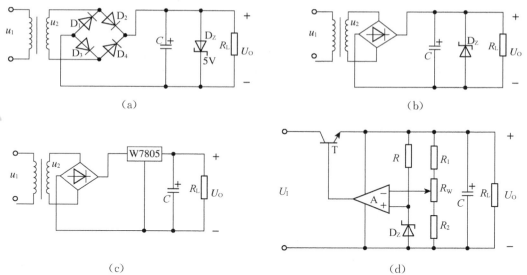

题图 9-25

题 9-26　试说明开关型稳压电路的特点，在下列各种情况下，试问应分别采用何种稳压电路(线性稳压电路还是开关型稳压电路)？

① 希望稳压电路的效率比较高；

② 希望输出电压的纹波和噪声尽量小；

③ 希望稳压电路的重量轻、体积小；

④ 希望稳压电路的结构尽量简单，使用的元件个数少，调试方便。

题 9-27 开关型直流稳压电路的简化电路及各点波形如题图 9-27 所示。调整管 T_a 的基极电压 u_b 为矩形波,其占空比为 $\delta=0.4$,周期 $T=60\ \mu s$,T_a 的饱和压降 $U_{CES}=1\ V$,穿透电流 $I_{CEO}=1\ mA$,波形的上升时间 t_r 与下降时间 t_f 相等,$t_r=t_f=2\ \mu s$。续流二极管正向压降 $U_D=0.5\ V$,输出电压 $U_O=12\ V$,输出电流 $I_O=1\ A$。开关型稳压电路的输入电压 $U_I=20\ V$。

① 试求开关管 T_a 的平均功耗;

② 若开关频率(基极脉冲频率)提高一倍(δ 不变),开关管的平均功耗为多少?

③ 如果续流二极管存储时间 t_s 很短,反向电流很小,且假定滤波元件 L 的电感、C 的电容足够大,试计算该开关电源的效率 η。

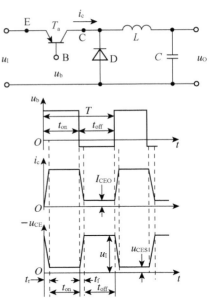

题图 9-27

题 9-28 在题图 9-28(a)所示的自激式开关型直流稳压电路组成方框图中,若因某种原因,输出电压 U_O 增大,试分析其调节过程。

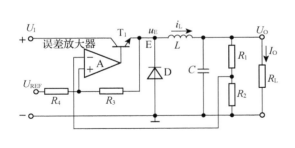

(a) 组成方框图

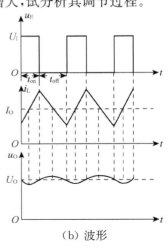

(b) 波形

题图 9-28

题 9-29 直流稳压电路的原理如题图 9-29 所示。试问:

① 这是什么类型的稳压电路?并指出 T_1、T_2 及 T_3、D_1、D_Z 各起什么作用。

② 分析并指出 R_5 支路、R_W 支路分别引进了什么性质的反馈,起何作用。

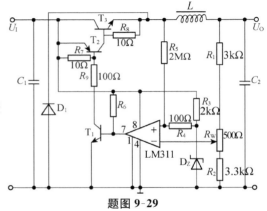

题图 9-29

附录 A：逻辑门电路

在数字电路中,用以实现各种逻辑关系的电路称为逻辑门电路,简称门电路或门,它是数字电路的基本器件。本附录从数字电路中的三种基本运算与、或、非着手,介绍逻辑门电路的基本概念,并重点讨论 TTL 与非门电路和 CMOS 门电路的工作原理和使用特性。

A.1 基本逻辑门电路

A.1.1 基本逻辑运算

数字电路亦称为开关电路,其中的电子器件常工作在"导通"与"截止"两种不同的状态,为了分析方便,将此两种截然不同的状态用二元变量"0"及"1"来表示,称其为逻辑 0及逻辑 1。此处的"0"及"1"并不表示数量的大小,而是表示两种对立的逻辑状态。以"0"及"1"作为变量,按一定的逻辑规律进行运算则称为逻辑运算。基本的逻辑运算分为与、或、非三种。

1. 与运算

图 A.1.1(a)表示一个用两个开关串联控制电灯的电路,只有当开关 A 与 B 同时接通时,灯泡 L 才亮;而 A 和 B 中只要有一个不通或两个都不通时,灯泡 L 不亮。即:只有当一件事(灯亮)的几个条件(A、B 都接通)全部具备时,这件事才会发生,这一关系称之为与逻辑。如果以开关 A、B 作为输入变量,并以开关接通为"1",而断开为"0",以灯泡 L 的亮、灭作为输出结果,且以灯亮为"1",灯灭为"0",则可得到图 A.1.1(b)所示的表格。该表描述了各种输入逻辑变量的取值对应的输出变量值,也称其为真值表。与逻辑用表达式描述可写为

$$L = A \cdot B$$

式中的小圆点则表示 A、B 之间与运算。在不会引起混淆时,常将小圆点省略。在电路中表示满足与运算的逻辑关系称其为与门,如图 A.1.1(c)所示。

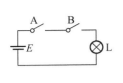

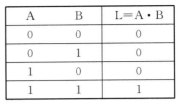

A	B	L=A·B
0	0	0
0	1	0
1	0	0
1	1	1

（a）电路图　　　　　　（b）真值表　　　　　　（c）逻辑符号

图 A.1.1　与逻辑运算

2. 或运算

如图 A.1.2(a)所示,用两个开关并联控制灯泡的亮灭,只要开关 A 或 B 接通或者两者都接通时,灯泡就亮;而当 A、B 都不接通时灯才灭。即:当一件事(灯亮)的几个条件(开关 A、B 接通)中,只要有一个条件得到满足时,这件事就会发生,这一关系称之为或逻辑。如以 A、B 接通,灯亮用"1"表示,而 A、B 断开及灯灭用"0"表示,则可得到或逻辑的真值表如图 A.1.2(b)所示,或逻辑用表达式描述可写为

$$L = A + B$$

式中"+"表示 A、B 进行或运算。在电路中表示满足或运算的逻辑关系称之为或门,如图 A.1.2(c)所示。

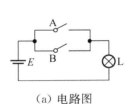

A	B	L=A+B
0	0	0
0	1	1
1	0	1
1	1	1

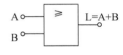

（a）电路图　　　　　　（b）真值表　　　　　　（c）逻辑符号

图 A.1.2　或逻辑运算

3. 非运算

图 A.1.3(a)所示为另一种电灯控制电路,开关 A 接通时,灯不亮;而开关 A 断开时,灯亮。即:一件事(灯亮)的发生以其相反条件(开关 A 断开)为依据,这一关系称之为非逻辑。假如以开关 A 接通、灯亮为"1",A 断开及灯灭用"0"表示,可得非逻辑的真值表如图 A.1.3(b)所示,用逻辑表达式则写成

$$L = \overline{A}$$

其中条件 A 上方的"—"表示了非运算,电路中表示满足非逻辑的关系称之为非门,如图 A.1.3(c)所示。

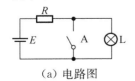

A	L=$\overline{A}$
0	1
1	0

（a）电路图　　　　　　（b）真值表　　　　　　（c）逻辑符号

图 A.1.3　非逻辑运算

A.1.2 二极管与门及或门电路

在数字电路中,用以实现各种逻辑关系的电路称为门电路,简称门。基本逻辑运算有与、或、非运算,相应的逻辑门就有与门、或门、非门,首先介绍作为逻辑门电路基础的二极管门电路。

1. 二极管与门

以输入量作为条件,输出量作为结果,输入、输出之间满足与逻辑的电路称为与门电路。

图 A.1.4(a)表示由半导体二极管构成的与门电路,图 A.1.4(b)为它的逻辑符号,图中 A、B、C 为输入端,L 为输出端。输入信号可分别加入+5 V 或 0 V(以表示逻辑 1 或逻辑 0)。

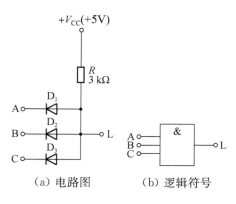

(a) 电路图　　(b) 逻辑符号

图 A.1.4　二极管与门

若输入端 A、B、C 中的一个或几个加上 0 V 低电平信号时,则与其相连接的二极管呈正向导通状态。如果忽略二极管的正向导通压降,则输出端 L 为低电位,$U_L = 0$ V,而其余和输入高电平(+5 V)相连接的二极管因承受反向电压而截止;只有当输入端 A、B、C 同时加上+5 V 高电位,这时 D_1、D_2、D_3 都截止,此时输出端 L 的电位与 V_{CC} 相等,即 $U_L = +5$ V。

若输入/输出均以"1"表示高电位(+5 V),"0"表示低电位,则可得到其逻辑真值表,如表 A.1 所示。由此可得出与门电路满足与逻辑要求:有低出低,全高出高。其逻辑表达为

$$L = A \cdot B \cdot C$$

表 A.1　与逻辑真值表

输入			输出
A	B	C	L
0	0	0	0
0	0	1	0
0	1	0	0
0	1	1	0
1	0	0	0
1	0	1	0
1	1	0	0
1	1	1	1

2. 二极管或门

用二极管组成的或门电路如图 A.1.5(a)所示。若输入端 A、B、C 的某一个或几个加上＋5 V 电位信号时,则与其相连接的二极管导通。如果忽略二极管的正向导通压降,则输出端 L 为＋5 V 高电位,而其他输入端接 0 V 低电位信号,与其相连的二极管承受反向电压而截止;只有当输入端 A、B、C 都加上 0 V 低电位时,D_1、D_2、D_3 都截止,则输出端 L 为低电位,即 $U_L = 0$ V。同样以"1"表示高电位,"0"表示低电位,可得到该门电路的真值表如表 A.2 所示。显然,或门电路满足或逻辑的要求:有高出高,全低出低。其逻辑表达式为

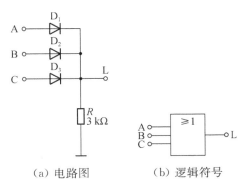

(a) 电路图　　　(b) 逻辑符号

图 A.1.5　二极管或门

$$L = A + B + C$$

表 A.2　或逻辑真值表

输入			输出
A	B	C	L
0	0	0	0
0	0	1	1
0	1	0	1
0	1	1	1
1	0	0	1
1	0	1	1
1	1	0	1
1	1	1	1

A.1.3　非门电路

实现非逻辑功能的电路称为非门。非门只有一个输入端和一个输出端,因为它的输入/输出之间是反相关系,故也称为反相器。图 A.1.6(a)表示了一个用三极管构成的基本反相器电路,图 A.1.6(b)为它的逻辑符号。

当输入端 A 加上高电位时,通过合理选择电路参数使三极管 T 进入饱和区,输出端 L 电位为三极管的饱和压降,即 $U_C = U_{CES}$,很低;而当 A 端为 0 V 时,三极管 T 截止,输出端 L 电位等于 V_{CC}。若以"1"表示高电位,"0"表示低电位,则非门电路满足非逻辑运算关系:有高出低,有低出高。逻辑表达式为 $L = \overline{A}$,其真值表如表 A.3 所示。

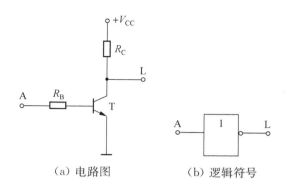

（a）电路图　　　　（b）逻辑符号

图 A.1.6　非门电路

表 A.3　非逻辑真值表

输入	输出
A	L
0	0
0	1

A.1.4　DTL 与非门

将与逻辑运算和非逻辑运算相结合可构成与非逻辑运算，对应该逻辑运算的门电路则称为与非门电路。图 A.1.7(a)表示的就是一种早期的简单集成与非门电路，它是由二极管与门和三极管非门串接而成的，称为二极管-三极管逻辑门（Diode-Transistor Logic），简称 DTL 与非门电路，图 A.1.7(b)是它的逻辑符号。

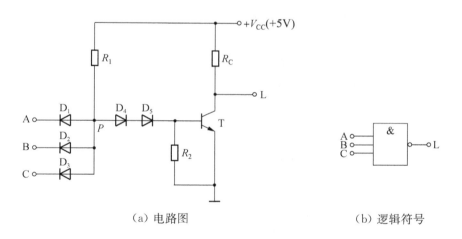

（a）电路图　　　　　　　　　（b）逻辑符号

图 A.1.7　DTL 与非门

当输入端 A、B、C 都接上高电位（+5 V）时，二极管 D_1、D_2、D_3 都截止，而 D_4、D_5 和三极管 T 将导通。假设二极管导通压降为 0.7 V，三极管发射结导通压降也为 0.7 V，则 P 点电位 $U_P = 0.7 \times 3 = 2.1$ V。只要合理选择 R_1、R_C 及三极管参数，使流入三极管基极的电流足够大，满足 $I_B > I_{BS}$，从而使三极管进入饱和区，$U_L = U_{CES} = 0.3$ V，即输出为低电平。

而当 3 个输入端 A、B、C 中有一个或一个以上为低电位 0.3 V 时，与之对应的二极管将导通，此时 P 点电位为 $U_P = 0.3$ V $+ 0.7$ V $= 1$ V，不能使 D_4、D_5 和三极管 T 导通，所以输出为高电位，$U_L = +V_{CC} = 5$ V。因此当输入有低电平时，输出为高电平；而输入全为高电平

时,输出才是低电平,实现与非逻辑关系。其逻辑表达式为

$$L = \overline{A \cdot B \cdot C}$$

由上述分析可知,二极管 D_4、D_5 的作用是:当输入有低电平存在,即 $U_P = 1$ V 时,保证了三极管可靠地截止,输出为高电平。所以 D_4、D_5 也称为电平移位二极管。

这种 DTL 电路的特点是电路结构简单,缺点是工作速度低。原因是当三极管在饱和区时,基区积累有多余的存储电荷,由饱和转为截止时,就得使多余的存储电荷全部消失,在 DTL 电路中只能通过电阻 R_2 泄放,需要经历较长的时间。下节要介绍的 TTL 电路则是一种开关速度较高、在目前使用较多的一种集成逻辑门电路。

A.2　TTL 与非门

TTL 逻辑门是三极管–三极管逻辑门(Transistor-Transistor Logic)的简称,其输入端和输出端都用三极管,最具代表意义的就是 TTL 与非门。

1. TTL 与非门的基本电路

图 A.2.1 所示为典型的五管 TTL 与非门电路。图中多发射极三极管 T_1 及电阻 R_1 作为输入级,T_1 的三个发射极起着图 A.1.7(a)DTL 电路中 D_1、D_2、D_3 的作用,T_1 的集电极代替了图 A.1.7(a)中 D_4 的作用,T_2 的发射极代替了图 A.1.7(a)中的另一个二极管 D_5,而 T_3、T_4、T_5 和 R_4、R_5 作为输出级,T_2 管和 R_2、R_3 作为中间放大级,对 T_5 的基极电流起着放大作用,以提高其带负载能力及开关速度。

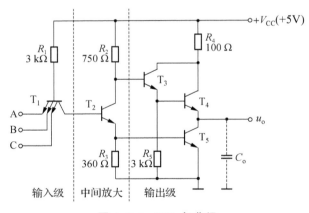

图 A.2.1　TTL 与非门

2. TTL 与非门电路工作原理

由图 A.2.1 电路可知,当 3 个输入端 A、B、C 都接高电平 3.6 V 时,电源 V_{CC} 通过 R_1 和正偏的 T_1 集电结向 T_2、T_5 注入基极电流,选择合适的电路参数,使 T_2、T_5 饱和导通。

假设正偏 PN 结压降均为 0.7 V,则

$$U_{B1}=U_{BC1}+U_{BE3}+U_{BE5}=2.1\ \text{V}$$
$$U_{C1}=U_{B2}=U_{BE2}+U_{BE5}=1.4\ \text{V}$$

此时 T_1 的发射结处于反偏,集电结处于正偏,称这种方式为发射结集电结倒置工作方式。由于 T_2 管饱和导通,所以

$$U_{C2}=U_{CES2}+U_{BE5}=0.3+0.7=1\ \text{V}$$
$$U_{B3}=U_{C2}=1\ \text{V}$$

此值不能使 T_4 导通,只能使 T_3 导通,由此可得

$$U_{B4}=U_{E3}=U_{B3}-U_{BE3}=1-0.7=0.3\ \text{V}$$

显然, T_4 管截止, T_5 饱和导通,所以输出为低电平,即

$$U_{OL}=0.3\ \text{V}$$

当输入端有一个或几个接低电位 0.3 V 时,对应的输入发射结正向导通,则

$$U_{B1}=0.3+0.7=1\ \text{V}$$

此电位不能使 T_2 和 T_5 导通,电源 V_{CC} 将通过 R_2 向 T_3、T_4 提供基极电流,则由图中可得

$$I_{B3}R_2+U_{BE3}+U_{E3}=V_{CC}$$

因为 $U_{E3}=I_{E3}R_5\gg I_{B3}R_2$,忽略 $I_{B3}R_2$,则得

$$U_{E3}=V_{CC}-U_{BE3}=5-0.7=4.3\ \text{V}$$
$$U_{B4}=U_{E3}=4.3\ \text{V}$$

此电压可使 T_4 导通。由于 T_4 管导通, T_5 管截止,所以输出为高电平,即

$$U_{OH}=U_{B4}-U_{BE4}=4.3-0.7=3.6\ \text{V}$$

由上述分析可得:输入全高,输出为低;输入有低,输出为高,实现了与非运算的逻辑关系,即

$$L=\overline{ABC}$$

3. TTL 与非门的传输特性

传输特性是具体反映 TTL 与非门输出电压与输入电压之间关系的曲线,如图 A.2.2 所示。由图可以看出,随着 u_1 的逐渐增大, u_O 的变化过程可以分成 AB,BC,CD,DE 四个阶段。

（1）AB 段

输入信号 u_1 从 0 V 上升到接近 0.6 V,这时 T_1 发射结处于正偏而导通, U_{B1} 的值为 $(0.7+u_1)$,即 0.7 V～1.3 V。该电压不能使 T_2 和 T_5 导通,即 T_2 和 T_5 截止。 T_1 的集电极电流 $I_{C1}=I_{B2}=0$,因此 T_1 处于深度饱和工作状态,饱和电压 $U_{CES1}=0.1\ \text{V}$,所以

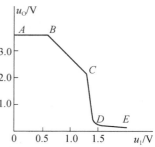

图 A.2.2　TTL 与非门的
电压传输特性

$$U_{C1}=U_{B2}=u_1+U_{CES1}<(0.1\sim0.7)\ \text{V}$$

由于 T_2 截止,电源 V_{CC} 通过 R_2 向 T_3 和 T_4 提供电流使其导通,所以

$$u_O = V_{CC} - U_{BE3} - U_{BE4} = 3.6 \text{ V}$$

通常以输出管 T_5 的状态来说明 TTL 门电路的状态。此阶段由于 T_5 截止,所以 AB 段称为与非门的截止区或处于截止状态。

(2) BC 段

当输入电压 $u_I > 0.6$ V 以后,随着 u_I 的升高,T_1 的集电极电位 $U_{C1} = U_{B2} > 0.7$ V,使 T_2 开始导通,进入放大区。在 0.6 V $< u_I < 1.3$ V 之间,$U_{B2} < 1.4$ V,此电压只能使 T_2 导通,而 T_5 仍然截止。由于 $u_I = U_{CE1} + U_{BE2} + U_{E2}$,当输入电压 u_I 有微小变化时,若认为 U_{BE2}、U_{CE1} 基本不变,则 $\Delta u_I = \Delta U_{E2}$;而输出电压 $u_O = U_{C2} - U_{BE3} - U_{BE4}$,若认为 U_{BE3}、U_{BE4} 近似不变,则 $\Delta u_O = \Delta U_{C2}$。又

$$\Delta U_{C2} = -\Delta I_{C2} \times R_2 \approx -\Delta I_{E2} \times R_2$$

$$\Delta U_{E2} = \Delta I_{R3} \times R_3 \approx \Delta I_{E2} \times R_3$$

$$\frac{\Delta u_O}{\Delta u_I} = \frac{\Delta U_{C2}}{\Delta U_{E2}} = -\frac{R_2}{R_3}$$

由此式可知,随着输入电压 u_I 的增加,输出电压 u_O 将线性下降,因此 BC 段也称为电压传输特性的线性变化区。

(3) CD 段

当 $u_I > 1.3$ V 以后,$U_{B2} > 1.4$ V,T_5 也开始导通。随着 u_I 的增加,I_{B5} 迅速增大,使 T_5 管很快进入饱和导通;同时 U_{C2} 快速下降,使 T_2 也趋于饱和。而 T_4 趋于截止,所以只要输入电压 u_I 从 1.3 V 再略增加一点,输出电压就将急剧地下降到低电平 0.3 V。通常将电压传输特性的这一段区域称为转折区或过渡区,把该转折区中点所对应的电压称为 TTL 与非门的门槛电平或阈值电平,用 U_{th} 表示。由图 A.2.2 可知,$U_{th} = 1.4$ V。

(4) DE 段

当 $u_I > 1.4$ V 后,T_2、T_5 饱和导通,使 T_1 的基极钳位在 2.1 V 上,T_1 处于倒置工作状态,T_4 管截止。输出为稳定低电平,$u_O = 0.3$ V,不随输入电压 u_I 的改变而改变。这一段也称为饱和区,此时 TTL 与非门的状态也称为饱和状态或导通状态。

在数字系统中,为了正确区分高低电平,必须对门电路输出的高低电压值作一些必要的规定。通常将输出高电平的下限值称为标准高电平 U_{SH},而将输出低电平的上限值称为标准低电平 U_{SL};把保证输出为标准高电平 U_{SH} 的条件下所允许的最大输入低电平称为关门电平 U_{OFF},而把保证输出为标准低电平 U_{SL} 时所允许的最小输入高电平值称为开门电平 U_{ON}。对于典型的 TTL 与非门,规定 $U_{SH} = 2.4$ V,$U_{SL} = 0.4$ V,据此在电压传输特性曲线上可以定出它的 $U_{OFF} = 0.8$ V,$U_{ON} = 1.8$ V。

开门电平 U_{ON} 与关门电平 U_{OFF} 在实际使用时是很重要的参数,它们反映了电路的抗干扰能力。因为从电压传输特性曲线上可以看到,当输入信号偏离正常的高低电平时,其输出状态并不一定发生变化。即在输入信号中,即使混入一些干扰信号,只要其幅值不超过一定

的界限(U_{ON}、U_{OFF}),电路的输出状态就不会发生改变。在保证门电路的正常状态不发生改变的情况下,所能允许叠加在输入信号中的干扰电压最大值称为噪声容限。显然噪声容限的大小,定量地说明了逻辑电路抗干扰能力的强弱。

高电平噪声容限用U_{NH}表示,低电平噪声容限用U_{NL}表示,其值分别为

$$U_{\text{NH}} = U_{\text{SH}} - U_{\text{ON}}$$
$$U_{\text{NL}} = U_{\text{OFF}} - U_{\text{SL}}$$

对于典型的 TTL 电路,$U_{\text{NH}} = 0.6\ \text{V}$,$U_{\text{NL}} = 0.4\ \text{V}$。

4. TTL 与非门电路的改进

(1)有源泄放 TTL 与非门电路

在分析图 A.2.1 所示 TTL 与非门电路的工作原理及其传输特性时得知,为了使输出管 T_5 快速进入饱和,需要增大其基极电流,即应增大 R_3 的阻值,让 T_2 的发射极电流更多地用以驱动 T_5 基极。但随着 R_3 的增大,T_5 的基区存储电荷增加,当 T_5 要退出饱和进入截止时,基区电荷经过 R_3 的泄放电流必然减小,从而使 T_5 截止过程变慢,显然为了加速 T_5 的截止过程,R_3 应选得小些为好。

为了解决上述矛盾,在很多产品中采用了有源泄放回路来代替图 A.2.1 中的电阻 R_3。图 A.2.3 所示为有源泄放 TTL 与非门电路,其有源泄放电路由三极管 T_6 及电阻 R_3、R_6 组成。

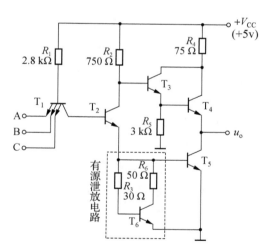

图 A.2.3 有源泄放 TTL 电路

下面分析有源泄放回路对开关速度的影响。

当与非门由截止变导通时,T_5、T_6 都将开始导通。但由于 T_6 基极上有电阻 R_3,而 T_5 的基极直接接在 T_2 的发射极,所以在跳变瞬间,T_2 的射极电流几乎全部流入 T_5 基极,使 T_5 比 T_6 先导通,T_5 迅速进入饱和,因而缩短了开通时间 t_{on}。而 T_5 饱和后,T_6 也开始导通,形成了 T_5 基极的分流支路,分流一部分 T_5 的过驱动电流,使 T_5 减轻了饱和程度,缩短了存储

时间,同时也将有利于快速截止。

当与非门由导通状态变为截止状态时,T_2 首先截止。由于有源泄放回路接在 T_5 的发射结之间,所以当 T_5 的基极存储电荷未泄放完前,T_6 的发射结为正向偏置,仍处于导通状态。所以 T_5 基极存储电荷能够通过 T_6、R_3、R_6 构成的有源泄放低阻回路进行泄放,加快了 T_5 的截止过程。

由此可见,有源泄放回路能提高与非门的开关速度,原因是有源泄放回路具有可变电阻特性。当与非门由截止变导通时,其等效电阻很大,使 T_5 基极获得较大的驱动电流而迅速进入饱和;在导通向截止转变时,它又等效成一个很小的电阻,使 T_5 基极存储电荷迅速泄放而进入截止。

(2)抗饱和 TTL 与非门电路

抗饱和电路的出发点是:为了减小或基本上消除三极管进入深饱和区时存储电荷的影响,采取必要措施,使三极管不工作在深饱和区,这样就能从根本上减少由于存储电荷的消散所需的时间 t_s,从而提高与非门的工作速度。采用肖特基势垒二极管(Schottky-Barrier-Diode,SBD)钳位的方法就能达到抗饱和的效果。

肖特基势垒二极管是由金属和半导体相接触,在交界面形成的势垒二极管,其主要特点为:

① 它和 PN 结一样,具有单向导电性;

② 它的导通电压较低,只有 $0.4 \sim 0.5$ V 左右,比一般的二极管低 $0.2 \sim 0.3$ V;

③ 势垒二极管是多数载流子导电,其本身几乎没有电荷存储效应,所以它不会引起附加延迟时间。

为了使三极管不进入深饱和状态,在三极管基极和集电极之间并联上一个导通阈值电压较低的肖特基势垒二极管,如图 A.2.4 所示,其中图(a)为其电路连接形式,图(b)为电路符号。

当三极管进入饱和区时,发射结、集电结都将处于正偏,且集电结正偏电压越大,其饱和深度越深。而改为肖特基钳位形式的三极管时,当三极管集电结正偏电压达到 SBD 的门槛电压时,该二极管导通,有更多的基极电流将通过该二极管分流,使集电结正偏电压钳位在 $0.4 \sim 0.5$ V 左右,即真正流入三极管基极的电流不会过大。因此该三极管就不会工作在深饱和区,达到抗饱和的目的。

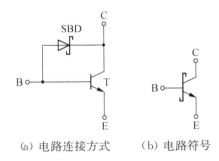

(a) 电路连接方式　　(b) 电路符号

图 A.2.4　带有肖特基二极管钳位的三极管

图 A.2.3 所示 TTL 电路中,可能工作在深饱和区的三极管为 T_1、T_2、T_5。若将它们改为由肖特基势垒二极管钳位的三极管,就构成图 A.2.5 所示的抗饱和 TTL 电路,也称为 STTL 电路,与原 TTL 电路相比,其工作速度得到大大提高。

TTL 电路的改进，除了上述两种形式外，还有其他多种方式。改进的出发点主要是针对如何提高工作速度、降低功耗、增强抗干扰能力及提高集成度方面。目前已出现了各具特色的不同系列 TTL 门，如 H、L、S、LS、AS 及 ALS 等。

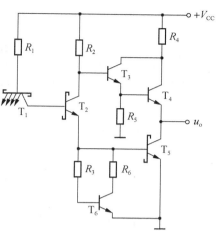

图 A.2.5　抗饱和的 TTL 电路

5. TTL 与非门的主要参数

为了正确选择和使用 TTL 门电路，了解其主要参数的定义及测试方法具有重要意义。

（1）输出高电平 U_{OH}

TTL 与非门的输出高电平 U_{OH} 是指当输入端有一个（或几个）为低电平时，门电路的输出电平。U_{OH} 的典型值为 3.6 V，产品规范值 $U_{OH} \geqslant U_{SH} = 2.4$ V，U_{SH} 为标准高电平。

（2）输出低电平 U_{OL}

TTL 与非门的输出低电平 U_{OL} 是指在额定负载下，输入全为高电平时的输出电平值，产品规范值 $U_{OL} \leqslant U_{SL} \leqslant 0.4$ V，U_{SL} 为标准低电平。

（3）高电平输入电流 I_{IH}

高电平输入电流也称为输入漏电流，是指某一输入端为高电平，其他输入端接地时，流过该高电平输入端的电流值。在与非门级联运用时，当前级门输出为高电平，则后级门的 I_{IH} 就是前级门的拉电流负载。假如 I_{IH} 值过大，将使前级门的高电平值下降，一般 $I_{IH} \leqslant$ 50 mA。

（4）输入短路电流 I_{IS}

I_{IS} 是指与非门的某一输入端接低电平，其余输入端接高电平或悬空时，流过该低电平输入端的电流。在与非门级联运用时，I_{IS} 就是流入前级与非门输出管而作为前级的灌电流负载，所以 I_{IS} 的大小将直接影响前级门的工作状况，产品规范值 $I_{IS} \leqslant 1.6$ mA。

（5）扇出系数 N_O

N_O 表示一个逻辑门的输出端能同时驱动同类门的最大数目。它表示门电路的带负载能力。假设 I_O 是前级门的输出电流，I_I 是每个负载门所需要驱动电流，则扇出系数为

$$N_O = \frac{I_O}{I_I}$$

因为 I_O、I_I 与 U_{OH}、U_{OL} 有关，可分别求出低电平扇出系数 N_{OL} 和高电平扇出系数 N_{OH}。但由于 TTL 与非门的高电平输入电流 I_{IH} 很小，所以 N_O 应由低电平输出决定，即

$$N_O = \frac{I_{Omax}}{I_{IS}}$$

式中，I_{Omax} 为前级门在保证 $U_O \leqslant U_{OL}$ 时允许灌入的最大负载电流。一般 TTL 的扇出系数

$N_O \geqslant 8$,即一个逻辑门的输出能同时驱动 8 个以上的同类门电路。

（6）开门电平 U_{ON}

U_{ON} 是在额定负载下（如 $N_O = 8 \sim 10$），保证输出为低电平时的最小输入电压值，即输出为标准低电平 U_{SL}（0.4 V）时对应的输入电压值。U_{ON} 表示与非门开通所需的最小输入电压，产品规范值 $U_{ON} < 2$ V。

（7）关门电平 U_{OFF}

U_{OFF} 是保证输出为高电平时的最大输入电压值，即输出为标准高电平 U_{OH}（2.4 V）时对应的输入电压值。U_{OFF} 表示使与非门关断所需的最大输入电压。

（8）空载功耗

与非门的空载功耗是指当与非门空载时，电源电流 I_{CC} 与电源电压 V_{CC} 的乘积。由于门电路状态不同，电源所供给的电流值也不同。输出为低电平时，电源电流为导通电流 I_{CCL}，对应的功耗称为空载导通功耗 P_{ON}；输出为高电平时，电源电流为截止电流 I_{CCH}，对应的功耗称为空载截止功耗 P_{OFF}，由于 $I_{CCL} > I_{CCH}$，所以 $P_{ON} > P_{OFF}$。

需要指出的是，在动态情况下，特别是当输入由高电平转为低电平的瞬间，T_5 还未来得及退出饱和，而 T_2 先退出饱和，使 U_{C2} 上升，迫使 T_3、T_4 的导通先于 T_5 的截止。这样在短时间内就出现 T_4、T_5 同时导通，有很大的瞬时电流流经 T_4、T_5，使总电流 I_{CC} 出现峰值，瞬时功耗随之增大，平均功耗也增加，且随着工作频率的升高，平均功耗也将随之变大。因此在选用电源时，不能单从与非门的导通功耗考虑，还应留有适当的余量。

（9）平均传输延迟时间

平均传输延迟时间是用来表示电路开关速度的参数。

如图 A.2.6 所示，当与非门输入为一个方波信号时，其输出电压波形有一定的时间延迟，从输入波形上升沿的中点到输出波形下降沿的中点之间的时间延迟，称为导通延迟时间 $t_{d(on)}$；从输入波形下降沿的中点到输出波形上升沿的中点之间的时间延迟，称之为截止延迟时间 $t_{d(off)}$。平均延迟时间 t_{pd} 定义为 $t_{d(on)}$ 与 $t_{d(off)}$ 的平均值，即

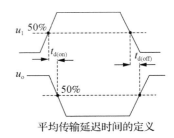

平均传输延迟时间的定义

图 A.2.6　平均传输延迟时间的定义

$$t_{pd} = \frac{1}{2}(t_{d(on)} + t_{d(off)})$$

A.3　CMOS 逻辑门电路

MOS 器件的基本结构有 N 沟道和 P 沟道两类，相应地可构成 NMOS 门电路和 PMOS 门电路。但不管是 NMOS 门电路或 PMOS 门电路，都有一个共同的弱点，它们对工作管及负载管的导通电阻有较高的要求，而且带负载能力较弱，而综合利用 NMOS 和 PMOS 器件特性构成互补型的 MOS 电路时，就可有效地解决单一 MOS 器件门电路的缺陷，构成性能

优越的门电路。这种互补对称 MOS 门电路即称其为 CMOS(Complemental MOS)逻辑门电路。

A.3.1　CMOS 反相器

CMOS 反相器是由一个 N 沟道增强型 MOS 管和一个 P 沟道增强型 MOS 管组成的。图 A.3.1(a) 为 CMOS 反相器电路原理图，图 A.3.1(b) 为其常见的简化电路形式。

从图中可以看出，CMOS 反相器的构成是将 NMOS 管 T_N 的栅极与 PMOS 管 T_P 的栅极相连作为 CMOS 反相器的输入端，而 T_N 与 T_P 的漏极连在一起作为 CMOS 反相器的输出端，T_P 的源极接电源 V_{DD}，T_N 的源极接地。假设 T_N 开启电压用 U_{TN} 表示，T_P 的开启电压用 U_{TP} 表示，电源电压 $V_{DD} > (U_{TN} + |U_{TP}|)$。

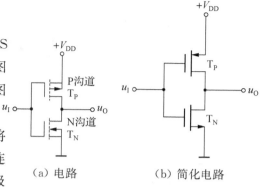

（a）电路　　　　（b）简化电路

图 A.3.1　CMOS 反相器

当输入端 u_I 为低电平 0 V 时，T_N 管的 $U_{GSN} = 0 < U_{TN}$，则 T_N 管截止；而 T_P 管的 $U_{GSP} = -V_{DD}$，即 $|U_{GSP}| > |U_{TP}|$，所以 T_P 管导通，输出 u_O 为高电平，且近似为 V_{DD}。当输入 u_I 为高电平 V_{DD} 时，此时 $U_{GSN} = V_{DD} > U_{TN}$，$T_N$ 管导通；而 $U_{GSP} = 0 < |U_{TP}|$，所以 T_P 管截止，输出 u_O 为低电平，近似为 0 V。因此该电路具有反相器的功能，而且输出不论是高电平还是低电平，总是一个管子导通，一个管子截止，所以其静态电流近似为零，反相器的静态功耗非常小，一般只有微瓦数量级。

为了进一步分析 CMOS 反相器的工作特性，可利用实验的方法得出其电压传输特性曲线，如图 A.3.2 所示，其中 $V_{DD} = 10$ V，$U_{TN} = |U_{TP}| = 2$ V。

从图 A.3.2 中可以看出，当 $u_I < U_{TN}$ 时，T_N 管截止，而 $|U_{GSP}| > |U_{TP}|$，所以 T_P 管导通，工作在非饱和区，输出近似为 V_{DD}，如图 A.3.2 中 AB 段所示。当 $u_I > V_{DD} - |U_{TP}|$ 时，由于 $u_I > U_{TN}$，T_N 管导通，而 $|U_{GSP}| < |U_{TP}|$，所以 T_P 管截止，输出为低电平，近似为 0 V，如图中 EF 段。

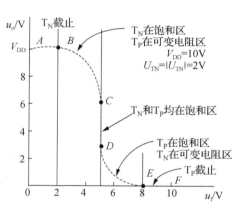

图 A.3.2　CMOS 反相器电压传输特性

当 $U_{TN} < u_I < V_{DD} - |U_{TP}|$ 时，两个管子均导通，即图 A.3.2 中的 BCDE 段。在 BC 段，由于 u_I 较小，$U_{GSN} < U_{DSN}$，所以 T_N 工作于饱和区；而 $|U_{GSP}| > |U_{DSP}|$，所以 T_P 处于非饱和状态。在 DE 段，则对应的 T_N 工作于非饱和状态，T_P 工作在饱和区；而 CD 段则是 T_N、T_P 均处于饱和区工作状态，有较大的电流流过。这段区域低窄，即只要输入 u_I 有一个很小的变化，输出信号的电平就会变化很大，通常把这段称之为

转折区。

从传输特性中也可以得知,CMOS 的特性比较理想,其转折点电平近似在 $V_{DD}/2$ 处,所以其高低电平噪声容限近似相等,均为 $V_{DD}/2$。由于其一管导通、一管截止的特点,可以将管子的导通电阻做得较小,以提高其开关速度及带负载能力。CMOS 反相器的平均传输延迟时间约为几十纳秒,而其扇出系数 $N_O>50$。另外,CMOS 电路的电源工作范围也特别宽,可以在 3~18 V 之间。

A.3.2 CMOS 与非门

图 A.3.3 所示为一个两输入的 CMOS 与非门电路,包括两个漏源相串联的 NMOS 管 T_{N1}、T_{N2} 和两个漏源相并联的 PMOS 管 T_{P1}、T_{P2},每对 NMOS 管和 PMOS 管的栅极相连作为输入端。当两个输入端 A、B 中只要有一个为低电平时,与之对应的 NMOS 管截止,PMOS 管导通,输出为高电平;只有当输入端 A、B 都为高电平时,T_{N1}、T_{N2} 才都处于导通,而 T_{P1}、T_{P2} 都截止,输出为低电平。因此该电路的输出与输入之间符合与非的逻辑关系,即

$$L=\overline{AB}$$

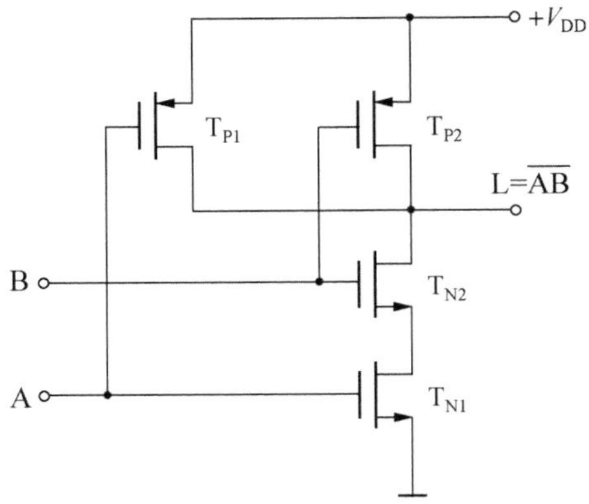

图 A.3.3 CMOS 与非门

有 N 个输入端的与非门必须由 N 个 NMOS 管相串联,N 个 PMOS 管相并联。在与非门电路中,由于 NMOS 管相串联,输出低电平值为各串联管的导通压降之和,因此随着输入端增多,势必造成输出低电平值被抬高,同时低电平输出时的输出电阻也随输入个数的增加而增大。在输出为高电平时,与非门的输出电阻将与输入信号的组合有关。如图 A.3.3 所示,当 A、B 均为低电平时,T_{N1}、T_{N2} 均截止,T_{P1}、T_{P2} 都导通,所以输出电阻为 T_{P1} 及 T_{P2} 的导通电阻的并联值;而如果 A、B 只有一个为低电平,则 T_{N1}、T_{N2} 只有一个截止,对应的 T_{P1}、T_{P2} 也只有一个导通,此时的输出电阻为一个导通管的导通电阻,与前者相差一倍。因此,生产厂家在进行电路设计时,往往在上述与非门的输出端再加上两个 CMOS 反相器,构成实用的 CMOS 与非门,用来降低输出低电平的值和保证输出电阻值不变。

A.3.3 CMOS 或非门

图 A.3.4 所示为两个输入端的 CMOS 或非门电路,包括两个漏源并联的 NMOS 管和两个漏源串联的 PMOS 管,每对 NMOS 管与 PMOS 管的栅极相连,作为输入端。当输入端 A、B 中只要有一个为高电平时,与之对应的 NMOS 管导通而 PMOS 管截止,所以输出为低电平;而只有当输入端全为低电平时,两个 NMOS 管均截止,两个 PMOS 管都导通,此时输

出为高电平,因此该电路满足或非的逻辑关系,即

$$L=\overline{A+B}$$

显然,有 N 个输入端的或非门必须由 N 个 NMOS 管相并联和 N 个 PMOS 管相串联。在或非门电路中,由于 NMOS 管相并联,所以低电平输出时的输出电阻只会减小,且始终不会大于一个驱动管的导通电阻,不存在输出低电平随输入端个数的增加而增加的问题。这也是 CMOS 逻辑门电路中常用或非门作基本门电路设计的原因。

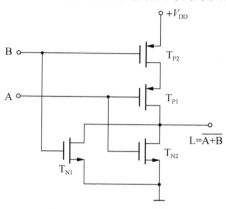

图 A.3.4 CMOS 或非门

A.3.4 CMOS 三态门

图 A.3.5 所示为 CMOS 三态门的一种电路形式。由图可看出,当使能控制端 E 为低电平时,T_{P2}、T_{N2} 均处于导通状态,C 点相当于接电源 V_{DD},而 D 点则相当于接地,所以此时输出 u_O 与输入 u_1 之间满足反相逻辑关系;当使能端 E 为高电平时,T_{P2} 及 T_{N2} 均截止,且不论 u_1 为何值,输出均为高阻态。

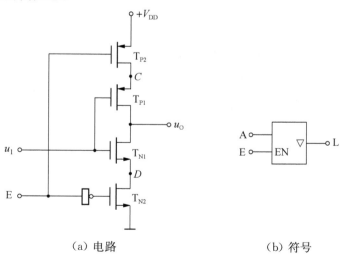

（a）电路　　　　　　　　　　　（b）符号

图 A.3.5 CMOS 三态门

A.3.5 CMOS 传输门

CMOS 传输门(Transmission Gate,TG)是一种可以传输信号的模拟开关,在电子电路中有着非常广泛的应用。图 A.3.6(a)所示为 CMOS 传输门的电路结构,是由一个 NMOS 管和一个 PMOS 管并联而成的,相连的源极和漏极分别作为传输信号的输入端和输出端。两管的栅极作为传输门的控制端,分别由一对互补变量 C 及 $\overline{C}$ 进行控制,由 MOS 管结构的对称性决定了它的漏极和源极可以互换。因此 CMOS 传输门的输入、输出端也可以互换使用,即 CMOS 传输门具有双向传输特性。图 A.3.6(b)为其电路符号。

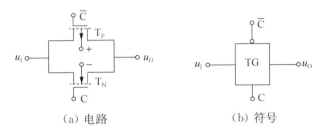

(a) 电路   (b) 符号

图 A.3.6 CMOS 传输门

在图 A.3.6(a)中,设输入信号的变化范围为 $-V_{DD} \sim +V_{DD}$,为了保证 MOS 管的衬底与漏极、源极之间的 PN 结在任何时候都不正偏,故 T_P 的衬底接 $+V_{DD}$,T_N 的衬底接 $-V_{DD}$,两管的栅极接一对互补的信号 C 及 $\overline{C}$,其取值为高电平 $+V_{DD}$ 或低电平 $-V_{DD}$。

当控制端 C 为低电平($-V_{DD}$),$\overline{C}$ 为高电平($+V_{DD}$)时,输入信号 u_I 在 $-V_{DD}$ 到 $+V_{DD}$ 范围内,T_N、T_P 均不导通,传输门是断开的;而当 C 接高电平 $+V_{DD}$,$\overline{C}$ 为低电平 $-V_{DD}$ 时,在 $-V_{DD} \leqslant u_I \leqslant (V_{DD} - U_{TN})$ 范围内,T_N 管导通;而在 $(-V_{DD} + |U_{TP}|) \leqslant u_I \leqslant +V_{DD}$ 范围内,T_P 管导通。因此只要保证 $(U_{TN} + |U_{TP}|) < V_{DD}$,在 $-V_{DD} \leqslant u_I \leqslant +V_{DD}$ 范围内,传输门始终导通。

CMOS 传输门导通时,导通电阻很低(300 Ω 左右),后面接运放等高输入阻抗的负载时,其值可以忽略不计。

参考文献

[1] 刘京南.电子电路基础[M].北京:电子工业出版社,2003.

[2] 衣承斌,刘京南.模拟集成电子技术基础[M].南京:东南大学出版社,1993.

[3] 王志功,沈永朝.电路与电子线路基础:电子线路部分[M].北京:高等教育出版社,2013.

[4] 童诗白,华成英.模拟电子技术基础[M].5 版.北京:高等教育出版社,2015.

[5] 康华光.电子技术基础:模拟部分[M].6 版.北京:高等教育出版社,2013.

[6] 管致中,夏恭恪,孟桥.信号与线性系统:下册[M].6 版.北京:高等教育出版社,2016.

[7] 邱关源.电路[M].5 版.北京:高等教育出版社,2006.

[8] 张顺兴.数字电路与系统设计[M].南京:东南大学出版社,2004.

[9] 张郁弘,庄灿涛.晶体管运算放大器及其应用[M].北京:国防工业出版社,1978.

[10]郝鸿安.常用模拟集成电路应用手册[M].北京:人民邮电出版社,1991.

[11] Dostal J. Operational amplifiers[M]. Amsterdam:Elsevier Scientific Pub. Co. ,1981.

[12]Herpy M. Analog integrated circuits[M]. New York:Wiley,1980.

[13]Millman J,Grabel A. Microelectronics [M]. New York:McGraw-Hill Inc. ,1989.

[14]Horowitz P,Hill W. The art of electronics[M]. 2nd ed. Cambridge:Cambridge University Press,1989.

[15]Sedra A S,Smith K C. Microelectronic Circuits[M]. 3rd ed. Oxford:Oxford University Press,1990.

[16]柳沢健,金光磐.有源滤波器的设计[M].北京:人民邮电出版社,1978.

[17]岡村迪夫.改訂OPアンプ回路の設計[M].CQ出版社,1982.

[18]岡村迪夫.続OPアンプ回路の設計[M].CQ出版社,1983.

［19］岡村迪夫. 解析パワー・サプライ［M］. CQ 出版株式會社,1981.

［20］長橋芳行. 高速・広帯域アンプの設計［M］. CQ 出版株式會社,1982.

［21］稲葉保. 精選アナログ実用回路集［M］. CQ 出版社,1992.

［22］トランジスタ技術 SPECIAL NO. 16,特集 A－D/D－A 変換回路技術のすべて［M］. CQ 出版社,1993.

［23］トランジスタ技術 SPECIAL NO. 17,特集 OPアンプによる回路設計入門［M］. CQ 出版株式會社,1993.

［24］トランジスタ技術編輯部. 実用電子回路設計ノート［M］. CQ 出版株式會社,1992.

［25］エレクトルニクスマガジンン編、加藤康雄 監譯,電子技術者ための実用回路［M］.（株）マグロウヒル好學社,1982.

［26］D. Fスタウト,M. カウフマン,加藤康雄 監譯,演算増幅器回路設計ハンドブック［M］. マグロウヒルブック株式會社,1983.

［27］トランジスタ技術編輯部. 実用電子回路ハンドブック（1～5）［M］. CQ 出版株式會社,1982.

［28］戶川治郎,実用電源回路設計ハンドブック［M］. CQ 出版株式會社,1993.